普通高等教育土建学科专业"十二五"规划教材

工程造价概论

（第二版）

袁建新　编著

中国建筑工业出版社

图书在版编目（CIP）数据

工程造价概论/袁建新编著．—2版．—北京：中国建筑工业出版社，2012．1
（普通高等教育土建学科专业“十二五”规划教材）
ISBN 978-7-112-13991-0

Ⅰ．①工…　Ⅱ．①袁…　Ⅲ．①工程造价-概论
Ⅳ．①TU723．3

中国版本图书馆CIP数据核字（2012）第012636号

本书主要阐述了工程造价概论的研究对象和工程造价概论的研究任务，定义了计价方式的概念，提出了计价方式的分类方法，论述了工程造价计价基本原理，介绍了定额计价方式和清单计价方式下确定工程造价的不同计价方法，安排了工程造价综合练习。

本书是高职高专土建类各专业学生的学习用书，适用于工程造价、建筑工程管理、建筑经济管理、房地产经营与估价、建筑会计、建筑工程技术、市政工程技术等专业的教学所需，也可作为施工、咨询企业工程造价等岗位工程技术人员的学习参考资料。

*　*　*

责任编辑：张　晶
责任校对：党　蕾　赵　颖

普通高等教育土建学科专业“十二五”规划教材
工程造价概论
（第二版）
袁建新　编著
*
中国建筑工业出版社出版、发行（北京西郊百万庄）
各地新华书店、建筑书店经销
北京红光制版公司制版
北京云浩印刷有限责任公司印刷
*
开本：787×1092毫米　1/16　印张：21　字数：510千字
2012年8月第二版　2014年2月第七次印刷
定价：**35.00**元
ISBN 978-7-112-13991-0
（22055）

第二版前言

本书在第一版的基础上增加了工程造价综合练习指导的内容，包括定额工程量计算规则与方法，清单工程量计算规则与方法，定额直接工程费的计算，综合练习任务书指导书，工程造价综合练习项目及施工图。

第二版由四川建筑职业技术学院袁建新教授编著。注册造价工程师刘德甫高级工程师针对本教材的造价综合练习方面提出了很好的意见和建议。中国建筑工业出版社对本书的出版提供了大力的支持和帮助。在此，一并致以衷心的感谢。

由于中国特色的工程造价理论正处于发展时期，加之作者的水平有限，书中难免有不当之处，敬请广大读者批评指正。

第一版前言

本书首创了设置工程造价概论课程的想法，构建了工程造价概论的知识体系，阐述了工程造价基本理论，实践了工程造价概论的编写内容。

建国以来，工程造价的发展经历了几个转型期，社会主义市场经济理论的建立和发展为工程造价理论的发展和实践奠定了理论基础，建设工程工程量清单计价规范的颁发和实践深化了中国特色工程造价计价方式的改革力度，从而积极推动了工程造价理论与实践的系统化进程，不断总结工程造价的工作经验，总结规律性的内容，完善工程造价理论已成为工程造价学科发展的客观要求。这就是编写工程造价概论的背景。

本书是高职土建类各专业的工程造价理论与方法的新颖教材，是国家示范性高职院校工程造价重点专业建设教学改革成果，对各专业的教学改革具有重要的现实意义。

本书提出的和构建的工程造价概论的知识体系对工程造价行业和高职工程造价专业教学将产生一定的影响。

本书由注册造价工程师四川建筑职业技术学院袁建新教授编著。注册造价工程师刘德甫高级工程师对本教材提出了理论联系实际方面的很好意见和建议。中国建筑工业出版社为出版本书提供了大力的支持和帮助。为此，一并致以衷心的感谢。

由于工程造价理论正处于发展时期，加之作者的水平有限，书中难免有不当之处，敬请广大读者批评指正。

目　　录

1 工程造价概论的研究对象和任务

1.1 工程造价的概念

工程造价是对建设项目在决策、设计、交易、施工、竣工五个阶段的整个过程中，确定投资估算价、设计概算价、施工图预算价、招标控制价、工程量清单报价、工程结算造价和竣工决算价的总称。

1.2 工程造价概论的研究对象

通过了解上述五个不同阶段产生不同工程造价的原因以及它们之间的相互关系，把施工生产成果与施工生产消耗之间的内在定量关系和不同计价方式的计价原理和计价方法，作为本课程的重点研究对象。

1.3 工程造价概论的任务

通过工程造价概论的学习，熟悉设计概算造价、施工图预算造价、招标控制价、工程量清单报价、工程结算造价的编制原理和编制方法，把如何运用市场经济的基本理论合理确定上述不同阶段的工程造价和较全面、完整地了解工程造价专业的工作范围和工作内容，作为本课程的主要学习任务。

多选练习题

1. 完成建设项目的几个阶段包括（　　）。

A 决策　　B 设计　　C 招标　　D 交易　　E 施工与竣工

2. 工程造价是对（　　）的总称。

A 投资估算价　　B 设计概算价　　C 施工图预算价　　D 招标控制价　　E 综合单价

3. 工程造价概论的研究对象是（　　）。

A 计划工期与实践工期之间的定量关系

B 生产成果与生产消耗之间的定量关系

C 定额计价原理和计价方法

D 清单计价原理和计价方法

E 工程造价学习方法

4. 工程造价概论的主要任务是（　　）。

A 熟悉各阶段工程造价的编制原理　　B 熟悉各阶段工程造价的编制方法

C 工程造价专业的工作范围　　D 工程造价专业的工作内容

E 工程量计算规则制定方法

2 工程造价计价方式简介

2.1 计价方式的概念

工程造价计价方式是指采用不同的计价原则、计价依据、计价方法、计价目的来确定工程造价的计价模式。

（1）工程造价计价原则：分为按市场经济规则计价和按计划经济规则计价两种。

（2）工程造价计价依据主要包括：估价指标、概算指标、概算定额、预算定额、企业定额、建设工程工程量清单计价规范、工料机单价、利税率、设计方案、初步设计、施工图、竣工图等。

（3）工程造价计价方法主要有：建设项目投资估算、设计概算、施工图预算、工程量清单报价、工程结算、竣工决算等。

（4）工程造价计价目的：在建设项目的不同阶段，可采用不同的计价方法来实现不同的计价目的。在建设工程决策阶段主要确定建设项目估算造价或概算造价；在设计阶段主要确定工程项目的概算造价或预算造价；在招标投标阶段主要确定招标控制价和投标报价；在竣工验收阶段主要确定工程结算价和竣工决算价。

2.2 我国确定工程造价的主要方式

解放初期，我国引进和沿用了前苏联建设工程的定额计价方式，该方式属于计划经济的产物。由于种种原因，“文革”期间没有执行定额计价方式，而采用了包工不包料、“三、七切块”等方式与建设单位办理工程结算。

20世纪70年代末，我国开始加强了工程造价的定额管理工作，要求严格按主管部门颁发的定额和指导价确定工程造价。这一要求具有典型的计划经济的特征。

随着我国改革开放的不断深入以及在提出建立社会主义市场经济体制的要求下，定额计价方式进行了一些变革。例如，定期调整人工费；变计划利润为竞争利润等。随着社会主义市场经济的进一步发展，又提出了“量、价分离”的方法确定和控制工程造价。上述做法，只是一些小改小革，没有从根本上改变计划价格的性质，基本上属于定额计价的范畴。

到了2003年7月1日，国家颁布了《建设工程工程量清单计价规范》GB 50500—2003，并于2008年进行了修订，发布了《建设工程工程量清单计价规范》GB 50500—2008，在建设工程招标投标中实施工程量清单计价。之后，工程造价的确定逐步体现了市场经济规律的要求和特征。

2.3 计价方式的分类

工程造价计价方式可按不同的角度进行分类。

2.3.1 按经济体制分类

(1) 计划经济体制下的计价方式

计划经济体制下的计价方式是指采用国家统一颁布的概算指标、概算定额、预算定额、费用定额等依据，按工程造价行政主管部门规定的计算程序、取费项目和计算费率确定工程造价。

(2) 市场经济体制下的计价方式

市场经济的重要特征是竞争性，当标的物和有关条件明确后，通过公开竞价来确定承包商，符合市场经济的基本规律。在工程建设领域，根据建设工程工程量清单计价规范，采用清单计价方式通过招标投标的方式来确定工程造价，体现了市场经济规律的基本要求。因此，工程量清单计价是典型的市场经济体制下的计价方式。

2.3.2 按编制的依据分类

(1) 定额计价方式

定额计价方式是指采用工程造价行政主管部门统一颁布的定额和计算程序以及工料机指导价确定工程造价的计价方式。

(2) 清单计价方式

清单计价方式是指按照《建设工程工程量清单计价规范》GB 50500—2008，根据招标文件发布的工程量清单和企业以及市场情况，自主选择消耗量定额、工料机单价和有关费率确定工程造价的计价方式。

2.4 定额计价方式下工程造价的确定

通过编制施工图预算的方法来确定工程造价是定额计价的主要方法。

2.4.1 施工图预算的概念

施工图预算是确定建筑工程造价的经济文件。简而言之，施工图预算是在修建房子之前，预先算出房子建成后需要花多少钱的特殊计价方法。因此，施工图预算的主要作用就是确定建筑工程预算造价。

施工图预算一般在施工图设计阶段及施工招标投标阶段编制。施工图预算是确定单位工程预算造价的经济文件，一般由施工单位或设计单位编制。

2.4.2 施工图预算构成要素

施工图预算主要由以下要素构成：工程量、工料机消耗量、直接费、工程费用等。

(1) 工程量

工程量是根据施工图算出的所建工程的实物数量。例如，该工程有多少立方米混凝土基础，多少立方米砖墙，多少平方米铝合金门，多少平方米水泥砂浆抹面等。

(2) 工料机消耗量

人工、材料、机械台班消耗量是根据分项工程工程量与预算定额子目消耗量相乘后，汇总而成的数量。例如一幢办公楼的修建需多少个工日，需多少吨水泥，需多少吨钢筋，需多少个塔式起重机台班等工料机消耗量。

(3) 直接费

直接费是工程量乘以定额基价后汇总而成的。它是工料机实物消耗量的货币表现。其中定额基价＝人工费＋材料费＋机械费。

（4）工程费用

工程费用包括间接费、利润、税金。间接费和利润一般根据直接费（或人工费），分别乘以不同的费率计算。税金是根据直接费、间接费、利润之和，乘以税率计算得出。直接费、间接费、利润、税金之和构成工程预算造价。

2.4.3　编制施工图预算的步骤

（1）根据施工图和预算定额计算工程量；

（2）根据工程量和预算定额分析工料机消耗量；

（3）根据工程量和预算定额基价（或用工料机消耗量乘以各自单价）计算直接费；

（4）根据直接费（或人工费）和间接费费率计算间接费；

（5）根据直接费（或人工费）和利润率计算利润；

（6）根据直接费、间接费、利润之和以及税率计算税金；

（7）将直接费、间接费、利润、税金汇总成工程预算造价。

2.4.4　施工图预算编制示例

【例2-1】　根据下面给出的某工程的基础平面图和剖面图（图2-1），计算2-2剖面中C10混凝土基础垫层和1∶2水泥砂浆基础防潮层两个项目的施工图预算造价。

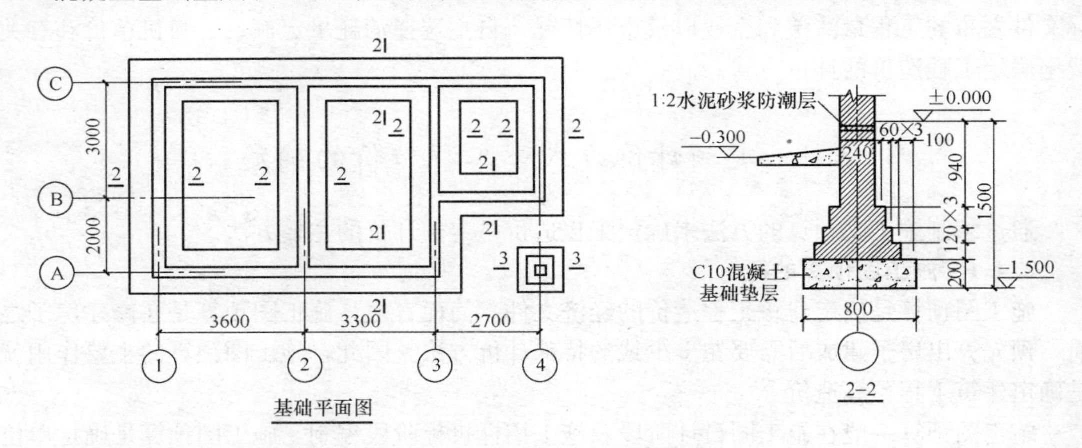

图2-1　某工程基础平面图和剖面图

【解】　（1）计算工程量

①C10混凝土基础垫层。

$$V=\text{垫层宽}\times\text{垫层厚}\times\text{垫层长}$$

式中：垫层宽＝0.80m

垫层厚＝0.20m

外墙垫层长＝（3.60＋3.30）m（Ⓐ轴）＋（3.60＋3.30＋2.70）m（Ⓒ轴）＋（2.0＋3.0）m（①轴）＋2.0m（③轴）＋3.0m（④轴）＋2.70m（Ⓑ轴）

＝29.20m

$$\text{内墙垫层长}=\left(\overset{\text{②轴}}{2.0+3.0}-\overset{\text{Ⓐ轴半个垫层宽}}{\frac{0.80}{2}}-\overset{\text{Ⓒ轴半个垫层宽}}{\frac{0.80}{2}}\right)\text{m}+$$

$$\left(\overset{\text{③轴}}{3.0}-\overset{\text{Ⓑ轴半个垫层宽}}{\frac{0.80}{2}}-\overset{\text{Ⓒ轴半个垫层宽}}{\frac{0.80}{2}}\right)\text{m}$$

$$=4.20\text{m}+2.20\text{m}=6.40\text{m}$$

$$V=0.80\text{m}\times0.20\text{m}\times(29.20+6.40)\text{m}=5.696\text{m}^3$$

②1∶2 水泥砂浆基础防潮层。

$$S=\text{内、外墙长}\times\text{墙厚}$$

式中：外墙长＝29.20m（同垫层长）

$$\text{内墙长}=\left(\overset{\text{②轴}}{2.0+3.0}-\overset{\text{Ⓐ轴半个墙厚}}{\frac{0.24}{2}}-\overset{\text{Ⓒ轴半个墙厚}}{\frac{0.24}{2}}\right)\text{m}+$$

$$\left(\overset{\text{③轴}}{3.0}-\overset{\text{Ⓑ轴半个墙厚}}{\frac{0.24}{2}}-\overset{\text{Ⓒ轴半个墙厚}}{\frac{0.24}{2}}\right)\text{m}=7.52\text{m}$$

$$S=(29.20+7.52)\text{m}\times0.24\text{m}$$

$$=36.72\text{m}\times0.24\text{m}$$

$$=8.81\text{m}^2$$

（2）计算直接费

计算直接费的依据除了工程量外，还需要预算定额。计算直接费一般采用两种方法，即单位估价法和实物金额法。单位估价法采用含有基价的预算定额；实物金额法采用不含有基价的预算定额。我们以单位估价法为例来计算直接费。含有基价的预算定额（摘录）见表 2-1。

含有基价的预算定额（摘录）　　表 2-1

工程内容：略

定额编号				8-16	9-53
项目		单位	单价（元）	C10 混凝土基础垫层 每 1m³	1∶2 水泥砂浆基础防潮层 每 1m²
基价		元		159.73	7.09
其中	人工费	元		35.80	1.66
	材料费	元		117.36	5.38
	机械费	元		6.57	0.05
人工	综合用工	工日	20.00	1.79	0.083
材料	1∶2 水泥砂浆	m³	221.60		0.207
	C10 混凝土	m³	116.20	1.01	
	防水粉	kg	1.20		0.664
机械	400L 混凝土搅拌机	台班	55.24	0.101	
	平板式振动器	台班	12.52	0.079	
	200L 砂浆搅拌机	台班	15.38		0.0035

直接费计算公式如下：

$$直接费 = \sum_{i=1}^{n}(工程量 \times 定额基价)_i$$

也就是说，各项工程量分别乘以定额基价，汇总后即为直接费。例如，上述两个项目的直接费见表2-2。

直接费计算表 表2-2

序号	定额编号	项目名称	单位	工程量	基价（元）	合价（元）	备　注
1	8-16	C10混凝土基础垫层	m^3	5.696	159.73	909.82	
2	9-53	1：2水泥砂浆基础防潮层	m^2	8.81	7.09	62.46	
		小计				972.28	

（3）计算工程费用

按某地区费用定额规定，本工程以直接费为基础计算各项费用，其中，间接费费率为12%，利润率为5%，税率为3.0928%，计算过程见表2-3。

工程费用（造价）计算表 表2-3

序　号	费用名称	计算式	金额（元）
1	直接费	详见计算表	972.28
2	间接费	972.28×12%	116.67
3	利　润	972.28×5%	48.61
4	税　金	（972.28+116.67+48.61）×3.0928%	35.18
	工程造价		1172.74

2.5　清单计价方式下工程造价的确定

2.5.1　工程量清单计价的概念

工程量清单计价是一种国际上通行的工程造价计价方式。即在建设工程招标投标中，招标人按照国家统一规定的《建设工程工程量清单计价规范》GB 50500—2008的要求以及施工图，提供工程量清单，由投标人依据工程量清单、施工图、企业定额或预算定额、市场价格自主报价，并经评审后，以合理低价中标的工程造价计价方式。

2.5.2　工程量清单报价编制内容

工程量清单报价编制内容包括，工料机消耗量的确定，综合单价的确定，措施项目费的确定和其他项目费的确定。

（1）工料机消耗量的确定

工料机消耗量是根据分部分项工程量和有关消耗量定额计算出来的。其计算公式为：

$$\begin{matrix}分部分项工程\\人工工日\end{matrix} = \begin{matrix}分部分项\\主项工程量\end{matrix} \times 定额用工量 + \Sigma\left(\begin{matrix}分部分项\\附项工程量\end{matrix} \times \begin{matrix}定额\\用工量\end{matrix}\right) \quad (2\text{-}1)$$

$$\begin{matrix}分部分项工程某\\种材料用量\end{matrix} = \begin{matrix}分部分项\\主项工程量\end{matrix} \times \begin{matrix}某种材料\\定额用量\end{matrix} + \Sigma\left(\begin{matrix}分部分项\\附项工程量\end{matrix} \times \begin{matrix}某种材料\\定额用量\end{matrix}\right) \quad (2\text{-}2)$$

$$\text{分部分项工程某种机械台班用量}=\text{分部分项主项工程量}\times\text{某种机械定额台班量}+\Sigma\left(\text{分部分项附项工程量}\times\text{某种机械定额台班用量}\right) \tag{2-3}$$

在套用定额分析计算工料机消耗量时，分两种情况：一是直接套用；二是分别套用。

1）直接套用定额，分析工料机用量。

当分部分项工程量清单项目与定额项目的工程内容和项目特征完全一致时，就可以直接套用定额消耗量，计算出分部分项的工料机消耗量。例如，某工程 250mm 半圆球吸顶灯安装清单项目，可以直接套用工程内容相对应的消耗量定额时，就可以采用该定额分析工料机消耗量。

2）分别套用不同定额，分析工料机用量。

当定额项目的工程内容与清单项目的工程内容不完全相同时，需要按清单项目的工程内容，分别套用不同的定额项目。例如，某工程 M5 水泥砂浆砌砖基础清单项目，还包含了水泥砂浆防潮层附项工程量时，应分别套用水泥砂浆防潮层消耗量定额和 M5 水泥砂浆砌砖基础消耗量定额，分别计算其工料机消耗量。

（2）综合单价的确定

综合单价是有别于预算定额基价的另一种计价方式。

综合单价以分部分项工程项目为对象，从我国的实际情况出发，包括了除规费和税金以外的，完成分部分项工程量清单项目规定的单位合格产品所需的全部费用。

综合单价主要包括：人工费、材料费、机械费、管理费、利润和风险费等费用。

综合单价不仅适用于分部分项工程量清单，也适用于措施项目清单、其他项目清单的计算等。

综合单价的计算公式表达为：

$$\text{分部分项工程量清单项目综合单价}=\text{人工费}+\text{材料费}+\text{机械费}+\text{管理费}+\text{利润} \tag{2-4}$$

其中

$$\text{人工费}=\sum_{i=1}^{n}(\text{定额工日}\times\text{人工单价})_i \tag{2-5}$$

$$\text{材料费}=\sum_{i=1}^{n}\left(\text{某种材料定额消耗量}\times\text{材料单价}\right)_i \tag{2-6}$$

$$\text{机械费}=\sum_{i=1}^{n}\left(\text{某种机械台班使用量}\times\text{台班单价}\right)_i \tag{2-7}$$

$$\text{管理费}=\text{人工费(或直接费)}\times\text{管理费费率} \tag{2-8}$$

$$\text{利润}=\text{人工费(或直接费、或直接费}+\text{管理费)}\times\text{利润率} \tag{2-9}$$

（3）措施项目费的确定

措施项目费应该由投标人根据拟建工程的施工方案或施工组织设计计算确定。一般，可以采用以下几种方法确定。

1）依据定额计算。脚手架、大型机械设备进出场及安拆费、垂直运输机械费等可以根据已有的定额计算确定。

2）按系数计算。临时设施费、安全文明施工增加费、夜间施工增加费等，可以按直接费为基础乘以适当的系数确定。

3）按收费规定计算。室内空气污染测试费、环境保护费等可以按有关收费规定计取费用。

（4）其他项目费的确定

招标人部分的其他项目费可按估算金额确定。投标人部分的总承包服务费应根据招标人提出要求按所发生的费用确定。零星工作项目费应根据“零星工作项目计价表”确定。

其他项目清单中的暂列金额、暂估价，均为预测和估算数额，虽在投标时计入投标人的报价中，但不应视为投标人所有。竣工结算时，应按承包人实际完成的工作内容结算，剩余部分仍归招标人所有。

多选练习题

1. 工程造价计价方式是指采用（　　）确定计价模式。

A 计价原则　　B 计价依据　　C 计价目的　　D 计算方法

2. 按经济规则的工程造价计价原则是指（　　）。

A 按市场经济规则计价　　B 按计划经济规则计价

C 按投资估算规则计算　　D 按施工图预算规则计算

3. 施工图预算的构成要素有（　　）。

A 工程量　　B 直接费　　C 综合单价　　D 工程费用

4. 工程量清单报价编制的内容包括（　　）。

A 确定工料机消耗量　　B 计算间接费　　C 确定综合单价　　D 确定措施项目费

5. 编制工程量清单的依据有（　　）。

A 施工图　　B 预算定额　　C 清单计价规范　　D 招标文件

3　工程造价计价原理

3.1　建筑产品的特性

建筑产品具有产品生产的单件性、建设地点的固定性、施工生产的流动性等特点。这些特点是形成建筑产品必须通过编制施工图预算或编制工程量清单报价确定工程造价的根本原因。

3.1.1　产品生产的单件性

建筑产品的单件性是指每个建筑产品都具有特定的功能和用途，在建筑物的造型、结构、尺寸、设备配置和内外装修等方面都有不同的具体要求。即使用途完全相同的工程项目，在建筑等级、基础工程等方面都可能会不一样。可以这么说，在实践中找不到两个完全相同的建筑产品。因而，建筑产品的单件性使建筑物在实物形态上千差万别，各不相同。

3.1.2　建设地点的固定性

建设地点的固定性是指建筑产品的生产和使用必须固定在某一个地点，不能随意移动。建筑产品固定性的客观事实，使得建筑物的结构和造型受到当地自然气候、地质、水文、地形等因素的影响和制约，造成功能相同的建筑物在实物形态上仍有较大的差别，从而使每个建筑产品的工程造价各不相同。

3.1.3　施工生产的流动性

建筑产品的固定性是产生施工生产流动性的根本原因。因为建筑物固定了，施工队伍就流动了。流动性是指施工企业必须在不同的建设地点组织施工、建造房屋。

由于每个建设地点离施工单位基地的距离不同、资源条件不同、运输条件不同、工资水平不同等，都会影响建筑产品的造价。

3.2　工程造价计价基本理论

3.2.1　确定工程造价的重要基础

建筑产品的三大特性，决定了其在价格要素上千差万别的特点。这种差别形成了制定统一建筑产品价格的障碍，给建筑产品定价带来了困难，通常工业产品的定价方法已经不适用于建筑产品的定价。

当前，建筑产品价格主要有两种表现形式，一是政府指导价；二是市场竞争价。施工图预算确定的工程造价属于政府指导价；编制工程量清单报价投标通过确定的承包价，属于市场竞争价。但是，在实际操作中，市场竞争价也是以施工图预算编制方法为基础确定的。所以，编制施工图预算确定工程造价的方法必须掌握。

产品定价的基本规律除了价值规律外，还应该有两条，一是通过市场竞争形成价格；

二是同类产品的价格水平应该保持一致。

对于建筑产品来说，价格水平一致性的要求和建筑产品单件性的差别特性是一对需要解决的矛盾，因为我们无法做到以一个建筑物为对象来整体定价而达到保持价格水平一致的要求。通过长期实践和探讨，人们找到了用编制施工图预算或编制工程量清单报价确定产品价格的方法来解决价格水平一致性的问题。因此，施工图预算或编制工程量清单报价是确定建筑产品价格的特殊方法。

将复杂的建筑工程分解为具有共性的基本构造要素——分项工程；编制单位分项工程人工、材料、机械台班消耗量及货币量的消耗量定额（预算定额），是确定建筑工程造价的重要基础。

3.2.2　建设项目的划分

基本建设项目按照合理确定工程造价和基本建设管理工作的要求，划分为建设项目、单项工程、单位工程、分部工程、分项工程五个层次。

（1）建设项目

建设项目一般是指在一个总体设计范围内，由一个或几个工程项目组成，经济上实行独立核算，行政上实行独立管理，并且具有法人资格的建设单位。

（2）单项工程

单项工程又称工程项目，是建设项目的组成部分，是指具有独立设计文件，竣工后可以独立发挥生产能力或使用效益的工程。例：一个工厂的生产车间、仓库；学校的教学楼、图书馆等分别都是一个单项工程。

（3）单位工程

单位工程是单项工程的组成部分。单位工程是指具有独立的设计文件，能单独施工，但建成后不能独立发挥生产能力或使用效益的工程。例：一个生产车间的土建工程、电气照明工程、给水排水工程、机械设备安装工程、电气设备安装工程等分别是一个单位工程，他们是生产车间这个单项工程的组成部分。

（4）分部工程

分部工程是单位工程的组成部分。分部工程一般按工种工程来划分，例如土建单位工程划分为土石方工程、砌筑工程、脚手架工程、钢筋混凝土工程、木结构工程、金属结构工程、装饰工程等。分部工程也可按单位工程的构成部分来划分，例如土建单位工程也可分为基础工程、墙体工程、梁柱工程、楼地面工程、门窗工程、屋面工程等。建筑工程预算定额综合了上述两种方法来划分分部工程。

（5）分项工程

分项工程是分部工程的组成部分。按照分部工作划分的方法，可再将分部工程划分为若干个分项工程。例如，基础工程还可以划分为基槽开挖、基础垫层、基础砌筑、基础防潮层、基槽回填土、土方运输等分项工程。

分项工程是建筑工程的基本构造要素。通常，把这一基本构造要素称为“假定建筑产品”。假定建筑产品虽然没有独立存在的意义，但是这一概念在工程造价确定、计划统计、建筑施工及管理、工程成本核算等方面都是十分重要的概念。

建设项目划分示意如图 3-1 所示。

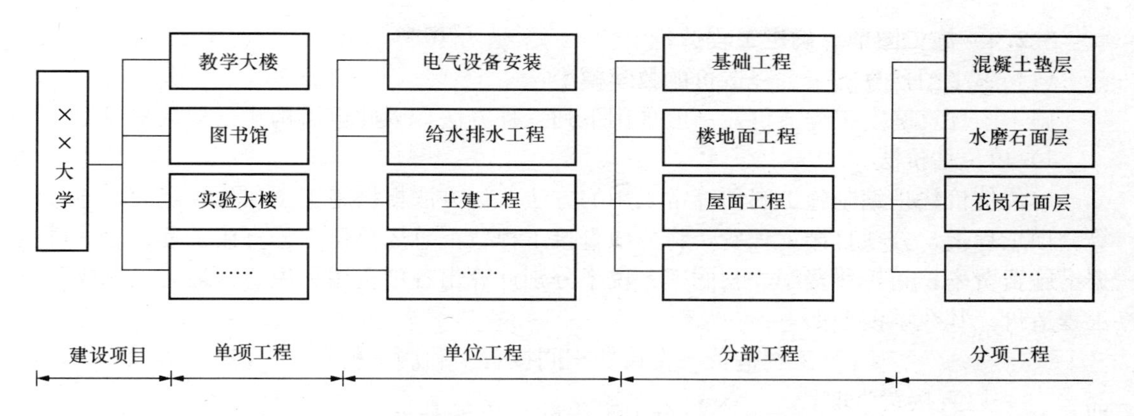

图 3-1　建设项目划分示意图

3.2.3　确定工程造价的基本前提

（1）建筑产品的共同要素——分项工程

建筑产品是结构复杂、体型庞大的工程，要对这样一类完整产品进行统一定价，不太容易办到，这就需要按照一定的规则，将建筑产品进行合理分解，层层分解到构成完整建筑产品的共同要素——分项工程为止，才能实现对建筑产品定价的目的。

从建设项目划分的内容来看，将单位工程按结构构造部位和工程工种来划分，可以分解为若干个分部工程。但是，从对建筑产品定价要求来看，仍然不能满足要求。因为以分部工程为对象定价，其影响因素较多。例如，同样是砖墙，构造可能不同，如实砌墙或空花墙，材料也可能不同，如标准砖或灰砂砖，受这些因素影响，其人工、材料消耗的差别较大。所以，还必须按照不同的构造、材料等要求，将分部工程分解为更为简单的组成部分——分项工程，例如，M5 混合砂浆砌 240mm 厚灰砂砖墙，现浇 C20 钢筋混凝土圈梁等。

分项工程是经过逐步分解的能够用较为简单的施工过程生产出来的，可以用适当计量单位计算的工程基本构造要素。

（2）单位分项工程的消耗量标准——预算定额（消耗量定额）

将建筑工程层层分解后，就能采用一定的方法，编制出单位分项工程的人工、材料、机械台班消耗量标准——预算定额。

虽然不同的建筑工程由不同的分项工程项目和不同的工程量构成，但是有了预算定额（消耗量定额）后，就可以计算出价格水平基本一致的工程造价。这是因为预算定额（消耗量定额）确定的每一单位分项工程的人工、材料、机械台班消耗量起到了统一建筑产品劳动消耗水平的作用，从而使我们能够对千差万别的各建筑工程不同的工程数量，计算出符合统一价格水平的工程造价。

例如，甲工程砖基础工程量为 68.56m^3，乙工程砖基础工程量为 205.66m^3，虽然工程量不同，但使用统一的预算定额（消耗量定额）后，他们的人工、材料、机械台班消耗量水平（单位消耗量）是一致的。

如果在预算定额（消耗量定额）消耗量的基础上再考虑价格因素，用货币反映定额基价，那么就可以计算出直接费、间接费、利润和税金，而后就能算出整个建筑产品的工程造价。

3.2.4 施工图预算确定工程造价

（1）施工图预算确定工程造价的数学模型

施工图预算确定工程造价，一般采用下列三种方法，因此也需构建三种数学模型。

1）单位估价法

单位估价法是编制施工图预算常采用的方法。该方法根据施工图和预算定额，通过计算分项工程量、分项直接工程费，将分项直接工程费汇总成单位工程直接工程费后，再根据措施费费率、间接费费率、利润率、税率分别计算出各项费用和税金，最后汇总成单位工程造价。其数学模型如下：

$$\text{工程造价}=\text{直接费}+\text{间接费}+\text{利润}+\text{税金} \tag{3-1}$$

即：

$$\begin{aligned}\text{以直接费为取费基础的工程造价}=&\Big[\sum_{i=1}^{n}(\text{分项工程量}\times\text{定额基价})_i\\&\times(1+\text{措施费费率}+\text{间接费费率}+\text{利润率})\Big]\\&\times(1+\text{税率})\end{aligned} \tag{3-2}$$

$$\begin{aligned}\text{以人工费为取费基础的工程造价}=&\Big[\sum_{i=1}^{n}(\text{分项工程量}\times\text{定额基价})_i\\&+\sum_{i=1}^{n}(\text{分项工程量}\times\text{定额基价中人工费})_i\\&\times(1+\text{措施费费率}+\text{间接费费率}+\text{利润率})\Big]\\&\times(1+\text{税率})\end{aligned} \tag{3-3}$$

2）实物金额法

当预算定额中只有人工、材料、机械台班消耗量，而没有定额基价的货币量时，我们可以采用实物金额法来计算工程造价。

实物金额法的基本做法是，先算出分项工程的人工、材料、机械台班消耗量，然后汇总成单位工程的人工、材料、机械台班消耗量，再将这些消耗量分别乘以各自的单价，最后汇总成单位工程直接费。后面各项费用的计算同单位估价法。其数学模型如下：

$$\text{工程造价}=\text{直接费}+\text{间接费}+\text{利润}+\text{税金}$$

即：

$$\begin{aligned}\text{以直接费为取费基础的工程造价}=&\Big\{\Big[\sum_{i=1}^{n}(\text{分项工程量}\times\text{定额用工量})_i\\&\times\text{工日单价}+\sum_{j=1}^{n}(\text{分项工程量}\times\text{定额材料用量})_j\\&\times\text{材料单价}+\sum_{k=1}^{p}(\text{分项工程量}\times\text{定额机械台班量})_k\\&\times\text{台班单价}\Big]\times(1+\text{措施费费率}+\text{间接费费率}+\text{利润率})\Big\}\\&\times(1+\text{税率})\end{aligned} \tag{3-4}$$

$$\begin{aligned}\text{以人工费为取费基础的工程造价}=&\Big[\sum_{i=1}^{n}(\text{分项工程量}\times\text{定额用工量价})_i\times\text{工日单价}\\&\times(1+\text{措施费费率}+\text{间接费费率}+\text{利润率})\\&+\sum_{j=1}^{m}(\text{分项工程量}\times\text{定额材料用量})_j\\&\times\text{材料单价}+\sum_{k=1}^{p}(\text{分项工程量}\times\text{定额机械台班量})_k\\&\times\text{台班单价}\Big]\times(1+\text{税率})\end{aligned} \tag{3-5}$$

3）分项工程完全单价计算法

分项工程完全单价计算法的特点是，以分项工程为对象计算工程造价，再将分项工程造价汇总成单位工程造价。该方法从形式上类似于工程量清单计价法，但又有本质上的区别。

分项工程完全单价计算法的数学模型为：

$$\text{以直接费为取费基础计算工程造价} = \sum_{i=1}^{n}[(\text{分项工程量}\times\text{定额基价})\times(1+\text{措施费费率}+\text{间接费费率}+\text{利润率})\times(1+\text{税率})]_i \qquad (3\text{-}6)$$

$$\text{以人工费为取费基础计算工程造价} = \sum_{i=1}^{n}\{[(\text{分项工程量}\times\text{定额基价})+(\text{分项工程量}\times\text{定额用工量}\times\text{工日单价})\times(1+\text{措施费费率}+\text{间接费费率}+\text{利润率})]\times(1+\text{税率})\}_i \qquad (3\text{-}7)$$

提示：上述数学模型分两种情况表述的原因是，建筑工程造价一般以直接费为基础计算；装饰工程造价或安装工程造价一般以人工费为基础计算。

（2）施工图预算的编制依据

1）施工图

施工图是计算工程量和套用预算定额的依据。广义地讲，施工图除了施工蓝图外，还包括标准施工图、图纸会审纪要和设计变更等资料。

2）施工组织设计或施工方案

施工组织设计或施工方案是在编制施工图预算过程中或计算工程量和套用预算定额时，确定土方类别、基础工作面大小、构件运输距离及运输方式等的依据。

3）预算定额

预算定额是确定分项工程项目、计量单位，计算分项工程量、分项工程直接费和人工、材料、机械台班消耗量的依据。

4）地区材料预算价格

地区材料预算价格或材料单价是计算材料费和调整材料价差的依据。

5）费用定额和税率

费用定额包括措施费、间接费、利润和税金的计算基础和费率、税率的规定。

6）施工合同

施工合同是确定收取哪些费用，按多少收取的依据。

（3）施工图预算的编制内容

施工图预算编制的主要内容包括：

1）列出分项工程项目，简称列项。

2）计算出分项工程工程量。

3）套用预算定额及定额基价换算。

4）工料分析及汇总。

5）计算直接费。

6）材料价差调整。

7）计算间接费。

8）计算利润。

9）计算税金。

10）汇总为工程造价。

（4）施工图预算的编制程序

按单位估价法编制施工图预算的程序如图 3-2 所示。

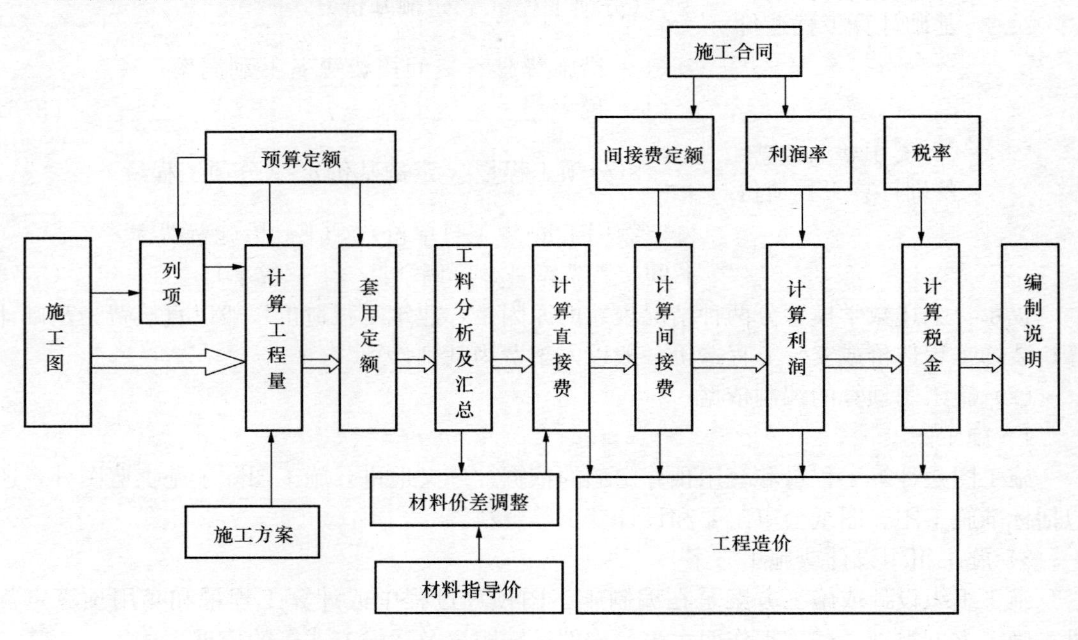

图 3-2　施工图预算编制程序示意图（单位估价法）

3.2.5　清单报价确定工程造价

按照《建设工程工程量清单计价规范》GB 50500—2008 的要求，清单报价确定工程造价的数学模型如下：

$$\text{单位工程工程造价}=\left[\sum_{i=1}^{n}(\text{清单工程量}\times\text{综合单价})_i+\text{措施项目清单费}+\text{其他项目清单费}+\text{规费}\right]\times(1+\text{税率}) \tag{3-8}$$

其中：

$$\text{综合单价}=\left\{\left[\sum_{i=1}^{n}(\text{计价工程量}\times\text{人工消耗量}\times\text{人工单价})+\sum_{j=1}^{m}(\text{计价工程量}\times\text{材料消耗量}\times\text{材料单价})_j+\sum_{k=1}^{p}(\text{计价工程量}\times\text{机械台班消耗量}\times\text{台班单价})\right]_k\times(1+\text{管理费率}+\text{利润率})\right\}\div\text{清单工程量} \tag{3-9}$$

上述清单报价确定工程造价的数学模型反映了编制报价的本质特征，同时也反映了编制清单报价的步骤与方法，这些内容可以通过工程量清单报价编制程序来表述，如图 3-3 所示。

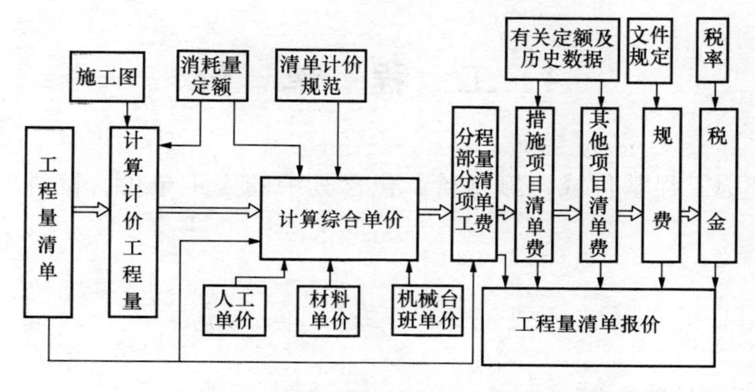

图 3-3 工程量清单报价编制程序示意图

多选练习题

1. 建筑产品的特性有（ ）。

A 单件性　B 固定性　C 流动性　D 不确定性

2. 确定工程造价的重要基础有（ ）。

A 施工图　B 划分分项工程项目

C 编制消耗量定额　D 确定造价计算程序

3. 施工图预算确定工程造价的方法有（ ）。

A 单位估价法　B 实物金额法　C 完全单价法　D 分别计算法

4. 工程量清单报价中的综合单价包含（ ）。

A 人工单价　B 材料单价　C 机械台班单价　D 规费单价

4 工 程 单 价

工程单价亦称工程基价或定额基价，包含其中的人工单价、材料单价、机械台班单价。

4.1 人 工 单 价

4.1.1 人工单价的概念

人工单价是指工人一个工作日应该得到的劳动报酬。一个工作日一般指工作 8 小时。

4.1.2 人工单价的内容

人工单价一般包括基本工资、工资性津贴、养老保险费、失业保险费、医疗保险费、住房公积金等。

基本工资是指完成基本工作内容所得的劳动报酬。

工资性津贴是指流动施工津贴、交通补贴、物价补贴、燃气补贴等。

养老保险费、失业保险费、医疗保险费、住房公积金分别指工人在工作期间交养老保险、失业保险、医疗保险、住房公积金所发生的费用。

4.1.3 人工单价的编制方法

人工单价的编制方法主要有三种。

(1) 根据劳务市场行情确定人工单价

目前，根据劳务市场行情确定人工单价已经成为计算工程劳务费的主流，采用这种方法确定人工单价应注意以下几个方面的问题。

一是要尽可能掌握劳动力市场价格中长期历史资料，这使以后采用数学模型预测人工单价将成为可能；

二是在确定人工单价时要考虑用工的季节性变化。当大量聘用农民工时，要考虑农忙季节时人工单价的变化；

三是在确定人工单价时要采用加权平均的方法综合各劳务市场或各劳务队伍的劳动力单价；

四是要分析拟建工程的工期对人工单价的影响。如果工期紧，那么人工单价按正常情况确定后要乘以大于 1 的系数。如果工期有拖长的可能，那么也要考虑工期延长带来的风险。

根据劳务市场行情确定人工单价的数学模型描述如下：

$$\text{人工单价} = \sum_{i=1}^{n}(\text{某劳务市场人工单价} \times \text{权重})_i \times \text{季节变化系数} \times \text{工期风险系数} \tag{4-1}$$

【例 4-1】 据市场调查取得的资料分析，抹灰工在劳务市场的价格分别是：甲劳务市场 35 元/工日；乙劳务市场 38 元/工日；丙劳务市场 34 元/工日。调查表明，各劳务市场可提供抹灰工的比例分别为：甲劳务市场 40%；乙劳务市场 26%；丙劳务市场 34%。当季节变化系数、工期风险系数均为 1 时，试计算抹灰工的人工单价。

【解】

抹灰工的人工单价＝[(35.00×40%＋38.00×26%＋34.00×34%)×1×1]元/工日
＝[(14＋9.88＋11.56)×1×1]元/工日
＝35.44 元/工日(取定为 35.50 元/工日)

(2) 根据以往承包工程的情况确定

如果在本地以往承包过同类工程，可以根据以往承包工程的情况确定人工单价。

例如，以往在某地区承包过三个与拟建工程基本相同的工程，砖工每个工日支付了 60.00～75.00 元，这时就可以进行具体对比分析，在上述范围内（或超过一点范围）确定投标报价的砖工人工单价。

(3) 根据预算定额规定的工日单价确定

凡是分部分项工程项目含有基价的预算定额，都明确规定了人工单价，可以以此为依据确定拟投标工程的人工单价。

例如，某省预算定额，土建工程的技术工人每个工日 35.00 元，可以根据市场行情在此基础上乘以 1.2～1.6 的系数，确定拟投标工程的人工单价。

4.2 材料单价

4.2.1 材料单价的概念

材料单价是指材料从采购起运到工地仓库或堆放场地后的出库价格。

4.2.2 材料单价的费用构成

由于其采购和供货方式不同，构成材料单价的费用也不相同。一般有以下几种：

(1) 材料供货到工地现场

当材料供应商将材料供货到施工现场或施工现场的仓库时，材料单价由材料原价、采购保管费构成。

(2) 在供货地点采购材料

当需要派人到供货地点采购材料时，材料单价由材料原价、运杂费、采购保管费构成。

(3) 需二次加工的材料

当某些材料采购回来后，还需要进一步加工的，材料单价除了上述费用外，还包括二次加工费。

4.2.3 材料原价的确定

材料原价是指付给材料供应商的材料单价。当某种材料有两个或两个以上的材料供应商供货且材料原价不同时，要计算加权平均材料原价。

加权平均材料原价的计算公式为：

$$\text{加权平均材料原价} = \frac{\sum_{i=1}^{n}(\text{材料原价} \times \text{材料数量})_i}{\sum_{i=1}^{n}(\text{材料数量})_i} \tag{4-2}$$

提示：式中 i 是指不同的材料供应商；包装费及手续费均已包含在材料原价中。

【例 4-2】 某工地所需的三星牌墙面面砖由三个材料供应商供货，其数量和原价如下，试计算墙面砖的加权平均原价。

供应商	面砖数量（m^2）	供货单价（元/m^2）
甲	1500	68.00
乙	800	64.00
丙	730	71.00

【解】

$$\text{墙面砖加权平均原价} = \frac{68 \times 1500 + 64 \times 800 + 71 \times 730}{1500 + 800 + 730} \text{元}/m^2$$

$$\frac{205030}{3030} \text{元}/m^2 = 67.67 \text{元}/m^2$$

4.2.4 材料运杂费计算

材料运杂费是指在材料采购后运至工地现场或仓库所发生的各项费用，包括装卸费、运输费和合理的运输损耗费等。

材料装卸费按行业市场价支付。

材料运输费按行业运输价格计算，若供货来源地点不同且供货数量不同时，需要计算加权平均运输费，其计算公式为：

$$\text{加权平均运输费} = \frac{\sum_{i=1}^{n}(\text{运输单价} \times \text{材料数量})_i}{\sum_{i=1}^{n}(\text{材料数量})_i} \tag{4-3}$$

材料运输损耗费是指在运输和装卸材料过程中，不可避免产生的损耗所发生的费用，一般按下列公式计算：

$$\text{材料运输损耗费} = (\text{材料原价} + \text{装卸费} + \text{运输费}) \times \text{运输损耗率} \tag{4-4}$$

【例 4-3】 上例中墙面砖由三个地点供货，根据下列资料计算墙面砖运杂费。

供货地点	面砖数量（m^2）	运输单价（元/m^2）	装卸费（元/m^2）	运输损耗率（%）
甲	1500	1.10	0.50	1
乙	800	1.60	0.55	1
丙	730	1.40	0.65	1

【解】 （1）计算加权平均装卸费：

$$\text{墙面砖加权平均装卸费} = \frac{0.50 \times 1500 + 0.55 \times 800 + 0.65 \times 730}{1500 + 800 + 730} \text{元}/m^2$$

$$\frac{1664.5}{3030} \text{元}/m^2 = 0.55 \text{元}/m^2$$

（2）计算加权平均运输费：

$$\text{墙面砖加权平均运输费} = \frac{1.10 \times 1500 + 1.60 \times 800 + 1.40 \times 730}{1500 + 800 + 730} \text{元}/m^2$$

$$= \frac{3952}{3030} \text{元}/m^2 = 1.30 \text{元}/m^2$$

(3) 计算运输损耗费：

$$\text{墙面砖运输损耗费}=(\text{材料原价}+\text{装卸费}+\text{运输费})\times\text{运输损耗率}$$
$$=[(67.67+0.55+1.30)\times 1\%]\text{元}/m^2$$
$$=0.70\text{元}/m^2$$

(4) 运杂费小计：

$$\text{墙面砖运杂费}=\text{装卸费}+\text{运输费}+\text{运输损耗费}$$
$$=0.55+1.30+0.70\text{元}/m^2=2.55\text{元}/m^2$$

4.2.5 材料采购保管费计算

材料采购保管费是指施工企业在组织采购材料和保管材料过程中发生的各项费用。包括采购人员的工资、差旅交通费、通信费、业务费、仓库保管费等各项费用。

采购保管费一般按前面计算的与材料有关的各项费用之和乘以一定的费率计算。费率通常取1%～3%。计算公式为：

$$\text{材料采购保管费}=(\text{材料原价}+\text{运杂费})\times\text{采购保管费率} \quad (4\text{-}5)$$

【例 4-4】 上述墙面砖的采购保管费率为2%，根据前面墙面砖的两项计算结果，计算其采购保管费。

【解】

$$\text{墙面砖采购保管费}=[(67.67+2.55)\times 2\%]=(70.22\times 2\%)\text{元}/m^2=1.40\text{元}/m^2$$

4.2.6 材料单价确定

通过上述分析，我们知道，材料单价的计算公式为：

$$\text{材料单价}=\text{加权平均材料原价}+\text{加权平均材料运杂费}+\text{采购保管费}$$

或：

$$\text{材料单价}=\left(\text{加权平均材料原价}+\text{加权平均材料运杂费}\right)\times(1+\text{采购保管费率}) \quad (4\text{-}6)$$

【例 4-5】 根据以上计算出的结果，汇总成材料单价。

【解】

$$\text{墙面砖材料单价}=(67.67+2.55+1.40)\text{元}/m^2=71.62\text{元}/m^2$$

4.3 机械台班单价

4.3.1 机械台班单价的概念

机械台班单价是指在单位工作班中为使机械正常运转所分摊和支出的各项费用。

4.3.2 机械台班单价的费用构成

按有关规定机械台班单价由七项费用构成。这些费用按其性质划分为第一类费用和第二类费用。

(1) 第一类费用

第一类费用亦称不变费用，是指属于分摊性质的费用。包括折旧费、大修理费、经常修理费、安拆及场外运输费等。

(2) 第二类费用

第二类费用亦称可变费用，是指属于支出性质的费用。包括燃料动力费、人工费、养路费及车船使用税等。

4.3.3 第一类费用计算

从简化计算的角度出发，我们提出以下计算方法。

(1) 折旧费

$$台班折旧费 = \frac{购置机械全部费用 \times (1 - 残值率)}{耐用总台班} \tag{4-7}$$

其中，购置机械全部费用是指机械从购买地运到施工单位所在地发生的全部费用。包括：原价、购置税、保险费及牌照费、运费等。

耐用总台班计算方法为：

$$耐用总台班 = 预计使用年限 \times 年工作台班 \tag{4-8}$$

机械设备的预计使用年限和年工作台班可参照有关部门指导性意见，也可根据实际情况自主确定。

【例 4-6】 5t 载货汽车的成交价为 75000 元，购置附加税税率 10%，运杂费 2000 元，耐用总台班 2000 个，残值率为 3%，试计算台班折旧费。

【解】

$$\begin{array}{c}5t载货汽车\\台班折旧费\end{array} = \frac{[75000 \times (1 + 10\%) + 2000] \times (1 - 3\%)}{2000}$$

$$= \frac{81965}{2000}元/台班 = 40.98 元/台班$$

(2) 大修理费

大修理费是指机械设备按规定到了大修理间隔台班需进行大修理，以恢复正常使用功能所需支出的费用。计算公式为：

$$\begin{array}{c}台班大\\修理费\end{array} = \frac{一次大修理费 \times (大修理周期 - 1)}{耐用总台班} \tag{4-9}$$

【例 4-7】 5t 载货汽车一次大修理费为 8700 元，大修理周期为 4 个，耐用总台班为 2000 个，试计算台班大修理费。

【解】

$$\begin{array}{c}5t载货汽车\\台班大修理费\end{array} = \frac{8700 \times (4 - 1)}{2000}元/台班$$

$$= \frac{26100}{2000}元/台班 = 13.05 元/台班$$

(3) 经常修理费

经常修理费是指机械设备除大修理外的各级保养及临时故障所需支出的费用。包括为保障机械正常运转所需替换设备，随机配置的工具、附具的摊销及维护费用，机械正常运转及日常保养所需润滑、擦拭材料费用和机械停置期间的维护保养费用等。

台班经常修理费可以用下列简化公式计算：

$$台班经常修理费 = 台班大修理费 \times 经常修理费系数 \tag{4-10}$$

【例 4-8】 经测算 5t 载货汽车的台班经常修理费系数为 5.41，按计算出的 5t 载货汽车大修理费和计算公式，计算台班经常修理费。

【解】

$$\begin{array}{c}5t载货汽车\\台班经常修理费\end{array}=(13.05\times5.41)元/台班=70.60元/台班$$

（4）安拆费及场外运输费

安拆费是指机械在施工现场进行安装、拆卸所需人工、材料、机械费和试运转费，以及机械辅助设施（如行走轨道、枕木等）的折旧、搭设、拆除费用。

场外运输费是指机械整体或分体自停置地点运至施工现场或由一工地运至另一工地的运输、装卸、辅助材料以及架线费用。

该项费用，在实际工作中可以采用两种方法计算。一种是当发生时在工程报价中已经计算了这些费用，那么编制机械台班单价就不再计算；另一种是根据往年发生费用的年平均数除以年工作台班计算。计算公式为：

$$\begin{array}{c}台班安拆及\\场外运输费\end{array}=\frac{历年统计安拆费及场外运输费的年平均数}{年工作台班} \tag{4-11}$$

【例 4-9】 6t 内塔式起重机（行走式）的历年统计安拆及场外运输费的年平均数为 9870 元，年工作台班 280 个。试求台班安拆及场外运输费。

【解】

$$\begin{array}{c}台班安拆及\\场外运输费\end{array}=\frac{9870}{280}元/台班=35.25元/台班$$

4.3.4 第二类费用计算

（1）燃料动力费

燃料动力费是指机械设备在运转中所耗用的各种燃料、电力、风力等的费用。计算公式为：

$$台班燃料动力费=\begin{array}{c}每台班耗用的\\燃料或动力数量\end{array}\times燃料或动力单价 \tag{4-12}$$

【例 4-10】 5t 载货汽车每台班耗用汽油 31.66kg，汽油单价 3.15 元/kg，求台班燃料费。

【解】 台班燃料费=(31.66×3.15)元/台班=99.72 元/台班

（2）人工费

人工费是指机上司机、司炉和其他操作人员的工日工资。计算公式为：

$$台班人工费=机上操作人员人工工日数\times人工单价 \tag{4-13}$$

【例 4-11】 5t 载货汽车每个台班的机上操作人员工日数为 1 个工日，人工单价 35 元，求台班人工费。

【解】 台班人工费=（35.00×1）元/台班=35.00 元/台班

（3）养路费及车船使用税

养路费及车船使用税指按国家规定应缴纳的机动车养路费、车船使用税、保险费及年检费。计算公式为：

$$\begin{array}{c}台班养路费\\及车船使用税\end{array}=\frac{核定吨位\times\{养路费[元/(t\cdot月)]\times12+车船使用税[元/(t\cdot年)]\}}{年工作台班}+\begin{array}{c}保险费及\\年检费\end{array} \tag{4-14}$$

其中：
$$\text{保险费及年检费}=\frac{\text{年保险费及年检费}}{\text{年工作台班}} \qquad (4\text{-}15)$$

【例 4-12】 5t 载货汽车每月每吨应缴纳养路费 80 元，每年应缴纳车船使用税 40 元/t，年工作台班 250 个，5t 载货汽车年缴保险费、年检费共计 2000 元，试计算台班养路费及车船使用税。

【解】

$$\begin{aligned}\text{台班养路费及车船使用税}&=\left[\frac{5\times(80\times12+40)}{250}+\frac{2000}{250}\right]\text{元/台班}\\&=\left(\frac{5000}{250}+\frac{2000}{250}\right)\text{元/台班}=(20.00+8.00)\text{元/台班}\\&=28.00\text{元/台班}\end{aligned}$$

4.3.5 机械台班单价计算实例

将上述计算 5t 载货汽车台班单价的计算过程汇总成台班单价计算表，见表 4-1。

机械台班单价计算表 **表 4-1**

项目		5t 载货汽车		
		单位	金额	计算式
台班单价		元	287.35	124.63+162.72=287.35
第一类费用	折旧费	元	40.98	$\frac{[7500\times(1+10\%)+2000]\times(1-3\%)}{2000}=40.98$
	大修理费	元	13.05	$\frac{8700\times(4-1)}{2000}=13.05$
	经常修理费	元	70.60	13.05×5.41=70.60
	安拆及场外运输费	元	—	—
小计		元	124.63	
第二类费用	燃料动力费	元	99.72	31.66×3.15=99.72
	人工费	元	35.00	35.00×1=35.00
	养路费及车船使用税	元	28.00	$\frac{5\times(80\times12+40)}{250}+\frac{2000}{250}=28.00$
小计		元	162.72	

多选练习题

1. 人工单价一般包括(　　)。

A 奖金　B 基本工资　C 养老保险　D 失业保险

2. 材料单价一般包括(　　)。

A 原价　B 运杂费　C 采购保管费　D 现场搬运费

3. 机械台班单价的第二类费用包括(　　)。

A 人工费　B 养路费　C 折旧费　D 大修理费

4. 材料采购保管费包括(　　)。

A 差旅交通费　B 通信费　C 仓库保管费　D 管理费

5 建筑工程定额

5.1 概　　述

5.1.1　定额的概念

定额是国家主管部门颁发的用于规定完成建筑安装产品所需消耗的人力、物力和财力的数量标准。

定额反映了在一定生产力水平条件下，施工企业的生产技术水平和管理水平。

5.1.2　建筑工程定额的分类

建筑工程定额可以从不同角度，按以下方法分类。

（1）按定额包含的不同生产要素分类

1）劳动定额

劳动定额是施工企业内部使用的定额。它规定了在正常施工条件下，某工种某等级的工人或工人小组，生产单位合格产品所需消耗的劳动时间；或是在单位工作时间内生产合格产品的数量标准。前者称为时间定额，后者称为产量定额。

2）材料消耗定额

材料消耗定额是施工企业内部使用的定额。它规定了在正常施工条件下，节约和合理使用条件下，生产单位合格产品所必需消耗的一定品种规格的原材料、半成品、成品和结构构件的数量标准。

3）机械台班使用定额

机械台班使用定额用于施工企业。它规定了在正常施工条件下，利用某种施工机械，生产单位合格产品所必需消耗的机械工作时间；或者在单位时间内施工机械完成合格产品的数量标准。

（2）按定额的不同用途分类

1）企业定额

企业定额主要用于编制施工预算，是施工企业管理的基础。企业定额一般由劳动定额、材料消耗定额、机械台班定额组成。

2）预算定额

预算定额主要用于编制施工图预算，是确定一定计量单位的分项工程或结构构件的人工、材料、机械台班耗用量（及货币量）的数量标准。

3）概算定额

概算定额主要用于编制设计概算，是确定一定计量单位的扩大分项工程的人工、材料、机械台班消耗量（及货币量）的数量标准。

4）概算指标

概算指标主要用于估算或编制设计概算，是以每个建筑物或构筑物为对象，以

“m^2”、“m”或“座”等计量单位规定人工、材料、机械台班耗用量的数量标准。

(3) 按定额的编制单位和执行范围分类

1) 全国统一定额

由主管部门根据全国各专业的技术水平与组织管理状况而编制，在全国范围内执行的定额，如《全国统一安装工程预算定额》等。

2) 地区定额

参照全国统一定额或根据国家有关规定编制，在本地区使用的定额，如各省、市、自治区的建筑工程预算定额等。

3) 企业定额

根据施工企业生产力水平和管理水平编制供内部使用的定额。

4) 临时定额

当现行的概预算定额不能满足需求时，根据具体情况补充的一次性使用定额。编制补充定额必须按有关规定执行。

5.1.3 建筑工程定额的作用

定额是企业和基本建设实行科学管理的必备条件，没有定额根本谈不上科学管理。

(1) 定额是企业计划管理的基础

施工企业为了组织和管理施工生产活动，必须编制各种计划，而计划中的人力、物力和资金需用量都要根据定额来计算。因此，定额是企业计划管理的重要基础。

(2) 定额是提高劳动生产率的重要手段

施工企业要提高劳动生产率，除了合理的组织外，还要贯彻执行各种定额，把企业提高劳动生产率的任务具体落实到每位职工身上，促使他们采用新技术、新工艺，改进操作方法，改进劳动组织，减小劳动强度，使用较少的劳动量生产较多的产品，进而提高劳动生产率。

(3) 定额是衡量设计方案优劣的标准

使用定额或概算指标对一个拟建工程的若干设计方案进行技术经济分析，就能选择经济合理的最优设计方案。因此，定额是衡量设计方案经济合理性的标准。

(4) 定额是实行责任承包制的重要依据

以招标投标承包制为核心的经济责任制是建筑市场发展的基本内容。

在签订投资包干协议、计算标底和标价、签订承包合同，以及企业内部实行各种形式的承包责任制，都必须以各种定额为主要依据。

(5) 定额是科学组织施工和管理施工生产的有效工具

建筑安装工程施工是由多个工种、部门组成的一个有机整体而进行施工生产活动的。在安排各部门各工种的生产计划中，无论是计算资源需用量或者平衡资源需用量，组织供应材料，合理配备劳动组织，调配劳动力，签发工程任务单和限额领料单，还是组织劳动竞赛，考核工料消耗，计算和分配劳动报酬等，都要以各种定额为依据。因此，定额是组织和管理施工生产的有效工具。

(6) 定额是企业实行经济核算的重要基础

企业为了分析和比较施工生产中的各种消耗，必须以各种定额为依据。企业进行工程成本核算时，要以定额为标准，分析比较各项成本，肯定成绩，找出差距，提出改进措施，不断降低各种消耗，提高企业的经济效益。

5.1.4 建筑工程定额的特性

（1）科学性

建筑工程定额是采用技术测定法等科学方法，在认真研究施工生产过程中的客观规律的基础上，通过长期的观察、测定、总结生产实践经验以及在广泛搜集资料的基础上编制的。

在编制过程中，必须对工作时间分析、动作研究、现场布置、工具设备改革，以及生产技术与组织管理等各方面，进行科学的综合研究。因而，制定的定额客观地反映了施工生产企业的生产力水平，所以定额具有科学性。

（2）权威性

在计划经济体制下，定额具有法令性，即建筑安装工程定额经工程造价行政主管部门颁发后，具有经济法规的性质，执行定额的所有各方必须严格遵守，未经许可，不得随意改变定额的内容和水平。

但是，在市场经济条件下，定额的执行过程中允许企业根据招投标等具体情况进行调整，使其体现市场经济的特点，故定额的法令性淡化了，要求建筑安装工程定额既能起到国家宏观调控市场的作用，又能起到让建筑市场充分发展的作用，就必须要有一个社会公认的，在使用过程中可以有根据地改变其水平的定额。这种具有权威性控制量的定额，各业主和工程承包商可以根据本企业生产力水平状况进行适当调整。

定额的权威性是建立在其先进性基础之上的。即定额需要能正确反映本行业的生产力水平，符合社会主义市场经济的发展规律。

（3）群众性

定额的群众性是指定额的制定和执行都必须有广泛的群众基础。因为定额水平的高低主要取决于建筑安装工人所创造的劳动生产力水平的高低；其次，工人直接参加定额的测定工作，有利于制定出容易掌握和推广的定额；最后，定额的执行要依靠广大职工的生产实践活动方能完成。

5.1.5 定额的编制方法

（1）技术测定法

技术测定法是一种科学的调查研究方法。它是通过对施工过程的具体活动进行实地观察，详细记录工人和施工机械的工作时间消耗，测定完成产品的数量和有关影响因素，将记录结果进行分析研究，整理出可靠的数据资料，为编制定额提供可靠数据的一种方法。

常用的技术测定方法包括：测时法、写实记录法、工作日写实法。

（2）经验估计法

经验估计法是根据定额员、技术员、生产管理人员和老工人的实际工作经验，对生产某一产品或某项工作所需的人工、材料、机械台班数量进行分析、讨论和估算后，确定定额消耗量的一种方法。

（3）统计计算法

统计计算法是一种用过去统计资料编制定额的一种方法。

（4）比较类推法

比较类推法也叫典型定额法。

比较类推法是在相同类型的项目中，选择有代表性的典型项目，用技术测定法编制出定额，然后根据这些定额用比较类推的方法编制其他相关定额的一种方法。

5.2 预算定额的构成与内容

5.2.1 预算定额的构成

预算定额一般由总说明、分部说明、分节说明、建筑面积计算规则、分项工程消耗指标、分项工程基价、机械台班预算价格、材料预算价格、砂浆和混凝土配合比表、材料损耗率表等内容构成，如图 5-1 所示。

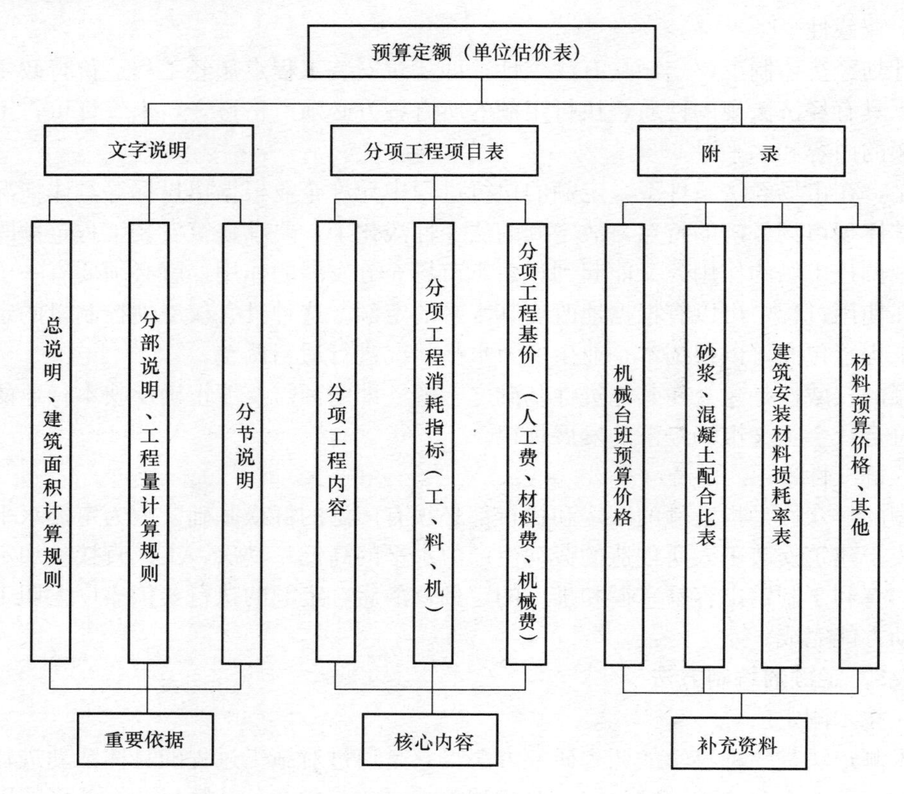

图 5-1　预算定额构成示意图

5.2.2 预算定额的内容

（1）文字说明

1）总说明

总说明综合叙述了定额的编制依据、作用、适用范围及编制此定额时有关共性问题的处理意见和使用方法等。

2）建筑面积计算规范

建筑面积计算规范严格、全面地规定了计算建筑面积的范围和方法。建筑面积是基本建设中重要的技术经济指标，也是计算其他技术经济指标的基础。

3）分部说明

分部说明是预算定额的重要内容，介绍了分部工程定额中使用各定额项目的具体规定。例如砖墙身如为弧形时，其相应定额的人工费要乘以大于1的系数等。

4）工程量计算规则

工程量计算规则是按分部工程归类的。工程量计算规则统一规定了各分项工程量计算的处理原则，不管是否完全理解，在没有新的规定出现之前，必须按该规则执行。

工程量计算规则是准确和简化工程量计算的基本保证。因为，在编制定额的过程中就运用了计算规则，在综合定额内容时就确定了计算规则，所以工程量计算规则具有法规性。

5）分节说明

分节说明主要包括了该章节项目的主要工作内容。通过对工作内容的了解，帮助我们判断在编制施工图预算时套用定额的准确性。

(2) 分项工程项目表

分项工程项目表是按分部工程归类的，它主要包括三个方面的内容。

1）分项工程内容

分项工程内容是以分项工程名称来表达的。一般来说，每一个定额号对应的内容就是一个分项工程的内容。例如，"M5 混合砂浆砌砖墙"就是一个分项工程的内容。

2）分项工程消耗指标

分项工程消耗指标是指人工、材料、机械台班的消耗量。例如，某地区预算定额摘录见表5-1。其中1-1号定额的项目名称是花岗石楼地面，每$100m^2$的人工消耗指标是20.57个工日；材料消耗指标分别是花岗石板$102m^2$、1∶2水泥砂浆$2.20m^3$、白水泥10kg、素水泥浆$0.1m^3$、棉纱头1kg、锯木屑$0.60m^3$、石料切割锯片0.42片、水$2.60m^3$；机械台班消耗指标为200L砂浆搅拌机0.37台班、2t内塔吊0.74台班、石料切割机1.60台班。

预算定额摘录 **表5-1**

工程内容：清理基层、调制砂浆、锯板磨边贴花岗岩板、擦缝、清理净面 （$100m^2$）

定额编号				1-1	1-2	1-3
项目		单位	单价	花岗石楼地面	花岗石踢脚板	花岗石台阶
基价		元		26774.12	27285.84	41886.55
其中	人工费	元		514.25	1306.25	1541.75
	材料费	元		26098.27	25850.25	40211.69
	机械费	元		161.60	129.34	133.11
综合用工		工日	25.00	20.57	52.25	61.67
材料	花岗石板	m^2	250.00	102.00	102.00	157.00
	1∶2水泥砂浆	m^3	230.02	2.20	1.10	3.26
	白水泥	kg	0.50	10.00	20.00	15.00
	素水泥浆	m^3	461.70	0.10	0.10	0.15
	棉纱头	kg	5.00	1.00	1.00	1.50
	锯木屑	m^3	8.50	0.60	0.60	0.89
	石料切割锯片	片	70.00	0.42	0.42	1.68
	水	m^3	0.60	2.60	2.60	4.00

续表

定额编号				1-1	1-2	1-3
机械	200L 砂浆搅拌机	台班	15.92	0.37	0.18	0.59
	2t 内塔吊	台班	170.61	0.74	0.56	—
	石料切割机	台班	18.41	1.60	1.68	6.72

3）分项工程基价

分项工程基价亦称分项工程单价，是确定单位分项工程人工费、材料费和机械使用费的标准。例如表 5-1 中 1-1 定额的基价为 26774.12 元，该基价由人工费 514.25 元、材料费26098.27元、机械费 161.60 元合计而成。这三项费用的计算过程是：

人工费＝20.57 工日×25.00 元/工日＝514.25 元

材料费＝(102.00×250.00＋2.20×230.02＋10.00×0.50＋0.10×461.70
＋1.00×5.00＋0.60×8.50＋0.42×70.00＋2.60×0.60)元
＝26098.27 元

机械费＝(0.37×15.92＋0.74×170.61＋1.60×18.41)元＝161.60 元

(3) 附录

附录主要包括以下几部分内容：

1）机械台班预算价格

机械台班预算价格确定了各种施工机械的台班使用费。例如，表 5-1 中 1-1 定额的 200L 砂浆搅拌机的台班预算价格为 15.92 元/台班。

2）砂浆、混凝土配合比表

砂浆、混凝土配合比表确定了各种配合比砂浆、混凝土每 $1m^3$ 的原材料消耗量，是计算工程材料消耗量的依据。例如表 5-2 中 F-2 号定额规定了 1：2 水泥砂浆每 $1m^3$ 需用 32.5 级普通水泥 635kg，中砂 $1.04m^3$。

抹灰砂浆配合比表（摘录）（m^3） **表 5-2**

定额编号				F-1	F-2
项目		单位	单价	水泥砂浆	
				1：1.5	1：2
基价		元		254.40	230.02
材料	32.5 水泥	kg	0.30	734	635
	中砂	m^3	38.00	0.90	1.04

3）建筑安装材料损耗率表

该表表示了编制预算定额时，各种材料损耗率的取定值，为使用定额者换算定额和补充定额提供依据。

4）材料预算价格表

材料预算价格表汇总了预算定额中所使用的各种材料的单价，它是在编制施工图预算时调整材料价差的依据。

5.3 预算定额的应用

5.3.1 预算定额基价的确定

人工、材料、机械台班消耗量是定额中的主要指标，它以实物量来表示。为了方便使用，目前，各地区编制的预算定额普遍反映货币量指标，也就是由人工费、材料费、机械台班使用费构成定额基价。

所谓基价，即指分项工程单价，简称工程单价。它可以是完全分项工程单价，也可以是不完全分项工程单价。

作为建筑工程预算定额，它以完全工程单价的形式来表现，这时也可称为建筑工程单位估价表；作为不完全工程单价表现形式的定额，常用于安装工程预算定额和装饰工程预算定额，因为上述定额中一般不包括主要材料费。

预算定额中的基价是根据某一地区的人工单价、材料预算价格、机械台班预算价格计算的，其计算公式如下：

$$定额基价=人工费+材料费+机械使用费 \tag{5-1}$$

式中

$$人工费=\Sigma(定额工日数\times工日单价) \tag{5-2}$$

$$材料费=\Sigma(材料数量\times材料预算价格) \tag{5-3}$$

$$机械使用费=\Sigma(机械台班量\times台班预算价格) \tag{5-4}$$

公式中的实物量指标(工日数、材料数量、机械台班量)是预算定额规定的，但工日单价、材料预算价格、台班预算价格则按某地区的价格确定。通常，全国统一预算定额的基价采用北京地区的价格；省、市、自治区预算定额的基价采用省会所在地或自治区首府所在地的价格。定额基价的计算过程可以通过表 5-3 来表达。

预算定额项目基价计算表 表 5-3

定额编号				1-1	计算式
项目		单位	单价	花岗石楼地面（100m²）	
基价		元	—	26774.12	基价=514.25+26098.27+161.60=26774.12
其中	人工费	元	—	514.25	见计算式
	材料费	元	—	26098.27	见计算式
	机械费	元	—	161.60	见计算式
综合用工		工日	25.00 元/工日	20.57	人工费=20.57 工日×25.00 元/工日=514.25 元
材料	花岗石板	m²	250.00	102.00	材料费： 102.00×250.00=25500
	1∶2 水泥砂浆	m³	230.02	2.20	2.20×230.02=506.04
	白水泥	kg	0.50	10.00	10.00×0.50=5.00
	素水泥浆	m³	461.70	0.10	0.10×461.70=46.17
	棉纱头	kg	5.00	1.00	1.00×5.00=5.00
	锯木屑	m³	8.50	0.60	0.60×8.50=5.10
	石料切割锯片	片	70.00	0.42	0.42×70.00=29.40
	水	m³	0.60	2.60	2.60×0.60=1.56 （合计）26098.27

续表

定额编号				1-1	计算式
项目		单位	单价	花岗石楼地面（$100m^2$）	
机械	200L 砂浆搅拌机	台班	15.92	0.37	机械费： 0.37×15.92=5.89 0.74×170.61=126.25 1.60×18.41=29.46 } 161.60
	2t 内塔吊	台班	170.61	0.74	
	石料切割机	台班	18.41	1.60	

5.3.2 预算定额项目中材料费与配合比表的关系

预算定额项目中的材料费是根据材料栏目中的半成品（砂浆、混凝土）、原材料用量乘以各自的单价汇总而成的。其中，半成品的单价是根据半成品配合比表中各项目的基价来确定的。例如，"定-1"定额项目中 M5 水泥砂浆的单价是根据"附-1"砌筑砂浆配合比的基价 124.32 元/m^3 确定的。还需指出，M5 水泥砂浆的基价是该附录号中 32.5 级水泥、中砂的材料费。

即：270kg×0.30 元/kg+1.14m^3×38.00 元/m^3

=124.32 元/m^3。

5.3.3 预算定额项目中工料消耗指标与砂浆、混凝土配合比表的关系

定额项目中材料栏内含有砂浆或混凝土半成品用量时，其半成品的原材料用量要根据定额附录中砂浆、混凝土配合比表的材料消耗量来计算。因此，当定额项目中的配合比与施工图设计的配合比不同时，附录中的半成品配合比表是定额换算的重要依据。预算定额示例见表 5-4、表 5-5。砂浆和混凝土配合比表见表 5-6～表 5-8。

建筑工程预算定额（摘录） **表 5-4**

工程内容：略

定额编号				定-1	定-2	定-3	定-4
定额单位				$10m^3$	$10m^3$	$10m^3$	$100m^2$
项目		单位	单价	M5 水泥砂浆砌砖基础	现浇 C20 钢筋混凝土矩形梁	C15 混凝土地面垫层	1：2 水泥砂浆墙基防潮层
基价		元		1277.30	7673.82	1954.24	798.79
其中	人工费	元		310.75	1831.50	539.00	237.50
	材料费	元		958.99	5684.33	1384.26	557.31
	机械费	元		7.56	157.99	30.98	3.98
人工	基本工	d	25.00	10.32	52.20	13.46	7.20
	其他工	d	25.00	2.11	21.06	8.10	2.30
	合计	d	25.00	12.43	73.26	21.56	9.5
材料	标准砖	千块	127.00	5.23			
	M5 水泥砂浆	m^3	124.32	2.36			
	木材	m^3	700.00		0.138		
	钢模板	kg	4.60		51.53		
	零星卡具	kg	5.40		23.20		
	钢支撑	kg	4.70		11.60		

续表

定额编号				定-1	定-2	定-3	定-4
定额单位				$10m^3$	$10m^3$	$10m^3$	$100m^2$
项目		单位	单价	M5水泥砂浆砌砖基础	现浇C20钢筋混凝土矩形梁	C15混凝土地面垫层	1∶2水泥砂浆墙基防潮层
材料	ϕ10内钢筋	kg	3.10		471		
	ϕ10外钢筋	kg	3.00		728		
	C20混凝土(0.5～4)	m^3	146.98		10.15		
	C15混凝土(0.5～4)	m^3	136.02			10.10	
	1∶2水泥砂浆	m^3	230.02				2.07
	防水粉	kg	1.20				66.38
	其他材料费	元			26.83	1.23	1.51
	水	m^3	0.60	2.31	13.52	15.38	
机械	200L砂浆搅拌机	台班	15.92	0.475			0.25
	400L混凝土搅拌机	台班	81.52		0.63	0.38	
	2t内塔吊	台班	170.61		0.625		

建筑工程预算定额（摘录） **表5-5**

工程内容：略

定额编号				定-5	定-6
定额单位				$100m^2$	$100m^2$
项目		单位	单价	C15混凝土地面面层(60厚)	1∶2.5水泥砂浆抹砖墙面(底13厚、面7厚)
基价		元		1191.28	888.44
其中	人工费	元		332.50	385.00
	材料费	元		833.51	451.21
	机械费	元		25.27	52.23
人工	基本工	d	25.00	9.20	13.40
	其他工	d	25.00	4.10	2.00
	合计	d	25.00	13.30	15.40
材料	C15混凝土(0.5～4)	m^3	136.02	6.06	
	1∶2.5水泥砂浆	m^3	210.72		2.10(底1.39；面0.71)
	其他材料费	元			4.50
	水	m^3	0.60	15.38	6.99
机械	200L砂浆搅拌机	台班	15.92		0.28
	400L混凝土搅拌机	台班	81.52	0.31	
	塔式起重机	台班	170.61		0.28

砌筑砂浆配合比表(摘录)(单位:m^3)　　**表 5-6**

定额编号				附-1	附-2	附-3	附-4
项目		单位	单价	水泥砂浆			
				M5	M7.5	M10	M15
基价		元		124.32	144.10	160.14	189.98
材料	32.5 水泥	kg	0.30	270.00	341.00	397.00	499.00
	中砂	m^3	38.00	1.140	1.100	1.080	1.060

抹灰砂浆配合比表(摘录)(单位:m^3)　　**表 5-7**

定额编号				附-5	附-6	附-7	附-8
项目		单位	单价	水泥砂浆			
				1∶1.5	1∶2	1∶2.5	1∶3
基价		元		254.40	230.02	210.72	182.82
材料	32.5 水泥	kg	0.30	734	635	558	465
	中砂	m^3	38.00	0.90	1.04	1.14	1.14

普通塑性混凝土配合比表(摘录)(单位:m^3)　　**表 5-8**

定额编号				附-9	附-10	附-11	附-12	附-13	附-14
项目		单位	单价	粗集料最大粒径:40mm					
				C15	C20	C25	C30	C35	C40
基价		元		136.02	146.98	162.63	172.41	181.48	199.18
材料	42.5 水泥	kg	0.30	274	313				
	52.5 水泥	kg	0.35			313	343	370	
	62.5 水泥	kg	0.40						368
	中砂	m^3	38.00	0.49	0.46	0.46	0.42	0.41	0.41
	0.5～4 砾石	m^3	40.00	0.88	0.89	0.89	0.91	0.91	0.91

【例 5-1】 根据表 5-4 中“定-1”号定额和表 5-6 中“附-1”号定额计算砌 $10m^3$ 砖基础需用 $2.36m^3$ 的 M5 水泥砂浆的原材料用量。

【解】 32.5 水泥:$2.36m^3 \times 270kg/m^3 = 637.20kg$

中砂:$2.36m^3 \times 1.14m^3/m^3 = 2.690m^3$

5.3.4 预算定额的套用

预算定额的套用分为直接套用和换算使用两种情况。

直接套用定额指直接使用定额项目中的基价、人工费、机械费、材料费、各种材料用量及各种机械台班耗用量。

当施工图的设计要求与预算定额的项目内容一致时,可直接套用预算定额。

在编制单位工程施工图预算的过程中,大多数分项工程项目可以直接套用预算定额。套用预算定额时应注意以下几点:

(1) 根据施工图、设计说明、标准图作法说明,选择预算定额项目。

(2) 应从工程内容、技术特征和施工方法上仔细核对,才能较准确地确定与施工图相对应的预算定额项目。

(3) 施工图中分项工程的名称、内容和计量单位要与预算定额项目相一致。

5.3.5 预算定额的换算

编制预算时，当施工图中的分项工程项目不能直接套用预算定额时，就需要进行定额换算。

（1）换算原则

为了保持原定额的水平，在预算定额的说明中规定了有关换算原则，一般包括：

1）如施工图设计的分项工程项目中砂浆、混凝土强度等级与定额对应项目不同时，允许按定额附录的砂浆、混凝土配合比表进行换算，但配合比表中规定的各种材料用量不得调整。

2）定额中的抹灰项目已考虑了常用厚度，各层砂浆的厚度一般不作调整。如果设计有特殊要求时，定额中工、料可以按比例换算。

3）是否可以换算、怎样换算，必须按预算定额中的各项规定执行。

（2）预算定额的换算类型

预算定额的换算类型常有以下几种：

1）砂浆换算：即砌筑砂浆换强度等级、抹灰砂浆换配合比及砂浆用量换算。

2）混凝土换算：即构件混凝土的强度等级、混凝土类型换算；楼地面混凝土的强度等级、厚度换算等。

3）系数换算：按规定对定额基价、定额中的人工费、材料费、机械费乘以各种系数的换算。

4）其他换算：除上述三种情况以外的预算定额换算。

（3）预算定额换算的基本思路

预算定额换算的基本思路是：根据选定的预算定额基价，按规定换入增加的费用，换出应扣除的费用。这一思路可用下列表达式表述：

$$\text{换算后的定额基价}=\text{原定额基价}+\text{换入的费用}-\text{换出的费用} \tag{5-5}$$

例如，某工程施工图设计用C20混凝土作地面垫层，查预算定额，只有C15混凝土地面垫层的项目，这就需要根据该项目，再根据定额附录中C20混凝土的基价进行换算，其换算式如下：

$$\begin{matrix}\text{C20 混凝土}\\\text{地面垫层基价}\end{matrix}=\begin{matrix}\text{C15 混凝土地面}\\\text{垫层定额基价}\end{matrix}+\begin{matrix}\text{定额混凝}\\\text{土用量}\end{matrix}\times\begin{matrix}\text{C20 混凝}\\\text{土基价}\end{matrix}-\begin{matrix}\text{定额混凝}\\\text{土用量}\end{matrix}\times\begin{matrix}\text{C15 混凝}\\\text{土基价}\end{matrix} \tag{5-6}$$

5.3.6 砌筑砂浆换算

（1）换算原因

当设计图样要求的砌筑砂浆强度等级在预算定额中缺项时，就需要根据同类相似定额调整砂浆强度等级，求出新的定额基价。

（2）换算特点

由于该类换算的砂浆用量不变，所以人工、机械费不变，因而只需换算砂浆强度等级和计算换算后的材料用量。

砌筑砂浆换算公式：

$$\begin{matrix}\text{换算后定}\\\text{额基价}\end{matrix}=\begin{matrix}\text{原定额}\\\text{基价}\end{matrix}+\begin{matrix}\text{定额砂}\\\text{浆用量}\end{matrix}\times\left(\begin{matrix}\text{换入砂}\\\text{浆基价}\end{matrix}-\begin{matrix}\text{换出砂}\\\text{浆基价}\end{matrix}\right) \tag{5-7}$$

【例5-2】 M10水泥砂浆砌砖基础。

【解】 换算定额号："定-1"（表 5-4）。

换算附录定额号："附-1、附-3"（表 5-6）。

(1) $$\text{换算后定额基价} = \overset{\text{定-1}}{1277.30}\text{元}/10\text{m}^3 + [2.36\times(\overset{\text{附-3}}{160.14} - \overset{\text{附-1}}{124.32})]\text{元}/10\text{m}^3$$

$$= 1277.30\text{ 元}/10\text{m}^3 + (2.36\times 35.82)\text{元}/10\text{m}^3$$

$$= 1277.30\text{ 元}/10\text{m}^3 + 84.54\text{ 元}/10\text{m}^3 = 1361.84\text{ 元}/10\text{m}^3$$

(2)换算后材料用量（10m^3 砖砌体）

32.5 级水泥：$2.36\text{m}^3\times 397.00\text{kg/m}^3 = 936.92\text{kg}$

中砂：$2.36\text{m}^3\times 1.08\text{m}^3/\text{m}^3 = 2.549\text{m}^3$

5.3.7 抹灰砂浆换算

(1)换算原因

当设计图样要求的抹灰砂浆配合比或抹灰厚度与预算定额的抹灰砂浆配合比或厚度不同时，就需要根据同类相似定额进行换算，求出新的定额基价。

(2)换算特点

第一种情况：当抹灰厚度不变只换配合比时，仅调整材料费和材料用量。

第二种情况：当抹灰厚度发生变化时，砂浆用量要改变，因而定额人工费、材料费、机械费和材料用量均要换算。

(3)换算公式

第一种情况：

$$\text{换算后定额基价} = \text{原定额基价} + \Sigma\left[\text{各层砂浆定额用量}\times\left(\text{换入砂浆基价} - \text{换出砂浆基价}\right)\right] \quad (5\text{-}8)$$

第二种情况：

$$\text{换算后定额基价} = \text{原定额基价} + \left(\text{定额人工费} + \text{定额机械费}\right)\times(K-1) + \Sigma\left(\text{各层换入砂浆用量}\times\text{换入砂浆基价} - \text{各层砂浆定额用量}\times\text{换出砂浆基价}\right) \quad (5\text{-}9)$$

$$K = \frac{\text{设计抹灰砂浆总厚}}{\text{定额抹灰砂浆总厚}} \quad (5\text{-}10)$$

$$\text{各层换入砂浆用量} = \frac{\text{定额砂浆用量}}{\text{定额砂浆厚度}}\times\text{设计厚度} \quad (5\text{-}11)$$

式中 K——人工、机械费换算系数。

【例 5-3】 1∶3 水泥砂浆底 13mm 厚，1∶2 水泥砂浆面 7mm 厚砖墙面抹灰。

【解】 该例题属于第一种情况换算。

换算定额号："定-6"（表 5-5）。

换算附录定额号："附-6"、"附-7"、"附-8"（表 5-7）。

(1) $$\text{换算后定额基价} = 888.44\text{ 元}/100\text{m}^2 + (0.71\times 230.02 + 1.39\times 182.82 - 2.10\times 210.72)\text{元}/100\text{m}^2$$

$$= 888.44\text{ 元}/100\text{m}^2 + (417.43 - 442.51)\text{元}/100\text{m}^2$$

$$= 888.44\text{ 元}/100\text{m}^2 - 25.08\text{ 元}/100\text{m}^2$$

$$= 863.36\text{ 元}/100\text{m}^2$$

(2) 换算后材料用量（$100m^2$）

32.5 级水泥：$0.71m^3 \times 635kg/m^3 + 1.39m^3 \times 465kg/m^3 = 1097.20kg$

中砂：$0.71m^3 \times 1.04m^3/m^3 + 1.39m^3 \times 1.14m^3/m^3 = 2.323m^3$

【例 5-4】 1∶3 水泥砂浆底 15mm 厚，1∶2.5 水泥砂浆面 8mm 厚砖墙面抹灰。

【解】 该例题属于第二种情况换算。

换算定额号："定-6"（表 5-5）。

换算附录定额号："附-7"、"附-8"（表 5-7）。

$$人工、机械费换算系数 = \frac{15+8}{13+7} = \frac{23}{20} = 1.15$$

$$1∶3 水泥砂浆用量 = \frac{1.39}{13} \times 15 = 1.604m^3$$

$$1∶2.5 水泥砂浆用量 = \frac{0.71}{7} \times 8 = 0.811m^3$$

(1) $\begin{matrix}换算后定\\额基价\end{matrix}$ $= 888.44 元/100m^2 + (385.00 + 52.23) \times (1.15 - 1) 元/100m^2$
$+ \{[(1.604 \times 182.82 + 0.811 \times 210.72) - (2.10 \times 210.72)]\}$ 元/$100m^2$
$= 888.44 元/100m^2 + (437.23 \times 0.15) 元/100m^2 + (464.14 - 442.51) 元/100m^2$
$= 888.44 元/100m^2 + 65.58 元/100m^2 + 21.63 元/100m^2$
$= 975.65 元/100m^2$

(2) 换算后材料用量（$100m^2$）

32.5 级水泥：$1.604m^3 \times 465kg/m^3 + 0.811m^3 \times 558kg/m^3 = 1198.40kg$

中砂：$1.604m^3 \times 1.14m^3/m^3 + 0.811m^3 \times 1.14m^3/m^3 = 2.753m^3$

5.3.8 构件混凝土换算

(1) 换算原因

当施工图设计要求构件采用的混凝土强度等级在预算定额中没有相符合的项目时，就产生了混凝土品种、强度等级和原材料的换算。

(2) 换算特点

由于混凝土用量不变，所以人工费、机械费不变，只换算混凝土品种、强度等级和原材料。

(3) 换算公式

$$\begin{matrix}换算后定\\额基价\end{matrix} = \begin{matrix}原定额\\基价\end{matrix} + \begin{matrix}定额混凝\\土用量\end{matrix} \times \left(\begin{matrix}换入混凝\\土基价\end{matrix} - \begin{matrix}换出混\\凝土基价\end{matrix}\right) \quad (5\text{-}12)$$

【例 5-5】 现浇 C30 钢筋混凝土矩形梁。

【解】 换算定额号："定-2"（表 5-4）。

换算附录定额号："附-10"、"附-12"（表 5-8）。

(1) $\begin{matrix}换算后定\\额基价\end{matrix}$ $= \overset{定-2}{7673.82} 元/10m^3 + [10.15 \times (\overset{附-12}{172.41} - \overset{附-10}{146.98})] 元/10m^3$
$= 7673.82 元/10m^3 + (10.15 \times 25.43) 元/10m^3$

$=7673.82$ 元/10m^3 $+258.11$ 元/10m^3

$=7931.93$ 元/10m^3

（2）换算后材料用量（10m^3）

52.5 级水泥：10.15m^3 ×343kg/m^3 =3481.45kg

中砂：10.15m^3 ×0.42m^3/m^3 =4.263m^3

0.5～4 砾石：10.15m^3 ×0.91m^3/m^3 =9.237m^3

5.3.9 楼地面混凝土换算

（1）换算原因

预算定额楼地面混凝土面层项目的定额单位一般以平方米为单位。因此，当图样设计的面层厚度与定额规定的厚度不同时，就产生了楼地面项目的定额基价和材料用量的换算。

（2）换算特点

1）同抹灰砂浆的换算特点。

2）如果预算定额中有楼地面面层厚度增加或减少定额时，可以用两个定额加或减的方式来换算，由于该方法较简单，此处不再介绍。

（3）换算公式

$$\begin{array}{c}\text{换算后定}\\\text{额基价}\end{array}=\begin{array}{c}\text{原定额}\\\text{基价}\end{array}+\left(\begin{array}{c}\text{定额}\\\text{人工费}\end{array}+\begin{array}{c}\text{定额}\\\text{机械费}\end{array}\right)\times(K-1)+\begin{array}{c}\text{换入混凝}\\\text{土用量}\end{array}\times\begin{array}{c}\text{换入混凝}\\\text{土基价}\end{array}-\begin{array}{c}\text{定额混凝}\\\text{土用量}\end{array}\times\begin{array}{c}\text{换出混凝}\\\text{土基价}\end{array}\tag{5-13}$$

$$K=\frac{\text{混凝土设计厚度}}{\text{混凝土定额厚度}}\tag{5-14}$$

$$\begin{array}{c}\text{换入混凝土}\\\text{用量}\end{array}=\frac{\text{定额混凝土用量}}{\text{定额混凝土厚度}}\times\text{设计混凝土厚度}\tag{5-15}$$

式中 K——人工、机械费换算系数。

【例 5-6】 C25 混凝土地面面层 80mm 厚。

【解】 换算定额号："定-5"（表 5-5）。

换算附录定额号："附-9"、"附-11"（表 5-8）。

人工、机械费换算系数 $K=\frac{80}{60}=1.333$

换入 C25 混凝土用量$=\left(\frac{6.06}{60}\times 80\right)$m^3 $=8.08$m^3

（1）$\begin{array}{c}\text{换算后定}\\\text{额基价}\end{array}=1191.28$ 元/100m^2 $+[(332.50+25.27)\times(1.333-1)]$元/100m^2

$+(8.08\times 162.63-6.06\times 136.02)$元/100m^2

$=(1191.28+119.14+1314.05-824.28)$元/100m^2

$=1800.9$ 元/100m^2

（2）换算后材料用量（100m^2）

52.5 级水泥：8.08m^3 ×313kg/m^3 =2529.04kg

中砂：8.08m^3 ×0.46m^3/m^3 =3.717m^3

0.5～4 砾石：8.08m^3 ×0.89m^3/m^3 =7.191m^3

5.3.10 乘系数换算

乘系数的换算是指在使用某些预算定额项目时，定额的一部分或全部乘以规定的系数。例如，某地区预算定额规定，砌弧形砖墙时，定额人工费乘以 1.10 系数；圆弧形、锯齿形、不规则形墙的抹面、饰面，按相应定额项目套用，但人工费乘以系数1.15。

【例 5-7】 1∶2.5 水泥砂浆锯齿形砖墙面抹灰。

【解】 根据题意，按某地区预算定额规定，套用“定-6”定额（表 5-5）后，人工费增加 15%。

换算后定额基价 $=888.44$ 元/100m^2 $+[385.00\times(1.15-1)]$元/100m^2

$=888.44$ 元/100m^2 $+57.75$ 元/100m^2

$=946.19$ 元/100m^2

5.3.11 其他换算

其他换算是指不属于上述几种换算情况的定额基价换算。

【例 5-8】 1∶2 防水砂浆墙基防潮层（加水泥用量的 9%防水粉）。

【解】 根据题意和定额“定-4”（表 5-4）内容应调整防水粉的用量。

换算定额号：“定-6”（表 5-4）。

换算附录定额号：“附-4”（表 5-7）。

$$\text{防水粉用量}=\text{定额砂浆用量}\times\text{砂浆配合比中的水泥用量}\times 9\%=2.07\text{m}^3\times 635\text{kg/m}^3\times 9\%=118.30\text{kg}$$

（1）换算后定额基价 $=798.79+[1.20$(防水粉单价)$\times(118.30-66.38)]$元/100m^2

$=798.79$ 元/100m^2 $+(1.20\times 51.92)$元/100m^2

$=798.79$ 元/100m^2 $+62.30$ 元/100m^2 $=861.09$ 元/100m^2

（2）换算后材料用量（100m^2）

32.5 级水泥：$2.07\text{m}^3\times 635\text{kg/m}^3=1314.45\text{kg}$

中砂：$2.07\text{m}^3\times 1.04\text{m}^3/\text{m}^3=2.153\text{m}^3$

防水粉：$2.07\text{m}^3\times 635\text{kg/m}^3\times 9\%=118.30\text{kg}$

5.4 概算定额和概算指标

5.4.1 概算定额

（1）概算定额的概念

概算定额亦称扩大结构定额。它规定了完成单位扩大分项工程或结构构件所必需消耗的人工、材料、机械台班的数量标准。

概算定额是由预算定额综合而成的，即；将预算定额中有联系的若干个分项工程项目综合为一个概算定额项目。例如，砖基础工程在预算定额中一般划分为人工挖地槽土方、基础垫层、砖基础，墙基防潮层等若干个分项工程。但在概算定额中，可以将上述若干个项目综合为一个概算定额项目，即砖基础项目。

（2）概算定额的主要作用

1）它是扩大初步设计阶段编制设计概算和技术设计阶段编制修正概算的依据。

2）它是对设计项目进行技术经济分析和比较的依据。

3）它是编制建设项目主要材料申请计划的依据。

4）它是编制概算指标的依据。

5）它是编制招投标工程标底和标价的依据。

（3）概算定额的编制依据

1）现行的预算定额。

2）选择的典型工程施工图和其他有关资料。

3）现行的概算定额。

4）人工单价、材料预算价格和机械台班预算价格。

（4）概算定额的编制步骤

1）准备工作阶段

该阶段的主要工作是确定编制机构和人员的组成，进行调查研究；了解现行概算定额的执行情况和存在的问题；明确编制定额的目的；在此基础上，制定出编制方案和确定概算定额项目。

2）编制初稿阶段

该阶段根据制定的编制方案和确定的定额项目，收集和整理各种数据，对各种资料进行深入细致的测算和分析，确定各项目的消耗量指标，然后编制出定额初稿。

该阶段要测算定额水平，内容包括两个方面：新编概算定额与原概算定额的水平；概算定额与预算定额的水平。

3）审查定额阶段

该阶段要组织有关部门讨论定额初稿，在听取合理意见的基础上进行修改。最后将修改稿报请上级主管部门审批。

5.4.2　概算指标

（1）概算指标的概念

概算指标是以整个建筑物或构筑物为对象，以"m^2"、"m^3"、"座"等为计量单位，规定了人工、机械台班、材料消耗量指标的一种标准。

（2）概算指标的主要作用

1）它是建设主管部门编制投资估算和编制建设计划，估算主要材料需用量计划的依据。

2）它是设计单位编制初步设计概算，选择设计方案的依据。

3）它是考核建设投资效果的依据。

4）它是编制招投标工程标价和标底的依据。

（3）概算指标的主要内容和形式

概算指标的内容和形式没有统一的规定，一般包括以下内容：

1）工程概况

包括建筑面积、结构类型、建筑层数、建筑地点、建设时间、工程各部位的结构及做法等。

2）工程造价及费用组成指标。

3）每平方米建筑面积工程量指标。

4）每平方米建筑面积工料消耗指标。

概算指标实例见表 5-9～表 5-11。

某地区砖混结构住宅概算指标 **表 5-9**

工程名称	××商住楼	结构类型	砖混结构	建筑层数	6层
建筑面积	3115m²	施工地点	××市	竣工日期	2009年12月

结构特征	基础	墙体	楼面	地面	屋面
	混凝土带形基础	240mm厚标准砖墙	现浇混凝土楼板	混凝土垫层，水泥砂浆面	水泥炉渣找坡，ABS防水层
	门窗	内装饰	外墙装饰	电照	给水排水
	铝合金窗，防盗门，木门	混合砂浆抹内墙面，瓷砖墙裙	外墙面砖	导线穿PC管暗敷	PE给水管，PVC排水管，蹲式大便器

项目		每平方米造价（元/㎡）	其中各项费用占造价百分比（%）								
			直接费					企业管理费	规费	利润	税金
			人工费	材料费	机械费	措施费	直接费小计				
工程造价		808.83	9.26	60.15	2.30	5.28	76.99	7.87	5.78	6.28	3.08
其中	土建工程	723.30	9.49	59.68	2.44	5.31	76.92	7.89	5.77	6.34	3.08
	给水排水工程	48.12	5.85	68.52	0.65	4.55	79.57	6.96	5.39	5.01	3.07
	电照工程	37.41	7.03	63.17	0.48	5.48	76.16	8.34	6.44	6.00	3.06

土建工程预算分部结构占直接费比率及每平方米建筑面积主要工程量 **表 5-10**

项目	单位	每平方米工程量	占直接费（%）	项目	单位	每平方米工程量	占直接费（%）
一、基础工程			12.04	四、门窗工程			11.93
人工挖土	m³	0.753		铝合金窗	m²	0.226	
混凝土带形基础	m³	0.022		木门	m²	0.145	
混凝土独立基础	m³	0.011		防盗门	m²	0.026	
混凝土柱基	m³	0.024		五、楼地面工程			4.11
混凝土挡土墙	m³	0.013		混凝土垫层	m³	0.019	
砖基础	m³	0.070		混凝土地面	m²	0.342	
二、结构工程			43.06	水泥砂浆地面	m²	0.642	
钢筋混凝土柱	m³	0.032		水磨石地面	m²	0.116	
砖内墙	m³	0.208		瓷砖地面	m²	0.012	
砖外墙	m³	0.087		六、室内装修			12.48
钢筋混凝土梁	m³	0.033		内墙抹灰	m²	2.271	
钢筋混凝土过梁	m³	0.030		瓷砖墙裙	m²	0.020	
钢筋混凝土板	m³	0.115		顶棚楞木	m²	0.034	
其他现浇构件	m³	0.030		钢板网顶棚	m²	0.032	
预制过梁	m³	0.002		轻钢龙骨吊顶	m²	0.126	
三、屋面工程			5.02	七、外墙装饰			6.10
水泥炉渣找坡	m³	0.150		外墙面砖	m²	0.210	
ABS防水层	m²	0.443		八、其他工程			5.26
PVC排水管	m	0.004		（检查井、化粪池等）			

每平方米建筑面积工料消耗指标　　表 5-11

项目	单位	每平方米耗用量	项目	单位	每平方米耗用量
一、定额用工	工日	7.050	生石灰	t	0.018
土建工程	工日	5.959	砂子	m^3	0.470
水电安装工程	工日	1.091	石子	m^3	0.234
二、材料消耗量			炉渣	m^3	0.016
钢筋	t	0.053	玻璃	m^2	0.099
型钢	kg	11.518	胶合板	m^2	0.264
铁件	kg	0.002	玻纤布	m^2	0.240
水泥	t	0.157	油漆	kg	0.693
锯材	m^3	0.021	PC管	m	1.662
标准砖	千块	0.160	导线	m	1.660

多选练习题

1. 按不同生产要素划分定额可分为(　　)。

A　预算定额　　B　劳动定额　　C　材料消耗定额　　D　机械台班使用定额

2. 企业定额一般由(　　)组成。

A　预算定额　　B　劳动定额　　C　材料消耗定额　　D　机械台班使用定额

3. 建筑工程定额的特性有(　　)。

A　科学性　　B　权威性　　C　预见性　　D　群众性

4. 定额的编制方法有(　　)。

A　技术测定法　　B　快速计算法　　C　经验估价法　　D　统计计算法

5. 预算定额的基价包括(　　)。

A　人工费　　B　材料费　　C　机械费　　D　管理费

6 定额计价方式

6.1 概 述

定额计价方式的内容包括投资估算、设计概算、施工图预算、施工预算、工程结算和竣工决算。

6.1.1 投资估算

投资估算是建设项目在投资决策阶段，根据现有的资料和一定的方法，对建设项目的投资数额进行估计的经济文件。一般由建设项目可行性研究主管部门或咨询单位编制。

6.1.2 设计概算

设计概算是在初步设计阶段或扩大初步设计阶段编制的确定单位工程概算造价的经济文件，一般由设计单位编制。

6.1.3 施工图预算

施工图预算是在施工图设计阶段，施工招标投标阶段编制。施工图预算是确定单位工程预算造价的经济文件，一般由施工单位或设计单位编制。

6.1.4 施工预算

施工预算是在施工阶段由施工单位编制。施工预算按照企业定额编制，是体现企业个别成本的工料机消耗量文件。

6.1.5 工程结算

工程结算是在工程竣工验收阶段由施工单位编制。工程结算是施工单位根据施工图预算、施工过程中的工程变更资料、工程签证资料、施工图预算等依据编制，是确定单位工程结算造价的经济文件。

6.1.6 竣工决算

竣工决算是在工程竣工投产后，由建设单位编制，综合反映竣工项目建设成果和财务情况的经济文件。

6.1.7 各计价内容之间的关系

投资估算是设计概算的控制数额；设计概算是施工图预算的控制数额；施工图预算反映行业的社会平均成本；施工预算反映企业的个别成本；工程结算根据施工图预算编制；若干个单位工程的工程结算汇总为一个建设项目竣工决算。

各计价内容相互关系示意如图 6-1 所示。

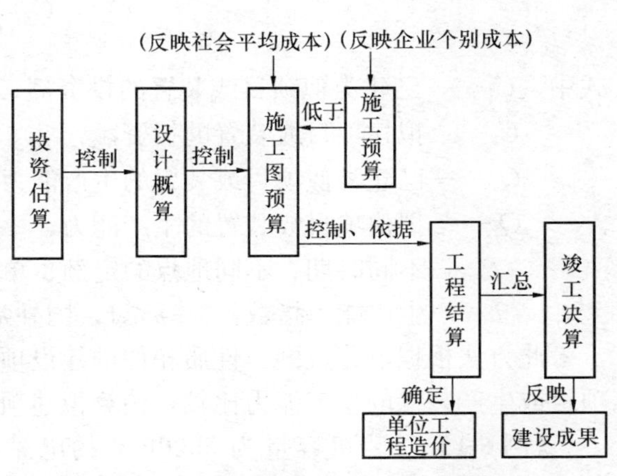

图 6-1 建设预算各内容相互关系示意图

6.2 建设项目投资估算

建设项目投资估算是在投资决策过程中依据现有的资料和一定的方法对建设工程的投资数额进行的估计，并在此基础上研究是否建设的造价计算方法。

投资估算要保证必要的准确性，如果误差太大必将导致决策失误。因此，准确、全面地估算建设项目的工程造价，是项目可行性研究乃至整个建设项目投资决策阶段工程造价管理的重要任务。

6.2.1 建设项目投资估算的内容

建设项目总投资的构成决定了投资估算应包括固定资产投资估算和流动资产投资估算。

固定资产投资估算包括：设备及工、器具购置费，建筑安装工程费，工程建设其他费用，预备费，建设期贷款利息和固定资产投资方向调节税等的估算。

6.2.2 建设项目投资估算编制方法

（1）静态投资的估算方法

1）资金周转率法

$$\text{资金周转率}=\frac{\text{年销售总额}}{\text{总投资}}=\frac{\text{产品的年产量}\times\text{产品单价}}{\text{总投资}} \tag{6-1}$$

$$\text{投资额}=\frac{\text{产品的年产量}\times\text{产品单价}}{\text{资金周转率}} \tag{6-2}$$

拟建项目的资金周转率可以根据已建相似项目的有关数据进行估计，然后再根据拟建项目的预计产品的年产量及单价，估算拟建项目的投资额。

此方法简便、速度快，但精确度较低，可用于投资机会研究及项目建议书阶段的投资估算。

2）生产能力指数法

$$C_2 = C_1\left(\frac{Q_2}{Q_1}\right)^n \cdot f \tag{6-3}$$

式中 C_1——已建类似项目或装置的投资额；

C_2——拟建项目或装置的投资额；

Q_1——已建类似项目或装置的生产能力；

Q_2——拟建项目或装置的生产能力；

f——不同时期、不同地点的定额、单价、费用变更等的综合调整系数；

n——生产能力指数，$0\leqslant n\leqslant 1$，国外常取0.6。

此方法根据已建成的、性质相似的建设项目或生产装置的投资额和生产能力，与拟建项目或生产装置的生产能力比较，估算拟建项目的投资额。计算公式为：

【例6-1】 装机容量为5000kW的电站投资总额为2860.92万元，求装机容量为2500kW的电站的投资额（设$n=0.9$，$f=1$）。

【解】

$$C_2 = \left[2860.90 \times \left(\frac{2500}{5000}\right)^{0.9} \times 1\right] 万元 = 1533.12 万元$$

3）比例估算法

①以拟建项目或装置的设备费为基数，根据已建成的同类项目或装置的建筑安装费和其他工程费用等占设备价值的百分比，求出相应的建筑安装工程费用等。再加上拟建项目的其他有关费用，其总和即为项目或装置的投资。

计算公式为：

$$C = E(1 + f_1 P_1 + f_2 P_2 + f_3 P_3 + \cdots) + I \tag{6-4}$$

式中 C——拟建项目或装置的投资额；

E——根据拟建项目或装置的设备清单按当时当地价格计算的设备费（包括运杂费）的总额；

P_1、P_2、P_3…——已建项目中建筑、安装及其他工程费用占设备费的百分比；

f_1、f_2、f_3…——由于时间因素引起的定额、价格、费用标准等变化的综合调整系数；

I——拟建项目的其他费用。

②以拟建项目中的最主要、投资比重较大并与生产能力直接相关的工艺设备的投资（包括运杂费及安装费）为基数，根据同类型的已建项目的有关统计资料，计算出拟建项目的各专业工程（总图、土建、暖通、给水排水、管道、电力及电信、自控及其他工程费用等）占工艺设备投资的百分比，据以求出各专业的投资，然后把各部分投资费用（包括工艺设备费）相加求和，再加上工程其他有关费用，即为项目的总费用。

计算公式为：

$$C = E(1 + f_1 P'_1 + f_2 P'_2 + f_3 P'_3 + \cdots) + I \tag{6-5}$$

式中 P'_1、P'_2、P'_3…——各专业工程费用占工艺设备总费用的百分比。

4）系数估算法

①朗格系数法。这种方法是以设备费用为基础，乘以适当系数来推算项目的建设费用。基本公式为：

$$D = C \cdot (1 + \sum K_i) \cdot K_c \tag{6-6}$$

式中 D——总建设费用；

C——主要设备费用；

K_i——管线、仪表、建筑物等费用的估算系数；

K_c——管理费、合同费、应急费等间接费在内的总估算系数。

总建设费用与设备费用之比为朗格系数 K_L，即：

$$K_L = (1 + \sum K_i) \cdot K_c \tag{6-7}$$

此方法比较简单，但没有考虑设备规格、材质的差异，所以精确度不高。

②设备厂房系数法。对于一个生产性项目，如果设计方案已确定了生产工艺，且初步选定了工艺设备并进行了工艺布置，就有了工艺设备的重量及厂房的高度和面积，则工艺设备投资和厂房土建的投资就可分别估算出来。项目的其他费用，与设备关系较大的按设备投资系数计算，与厂房土建关系较大的则以厂房土建投资系数计算，两类投资相加即得整个项目的投资。

③主要车间系数法。对于生产性项目，在设计中若主要考虑了主要生产车间的产品方案和生产规模，可先采用合适的方法计算出主要车间的投资，然后利用已建相似项目的投资比例计算出辅助设施等占主要生产车间投资的系数，估算出总的投资。

5）指标估算法

根据编制的各种具体的投资估算指标，进行单位工程投资的估算。投资估算指标的表示形式较多，如以元/m、元/m^2、元/m^3、元/t、元/（kV·A）表示。

指标估算法常用于对于房屋、建筑物投资的估算，经常采用以元/m^2 或元/m^3 表示。

静态投资的估算，应按某一确定的时间来进行，一般以开工的前一年为基准年，以这年的价格为依据计算，否则就会失去基准作用，影响投资估算的准确性。

（2）涨价预备费、建设费贷款利息及固定资产投资方向调节税的估算

1）涨价预备费

涨价预备费的估算，可按下列公式进行：

$$PF = \sum_{i=0}^{n} I_t[(1+f)^t - 1] \tag{6-8}$$

式中 PF——涨价预备费估算额；

I_t——建设期中第 t 年的投资计划额（按建设期前一年价格水平估算）；

n——建设期年份数；

f——年平均价格预计上涨率。

【例 6-2】 某电站工程的静态投资为 1408.71 万元，建设期 2 年，第一年投入 469.17 万元。第二年投入 939.54 万元。建设期价格变动率为 3%，估计该工程的涨价预备费为多少?

【解】

$$PF_1 = 469.17\text{ 万元} \times [(1+3\%) - 1] = 14.08\text{ 万元}$$

$$PF_2 = 939.54\text{ 万元} \times [(1+3\%)^2 - 1] = 57.22\text{ 万元}$$

所以，该工程的涨价预备费为：

$$PF = 14.08\text{ 万元} + 57.22\text{ 万元} = 71.30\text{ 万元}$$

2）建设期贷款利息

建设期贷款利息实行复利计算，其计算方法如下：

①对于贷款总额一次性贷出且利率固定的贷款，按下列公式计算：

$$\text{贷款利息} = P \cdot [(1+i)^n - 1] \tag{6-9}$$

式中 P——一次性贷款金额（本金）；

i——年利率；

n——贷款期限。

②当总贷款是分年均衡发放时，建设期利息的计算可按当年借款在年中支用考虑，即当年贷款按半年计息；上年贷款按全年计息。

计算公式如下：

$$q_j = \left(P_{j-1} + \frac{1}{2}A_j\right) \cdot i \tag{6-10}$$

式中 q_j——建设期第 j 年应计利息；

p_{j-1}——建设期第（$j-1$）年末贷款累计金额与利息累计金额之和；

A_j——建设期第 j 年贷款金额；

i——年利率。

3）固定资产投资方向调节税

固定资产投资方向调节税以固定资产投资项目实际完成投资额为计税依据，根据工程的性质及划分的单位工程情况，确定单位工程的使用税率，将各个单位工程应纳的税额汇总即得出整个项目的应纳税额。

需要说明的是，对投资方向调节税进行估算时，计税基数为年度固定资产投资计划额，按分年的单位工程投资额乘以相应税率计算。

（3）铺底流动资金的估算方法

铺底流动资金是保证项目投产后，能正常生产经营所需要的最基本的周转资金数额，这部分资金需要在项目决策阶段落实。铺底资金的计算公式为：

$$铺底流动资金=流动资金\times30\% \tag{6-11}$$

这里的流动资金实际上就是财务中的营运资金。

$$流动资金=流动资产-流动负债 \tag{6-12}$$

流动资产主要考虑应收账款、现金和存货；流动负债主要考虑应付和预收款。

6.2.3 建设投资估算案例

某小型电站工程，所在地区属五类工资区，按规定本工程的混凝土工程和安装工程采用三级企业施工队伍，三级企业施工队伍标准工资 132 元/（人·月）。经计算人工预算单价为 19.97 元/工日，三级以下企业施工队伍，除砂石备料工程采用 10 元/工日外，其余均采用 12 元/工日计算。

建筑工程采用《××省、××市水利水电建筑工程预算定额》。编制工程单价时扩大系数采用 1.03，安装工程采用水利部《中小型水利水电设备安装工程概算定额》。

进入单价的主要建材预算价格执行××省的规定，调差价格按照某县物资部门提供的当地市场批发价作为原价，并按规定计入各项费用（详见投资概算书）。

本工程施工用电 90%由地方电网供电，10%自备电源，经计算其电价为 0.60 元/kWh，水单价根据施工组织设计提供的资料计算 0.518 元/m^3。

机电及金属设备原价参照省内在建工程类似设备价格计列。

导流工程、仓库、交通工程等均按施工组织设计提供资料计算。其他临时工程按建安投资的 3.5%计算。

估算情况见表 6-1。

总估算表（单位：万元）　　**表 6-1**

序号	工程或费用名称	建安工程费	设备购置费	其他费用	合计	占投资额（%）
第一部分：建筑工程		557.14			557.14	41.53
一	挡水工程	36.57			36.57	
二	引水工程	250.39			250.39	
三	发电厂工程	130.22			130.22	
四	交通工程	31.31			31.31	

续表

序号	工程或费用名称	建安工程费	设备购置费	其他费用	合计	占投资额（%）
五	房屋建筑工程	33.52			33.52	
六	其他工程	30.98			30.98	
七	材料价差及税金	44.15			44.15	
	第二部分：机电设备及安装	54.79	312.71		367.50	27.39
一	发电设备及安装	44.82	249.99		294.81	
二	升压变电设备及安装	9.97	45.31		55.28	
三	其他设备及安装		17.41		17.41	
	第三部分：金属设备及安装	126.71	16.43		143.14	10.67
一	取水工程	1.78	5.98		7.76	
二	引水工程	124.91	7.93		132.86	
三	材料价差及税金		2.52		2.52	
	第四部分：临时工程	76.09			76.09	5.67
一	施工导流工程	4.11			4.11	
二	交通工程	16.45			16.45	
三	房屋建筑工程	35.66			35.66	
四	其他临时工程	19.87			19.87	
	第五部分：其他费用			197.75	197.75	14.74
一	建设管理费			92.11	92.11	
二	建设及施工场地征用费			5.92	5.92	
三	生产准备费			16.66	16.66	
四	科研勘测设计费			54.91	54.91	
五	其他费用			28.15	28.15	
	第一至第五部分合计	814.74	329.14	197.75	1341.62	100.00
	基本预备费				67.08	
	静态总投资				1408.70	
	建设期价差预备费				71.30	
	建设期还贷利息				53.13	
	总投资				1533.13	

基本预备费按第一至第五部分合计的5%计，涨价预备费按物价上涨指数的3%计算。

根据建设方意见：本工程自筹资本金占30%，建设期不计息，银行贷款70%，年利率按6.21%计算。

该工程静态投资：1408.71万元；总投资：1533.13万元。

6.3 施工图预算

施工图预算确定工程造价是典型的定额计价方式。编制施工图预算的主要内容是计算工程量、直接费计算及工料分析、间接费计算、利润和税金计算等，我们先介绍直接费的内容。

6.3.1 直接费内容

直接费由直接工程费和措施费构成。

6.3.1.1 直接工程费

直接工程费是指施工过程中耗费的构成工程实体的各项费用，包括人工费、材料费、施工机械使用费。

(1) 人工费

人工费是指直接从事建筑安装工程施工的生产工人所开支的各项费用，包括：

1) 基本工资。指发放给生产工人的基本工资。

2) 工资性补贴。指按规定发放给生产工人的物价补贴，燃（煤）气补贴，交通补贴，住房补贴，流动施工津贴等。

3) 生产工人辅助工资。指生产工人年有效施工天数以外非作业天数的工资，包括职工学习、培训期间的工资，调动工作、探亲、休假期间的工资，因气候影响的停工工资，女工哺乳时间的工资，病假在六个月以内的工资及婚、产、丧假期的工资。

4) 职工福利费。指按规定标准计提的职工福利费。

5) 生产工人劳动保护费。指按规定标准发放的劳动保护用品的购置费及修理费，徒工服装补贴，防暑降温费，在有碍身体健康环境中施工的保健费等。

6) 社会保障费。指包含在工资内，由工人交的养老保险费、失业保险费等。

(2) 材料费

材料费是指施工过程中耗用的构成工程实体，形成工程装饰效果的原材料、辅助材料、构配件、零件、半成品、成品的费用和周转材料的摊销（或租赁）费用。

(3) 施工机械使用费

是指使用施工机械作业所发生的机械费用以及机械安、拆和进出场费等。

6.3.1.2 措施费

措施费是指为完成工程项目施工，发生于该工程施工前和施工过程中的不形成工程实体的各项费用。措施费包括11项内容。

(1) 环境保护费指施工现场为达到环保部门要求所需要的各项费用。

(2) 文明施工费指施工现场文明施工所需要的各项费用。

(3) 安全施工费指施工现场安全施工所需要的各项费用。

(4) 临时设施费指施工企业为进行建筑工程施工所必须搭设的生活和生产用的临时建筑物、构筑物和其他临时设施费用等。

临时设施包括：临时宿舍、文化福利及公用事业房屋与构筑物，仓库、办公室、加工厂以及规定范围内道路、水、电、管线等临时设施和小型临时设施。

临时设施费用包括：临时设施的搭设、维修、拆除费或摊销费。

（5）夜间施工费指因夜间施工所发生的夜班补助费、夜间施工降效、夜间施工照明设备摊销及照明用电等费用。

（6）二次搬运费指因施工场地狭小等特殊情况而发生的二次搬运费用。

（7）大型机械设备进出场及安拆费指机械整体或分体自停放场地运至施工现场或由一个施工地点运至另一个施工地点，所发生的机械进出场运输及转移费用及机械在施工现场进行安装、拆卸所需的人工费、材料费、机械费、试运转费和安装所需的辅助设施的费用。

（8）混凝土、钢筋混凝土模板及支架费指混凝土施工过程中需要的各种钢模板、木模板、支架等的支、拆、运输费用及模板、支架的摊销（或租赁）费用。

（9）脚手架费指施工需要的各种脚手架搭、拆、运输费用及脚手架的摊销（或租赁）费用。

（10）已完工程及设备保护费指竣工验收前，对已完工程及设备进行保护所需费用。

（11）施工排水、降水费指为确保工程在正常条件下施工，采取各种排水、降水措施所发生的各种费用。

直接费划分示意见表 6-2。

直接费划分示意表 **表 6-2**

<table>
<tr><td rowspan="29">直接费</td><td rowspan="18">直接工程费</td><td rowspan="6">人工费</td><td>基本工资</td></tr>
<tr><td>工资性补贴</td></tr>
<tr><td>生产工人辅助工资</td></tr>
<tr><td>职工福利费</td></tr>
<tr><td>生产工人劳动保护费</td></tr>
<tr><td>社会保障费</td></tr>
<tr><td rowspan="5">材料费</td><td>材料原价</td></tr>
<tr><td>材料运杂费</td></tr>
<tr><td>运输损耗费</td></tr>
<tr><td>采购及保管费</td></tr>
<tr><td>检验试验费</td></tr>
<tr><td rowspan="7">施工机械使用费</td><td>折旧费</td></tr>
<tr><td>大修理费</td></tr>
<tr><td>经常修理费</td></tr>
<tr><td>安拆费及场外运输费</td></tr>
<tr><td>人工费</td></tr>
<tr><td>燃料动力费</td></tr>
<tr><td>养路费及车船使用税</td></tr>
<tr><td rowspan="11">措施费</td><td colspan="2">环境保护费</td></tr>
<tr><td colspan="2">文明施工费</td></tr>
<tr><td colspan="2">安全施工费</td></tr>
<tr><td colspan="2">临时设施费</td></tr>
<tr><td colspan="2">夜间施工费</td></tr>
<tr><td colspan="2">二次搬运费</td></tr>
<tr><td colspan="2">大型机械设备进出场及安拆费</td></tr>
<tr><td colspan="2">混凝土、钢筋混凝土模板及支架费</td></tr>
<tr><td colspan="2">脚手架费</td></tr>
<tr><td colspan="2">已完工程及设备保护费</td></tr>
<tr><td colspan="2">施工排水、降水费</td></tr>
</table>

6.3.1.3　措施费计算及有关费率确定方法

（1）环境保护费

$$环境保护费=直接工程费\times环境保护费费率（\%）\tag{6-13}$$

$$环境保护费费率（\%）=\frac{本项费用年度平均支出}{全年建安产值\times直接工程费占总造价比例（\%）}\tag{6-14}$$

（2）文明施工费

$$文明施工费=直接工程费\times文明施工费费率（\%）\tag{6-15}$$

$$文明施工费费率（\%）=\frac{本项费用年度平均支出}{全年建安产值\times直接工程费占总造价比例（\%）}\tag{6-16}$$

（3）安全施工费

$$安全施工费=直接工程费\times安全施工费费率（\%）\tag{6-17}$$

$$安全施工费费率（\%）=\frac{本项费用年度平均支出}{全年建安产值\times直接工程费占总造价比例（\%）}\tag{6-18}$$

（4）临时设施费

临时设施费由三部分组成。

1）周转使用临建费（如活动房屋费）。

2）一次性使用临建费（如简易建筑费）。

3）其他临时设施费（如临时管线费）。

$$临时设施费=(周转使用临建费+一次性使用临建费)\times[1+其他临时设施所占比例(\%)]\tag{6-19}$$

其中

$$周转使用临建费=\Sigma\left[\frac{临建面积\times每平方米造价}{使用年限\times365\times利用率(\%)}\times工期(天)\right]+一次性拆除费\tag{6-20}$$

$$一次性使用临建费=\Sigma临建面积\times每平方米造价\times[1-残值率(\%)]+一次性拆除费\tag{6-21}$$

其他临时设施在临时设施费中所占比例，可由各地区造价管理部门依据典型施工企业的成本资料经分析后综合测定。

（5）夜间施工费

$$夜间施工费=\left(1-\frac{合同工期}{定额工期}\right)\times\frac{直接工程费中的人工费合计}{平均日工资单价}\times每工日夜间施工费开支\tag{6-22}$$

（6）二次搬运费

$$二次搬运费=直接工程费\times二次搬运费费率(\%)\tag{6-23}$$

$$二次搬运费费率(\%)=\frac{年平均二次搬运费开支额}{全年建安产值\times直接工程费占总造价的比例(\%)}\tag{6-24}$$

（7）混凝土、钢筋混凝土模板及支架费

1）模板及支架费=模板摊销量×模板价格+支、拆、运输费　　(6-25)

摊销量=一次使用量×(1+施工损耗)×[1+(周转次数-1)×补损率/周转次数-(1-补损率)× 50%/周转次数]　　(6-26)

2）租赁费＝模板使用量×使用期×租赁价格＋支、拆、运输费 （6-27）

（8）脚手架搭拆费

1）脚手架搭拆费＝脚手架摊销量×脚手架价格＋搭、拆、运输费 （6-28）

$$脚手架摊销量=\frac{单位一次使用量\times(1-残值率)}{耐用期\div一次使用期} \quad (6\text{-}29)$$

2）租赁费＝脚手架每日租金×搭设周期＋搭、拆、运输费 （6-30）

（9）已完工程及设备保护费

已完工程及设备保护费＝成品保护所需机械费＋材料费＋人工费 （6-31）

（10）施工排水、降水费

排水、降水费＝∑排水降水机械台班费×排水降水周期＋排水降水使用材料费、人工费 （6-32）

6.3.2 直接费计算及工料分析

当一个单位工程的工程量计算完毕后，就要套用预算定额基价进行直接费的计算。

本节只介绍直接工程费的计算方法，措施费的计算方法详见建筑工程费用章节。

计算直接工程费常采用两种方法，即单位估价法和实物金额法。

6.3.2.1 用单位估价法计算直接工程费

预算定额项目的基价构成，一般有两种形式：一是基价中包含了全部人工费、材料费和机械使用费，这种方式称为完全定额基价，建筑工程预算定额常采用此种形式；二是基价中包含了全部人工费、辅助材料费和机械使用费，不包括主要材料费，这种方式称为不完全定额基价，安装工程预算定额和装饰工程预算定额常采用此种形式。凡是采用完全定额基价的预算定额计算直接工程费的方法称为单位估价法，计算出的直接工程费也称为定额直接费。

（1）单位估价法计算直接工程费的数学模型

单位工程定额直接工程费＝定额人工费＋定额材料费＋定额机械费 （6-33）

其中

定额人工费＝∑(分项工程量×定额人工费单价) （6-34）

定额机械费＝∑(分项工程量×定额机械费单价) （6-35）

定额材料费＝∑[(分项工程量×定额基价)－定额人工费－定额机械费] （6-36）

(2)单位估价法计算定额直接工程费的方法与步骤

1)先根据施工图和预算定额计算分项工程量。

2)根据分项工程量的内容套用相对应的定额基价(包括人工费单价、机械费单价)。

3)根据分项工程量和定额基价计算出分项工程直接工程费、定额人工费和定额机械费。

4)将各分项工程的各项费用汇总成单位工程直接工程费、单位工程定额人工费、单位工程定额机械费。

(3)单位估价法简例

【例 6-3】 某工程有关工程量如下：C15 混凝土地面垫层 48.56m^3，M5 水泥砂浆砌砖基础 76.21m^3。根据这些工程量数据和表 5-4 中的预算定额，用单位估价法计算其直接工程费、定额人工费、定额机械费，并进行工料分析。

【解】 （1）计算直接工程费、定额人工费、定额机械费 直接工程费、定额人工费、定额机械费。计算过程和计算结果见表 6-3。

直接工程费计算表（单位估价法）　　表 6-3

定额编号	项目名称	单位	工程数量	单价（元）				总价（元）			
				基价	其中			合价	其中		
					人工费	材料费	机械费		人工费	材料费	机械费
1	2	3	4	5	6	7	8	9=4×5	10=4×6	11	12=4×8
	一、砌筑工程										
定-1	M5 水泥砂浆砌砖基础	m^3	76.21	127.73	31.08		0.76	9734.30	2368.61		57.92
	……										
	分部小计							9734.30	2368.61		57.92
	二、脚手架工程										
	……										
	分部小计										
	三、楼地面工程										
定-3	C15 混凝土地面垫层	m^3	48.56	195.42	53.90		3.10	9489.60	2617.38		150.54
	……										
	分部小计							9489.60	2617.38		150.54
	合计							19223.90	4985.99		208.46

（2）工料分析人工工日及各种材料分析见表 6-4。

人工、材料分析表　　表 6-4

定额编号	项 目 名 称	单位	工程量	人工（工日）	主 要 材 料			
					标准砖（块）	M5 水泥砂浆（m^3）	水（m^3）	C15 混凝土（m^3）
	一、砌筑工程							
定-1	M5 水泥砂浆砌砖基础	m^3	76.21	$\frac{1.243}{94.73}$	$\frac{523}{39858}$	$\frac{0.236}{17.986}$	$\frac{0.231}{17.60}$	
	分部小计			94.73	39858	17.986	17.60	
	二、楼地面工程							
定-3	C15 混凝土地面垫层	m^3	48.56	$\frac{2.156}{104.70}$			$\frac{1.538}{74.69}$	$\frac{1.01}{49.046}$
	分部小计			104.70			74.69	49.046
	合计			199.43	39.858	17.986	92.29	49.046

注：主要材料栏的分数中，分子表示定额用量，分母表示工程量乘以定额用量的结果。

6.3.2.2　用实物金额法计算直接工程费

（1）实物金额法计算直接工程费的方法与步骤

凡是用分项工程量分别乘以预算定额子目中的实物消耗量（即人工工日、材料数量、机械台班数量）求出分项工程的人工、材料、机械台班消耗量，然后汇总成单位工程实物消耗量，再分别乘以工日单价、材料预算价格、机械台班预算价格求出单位工程人工费、材料费、机械使用费，最后汇总成单位工程直接工程费的方法，称为实物金额法。

（2）实物金额法的数学模型

单位工程直接工程费＝人工费＋材料费＋机械费　（6-37）

其中：人工费＝Σ(分项工程量×定额用工量)×工日单价　（6-38）

材料费＝Σ(分项工程量×定额材料用量×材料预算价格)　（6-39）

机械费＝Σ(分项工程量×定额台班用量×机械台班预算价格)　（6-40）

(3)实物金额法计算直接工程费简例

【例 6-4】 某工程有关工程量为：M5 水泥砂浆砌砖基础 76.21m^3，C15 混凝土地面垫层 48.56m^3。根据上述数据和表 5-4 中的预算定额分析工料机消耗量，再根据表 6-5 中的单价计算直接工程费。

人工单价、材料单价、机械台班单价表　**表 6-5**

序　号	名　称	单　位	单价(元)
一	人工单价	工日	25.00
二	材料预算价格		
1	标准砖	千块	127.00
2	M5 水泥砂浆	m^3	124.32
3	C15 混凝土(0.5～4 砾石)	m^3	136.02
4	水	m^3	0.60
三	机械台班预算价格		
1	200L 砂浆搅拌机	台班	15.92
2	400L 混凝土搅拌机	台班	81.52

【解】（1）分析人工、材料、机械台班消耗量计算过程见表 6-6。

人工、材料、机械台班分析表　**表 6-6**

定额编号	项目名称	单位	工程量	人工(工日)	标准砖(千块)	M5 水泥砂浆(m^3)	C15 混凝土(m^3)	水(m^3)	其他材料费(元)	200L 砂浆搅拌机(台班)	400L 混凝土搅拌机(台班)
	一、砌筑工程										
定-1	M5 水泥砂浆砌砖基础	m^3	76.21	$\frac{1.243}{94.73}$	$\frac{0.523}{39.858}$	$\frac{0.236}{17.986}$		$\frac{0.231}{17.605}$		$\frac{0.0475}{3.620}$	
	二、楼地面工程										
定-3	C15 混凝土地面垫层	m^3	48.56	$\frac{2.156}{104.70}$			$\frac{1.01}{49.046}$	$\frac{1.538}{74.685}$	$\frac{0.123}{5.97}$		$\frac{0.038}{1.845}$
	合计			199.43	39.858	17.986	49.046	92.29	5.97	3.620	1.845

注：分子为定额用量、分母为计算结果。

（2）计算直接工程费　直接工程费计算过程见表 6-7。

直接工程费计算表（实物金额法）　　　　**表 6-7**

序号	名　称	单位	数量	单价（元）	合价（元）	备　注
1	人工	工日	199.43	25.00	4985.75	人工费：4985.75
2	标准砖	千块	39.858	127.00	5061.97	材料费：14030.57
3	M5 水泥砂浆	m^3	17.986	124.32	2236.02	
4	C15 混凝土（0.5～4）	m^3	49.046	136.02	6671.24	
5	水	m^3	92.29	0.60	55.37	
6	其他材料费	元	5.97		5.97	
7	200L 砂浆搅拌机	台班	3.620	15.92	57.63	机械费：208.03
8	400L 混凝土搅拌机	台班	1.845	81.52	150.40	
	合计				19224.35	直接工程费：19224.35

6.3.3　材料价差调整

6.3.3.1　材料价差产生的原因

凡是使用单位估价法编制的施工图预算，一般需调整材料价差。

目前，预算定额基价中的材料费根据编制定额所在地区省会所在地的材料预算价格计算。由于地区材料预算价格随着时间的变化而变化，其他地区使用该预算定额时材料预算价格也会发生变化，所以用单位估价法计算直接工程费后，一般还要根据工程所在地区的材料预算价格调整材料价差。

6.3.3.2　材料价差调整方法

材料价差的调整有两种基本方法，即单项材料价差调整法和材料价差综合系数调整法。

（1）单项材料价差调整

当采用单位估价法计算直接工程费时，对影响工程造价较大的主要材料（如钢材、木材、水泥等）一般进行单项材料价差调整。

单项材料价差调整的计算公式为：

$$\begin{matrix}\text{单项材料}\\\text{价差调整}\end{matrix}=\Sigma\left[\begin{matrix}\text{单位工程某}\\\text{种材料用量}\end{matrix}\times\left(\begin{matrix}\text{现行材料}\\\text{预算价格}\end{matrix}-\begin{matrix}\text{预算定额中}\\\text{材料单价}\end{matrix}\right)\right] \tag{6-41}$$

【例 6-5】　根据某工程有关材料消耗量和现行材料预算价格，调整材料价差，有关数据见表 6-8。

材料价差数据表　　　　**表 6-8**

材料名称	单位	数量	现行材料预算价格（元）	预算定额中材料单价（元）
52.5 级水泥	kg	7345.10	0.35	0.30
ϕ10 内钢筋	kg	5618.25	2.65	2.80
花岗石板	m^2	816.40	350.00	290.00

【解】 (1) 直接计算

某工程单项材料价差＝[7345.10×(0.35－0.30)＋5618.25×(2.65－2.80)＋816.40×(350－290)]
＝[7345.10×0.05－5618.25×0.15＋816.40×60]
＝48508.52 元

(2)用“单项材料价差调整表”(表 6-9)计算价差调整。

单项材料价差调整表 **表 6-9**

工程名称：××工程

序号	材料名称	数量	现行材料预算价格	预算定额中材料预算价格	价差(元)	调整金额(元)
1	52.5 级水泥	7345.10kg	0.35 元/kg	0.30 元/kg	0.05	367.26
2	ϕ10 圆钢筋	5618.25kg	2.65 元/kg	2.80 元/kg	－0.15	－842.74
3	花岗石板	816.40m^2	350.00 元/m^2	290.00 元/m^2	60.00	48984.00
	合计					48508.52

(2)综合系数调整材料价差

采用单项材料价差的调整方法，其优点是准确性高，但计算过程较繁杂。因此，一些用量大、单价相对低的材料(如地方材料、辅助材料等)常采用综合系数的方法来调整单位工程材料价差。

采用综合系数调整材料价差的具体做法就是用单位工程定额材料费或定额直接工程费乘以综合调整系数，求出单位工程材料价差，其计算公式如下：

$$\text{单位工程采用综合系数调整材料价差}=\text{单位工程定额材料费}\left(\text{定额直接工程费}\right)\times\text{材料价差综合调整系数} \quad (6\text{-}42)$$

【例 6-6】 某工程的定额材料费为 786457.35 元，按规定以定额材料费为基础乘以综合调整系数 1.38%，计算该工程地方材料价差。

【解】 该工程地方材料价差＝786457.35 元×1.38%＝10853.11 元

6.3.4 间接费、利润与税金计算

6.3.4.1 建筑安装工程费用的内容

建筑安装工程费用亦称建筑安装工程造价。

建筑安装工程费用(造价)由直接费、间接费、利润、税金四部分构成，如图 6-2 所示，其中直接费与间接费之和称为工程预算成本。

(1)直接费

直接费的各项内容详见本书前面各部分的叙述。

(2)间接费

间接费由规费、企业管理费组成。

1)规费指政府和有关权力部门规定必须缴纳的费用(简称规费)，主要包括五项内容。

①工程排污费。指施工现场按规定缴纳的工程排污费。

②社会保障费。包括养老保险费、失业保险费、医疗保险费。

养老保险费是指企业按规定标准为职工缴纳的基本养老保险费。

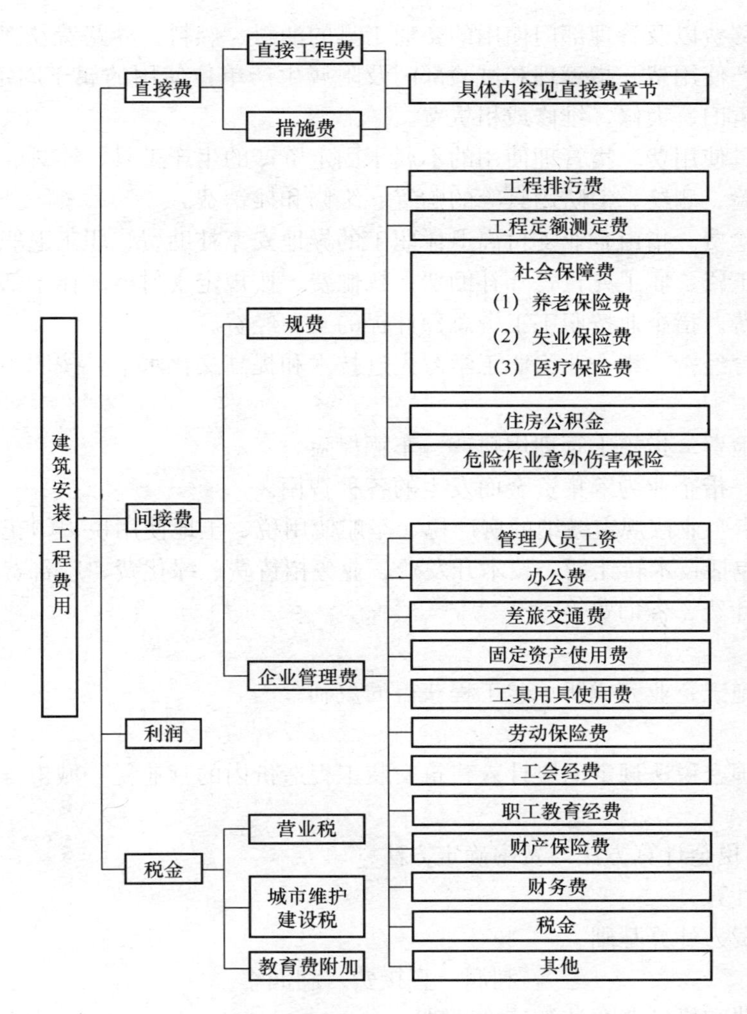

图 6-2　建筑安装工程费用构成示意图

失业保险费是指企业按照国家规定标准为职工缴纳的失业保险费。

医疗保险费是指企业按照规定标准为职工缴纳的基本医疗保险费。

③住房公积金。指企业按规定标准为职工缴纳的住房公积金。

④危险作业意外伤害保险。指按照建筑法规定，企业为从事危险作业的建筑安装施工人员支付的意外伤害保险费。

2)企业管理费指建筑安装企业组织施工生产和经营管理所需的费用，由管理人员工资、办公费等费用组成。

①管理人员工资。指管理人员的基本工资、工资性补贴、职工福利费、劳动保护费等。

②办公费。指企业办公用的文具、纸张、贴表、印刷、邮电、书报、会议、水电、烧水和集体取暖(包括现场临时宿舍取暖)用煤等费用。

③差旅交通费。指职工因公出差、调动工作的差旅费、住勤补助费、市内交通费和误餐补助费，职工探亲路费，劳动力招募费，职工离退休、退职一次性路费，工伤人员就医

路费，工地转移费以及管理部门使用的交通工具的油料、燃料、养路费及牌照费。

④固定资产使用费。指管理和试验部门及附属生产单位使用的属于固定资产的房屋、设备仪器等的折旧、大修、维修或租赁费。

⑤工具用具使用费。指管理使用的不属于固定资产的生产工具、器具、家具、交通工具和检验、试验、测绘、消防用具等的购置、维修和摊销费。

⑥劳动保险费。指由企业支付离退休职工的异地安家补助费、职工退职金、六个月以上的病假人员工资、职工死亡丧葬补助费、抚恤费、按规定支付给离休干部的各项经费。

⑦工会经费。指企业按职工工资总额计提的工会经费。

⑧职工教育经费。指企业为职工学习先进技术和提高文化水平，按职工工资总额计提的费用。

⑨财产保险费。指施工管理用财产、车辆保险。

⑩财务费。指企业为筹集资金而发生的各种费用。

⑪税金。指企业按规定缴纳的房产税、车船使用税、土地使用税、印花税等。

⑫其他。包括技术转让费、技术开发费、业务招待费、绿化费、广告费、公证费、法律顾问费、审计费、咨询费等。

(3)利润

利润是指施工企业完成所承包工程获得的盈利。

(4)税金

税金是指国家税法规定的应计入建筑安装工程造价内的营业税、城市维护建设税及教育费附加等。

(5)利润、税金计算方法与费率确定方法

1)利润的计算

①以直接费为计算基础

$$利润＝直接费×利润率 \tag{6-43}$$

②以人工费和机械费合计为计算基础

$$利润＝(人工费＋机械费)×利润率 \tag{6-44}$$

③以人工费为计算基础

$$利润＝人工费×利润率 \tag{6-45}$$

2)税金的计算

税金计算公式如下：

$$税金＝(税前造价＋利润)×税率(\%) \tag{6-46}$$

关于税率取值的规定如下：

①纳税地点在市区的企业。

$$税率(\%)=\frac{1}{1-3\%-(3\%\times7\%)-(3\%\times3\%)}-1$$

②纳税地点在县城、镇的企业。

$$税率(\%)=\frac{1}{1-3\%-(3\%\times5\%)-(3\%\times3\%)}-1$$

③纳税地点不在市区、县城、镇的企业。

$$税率(\%)=\frac{1}{1-3\%-(3\%\times1\%)-(3\%\times3\%)}-1$$

6.3.4.2 建筑安装工程费用计算方法

(1) 建筑安装工程费用（造价）理论计算方法

建筑安装工程费用（造价）理论计算方法见表6-10。

建筑安装工程费用（造价）理论计算方法 表6-10

序号	费用名称	计算式	
(1)	直接费	直接工程费	Σ(分项工程量×定额基价)
		措施费	直接工程费×有关措施费费率 或:定额人工费×有关措施费费率 或:按规定标准计算
(2)	间接费	(1)×间接费费率 或:定额人工费×间接费费率	
(3)	利润	(1)×利润率 或:定额人工费×利润率	
(4)	税金	营业税$=[(1)+(2)+(3)]\times\frac{营业税率}{1-营业税率}$ 城市维护建设税=营业税×税率 教育费附加=营业税×附加税率	
	工程造价	(1)+(2)+(3)+(4)	

(2) 计算建筑安装工程费用的原则

直接工程费根据预算定额基价算出，这具有很强的规范性。按照这一思路，对于措施费、规费、企业管理费等有关费用的计算也必须遵循其规范，以保证建筑安装工程造价符合社会必要劳动量的水平。为此，工程造价主管部门对各项费用计算作了明确的规定：

1）建筑工程一般以直接工程费为基础计算各项费用。

2）安装工程一般以定额人工费为基础计算各项费用。

3）装饰工程一般以定额人工费为基础计算各项费用。

4）材料价差不能作为计算间接费等费用的基础。

由于措施费、间接费等费用是按一定的取费基础乘上规定的费率确定的，因此当费率确定后，要求计算基础必须相对稳定。以直接工程费或定额人工费作为取费基础，具有相对稳定性，不管工程在定额执行范围内的什么地方施工，也不管由哪个施工单位施工，都能保证计算出水平较一致的各项费用。

以直接工程费作为取费基础，既考虑了人工消耗与管理费用的内在关系，又考虑了机械台班消耗量对施工企业提高机械化水平的推动作用。

由于安装工程、建筑装饰工程的材料、设备由于设计的要求不同，使材料费产生较大幅度的变化，而定额人工费具有相对稳定性，再加上措施费、间接费等费用与人员的管理幅度有直接联系，所以安装工程、装饰工程采用定额人工费为取费基础计算各项费用较合理。

(3) 建筑安装工程费用计算程序

建筑安装工程费用计算程序没有全国统一的格式，一般由省、市、自治区工程造价主管部门结合本地区具体情况确定。

1) 建筑安装工程费用计算程序的拟定

拟定建筑安装工程费用计算程序主要有两个方面的内容，一是拟定费用项目和计算顺序；二是拟定取费基础和各项费率。

①建筑安装工程费用项目及计算顺序的拟定：各地区参照国家主管部门规定的建筑安装工程费用项目和取费基础，结合本地区实际情况拟定费用项目和计算顺序，并颁布在本地区使用的建筑安装工程费用计算程序。

②费用计算基础和费率的拟定。在拟定建筑安装工程费用计算基础时，应遵照国家的有关规定和工程造价的客观经济规律，使工程造价的计算结果较准确地反映本行业的生产力水平。

当取费基础和费用项目确定之后，就可以根据有关资料测算出各项费用的费率，以满足工程造价计算的需要。

2) 建筑安装工程费用计算程序实例

建筑安装工程费用计算程序实例见表 6-11。

建筑安装工程费用（造价）计算程序实例 表 6-11

<table>
<tr><th rowspan="2">费用名称</th><th rowspan="2">序号</th><th rowspan="2" colspan="2">费用项目</th><th colspan="2">计　算　式</th></tr>
<tr><th>以直接工程费为计算基础</th><th>以定额人工费为计算基础</th></tr>
<tr><td rowspan="15">直接费</td><td>(一)</td><td colspan="2">直接工程费</td><td>Σ(分项工程量×定额基价)</td><td>Σ(分项工程量×定额基价)</td></tr>
<tr><td>(二)</td><td colspan="2">单项材料价差调整</td><td colspan="2">Σ[单位工程某材料用量×
(现行材料单价－定额材料单价)]</td></tr>
<tr><td>(三)</td><td colspan="2">综合系数调整材料价差</td><td colspan="2">定额材料费×综调系数</td></tr>
<tr><td rowspan="12">(四)</td><td rowspan="12">措施费</td><td>环境保护费</td><td>按规定计取</td><td>按规定计取</td></tr>
<tr><td>文明施工费</td><td>(一)×费率</td><td>定额人工费×费率</td></tr>
<tr><td>安全施工费</td><td>(一)×费率</td><td>定额人工费×费率</td></tr>
<tr><td>临时设施费</td><td>(一)×费率</td><td>定额人工费×费率</td></tr>
<tr><td>夜间施工费</td><td>(一)×费率</td><td>定额人工费×费率</td></tr>
<tr><td>二次搬运费</td><td>(一)×费率</td><td>定额人工费×费率</td></tr>
<tr><td>大型机械进出场及安拆费</td><td colspan="2">按措施项目定额计算</td></tr>
<tr><td>混凝土、钢筋混凝土模板及支架费</td><td colspan="2">按措施项目定额计算</td></tr>
<tr><td>脚手架费</td><td colspan="2">按措施项目定额计算</td></tr>
<tr><td>已完工程及设备保护费</td><td colspan="2">按措施项目定额计算</td></tr>
<tr><td>施工排水、降水费</td><td colspan="2">按措施项目定额计算</td></tr>
</table>

续表

费用名称	序号	费用项目		计算式	
				以直接工程费为计算基础	以定额人工费为计算基础
间接费	（五）	规费	工程排污费	按规定计算	
			社会保障费	定额人工费×费率	
			住房公积金	定额人工费×费率	
			危险作业意外伤害保险	定额人工费×费率	
	（六）	企业管理费		(一)×企业管理费费率	定额人工费×企业管理费费率
利润	（七）	利润		(一)×利润率	定额人工费×利润率
税金	（八）	营业税		[(一)～(七)之和]×营业税率÷(1－营业税率)	
	（九）	城市维护建设税		(八)×城市维护建设税率	
	（十）	教育费附加		(八)×教育费附加税率	
工程造价		工程造价		(一)～(十)之和	

6.3.4.3　计算建筑安装工程费用的条件

计算建筑安装工程费用，要根据工程类别和施工企业取费证等级确定各项费率。

(1) 建设工程类别划分

1) 建筑工程类别划分见表 6-12。

2) 装饰工程类别划分见表 6-13。

建筑工程类别划分表　　**表 6-12**

类别	内容
一类工程	(1) 跨度 30m 以上的单层工业厂房；建筑面积 9000m^2 以上的多层工业厂房 (2) 单炉蒸发量 10t/h 以上或蒸发量 30t/h 以上的锅炉房 (3) 层数 30 层以上多层建筑 (4) 跨度 30m 以上的钢网架、悬索、薄壳屋盖建筑 (5) 建筑面积 12000m^2 以上的公共建筑，20000 个座位以上的体育场 (6) 高度 100m 以上的烟囱；高度 60m 以上或容积 100m^3 以上的水塔；容积 4000m^3 以上的池类
二类工程	(1) 跨度 30m 以内的单层工业厂房；建筑面积 6000m^2 以上的多层工业厂房 (2) 单炉蒸发量 6.5t/h 以上或蒸发量 20t/h 以上的锅炉房 (3) 层数 16 层以上多层建筑 (4) 跨度 30m 以内的钢网架、悬索、薄壳屋盖建筑 (5) 建筑面积 8000m^2 以上的公共建筑，20000 个座位以内的体育场 (6) 高度 100m 以内的烟囱；高度 60m 以内或容积 100m^3 以内的水塔；容积 3000m^3 以上的池类

续表

三类工程	（1）跨度24m以内的单层工业厂房；建筑面积3000m² 以上的多层工业厂房 （2）单炉蒸发量4t/h以上或蒸发量10t/h以上的锅炉房 （3）层数8层以上多层建筑 （4）建筑面积5000m² 以上的公共建筑 （5）高度50m以内的烟囱；高度40m以内或容积50m³ 以内的水塔；容积1500m³ 以上的池类 （6）栈桥、混凝土贮仓、料斗
四类工程	（1）跨度18m以内的单层工业厂房；建筑面积3000m² 以内的多层工业厂房 （2）单炉蒸发量4t/h以内或蒸发量10t/h以内的锅炉房 （3）层数8层以内多层建筑 （4）建筑面积5000m² 以内的公共建筑 （5）高度30m以内的烟囱；高度25m以内的水塔；容积1500m³ 以内的池类 （6）运动场、混凝土挡土墙、围墙、砖、石挡土墙

注：1. 跨度：指按设计图标注的相邻两纵向定位轴线的距离，多跨厂房或仓库按主跨划分。
2. 层数：指建筑分层数。地下室、面积小于标准层30%的顶层、2.2m以内的技术层，不计层数。
3. 面积：指单位工程的建筑面积。
4. 公共建筑：指①礼堂、会堂、影剧院、俱乐部、音乐厅、报告厅、排演厅、文化宫、青少年宫。②图书馆、博物馆、美术馆、档案馆、体育馆。③火车站、汽车站的客运楼、机场候机楼、航运站客运楼。④科学实验研究楼、医疗技术楼、门诊楼、住院楼、邮电通信楼、邮政大楼、大专院校教学楼、电教楼、试验楼。⑤综合商业服务大楼、多层商场、贸易科技中心大楼、食堂、浴室、展销大厅。
5. 冷库工程和建筑物有声、光、超净、恒温、无菌等特殊要求者按相应类别的上一类取费。
6. 工程分类均按单位工程划分，内部设施、相连裙房及附属于单位工程的零星工程（如化粪池、排水、排污沟等），如为同一企业施工，应并入该单位工程一并分类。

装饰工程类别划分表 **表6-13**

一类工程	每平方米（装饰建筑面积）定额直接费（含未计价材料费）1600元以上的装饰工程；外墙面各种幕墙、石材干挂工程
二类工程	每平方米（装饰建筑面积）定额直接费（含未计价材料费）1600元以上的装饰工程；外墙面二次块料面层单项装饰工程
三类工程	每平方米（装饰建筑面积）定额直接费（含未计价材料费）500元以上的装饰工程
四类工程	独立承包的各类单项装饰工程；每平方米（装饰建筑面积）定额直接费（含未计价材料费）500元以内的装饰工程；家庭装饰工程

注：除一类装饰工程外，有特殊声光要求的装饰工程，其类别按上表规定相应提高一类。

（2）施工企业工程取费级别评审条件

施工企业工程取费级别评审条件见表6-14。

施工企业工程取费级别评审条件 **表6-14**

取费级别	评　审　条　件
一级取费	1. 企业具有一级资质证书 2. 企业近五年来承担过两个以上一类工程 3. 企业参加了社会劳保统筹，退（离）休职工人数占在册职工人数30%以上

续表

取费级别	评审条件
二级取费	1. 企业具有二级资质证书 2. 企业近五年来承担过两个以上二类及其以上工程 3. 企业参加了社会劳保统筹，退（离）休职工人数占在册职工人数20%以上
三级取费	1. 企业具有三级资质证书 2. 企业近五年来承担过两个三类及其以上工程 3. 企业参加了社会劳保统筹，退（离）休职工人数占在册职工人数10%以上
四级取费	1. 企业具有四级资质证书 2. 企业五年来承担过两个四类及其以上工程 3. 企业参加了社会劳保统筹，退（离）休职工人数占在册职工人数10%以下

6.3.4.4　建筑安装工程费用费率实例

(1) 措施费标准

1）建筑工程某地区建筑工程主要措施费标准见表6-15。

建筑工程措施费标准　　**表6-15**

工程类别	计算基础	文明施工（%）	安全施工（%）	临时设施（%）	夜间施工（%）	二次搬运（%）
一类	定额直接工程费	1.5	2.0	2.8	0.8	0.6
二类	定额直接工程费	1.2	1.6	2.6	0.7	0.5
三类	定额直接工程费	1.0	1.3	2.3	0.6	0.4
四类	定额直接工程费	0.9	1.0	2.0	0.5	0.3

2）装饰工程某地区装饰工程主要措施费标准见表6-16。

装饰工程主要措施费标准　　**表6-16**

工程类别	计算基础	文明施工（%）	安全施工（%）	临时设施（%）	夜间施工（%）	二次搬运（%）
一类	定额人工费	7.5	10.0	11.2	3.8	3.1
二类	定额人工费	6.0	8.0	10.4	3.4	2.6
三类	定额人工费	5.0	6.5	9.2	2.9	2.2
四类	定额人工费	4.5	5.0	8.1	2.3	1.6

(2) 规费标准

某地建筑工程、装饰工程主要规费标准见表6-17。

建筑工程、装饰工程主要规费标准　　**表6-17**

工程类别	计算基础	社会保障费（%）	住房公积金（%）	危险作业意外伤害保险（%）
一类	定额人工费	16	6.0	0.6
二类	定额人工费	16	6.0	0.6
三类	定额人工费	16	6.0	0.6
四类	定额人工费	16	6.0	0.6

(3) 企业管理费标准

某地区企业管理费标准见表 6-18。

企业管理费标准 **表 6-18**

工程类别	建筑工程		装饰工程	
	计算基础	费率（%）	计算基础	费率（%）
一类	定额直接工程费	7.5	定额人工费	38.6
二类	定额直接工程费	6.9	定额人工费	35.2
三类	定额直接工程费	5.9	定额人工费	32.5
四类	定额直接工程费	5.1	定额人工费	27.6

（4）利润标准

某地区利润标准见表 6-19。

利润标准 **表 6-19**

取费级别		计算基础	利润（%）	计算基础	利润（%）
一级取费	Ⅰ	定额直接工程费	10	定额人工费	55
	Ⅱ	定额直接工程费	9	定额人工费	50
二级取费	Ⅰ	定额直接工程费	8	定额人工费	44
	Ⅱ	定额直接工程费	7	定额人工费	39
三级取费	Ⅰ	定额直接工程费	6	定额人工费	33
	Ⅱ	定额直接工程费	5	定额人工费	28
四级取费	Ⅰ	定额直接工程费	4	定额人工费	22
	Ⅱ	定额直接工程费	3	定额人工费	17

（5）计取税金的标准

某地区计取税金的标准见表 6-20。

计取税金标准 **表 6-20**

工程所在地	营业税		城市维护建设税		教育费附加	
	计算基础	税率（%）	计算基础	税率（%）	计算基础	税率（%）
在市区	直接费＋间接费＋利润	3.093	营业税	7	营业税	3
在县城、镇	直接费＋间接费＋利润	3.093	营业税	5	营业税	3
不在市区、县城、镇	直接费＋间接费＋利润	3.093	营业税	1	营业税	3

6.3.4.5 建筑工程费用计算实例

【例 6-7】 某工程由某二级施工企业施工，根据下列有关条件，计算该工程的工程造价。

（1）建筑层数及工程类别：三层；四类工程；工程在市区。

（2）取费等级：二级Ⅱ档。

（3）直接工程费：284590.07 元。

其中：人工费 84311.00 元；

机械费 22732.23 元；

材料费 210402.63 元；

扣减脚手架费 10343.55 元

扣减模板费 22512.24 元

直接工程费小计：（84311.00＋22732.23＋210402.63－10343.55－22512.24）元＝284590.07 元

（4）按取费证和合同规定收取的费用。

①环境保护费（按直接工程费的 0.4％收取）。

②文明施工费。

③安全施工费。

④临时设施费。

⑤二次搬运费。

⑥脚手架费：10343.55 元。

⑦混凝土及钢筋混凝土模板及支架费：22512.24 元。

⑧社会保障费。

⑨住房公积金。

⑩利润和税金。

根据上述条件和表 6-16、表 6-17、表 6-18、表 6-19、表 6-20 确定有关费率和计算各项费用。

【解】 根据费用计算程序以直接工程费为基础计算工程造价，计算过程见表 6-21。

某工程建筑工程造价计算表 **表 6-21**

序号	费用名称		计算式	金额（元）
（一）	直接工程费		317445.86－10343.55－22512.24	284590.07
（二）	单项材料价差调整		采用实物金额法不计算此费用	
（三）	综合系数调整材料价差		采用实物金额法不计算此费用	
（四）	措施费	环境保护费	284590.07×0.4％＝1138.36 元	47369.88
		文明施工费	284590.07×0.9％＝2561.31 元	
		安全施工费	284590.07×1.0％＝2845.90 元	
		临时设施费	284590.07×2.0％＝5691.80 元	
		夜间施工增加费	284590.07×0.5％＝1422.95 元	
		二次搬运费	284590.07×0.3％＝853.77 元	
		大型机械进出场及安拆费	—	
		脚手架费	10343.55 元	
		已完工程及设备保护费	—	
		混凝土及钢筋混凝土模板及支架费	22512.24 元	
		施工排、降水费	—	

续表

序号	费用名称		计算式	金额（元）
（五）	规费	工程排污费	—	18548.42
		社会保障费	84311.00×16%＝13489.76 元	
		住房公积金	84311.00×6.0%＝5058.66 元	
		危险作业意外伤害保险	—	
（六）	企业管理费		284590.07×5.1%＝14514.09 元	14514.09
（七）	利润		284590.07×7%＝19921.30 元	19921.30
（八）	营业税		384943.76×3.093%＝1106.31 元	1106.31
（九）	城市维护建设税		1106.31 ×7%＝833.44 元	833.44
（十）	教育费附加		1106.31×3%＝357.19 元	357.19
	工程造价		（一）～（十）之和	39804.70

注：表中（一）～（七）之和即为直接费＋间接费＋利润得出。

6.3.5 工程量计算规则概述

6.3.5.1 工程量计算规则有什么用

（1）工程量的概念

工程量是指用物理计量单位或自然计量单位表示的分项工程的实物数量。

物理计量单位系指用公制度量表示的“m、m^2、m^3、t、kg”等单位。例如，楼梯扶手以“m”为单位，水泥砂浆抹地面以“m^2”为单位，预应力空心板以“m^3”为单位，钢筋制作安装以“t”为单位等等。

自然计量单位系指个、组、件、套等具有自然属性的单位。例如，砖砌拖布池以“套”为单位，雨水斗以“个”为单位，洗脸盆以“组”为单位，日光灯安装以“套”为单位等等。

（2）工程量计算规则的作用

工程量计算规则是计算分项工程项目工程量时，确定施工图尺寸数据、内容取定、工程量调整系数、工程量计算方法的重要规定。工程量计算规则是具有权威性的规定，是确定工程消耗量的重要依据，主要作用如下：

1）确定工程量项目的依据

例如，工程量计算规则规定，建筑场地挖填土方厚度在±30cm 以内及找平，算人工平整场地项目；超过±30cm 就要按挖土方项目计算了。

2）施工图尺寸数据取定，内容取舍的依据

例如，外墙墙基按外墙中心线长度计算，内墙墙基按内墙净长计算，基础大放脚 T 形接头处的重叠部分，0.3m^2 以内洞口所占面积不予扣除，但靠墙暖气沟的挑檐亦不增加。又如，计算墙体工程量时，应扣除门窗洞口，嵌入墙身的圈梁、过梁体积，不扣除梁头、外墙板头、加固钢筋及每个面积在 0.3m^2 以内孔洞等所占的体积，突出墙面的窗台虎头砖、压顶线、三皮砖以内的腰线亦不增加。

3）工程量调整系数

例如，计算规则规定，木百叶门油漆工程量按单面洞口面积乘以系数1.25。

4）工程量计算方法

例如，计算规则规定，满堂脚手架增加层的计算方法为：

$$满堂脚手架增加层=\frac{室内净高-5.2\ (m)}{1.2\ (m)} \tag{6-47}$$

6.3.5.2　制定工程量计算规则有哪些考虑

我们知道，工程量计算规则是与预算定额配套使用的。当计算规则作出了规定后，编制预算定额就要考虑这些规定的各项内容，两者是统一的。工程量计算规则有哪些考虑呢？

（1）力求工程量计算的简化

工程量计算规则制定时，要尽量考虑工程造价人员在编制施工图预算时，简化工程量计算过程。例如，砖墙体积内不扣除梁头、板头体积，也不增加突出墙面虎头砖、压顶线的体积的计算规则规定，就符合这一精神。

（2）计算规则与定额消耗量的对应关系

凡是工程量计算规则指出不扣除或不增加的内容，在编制预算定额时都进行了处理。因为在编制预算定额时，都要通过典型工程相关工程量统计分析后，进行抵扣处理。也就是说，计算规则注明不扣的内容，编制定额时已经扣除；计算规则说不增加的内容，在编制预算定额时已经增加了。所以，定额的消耗量与工程量的计算规则是相对应的。

（3）制定工程量计算规则应考虑定额水平的稳定性

虽然编制预算定额是通过若干个典型工程，测算定额项目的工程实物消耗量。但是，也要考虑制定工程量计算规则变化幅度大小的合理性，使计算规则在编制施工图预算确定工程量时具有一定的稳定性，从而使预算定额水平具有一定的稳定性。

6.3.5.3　如何运用好工程量计算规则

工程量计算规则就像体育运动比赛规则一样，具有事先约定的公开性、公平性和权威性。凡是使用预算定额编制施工图预算的，就必须按此规则计算工程量。因为，工程量计算规则与预算定额项目之间有着严格的对应关系。运用好工程量计算规则是保证施工图预算准确性的基本保证。

（1）全面理解计算规则

我们知道，定额消耗量的取舍与工程量计算规则是相对应的，所以，全面理解工程量计算规则是正确计算工程量的基本前提。

工程量计算规则中贯穿着一个规范工程量计算和简化工程量计算的精神。

所谓规范工程量计算，是指不能以个人的理解来运用计算规则，也不能随意改变计算规则。例如，楼梯水泥砂浆面层抹灰，包括休息平台在内，不能认为只算楼梯踏步。

简化工程量计算的原则，包括以下几个方面：

1）计算较繁琐但数量又较小的内容，计算规则处理为不计算或不扣除。但是在编制定额时都作为扣除或增加处理，这样，计算工程量就简化了。例如，砖墙工程量计算中，规定不扣除梁头、板头所占体积，也不增加挑出墙外窗台线和压顶线的体积等等。

2）工程量不计算，但定额消耗量已包括。例如，方木屋架的夹板、垫木已包括在相应屋架制作定额项目中，工程量不再计算。此方法，也简化了工程量计算。

3）精简了定额项目。例如，各种木门油漆的定额消耗量之间有一定的比例关系。于是，预算定额只编制单层木门的油漆项目，其他门，例如双层木门、百叶木门的油漆工程量通过计算规则规定的工程量乘以系数的方法来实现定额的套用。所以，这种方法精简了预算定额项目。

（2）领会精神，灵活处理

领会了制定工程量计算规则的精神后，我们就能较灵活地处理实际工作中的一些问题。

1）按实际情况分析工程量计算范围

工程量计算规则规定，楼梯面层是按水平投影面积计算。具体做法是，将楼梯段和休息平台综合为投影面积计算，不需要按展开面积计算。这种规定，简化了工程量计算。但是，遇到单元式住宅时，怎样计算楼梯面积，需要具体分析。

例如，某单元式住宅，每层 2 跑楼梯，包括了一个休息平台和一个楼层平台。这时，楼层平台是否算入楼梯面积，需要判断。通过分析，我们知道，连接楼梯的楼层平台有内走廊、外走廊、大厅和单元式住宅楼等几种形式。显然，单元式住宅的楼层平台是众多楼层平台中的特殊形式，而楼梯面层定额项目是针对各种楼层平台情况编制的。所以，单元式住宅的楼层平台不应算入楼梯面层内。

2）领会简化计算精神，处理工程量计算过程

领会了工程量计算规则制定的精神，知道了要规范工程量计算，还要领会简化工程量计算的精神。在工程量计算过程中灵活处理一些实际问题，使计算过程既符合一定准确性要求，也达到了简化计算的目的。

例如，计算抗震结构钢筋混凝土构件中钢筋的箍筋用量，可以按正规的计算方法计算，即按规定扣除保护层尺寸，加上弯钩的长度计算。但也可以采用按构件矩形截面的外围周长尺寸确定箍筋的长度。因为，通过分析，我们发现，采用后一种方法计算梁、柱箍筋时，ϕ6.5 的箍筋每个多算了 20mm，ϕ8 箍筋每个少算了 22mm，在一个框架结构的建筑物中，要计算很多 ϕ6.5 的箍筋，也要计算很多 ϕ8 的箍筋。这样，这两种规格在计算过程中不断抵消了多算或少算的数量。而采用后一种方法确定，简化了计算过程，且数量误差又不会太大。

6.3.5.4　工程量计算规则的发展趋势

（1）工程量计算规则的制定有利于工程量的自动计算

使用了计算机，人们可以从繁琐的计算工作中解放出来。所以，用计算机计算工程量是一个发展趋势。那么，用计算机计算工程量，计算规则的制定就要符合计算机处理的要求，包括，可以通过建立数学模型来描述工程量计算规则；各计算规则之间的界定要明晰；要总结计算规则的规律性等等。

（2）程量计算规则宜粗不宜细

工程量计算规则要简化，宜粗不宜细，尽量做到将方便让给使用者。这一思路并不影响工程消耗量的准确性，因为可以通过统计分析的方法，将复杂因素处理在预算定额消耗量内。

6.4 设 计 概 算

6.4.1 设计概算的概念及其作用

(1) 设计概算的概念

设计概算是确定设计概算造价的文件。一般由设计部门编制。

在两阶段设计中，扩大初步设计阶段编制设计概算；在三阶段设计中，初步设计阶段编制设计概算，技术设计阶段编制修正概算。

由于设计概算一般在设计单位由设计部门编制，所以通常又称为设计概算。

(2) 设计概算的作用

设计概算的主要作用包括以下几个方面：

1) 国家规定，竣工结算不能突破施工图预算，施工图预算不能突破设计概算，故概算的主要作用是国家控制建设投资，编制建设投资计划的依据。

2) 设计部门在初步设计阶段要选择最佳设计方案，设计概算是从经济角度衡量设计方案合理性的重要依据。因此，概算是选择最佳设计方案的重要依据。

3) 概算是建设投资包干和招标承包的依据。

4) 概算中的主要材料用量是编制建设材料需用量计划的依据。

5) 建设项目总概算是根据各单项工程综合概算汇总而成的，单项工程综合概算又是根据各设计概算汇总而成的。所以，设计概算是编制建设项目总概算的基础资料。

6.4.2 设计概算编制方法及其特点

(1) 设计概算的编制方法

设计概算的编制，一般采用三种方法：

1) 用概算定额编制概算；

2) 用概算指标编制概算；

3) 用类似工程预算编制概算。

设计概算的编制方法主要由编制依据决定的。

设计概算的编制依据除了概算定额、概算指标、类似工程预算外，还必须有初步设计图纸（或施工图纸）、费用定额、地区材料预算价格、设备价目表等有关资料。

(2) 设计概算编制方法的特点

1) 用概算定额编制概算的特点

①各项数据较齐全，结果较准确。

②用概算定额编制概算，必须计算工程量。故设计图纸要能满足工程量计算的需要。

③用概算定额编制概算，计算的工作量较大，所以，比用其他方法编制概算所用的时间要长一些。

2) 用概算指标编制概算的特点：

①编制时必须选用与所编概算工程相近的设计概算指标；

②对所需要的设计图纸要求不高，只需满足符合结构特征、计算建筑面积的需要即可；

③数据不如用概算定额编制概算所提供的数据那么准确和全面；

④编制速度较快。

3）用类似工程预算编制概算的特点：

①要选用与所编概算工程结构类型基本相同的工程预算为编制依据；

②设计图纸应满足能计算出工程量的要求；

③个别项目要按拟编工程施工图要求进行调整；

④提供的各项数据较齐全、较准确；

⑤编制速度较快。

在编制设计概算时，应根据编制要求、条件恰当地选择其编制方法。

6.4.3 用概算定额编制概算

概算定额是在预算定额的基础上，按建筑物的结构部位划分的项目，再将若干个预算定额项目综合为一个概算定额项目的扩大结构定额。例如，在预算定额中，砖基础、墙基防潮层、人工挖地槽土方均分别各为一个分项工程项目。但在概算定额中，将这几个项目综合成了一个项目，称为砖基础工程项目。它包括了从挖地槽到墙基防潮层的全部施工过程。

用概算定额编制概算的步骤与施工图预算的编制步骤基本相同，也要列项、计算工程量、套用概算定额、进行工料分析、计算直接工程费、计算间接费、计算利润和税金等各项费用。

（1）列项

概算的编制与施工图预算的编制一样，遇到的首要问题就是列项。

概算的项目是根据概算定额的项目而定的。所以，列项之前必须先了解概算定额的项目划分情况。

概算定额的分部工程是按照建筑物的结构部位确定的。例如，某省的建筑工程概算定额划分为十个分部：

①土石方、基础工程；

②墙体工程；

③柱、梁工程；

④门窗工程；

⑤楼地面工程；

⑥屋面工程；

⑦装饰工程；

⑧厂区道路；

⑨构筑物工程；

⑩其他工程。

各分部中的概算定额项目。一般都是由几个预算定额的项目综合而成的，经过综合的概算定额项目的定额单位与预算定额的定额单位是不相同的。只有了解了概算定额的综合的基本情况，才能正确应用概算定额，列出工程项目，并据以计算工程造价。

概算定额综合预算定额项目情况的对照表见表6-22。

概算定额项目与预算定额项目对照表 表 6-22

概算定额项目	单 位	综合的预算定额项目	单 位
砖基础	m^3	砖砌基础 水泥砂浆墙基防潮层 基础挖土方、回填土	m^3 m^2 m^3
砖外墙	m^2	砖墙砌体 外墙面抹灰或勾缝 钢筋加固 钢筋混凝土过梁 内墙面抹灰 刷石灰浆或涂料 零星抹灰	m^3 m^2 t m^3 m^2 m^2 m^2
现浇混凝土墙	m^2	现浇钢筋混凝土墙体 内墙面抹灰 刷涂料	m^3 m^2 m^2
门 窗	m^2	门窗制作 门窗安装 门窗运输 门窗油漆	m^2 m^2 m^2 m^2
现浇混凝土楼板	m^2	楼面面层 现浇钢筋混凝土楼板 顶棚面抹灰 刷涂料	m^2 m^3 m^2 m^2
预制空心板楼板	m^2	楼板面层 预制空心板 板运输 板安装 板缝灌浆 顶棚面抹灰 刷涂料	m^2 m^3 m^3 m^3 m^3 m^2 m^2

(2) 工程量计算

概算工程量计算必须依据概算定额规定的计算规则进行。

概算工程量计算规则由于综合项目的原因和简化计算的原因，不同于预算工程量计算规则。现以某地区的概算与预算定额为例，说明它们之间的差别，见表 6-23。

部分概、预算工程量计算规则对比 表 6-23

项目名称	概算工程量计算规则	预算工程量计算规则
内墙基础、垫层	按中心线尺寸计算工程量后乘以系数 0.97	按图示尺寸计算工程量
内 墙	按中心线长计算工程量，扣除门窗洞口面积	按净长尺寸计算工程量，扣除门窗框外围面积
内、外墙	不扣除嵌入墙身的过梁体积	要扣除嵌入墙身的过梁体积
楼地面垫层、面层	按中心线尺寸计算工程量后乘以系数 0.90	按净面积计算工程量
门 窗	按门窗洞口面积计算	按门窗框外围面积计算

(3) 直接费计算及工料分析

概算的直接费计算及工料分析与施工图预算的方法相同。现以表 6-24 的例子加以说明。

概算直接费计算及工料分析表 **表 6-24**

定额编号	项目名称	单位	工程量	单位价值			总价值			锯材（m^3）	42.5 水泥（kg）	中砂（m^3）
				基价	人工费	机械费	小计	人工费	机械费			
1-51	M5 水泥砂浆砌砖基础	m^3	14.251	110.39	21.22	0.25	1573.17	302.41	3.56		79.54	0.30
											1133.52	4.275
1-48	C10 混凝土基础垫层	m^3	5.901	108.59	13.55	1.22	640.79	79.96	7.20	0.007	239.37	0.48
										0.041	1412.52	2.832
	小计						2213.96	382.37	10.76	0.041	2546.04	7.107

(4) 设计概算造价的计算

概算的间接费、利润和税金的计算，完全相同于施工图预算。其计算过程详见施工图预算造价计算的有关章节。

(5) 编制实例

本例概算选用传达室工程施工图（图 6-2～图 6-5）和某地区建筑工程概算定额编制。

(一) 列项及工程量计算

工程量计算见表 6-25。

传达室工程概算工程量计算表 **表 6-25**

序号	项目名称	单位	工程量	计算式
1	基数计算 (1) 外墙中心线长 $L_{外中}$	m	24.50	$(3.60+3.30+2.70+5.0)\times2-(2.7+2.0)=24.50$m
	(2) 内墙中心线长 $L_{内中}$	m	12.70	$5.0\times2+2.70=12.70$m
	(3) 外墙外边周长 $L_{外边}$	m	30.16	$[(3.60+3.30+2.70+0.24)+(5.0+0.24)]\times2$ $=(9.84+5.24)\times2=30.16$m
	(4) 底层建筑面积 $S_{底}$	m^2	51.56	$9.84\times5.24=51.56m^2$
2	人工平整场地	m^2	127.88	$S=S_{底}+L_{外边}\times2+16$ $=51.56+30.16\times2+16=127.88m^2$
3	C10 混凝土基础垫层	m^3	5.901	(1) 墙基垫层： $V=(L_{外中}+L_{内中})\times0.97^{*}\times$宽$\times$厚 $=(24.50+12.70)\times0.97\times0.80\times0.20$ $=5.773m^3$ (2) 柱基垫层： $V=0.89\times0.80\times0.20=0.128m^3$ （以上两项合计）5.901m^3 （注：* 为概算定额中计算规则规定）

续表

序号	项目名称	单位	工程量	计　算　式
4	M5 水泥砂浆砌砖基础	m^3	14.251	(1) 墙基： $V=(L_{外中}+L_{内中})\times 0.97^{*}\times$基础断面 $=(24.50+12.70)\times 0.97\times[(1.50-0.20-0.06)\times 0.24+0.007875\times 12]$ $=36.08\times(0.2976+0.0945)=14.147m^3$ (2) 柱基： $V=$柱基高×柱断面×放脚体积 $=1.24\times(0.24\times 0.24)+0.033$(详表 5-7) $=0.071+0.033=0.104m^3$ （合计）14.251m^3
5	单层镶板门	m^2	6.48	M-1　3 樘(详见施工) $3\times 0.90\times 2.40=3\times 2.16=6.48m^3$
6	镶板门带窗	m^2	3.81	M-2　1 樘 $2.0\times 2.40-1.10\times 0.90=3.81m^2$
7	单层玻璃窗	m^2	13.50	C-1　6 樘 $6\times 1.50\times 1.50=6\times 2.25=13.50m^2$
8	现浇 C20 钢筋混凝土圈梁	m^3	1.261	(1) 内墙上 $V=(2.70+2.0)\times(0.24\times 0.18)=0.203m^3$ 圈梁立面面积：$4.70\times 0.18=0.85m^2$ (2) 外墙上 $V=24.50\times(0.24\times 0.18)=1.058m^3$ 圈梁立面面积：$24.50\times 0.18=4.41m^2$
9	M2.5 混合砂浆砌-砖外墙	m^2	74.70	$S=$墙长×墙高－门窗洞口面积－圈梁所占面积 $L_{外中}$　　C-1 $=24.5\times(3.72+0.06)-13.50-4.41$ $=74.70m^2$
10	M2.5 混合砂浆砌-砖内墙	m^2	36.87	$L_{内中}$　　M-1　　M-2 $S=12.70\times 3.78-6.48-3.81-0.85$ $=36.87m^2$
11	M5 混合砂浆砌方形砖柱	m^3	0.218	$V=3.78\times 0.24\times 0.24$ $=0.218m^3$
12	C10 混凝土地面垫层	m^2	41.79	$S=$中线长×中线宽$\times 0.90^{*}$ $=9.60\times 5.0\times 0.90=43.20m^2$ 扣台阶所占面积 $(2.7+2.0)\times 0.30=1.42m^2$ （合计）41.79m^2
13	1∶2 水泥砂浆地面面层	m^2	41.79	$S=41.70$(同序 12)
14	C15 混凝土台阶 (1∶2 水泥砂浆抹面)	m^2	2.82	$S=$台阶长×台阶宽 $=(2.70+2.0)\times(0.30\times 2)=2.82m^2$
15	C15 混凝土散水	m^2	25.19	$S=(L_{外边}+4\times$散水宽)×散水宽－台阶面积 $=(30.16+4\times 0.8)\times 0.8-(2.70+2.30)\times 0.30$ $=25.19m^2$

续表

序号	项目名称	单位	工程量	计　算　式
16	C30 预应力钢筋混凝土空心板屋面	m^2	55.08	S =屋面实铺面积 =(9.60+0.30×2)×(5.0+0.20×2)=55.08m^2
17	C20 细石混凝土刚性屋面	m^2	55.08	S=55.08m^2(同序 16)
18	1∶2 水泥砂浆屋面面层	m^2	55.08	S=55.08m^2(同序 16)
19	现浇 C20 钢筋混凝土矩形梁	m^3	0.356	V=(2.70+2.0+0.24)×0.30×0.24=0.356m^3
20	梁、柱面贴面砖	m^2	7.12	S=(2.70+2.0)×(0.3×2+0.24)+0.24×4×3.3 =7.12m^3
21	现浇构件钢筋调整	t	−0.018	定额用量：0.356×0.17+1.261×0.11+55.08×0.0012 =0.265t 实际用量：0.247t(详施工图预算) 钢筋量差：0.247−0.265=−0.018t
22	预应力构件钢筋调整	t	−0.034	定额用量：55.08×0.0033=0.182t 实际用量：0.148t(详施工图预算) 钢筋量差：0.148−0.182=−0.034t

（二）直接费计算

概算直接费计算见表 6-26。

传达室工程概算直接费计算表　　**表 6-26**

序号	定额号	项　目　名　称	单位	工程量	基价	合价	人工费单　价	人工费小　计
		一、基　础　工　程						
1	1-7	人工平整场地	m^2	127.88	0.11	14.07	0.11	14.07
2	1-48	C10 混凝土基础垫层	m^3	5.901	108.59	640.79	13.55	79.96
3	1-51	M5 混合砂浆砌砖基础	m^3	14.251	110.39	1573.17	21.22	302.41
		分部小计	元			2228.03		396.44
		二、墙　体　工　程						
4	2-77	M2.5 混合砂浆砌-砖外墙（内混砂，外水刷石）	m^2	74.70	33.36	2491.99	3.82	285.35
5	2-133	M2.5 混合砂浆-砖内墙（双面混合砂浆）	m^2	36.87	27.67	1020.19	2.64	97.34
		分部小计	元			3512.18		382.69
		三、梁、柱工程						
6	3-1	M5 混合砂浆砌方柱	m^3	0.218	96.34	21.00	7.78	1.70
7	3-25	现浇 C20 钢筋混凝土矩形梁	m^3	0.356	447.40	159.27	32.79	11.67
8	3-23	现浇 C20 钢筋混凝土圈梁	m^3	1.261	335.13	422.60	25.62	32.31
9	3-39	现浇构件钢筋	t	−0.018	1476.12	−26.57	34.54	−0.62

续表

序号	定额号	项目名称	单位	工程量	基价	合价	人工费单价	人工费小计
10	3-40	预应力构件钢筋	t	−0.034	1503.38	−51.11	38.07	−1.29
		分部小计	元			525.19		43.77
		四、门窗工程						
11	4-1	单层镶板门	m^2	6.48	46.63	302.16	3.03	19.63
12	4-9	镶板门带窗	m^2	3.81	44.93	171.18	3.39	12.92
13	4-66	单层玻璃窗	m^2	13.50	46.11	622.49	3.25	43.88
		分部小计	元			1095.83		76.43
		五、楼地面工程						
14	5-25	C10混凝土地面垫层	m^2	41.79	10.20	426.26	1.04	43.46
15	5-59	1∶2水泥砂浆地面面层	m^2	41.79	3.42	142.92	0.41	17.13
16	10-72	C15混凝土散水	m^2	25.19	13.04	328.48	1.14	28.72
17	10-103	C10混凝土台阶	m^2	2.82	33.09	93.31	3.30	9.31
		分部小计	元			990.97		98.62
		六、屋面工程						
18	6-67	C30预应力空心板屋面	m^2	55.08	21.57	1188.08	1.64	90.33
19	6-70	C20细石混凝土刚性屋面	m^2	55.08	12.62	695.11	0.80	44.06
20	5-31	1∶2水泥砂浆屋面面层	m^2	55.08	2.77	152.57	0.22	12.12
		分部小计	元			2035.76		146.51
		七、装饰工程						
21	7-48	梁、柱面贴面砖	m^2	7.12	29.83	212.39	1.67	11.89
		合计	元			10600.35		1156.35
		脚手架摊销费		10600.35	×1.5%	159.01		
		共计	元			10759.36		1156.35

（三）材料价差调整

本工程不进行材料价差调整。

（四）概算造价计算

传达室工程概算造价计算有关条件：

根据下述条件和表6-11造价计算程序及表6-15～表6-20中的各项费率计算概算造价见表6-27。

传达室工程概算造价计算表　　表6-27

序号	费用名称	计算式	金额（元）
（一）	直接工程费	10759.36−159.01	10600.35
（二）	单项材料价差调整	—	
（三）	综合系数调整材料价差	—	

续表

序号	费用名称		计算式	金额（元）
（四）	措施费	环境保护费	10600.35×0.4%=42.40元	699.62
		文明施工费	10600.35×0.9%=95.40元	
		安全施工费	10600.35×1.0%=106.00元	
		临时设施费	10600.35×2.0%=212.01元	
		夜间施工增加费	10600.35×0.5%=53.00元	
		二次搬运费	10600.35×0.3%=31.80元	
		大型机械进出场及安拆费	—	
		脚手架费	159.01元	
		已完工程及设备保护费	—	
		混凝土及钢筋混凝土模板及支架费	—	
		施工排、降水费	—	
（五）	规费	工程排污费	—	254.40
		社会保障费	1156.35×16%=185.02元	
		住房公积金	1156.35×6.0%=69.38元	
		危险作业意外伤害保险	—	
（六）	企业管理费		10600.35×5.1%=540.62元	540.62
（七）	利润		10600.35×7%=742.02元	742.02
（八）	营业税		12837.01×3.093%=397.05元	397.05
（九）	城市维护建设税		397.05×7%=27.79元	27.79
（十）	教育费附加		397.05×3%=11.91元	11.91
	工程造价		（一）～（十）之和	13273.76

取费条件：

（1）工程类别及建筑地点：四类工程，工程在市区。

（2）取费等级：二级Ⅱ档。

6.4.4 用概算指标编制概算

概算指标的内容和形式已在前面介绍了，这里不再重复。

应用概算指标编制概算的关键问题是要选择合理的概算指标。对拟建工程选用较合理的概算指标，应符合以下三个方面的条件：

（1）拟建工程的建筑地点与概算指标中的工程地点在同一地区（如不同时需调整地区人工单价和地区材料预算价格）；

（2）拟建工程的工程特征和结构特征与概算指标中的工程、结构特征基率相同；

（3）拟建工程的建筑面积与概算指标中的建筑面积比较接近。

下面通过一个例子来说明概算的编制方法。

【例6-8】 拟在××市修建一幢3000m^{2}的混合结构住宅。其工程特征与结构特征与表5-4的概算指标的内容基本相同。试根据该概算指标，编制土建工程概算。

【解】 由于拟建工程与概算指标的工程在同一地区（不考虑材料价差），所以可以直接根据表5-8、表5-10、表5-11概算指标计算。工程概算价值，见表6-28。工程工料需用量，见表6-29。

某住宅工程概算价值计算表 **表6-28**

序号	项目名称	计 算 式	金额（元）
1	土建工程造价	$3000m^2 \times 723.30$ 元/m^2 = 2169900.00 元	2169900.00
2	直接费	2169900.00×76.92% = 1669087.08 元	1669087.08
	其中：人工费	2169900.00×9.49% = 205923.51 元	205923.51
	材料费	2169900.00×59.68% = 1294996.32 元	1294996.32
	机械费	2169900.00×2.44% = 52945.56 元	52945.56
	措施费	2169900.00×5.31% = 115221.69 元	115221.69
3	施工管理费	2169900.00×7.89% = 171205.11 元	171205.11
4	规费	2169900.00×5.77% = 125203.23 元	125203.23
5	利润	2169900.00×6.34% = 137571.66 元	137571.66
6	税金	2169900.00×3.08% = 66823.92 元	66823.92

某住宅工程工料需用量计算表 **表6-29**

序号	工料名称	单 位	计 算 式	数 量
1	定额用工	工日	$3000m^2 \times 5.959$ 工日/m^2	17877
2	钢筋	t	$3000m^2 \times 0.053t/m^2$	159
3	型钢	kg	$3000m^2 \times 11.518kg/m^2$	34554
4	铁件	kg	$3000m^2 \times 0.002kg/m^2$	6
5	水泥	t	$3000m^2 \times 0.157\ t/m^2$	471
6	锯材	m^3	$3000m^2 \times 0.021\ m^3/m^2$	63
7	标准砖	千块	$3000m^2 \times 0.160$ 千块/m^2	480
8	生石灰	t	$3000m^2 \times 0.018\ t/m^2$	54
9	砂子	m^3	$3000m^2 \times 0.470\ m^3/m^2$	1410
10	石子	m^3	$3000m^2 \times 0.234\ m^3/m^2$	702
11	炉渣	m^3	$3000m^2 \times 0.016\ m^3/m^2$	48
12	玻璃	m^2	$3000m^2 \times 0.099m^2/m^2$	297
13	胶合板	m^2	$3000m^2 \times 0.264m^2/m^2$	792
14	玻纤布	m^2	$3000m^2 \times 0.240m^2/m^2$	720
15	油漆	kg	$3000m^2 \times 0.693kg/m^2$	2079

用概算指标编制概算的方法较为简便。主要工作是计算拟建工程的建筑面积。然后再套用概算指标。直接算出各项费用和工料需用量。

在实际工作中，用概算指标编制概算时，往往选不到工程特征和结构特征完全相同的概算指标，总有一些差别。遇到这种情况可采取下面调整的方法修正这些差别：

（1）调整方法一

拟建工程在同一地点，建筑面积接近，但结构特征不完全一样。

例如，拟建工程是一砖外墙、木窗，概算指标中的工程是一砖半外墙、钢窗，这就要调整工程量和修正概算指标。

调整的基本思路是；从原概算指标中，减去每平方米建筑面积需换出的结构构件的价值，增加每平方米建筑面积需换入结构构件的价值，即得每平方米造价修正指标。再将每平方米造价修正指标乘以设计对象的建筑面积，就得到该工程的概算造价。

计算公式如下：

每平方米建筑面积造价修正指标＝原指标单方造价－每平方米建筑面积换出结构构件价值＋每平方米建筑面积换人结构构件价值 (6-48)

$$\text{每平方米建筑面积换出结构构件价值}=\frac{\text{原指标结构构件工程量}\times\text{地区概算定额工程单价}}{\text{原指标面积单位}} \tag{6-49}$$

$$\text{每平方米建筑面积换入结构构件价值}=\frac{\text{拟建工程结构构件工程量}\times\text{地区概算定额工程单价}}{\text{拟建工程建筑面积}} \tag{6-50}$$

设计概算造价＝拟建工程建筑面积×每平方米建筑面积造价修正指标 (6-51)

【例 6-9】 拟建工程建筑面积 3500m^2。按图算出一砖外墙 632.51m^2，木窗 250m^2。原概算指标每 100m^2 建筑面积一砖半外墙 25.71m^2，钢窗 15.36m^2，每平方米概算造价 123.76 元。求修正后的单方造价和概算造价，见表 6-30。

建筑工程概算指标修正表 **表 6-30**

（每 100m^2 建筑面积）

序号	定额编号	项 目 名 称	单位	数量	单价	复价	备 注
		换入部分					
1	2-78	一砖外墙	m^2	18.07	23.76	429.34	$632.51\times\frac{100}{3500}=18.07m^2$
2	4-68	普通木窗	m^3	7.14	74.52	532.07	$250\times\frac{100}{3500}=7.14m^2$
		小 计				961.41	
		换出部分					
3	2-79	一砖半外墙	m^2	25.71	30.31	779.27	
4	4-90	单层钢窗	m^3	15.36	59.16	908.70	
		小 计				1687.97	

【解】 每平方米建筑面积造价修正指标$=123.76+\frac{961.41}{100}-\frac{1687.97}{100}$

$=123.76+9.61-16.88=116.49$ 元/m

拟建工程概算造价＝3500×116.49＝40715 元

（2）调整方法二

不通过修正每平方米造价指标的方法，而直接修正原指标中的工料数量。

具体做法是，从原指标的工料数量和机械费中，换出拟建工程不同的结构构件人工、材料数量和调整机械费，换入所需的人工、材料和机械费。这些费用根据换入、换出结构构件工程量乘以相应概算定额中的人工、材料数量和机械费算出。

用概算指标编制概算，工程量的计算量较小，也节省了大量套定额和工料分析的时间，编制速度较快。但相对来说准确性要差一些。

6.4.5 用类似工程预算编制概算

类似工程预算是指已经编好并用于某工程的施工图预算。

用类似工程预算编制概算具有编制时间短，数据较为准确等特点。

如果拟建工程的建筑面积和结构特征与所选的类似工程预算的建筑面积和结构特征基本相同，那么就可以直接采用类似工程预算的各项数据编制拟建工程概算。

当出现下列两种情况时，就要修正类似工程预算的各项数据：

（1）拟建工程与类似工程不在同一地区，这时就要产生工资标准、材料预算价格、机械费、间接费等的差异。

（2）拟建工程与类似工程在结构上有差异。

当出现第二种情况的差异时，可参照修正概算造价指标的方法加以修正。

当出现第一种情况的差异时，则需计算修正系数。

计算修正系数的基本思路是。先分别求出类似工程预算的人工费、材料费、机械费、间接费和其他间接费在全部预算成本中所占的比例（分别以 γ_1、γ_2、γ_3、γ_4、γ_5 表示），然后再计算这五种因素的修正系数，最后求出总修正系数。

计算修正系数的目的是为了求出类似工程预算修正后的平方米造价，用拟建工程的建筑面积乘以修正系数后的平方米造价，就得到了拟建工程的概算造价。

修正系数计算公式如下：

$$\text{工资修正系数 } K_1 = \frac{\text{编制概算地区一级工工资标准}}{\text{类似工程所在地区一级工工资标准}} \tag{6-52}$$

$$\text{材料预算价格修正系数 } K_2 = \frac{\sum \text{类似工程各主要材料用量} \times \text{编制概算地区材料预算价格}}{\sum \text{类似工程主要材料费}} \tag{6-53}$$

$$\text{机械使用费修正系数 } K_3 = \frac{\sum \text{类似工程各主要机械台班量} \times \text{编制概算地区机械台班预算价格}}{\sum \text{类似工程各主要机械使用费}} \tag{6-54}$$

$$\text{间接费修正系数 } K_4 = \frac{\text{编制概算地区间接费费率}}{\text{类似工程所在地间接费费率}} \tag{6-55}$$

$$\text{其他间接费修正系数 } K_5 = \frac{\text{编制概算地区其他间接费费率}}{\text{类似工程所在地区其他间接费费率}} \tag{6-56}$$

$$\text{预算成本总修正系数 } K = \gamma_1 K_1 + \gamma_2 K_2 + \gamma_3 K_3 + \gamma_4 K_4 + \gamma_5 K_5 \tag{6-57}$$

拟建工程概算造价计算公式：

$$\text{拟建工程概算造价} = \text{修正后的类似工程单方造价} \times \text{拟建工程建筑面积} \tag{6-58}$$

$$\text{其中修正后的类似工程单方造价} = \text{类似工程修正后的预算成本} \times (1 + \text{利税率}) \tag{6-59}$$

$$\text{类似工程修正后的预算成本} = \text{类似工程预算成本} \times \text{预算成本总修正系数} \tag{6-60}$$

【例 6-10】 有一幢新建办公大楼，建筑面积 2000m^2，根据下列类似工程预算的有关数据计算该工程的概算造价。

（1）建筑面积：1800m^2

（2）工程预算成本：1098000 元

（3）各种费用占成本的百分比：

人工费 8%，材料费 62%，机械费 9%，间接费 16%，规费 5%。

（4）已计算出的各修正系数为：

K_1=1.02，K_2=1.05，K_3=0.99，K_4=1.0，K_5=0.95。

【解】（1）计算预算成本总修正系数 K。

$$K=0.08\times1.08+0.62\times1.05+0.09\times0.99+0.16\times1.0+0.05\times0.95=1.03$$

（2）计算修正预算成本

修正预算成本＝1098000×1.03＝1130940 元

（3）计算类似工程修正后的预算造价（利税率为 8%）

类似工程修正后的预算造价＝1130940×（1＋8%）＝1221415.20 元

（4）计算修正后的单方造价

类似工程修正后的单方造价＝1221415.20÷1800＝678.56 元/m²

（5）计算拟建办公楼的概算造价

办公楼概算造价＝2000×678.56＝1357120 元

如果拟建工程与类似工程相比较，结构构件有局部不同时，应通过换入和换出结构构件价值的方法，计算净增（减）值，然后再计算拟建工程的概算造价。

计算公式如下：

修正后的类似工程预算成本＝类似工程预算成本×总修正系数＋结构件净价值＋（1＋修正间接费费率） (6-61)

修正后的类似工程预算造价＝修正后类似工程预算成本×（1＋利税率） (6-62)

$$修正后的类似工程单方造价=\frac{修正后类似工程预算造价}{类似工程建筑面积} \quad (6\text{-}63)$$

拟建工程概算造价＝拟建工程建筑面积×修正后的类似工程单方造价 (6-64)

【例 6-11】 设【例 6-10】办公楼的局部结构构件不同，净增加结构构件价值 1550 元，其余条件相同，试计算该办公楼的概算造价。

【解】 修正后的类似工程预算成本＝1098000×1.03＋1550×（1＋16%×1.0＋5%×0.95）＝1132811.63 元

修正后的类似工程预算造价＝1132811.63×（1＋8%）＝1223436.56 元

6.5 施 工 预 算

6.5.1 概述

建筑安装施工企业必须加强经营管理，缩短施工周期，确保工程质量、降低工程成本，才能取得较好的经济效益。

做好施工预算工作是施工企业加强经营管理、降低工程成本的重要环节之一。

什么是施工预算，施工预算与施工图预算有哪些区别，施工预算在企业管理中有哪些作用，这些都是本章节所要讨论的问题。

6.5.1.1 施工预算的概念

施工预算是为适应施工企业加强管理的需要，按照企业管理和队、组核算的要求、根据施工图纸、企业定额（或劳动定额和地区材料消耗定额）、施工组织设计、考虑挖掘企业内部潜力，在开工前由施工单位编制，供企业内部使用的一种预算。它规定了单位工程或分部、分层、分段工程的人工、材料、施工机械台班的消耗数量标准和直接费付出的标准，是施工企业基层的成本计划文件，是与施工图预算和实际成本进行分析对比的基础资料。编制施工预算是加强企业管理，实行经济核算的重要措施。

6.5.1.2　施工预算与施工图预算的区别

施工预算与施工图预算的区别主要有以下几个方面：

（1）“两算”的作用不同

施工图预算是确定工程造价，对外签订工程合同，办理工程拨款和贷款、考核工程成本、办理竣工结算的依据。在实行招标、投标的情况下，它也是招标者计算标底和投标者进行报价的基础。

施工预算是为达到降低成本的目的，按照施工定额的规定，结合挖掘企业内部潜力而编制的一种供企业内部使用的预算，是编制施工生产计划和企业内部实行定额管理、确定承包任务的基础。

（2）“两算”的编制依据不同

施工图预算与施工预算虽然都是根据同一施工图编制的，但前者的人工、材料和机械台班消耗量，是根据预算定额规定的标准计算的，所表现的是社会平均水平的建筑产品活劳动和物化劳动消耗的补偿量，是施工企业确定资金来源的主要依据。而后者则是根据企业定额的规定，并结合施工企业本身所采用的技术组织措施来计算的，所表现的是企业生产力水平的建筑产品活劳动和物化劳动消耗的付出量，是施工企业控制资金支出的主要尺度。

（3）“两算”的工程量计算规则和计量单位有许多不同点

由于“两算”所依据的定额不同，其工程量计算规则和计量单位也不尽相同。施工图预算的工程量是按照预算定额所规定的计算规则和计量单位计算的，而施工预算的工程量要按照企业定额、劳动定额的规定、地区材料消耗定额的要求、企业管理的需要来进行计算。

（4）“两算”的费用组成不同

施工图预算的费用组成，除计算直接费以外，还要计算间接费、利润和税金，而施工预算则主要是计算人工、材料和施工机械台班的消耗量及其相应的直接费，再按照各施工企业所采取的内包办法，增加适当的包干费用，其额度由各施工单位经过测算确定。

（5）“两算”的编制方法和粗细程度不同

施工图预算的编制是采用的单位估价法。定额项目的综合程度较大，是用来确定工程造价的。施工预算的编制一般是采用的实物法或实物金额法。定额项目按工种划分，其综合程度较小。由于施工预算要满足按工种实行定额管理和班组和算的要求。所以，预算项目划分较细，并要求分层、分段进行编制。

综上所述，我们可以知道，施工图预算与施工预算无论是在其作用上、编制依据、编制方法、费用组成和粗细程度上均有所不同。如果说施工图预算是确定建筑企业各项工程收入的依据，而施工预算则是建筑企业控制各项成本支出的尺度，这是“两算”最大的区别。

6.5.1.3　施工预算的作用

施工预算的作用与企业定额的作用基本相同，这里只列出作用的要点：

（1）施工预算是施工企业编制施工作业计划、劳动力计划和材料需用量计划的依据。

（2）施工预算是基层施工单位签发施工任务单和限额领料单的依据。

（3）施工预算是计算计件工资，超额奖金和包工包料、实行按劳分配的依据。

（4）施工预算是施工企业开展经济活动分析、进行“两算”对比的依据。

（5）施工预算是促进实施施工技术组织节约措施的有效方法。

6.5.2 施工预算的基本内容和编制要求

6.5.2.1 基本内容

施工预算的基本内容由“编制说明”和“计算表格”两部分组成。

(1) 编制说明

1) 编制依据：包括说明、采用的施工图、企业定额、工日单价、材料预算价格、机械台班预算价格、施工组织设计或施工方案及图纸会审记录等内容。

2) 所编施工预算的工程范围。

3) 根据现场勘察资料考虑了哪些因素。

4) 根据施工组织设计考虑了哪些施工技术组织措施。

5) 有哪些暂估项目和遗留项目，并说明其原因和处理方法。

6) 还存在和需要解决的问题有哪些。

7) 其他需要说明的问题。

(2) 计算表格

1) 工程量计算表

是施工预算的基础表。主要反映分部分项工程名称、工程数量、计算式等。

2) 工料分析表

是施工预算的基本计算用表，主要反映分部分项工程中的各工种人工、不同等级的用工量与各种材料的消耗量。

3) 人工汇总表

是编制劳动力计划及合理调配劳动力的依据。它是由“工资分析表”上的人工数，按不同工程和级别分别汇总而成的。

4) 材料消耗量汇总表

是编制材料需用量计划的依据。它由“工资分析表”上的材料量，按不同品种、规格，分现场用与加工厂用进行汇总而成。

5) 机械台班使用量汇总表

是计算施工机械费的依据。是根据施工组织设计规定的实际进场机械，按其种类、型号、台数、工期等计算出台班数，汇总而成。

6)“两算”对比表

这是在施工预算编制完成后，将其计算出的人工、材料消耗量以及人工费、材料费、施工机械费、其他直接费等，按单位工程或分部工程与施工图预算进行对比，找出节约或超支的原因，作为单位工程开工前在计划阶段的预测分析用表。

此外还有钢筋混凝土构件、金属构件、门窗木作构件的加工订货表、钢筋加工表，铁件加工表、门窗五金表等，视各单位的业务分工和具体编制内容而定。

6.5.2.2 编制要求

施工预算的编制要求与施工预算的作用紧密相关，一般应达到下列要求：

(1) 编制深度合适

对于施工预算的编制深度，应满足下面两点要求：

1) 能反映出经济效果，以便为经济活动分析提供可靠的数据。

2) 施工预算的项目，要能满足签发施工任务单和限额领料单的要求，尽量做到使工地不重复计算，以便为加强定额管理、贯彻按劳分配，实行班组经济核算创造条件。

（2）内容要紧密结合现场实际情况

按所承担的任务范围和采取的施工技术措施，挖掘企业内部潜力，实事求是地进行编制，反对多算和少算，以便使企业的计划成本，通过编制施工预算，建立在一个可靠的基础上，为施工企业在计划阶段进行成本预测分析，降低成本额度创造条件。

（3）要保证其及时性

编制施工预算是加强企业管理、实行经济核算的重要措施，施工企业内部编制的各种计划、开展工程定包、贯彻按劳分配、进行经济活动分析和成本预测等。无一不依赖于施工预算所提供的资料。因此，必须采取各种有效措施，使施工预算能在单位工程开工前编制完毕，以保证使用。

6.5.3　施工预算的编制

6.5.3.1　编制依据

（1）经过会审的施工图纸和会审记录以及有关的标准图。

（2）企业定额和有关补充定额或全国统一劳动定额和地区材料消耗定额。

企业定额是编制施工预算的主要依据之一。但目前企业尚无成熟的包括人工、材料和机械在内的企业定额。有的企业根据本地区的情况，自行编制了适用于本企业的企业定额，为编制施工预算创造了有利条件。但也有的企业至今尚未编制企业定额，在这种情况下，编制施工预算时，人工部分可执行现行的《建筑安装工程统一劳动定额》，材料部分可执行地区颁发的文件《建筑安装工程材料消耗定额》，如果本地区没有相适应的材料消耗定额，可结合实际情况，参照本省预算定额或按施工图预算计算的材料用量而适当降低损耗率的办法进行计算。施工机械部分可根据施工组织设计或施工方案所规定的实际进场机械，按其种类、型号、台数和工期等进行计算。

（3）经批准的施工组织设计或施工方案。

（4）人工工资标准、机械台班单价、材料预算价格或实际采购价格。这些是计算人工费、机械费和材料费所不可缺少的依据。

（5）施工图预算书中的许多数据可为施工预算的编制，提供许多有利条件和可比数据。因此，施工图预算书是编制施工预算的重要依据之一。

（6）其他有关费用的规定，是指在按定额计算出人工费的基础上，结合内部承包单位一定幅度的在定额以外实际要发生的带有包干性质的费用。该项费用的计算，应根据本地区和本企业的有关规定执行。

（7）有关工具书或资料。

6.5.3.2　编制方法

施工预算的编制方法有以下三种：

（1）实物法

根据施工图纸和企业定额，结合施工组织设计或施工方案所确定的施工技术措施，算出工程量后，套用企业定额，分析汇总人工、材料数量，但不进行计价，通过实物消耗数量来反映其经济效果。

（2）实物金额法

是通过实物数量来计算人工费、材料费和直接费的一种方法。是根据实物法算出的人工和各种材料的消耗量，分别乘以所在地区的工资标准和材料单价，求出人工费、材料费和直接费的方法。

（3）单位估价法

是根据施工图纸和企业定额的有关规定，结合施工技术措施，列出工程项目，计算工程量，套用企业定额单价，逐项计算和汇总直接费，并分析汇总人工和主要材料消耗量，同时列出构件、门窗、钢筋和五金的明细表，最后汇编成册。

三种编制方法的主要区别在于计价方式的不同。实物法只计算实物消耗量，运用这些实物消耗量可向施工班组签发施工任务单和限额领料单。实物金额法是先分析汇总人工和材料实物消耗量，再进行计价。单位估价法则是按分项工程分别进行计价。

上述三种编制方法的机械台班和机械费，都是根据施工组织设计或施工方案的规定，按实际进场的机械计算。

6.5.3.3　采用实物金额法编制施工预算的步骤与方法

（1）了解现场情况，收集基础资料

编制施工预算之前，首先应按前面所述的编制依据，将有关基础资料收集齐备。熟悉施工图纸和会审记录，熟悉施工组织设计或施工方案，了解所采取的施工方法和施工技术措施，熟悉企业定额和工程量计算规则，了解定额的项目划分、工作内容、计量单位、有关附注说明以及企业定额与预算定额的异同点等。同时还要深入现场，了解施工现场的环境、地质、施工平面布置等有关情况。了解和掌握上述内容，是编好施工预算的必备前提条件，也是在编制前必须要做好的基本准备工作。

（2）列项与计算工程量

列项与计算工程量是施工预算编制工作中最基本的一项工作，所费时间最长，工作量最大，技术要求也较高，是一项十分细致而又复杂的工作。能否准确、及时地编好施工预算，关键在于能否准确、及时地计算工程量。因此，凡能利用施工图预算的工程量就不必再算。但要根据施工组织设计或施工方案的要求，按分部、分层、分段进行划分。工程量的项目内容和计量单位一定要与企业定额相一致，否则就无法套用定额。

（3）查套企业定额

工程量计算完毕，按照分部、分层、分段划分的要求。经过整理汇总，列出工程项目。将这些工程项目的名称、计量单位及工程数量，逐项填入“施工预算工料分析表”之后，即可查套定额，将查到的定额编号与工料消耗指标，分别填入上表的相应栏目里。选套企业定额项目时，其定额工作内容必须与施工图纸的构造、做法相符合，所列分项工程的名称、内容和计量单位必须与所选企业定额项目的工作内容和计量单位一致。否则，应重新计算工程量。如果工程内容与定额内容不完全一致，但定额规定允许换算成可用系数调整时，则应对定额进行换算后方可套用。对于企业定额中的缺项，可借套其他类似定额，或编制补充定额，但应报请上级批准。

填写“施工预算工料分析表”的计量单位与工程数量时，注意采用定额单位及与之相对应的工程数量。这样就可以直接套用定额中的工料消耗指标，而不必改动定额消耗指标的小数点位置，以免发生差错。填写工料消耗指标时，人工部分应区别不同工种和级别；材料部分应区别不同品种和规格，分别进行填写。并注意填写不同材料的不同计量单位，以便按不同的工种和级别以及不同的材料品种和规格，分别进行汇总。

（4）工料分析

按上述要求，将“施工预算工料分析表”上的分部分项工程名称、定额单位、工程数量、定额编号、工料消耗指标等项目填写完毕后，即可进行工料分析。方法与施工图预算的工料分析方法一样。

（5）工料汇总

按分部工程分别将工料分析的结果进行汇总，最后再按单位工程进行汇总。据以编制单位工程工料计划，计算直接费和进行“两算”对比。

（6）计算直接费和其他费用

根据上述汇总的工料数量与现行的工资标准、材料预算价格和机械台班单价，分别计算人工费、材料费、机械费，三者相加即为本分部工程或单位工程的施工预算直接费。最后再根据本地区或本企业的规定，计算其他有关费用。

（7）整理编写说明，编制、装订、分发

6.5.3.4　编制施工预算应注意的问题

（1）编制范围

施工预算的主要作用是为基层施工单位实行计件、包工包料、进行经济核算的依据，是确定承包任务的基础。因此，施工预算的编制，应按所承担的施工范围进行。凡属在外单位加工或按商品购入的成品和半成品工程项目，如木材加工厂制作的木门窗，水泥制品厂制作的钢筋混凝土预制构件，以及按商品购入的钢门窗等，编制施工预算时均不应进行工料分析。但在本单位附属企业加工的木门窗和混凝土预制构件和机械化施工处承担施工的构件运输和安装等施工项目，可另行分别编制施工预算，不要同现场施工项目混合编制，以便各基层施工单位进行施工管理和经济核算。

（2）填表要求

由于工料分析表的纵横向格数有限，为使工料分析栏目不超出横向格数，要求在同一页工料分析表上不要列两个不同的分部工程，同一分部工程一张表列不完时，可另起一页。人工、材料、机械汇总表应按分部工程填列，最后按单位工程汇总，以便进行“两算”对比。

（3）工程量的计量单位

为了直接套用企业定额的工料消耗指标，并且不移动它的小数点位置，对编制施工预算进行工料分析所用工程量的计算单位，要求采用定额单位。

（4）定额换算

企业定额中有一系列换算方法和换算系数的规定，必须认真学习、正确使用。对于按规定应该换算的定额项目，则必须对定额进行换算后方可套用。

（5）工料分析和汇总

为了正确计算人工费和材料费，进行工料分析和汇总时，人工部分应按不同工种和级别；材料部分应按不同品种和规格，分别进行分析和汇总。

6.5.4　“两算”对比

6.5.4.1　“两算”对比的目的

“两算”是指施工图预算和施工预算。前者是确定建筑企业收入的依据（预算成本），后者是建筑企业控制各项成本支出的尺度（计划成本）。“两算”都是在单位工程开工前编制的，并应在开工前进行对比分析。其目的在于找出节约和超支的原因，以便研究提出解决的措施，防止人工、材料耗用量和施工机械费的超支，避免发生预算成本的亏损，为确定降低成本计划额度提供依据。通过“两算”对比，并在完工后加以总结，可以取得经验教训，积累资料，这对于改进和加强施工组织管理，提高劳动生产率，降低工程成本、提高经营管理水平，取得更大经济效益，都具有重要实际意义。所以说，“两算”对比是建筑施工企业运用经济规律，加强企业管理的重要手段之一。

6.5.4.2 “两算”对比的方法

“两算”对比的方法有：实物对比法和金额对比法两种。

（1）实物对比法

将施工预算所计算的工程量，套用企业定额的工料消耗指标，算出分部工程工料消耗量，并汇总为单位工程的人工和主要材料耗用量，填入“两算”对比表（见6.5.5实例），再与施工图预算的工料用量进行对比，算出节约或超支的数量差和百分率。

（2）金额对比法

将施工预算所算出的人工、材料和施工机械台班耗用量，按分部工程汇总后，分别乘以相应的工资标准、材料预算价格和机械台班单价，得出分部工程的人工费、材料费和机械费，将它们填入“两算”对比表，并按单位工程进行汇总，再与施工图预算相应的人工费、材料费和机械费、工程直接费分别进行对比分析，算出节约或超支的金额差和百分率。

6.5.4.3 “两算”对比的内容

（1）人工数量及人工费的对比分析

施工预算的人工数量及人工费与施工图预算对比，一般要低10%左右，这是由于二者使用定额的基础不一样。例如，砌墙工程项目中，砂子、标准砖和砂浆的场内水平运距，施工定额平均按50m考虑，而预算定额则是砂子按80m，标准砖按170m，砂浆按180m考虑，分别增加了超运距用工。同时预算定额的人工消耗指标，还考虑了在企业定额中未包括，而在一般正常施工情况下又不可避免发生的一些零星用工因素。如土建各工种之间的工序搭接及土建与水电安装之间交叉配合所需停歇的时间，因工程质量检查和隐蔽工程验收而影响工人操作的时间。以及施工中不可避免的其他少数零星用工等，在企业定额的基本用工、超运距用工和辅助用工的基础上，又增加10%的人工幅度差。

（2）材料消耗量及材料费的对比分析

由于企业定额的材料损耗量一般都低于预算定额，如砌筑一般砖墙工程项目中的标准砖和砂浆的损耗率，预算定额规定为1%，某地区企业定额按照不同墙厚和做法，分别规定了不同的损耗率，标准砖为0.5%～1%，砌筑砂浆为0.8%～1%。同时，编制施工预算时还要考虑扣除技术措施的材料节约量。所以，施工预算的材料消耗量及材料费一般都低于施工图预算。但由于定额项目之间的水平不一致，有的项目也会出现施工预算的材料消耗量大于施工图预算。不过，总的消耗量应该是施工预算低于施工图预算。如果出现反常情况，则应进行分析研究，找出原因，并采取措施加以解决。

（3）施工机械费的对比分析

施工预算的机械费，是根据施工组织设计或施工方案所规定的实际进场机械，按其种类、型号、台数、使用期限和台班单价计算的，而施工图预算的机械费是根据预算定额的机械种类、型号和台班数。按施工生产的一般情况，考虑合理搭配，综合取定的，同施工现场的实际情况不可能完全一致。因此，对“两算”来说，施工机械无法进行台班数量对比，只能以“两算”的机械费进行对比分析，如果发生施工预算的机械费大量超支，而又无特殊情况时，则应考虑改变原施工组织设计中的机械施工方案，尽量做到不亏损而略有节余。

（4）周转材料使用费的对比分析

周转材料主要是指脚手架和模板。施工预算的脚手架是根据施工组织设计或施工方案规定的搭设方法和具体内容分别进行计算的。施工图预算所依据的预算定额是综合考虑脚手架的搭设，按不同结构和高度，以建筑面积计算脚手架的摊销费，施工预算的模板是按混凝土与模板的接触面积计算，而施工图预算的模板是按构件的混凝土体积计算。所以材料的消耗量、预算定额是按摊销量计算，企业定额是按一次使用量加损耗量计算。周转使用的脚手架和模板无法用实物量进行对比，只能按其费用进行对比。

（5）其他直接费的对比分析

综上所述均属直接费的对比分析，关于施工管理费和其他费用应由公司或工程处（队），单独进行核算，不能同直接费混在一起，一般不进行“两算”对比。

6.5.5 施工预算编制及“两算”对比实例

本例施工预算根据××市商业局传达室工程施工图（图6-3～图6-6）和施工图预算

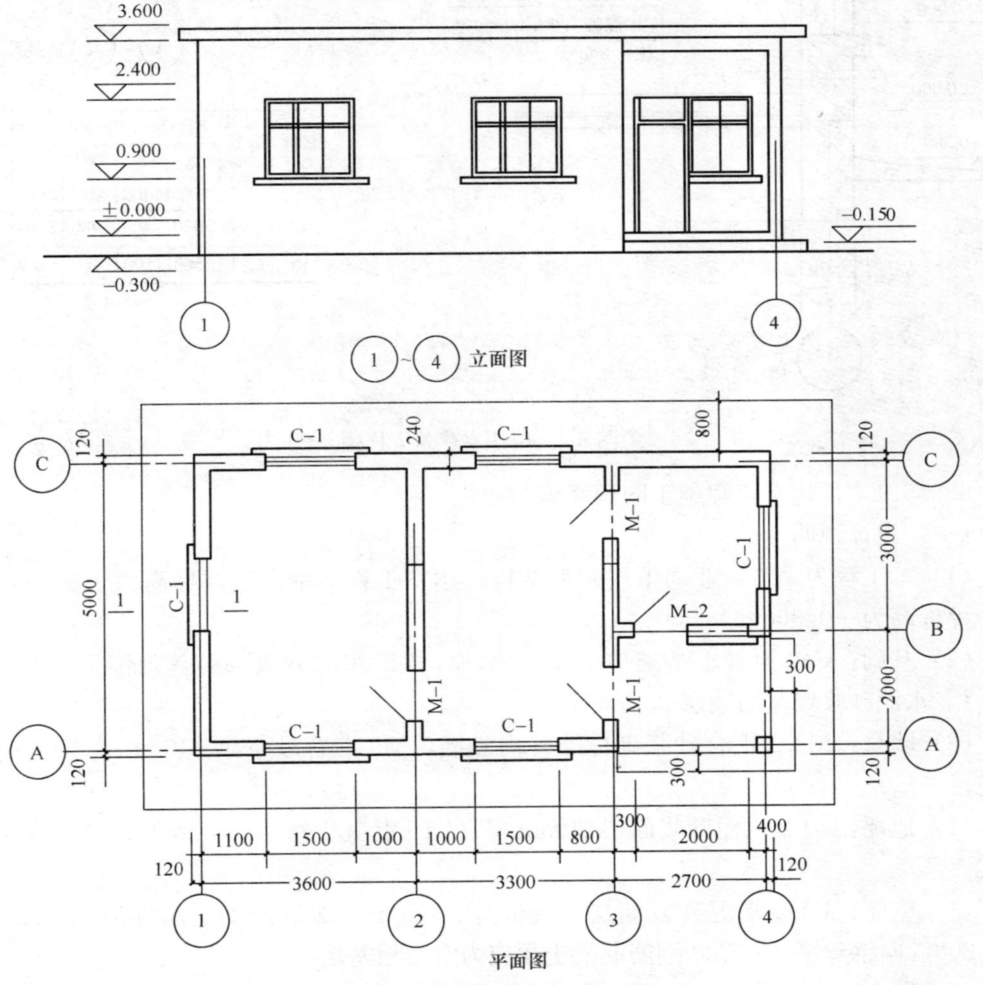

图6-3 传达室立面图、平面图

编制，采用的是某施工企业的企业定额，个别项目套用了劳动定额和预算定额。本例仅对人工工日和几项主要材料进行了“两算”对比。施工预算工程量见表 6-35，施工预算工料分析见表 6-36，施工图预算人工工日计算见表 6-37，施工预算半成品材料分析见表 6-38，“两算”对比见表 6-39～表 6-41。

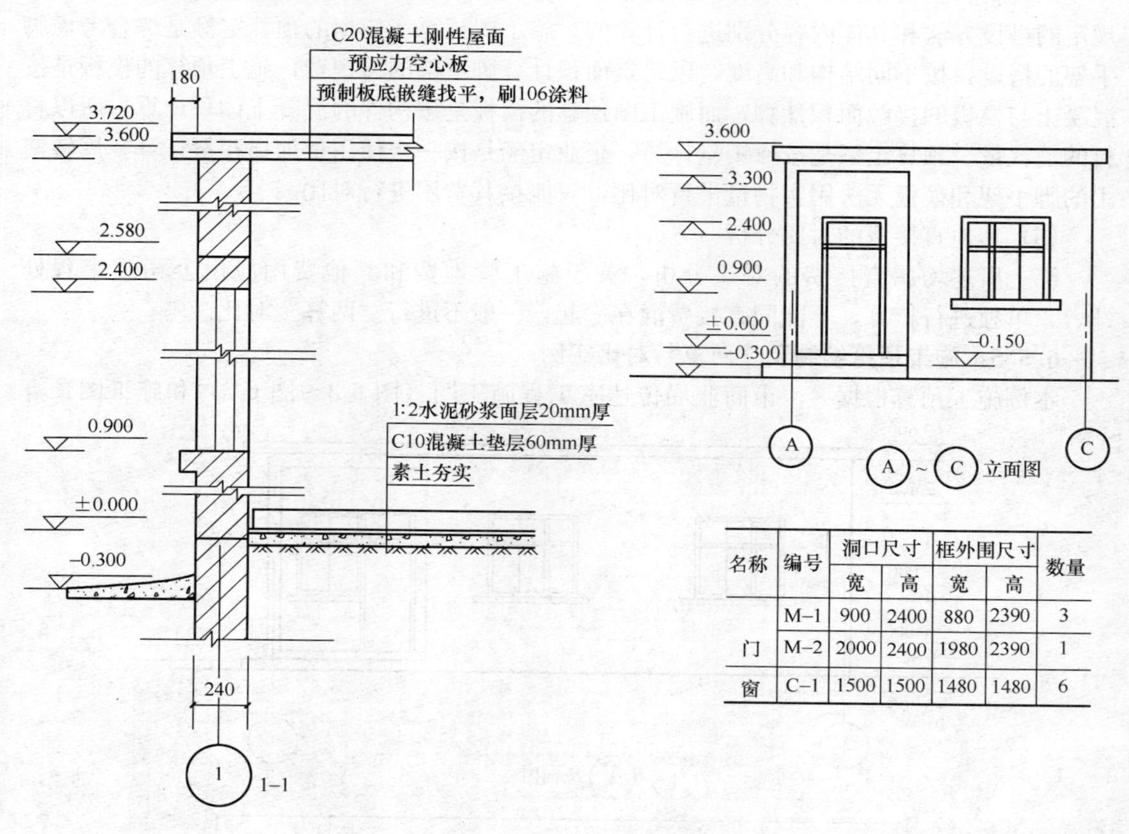

名称	编号	洞口尺寸		框外围尺寸		数量
		宽	高	宽	高	
门	M–1	900	2400	880	2390	3
	M–2	2000	2400	1980	2390	1
窗	C–1	1500	1500	1480	1480	6

图 6-4　传达室建筑大样图

6.5.5.1　传达室工程施工图预算编制

（一）设计说明

（1）本工程为某市商业局单层砖混结构传达室工程，室内地坪标高为±0.000m，室外地坪标高为－0.300m。

（2）基础：C10 混凝土基础垫层 200mm 厚，M5 水泥砂浆砌砖基础位于－0.06m 处抹 1∶2 水泥砂浆墙基防潮层 20mm 厚。

（3）墙身：M2.5 混合砂浆砌标准砖内外墙，M5 混合砂浆砌 240mm×240mm 标准砖柱。

（4）地坪：1∶2 水泥砂浆面层 20mm 厚；C10 混凝土垫层 60mm 厚；基层素土回填夯实。

（5）屋面：1∶2 水泥砂浆面层 20mm 厚；C20mm 细石混凝土刚性屋面 40mm 厚；ϕ4@200双向钢丝网片；C30 钢筋混凝土预应力空心板基层。

（6）散水：C15 混凝土 80mm 厚，3％坡度。

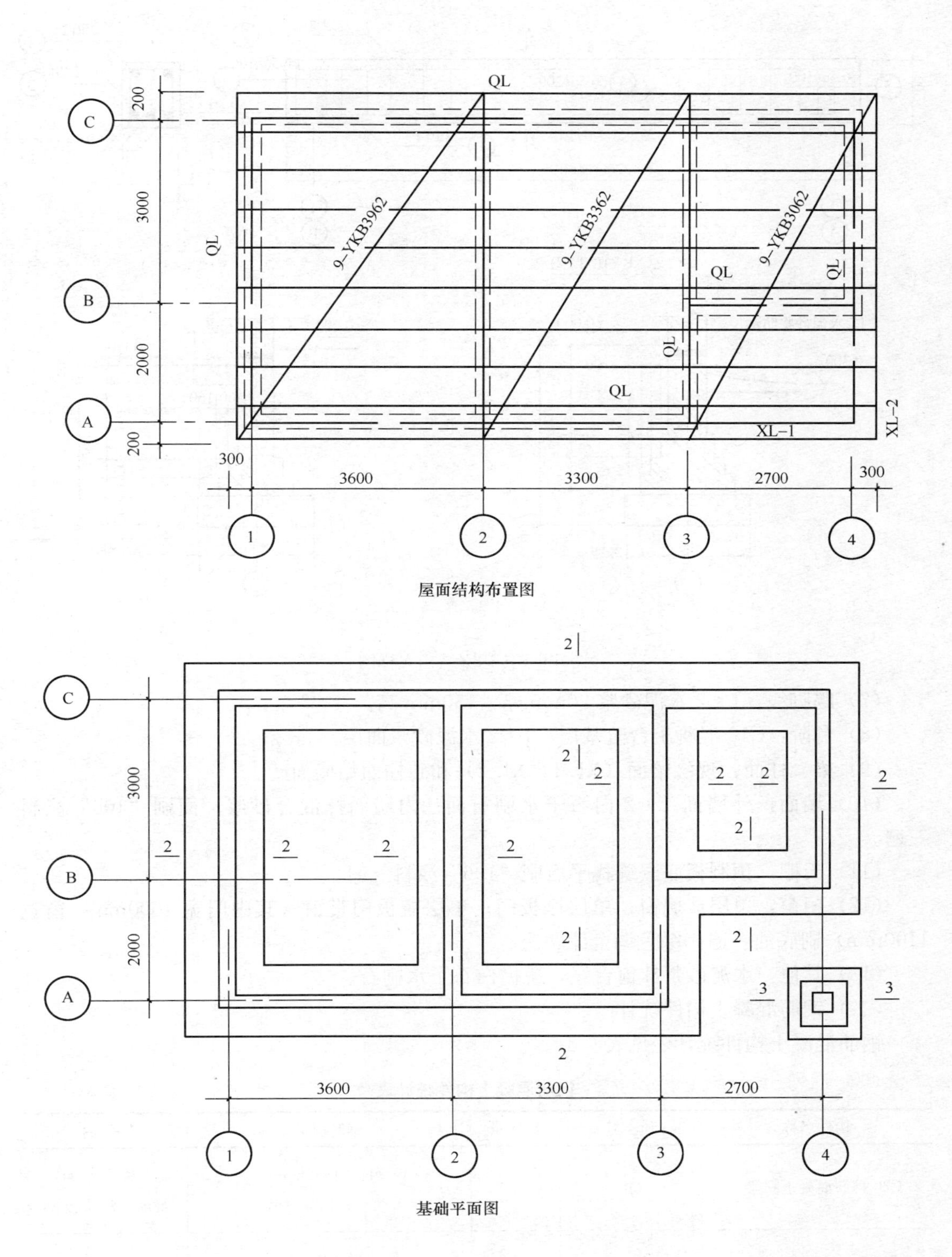

图 6-5　传达室结构施工图

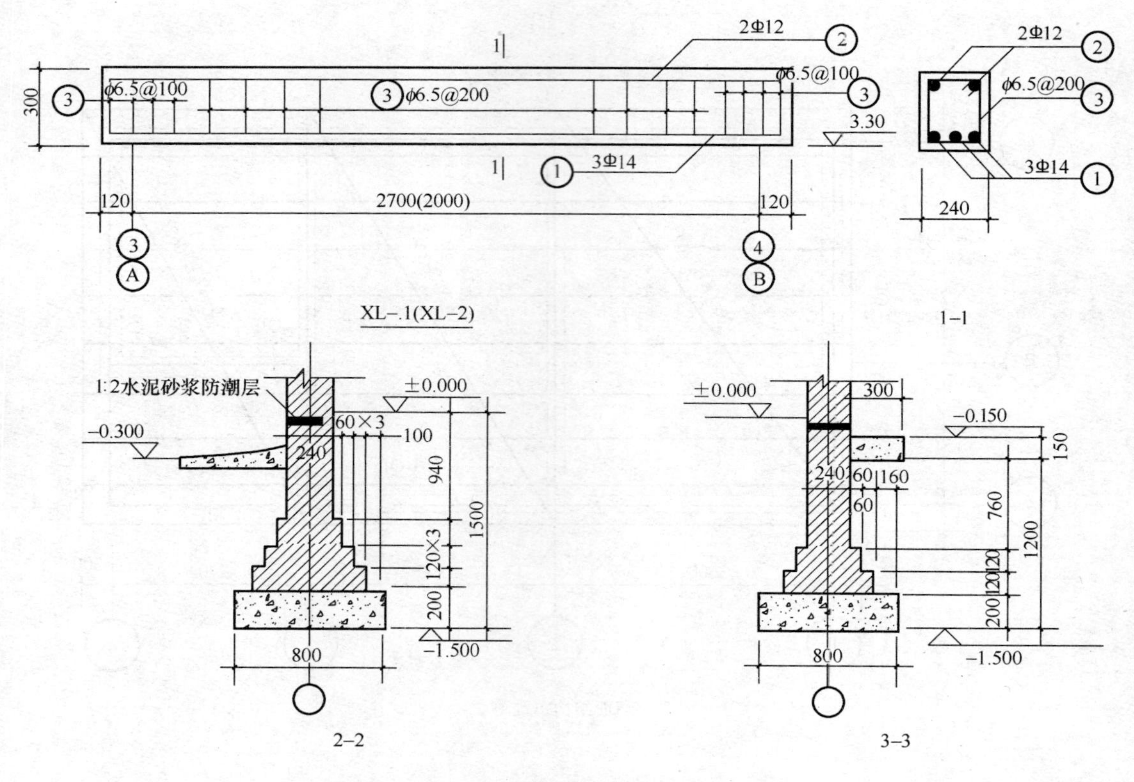

图 6-6　传达室结构大样图

（7）踢脚线：1∶2 水泥砂浆 20mm 厚，150mm 高。

（8）台阶：C10 混凝土台阶基层；1∶2 水泥砂浆面层。

（9）梁、柱面：现浇梁面（XL-1，XL-2）和砖柱面贴墙面砖。

（10）墙面：外墙面 1∶2 白石子水刷石面；内墙面抹混合砂浆；面刷“106”涂料三遍。

（11）天棚：预制板底嵌缝找平后刷“106”涂料三遍。

（12）门窗：单层玻璃窗；单层镶板门；单层镶板门带窗（其中门宽 1000mm，窗宽 1100mm）刷底油一遍，绿色调合漆两遍。

（13）其他：水泥砂浆抹窗台线，挑檐白石子水刷石。

（二）钢筋混凝土构件统计

钢筋混凝土构件统计表见表 6-31。

钢筋混凝土构件统计表　　**表 6-31**

构件名称	代　号	数　量	钢筋用量	备　注
C20 钢筋混凝土圈梁	QL	1	φ12：116.80m φ6.5：122.64m	主筋：4@φ12 箍筋：φ6.5@200
C20 钢筋混凝土矩形梁	XL-1 XL-2	1 1	详结施工 详结施工	

续表

构件名称	代 号	数 量	钢筋用量	备 注
C30 钢筋混凝土预应力空心板	YKB-3962 YKB-3362 YKB-3062	9 9 9	ϕ^b4.9@6.57kg/块=59.13kg ϕ^b4.9@4.50kg/块=40.50kg ϕ^b4.9@3.83kg/块=34.47kg 共计：134.10kg	空心板体积： 0.164m³/块 0.139m³/块 0.126m³/块

（三）门窗统计表

门窗统计表详见图 6-4。

（四）基数计算

传达室工程基数计算表，见表 6-32。

传达室工程基数计算表 **表 6-32**

基数名称	代号	图号	墙高(m)	墙厚(m)	单位	数量	计 算 式
外墙中心线长	$L_{中}$	建 1	3.78	0.24	m	29.20	(3.60+3.30+2.70+5.0)×2=29.20m 墙高：3.72+0.06=3.78m
内墙净长线	$L_{内}$	建 1	3.78	0.24	m	7.52	(5.0−0.24)+(3.0−0.24)=7.52m 墙高：3.72+0.06=3.78m
外墙外边线长	$L_{外}$	建 1			m	30.16	29.20+0.24×4=30.16m
底层建筑面积	$S_{底}$	建 1			m²	51.56	5.24×9.84=51.56m²

注：墙高按计算规则算至屋面板顶面。

（五）工程量计算

1. 人工平整场地

$$S = S_{底} + L_{外} \times 2 + 16$$
$$= 51.56 + 30.16 \times 2 + 16$$
$$= 127.88\text{m}^2$$

2. 人工挖地槽、地坑（不加工作面、不放坡）

地槽 $V = 槽长 \times 槽宽 \times 槽深$

$$= [29.20 + (7.52 - 0.80 \times 2)] \times 0.80 \times (1.50 - 0.30)$$
$$= (29.20 + 5.92) \times 0.80 \times 1.20$$
$$= 35.12 \times 0.87 \times 1.20$$
$$= 33.72\text{m}^3$$

地坑 $V = 坑长 \times 坑宽 \times 坑深 \times 个数$

$$= 0.80 \times 0.80 \times 1.20 \times 1$$
$$= 0.77\text{m}^3$$

小计 $33.72 + 0.77 = 34.49\text{m}^3$

3. C10 混凝土基础垫层

墙基垫层　　$V=$ 长 $\times$ 宽 $\times$ 厚

$=[29.20+(7.52-0.80\times2)]\times0.80\times0.20$

$=35.12\times0.80\times0.20$

$=5.619\text{m}^3$

柱基垫层　　$V=0.80\times0.80\times0.20=0.128\text{m}^3$

小计　　$5.619+0.128=5.747\text{m}^3$

4. M5 水泥砂浆砌砖基础

墙基　　$V=$ 基础长 $\times$ (基础高 $\times$ 墙厚 $+$ 放脚断面积)

$=(29.20+7.52)\times[(1.50-0.20-0.06)\times0.24+0.007875\times12]$

$=36.72\times(0.2976+0.0945)$

$=14.398\text{m}^3$

柱基　　$V=$ 柱基高 $\times$ 柱断面积 $+$ 四周放脚体积

$=1.24\times(0.24\times0.24)+0.033$

$=0.071+0.033$

$=0.104\text{m}^3$

小计　　$14.398+0.104=14.502\text{m}^3$

5. 人工地槽、地坑回填土夯实

$V=$ 挖土体积 $-$ (垫层体积 $+$ 砖基础体积 $-$ 高出室外地面砖基础体积)

$=(33.72+0.77)-[5.747+14.502-36.72\times(0.30-0.06)\times0.24-0.24\times0.24\times(0.30-0.06)]$

$=34.49-(5.747+14.502-2.115-0.014)$

$=34.49-18.12=16.37\text{m}^3$

6. 1∶2 水泥砂浆墙基防潮层

$S=$ 墙长 $\times$ 墙厚 $+$ 柱断面积 $\times$ 个数 $=36.72\times0.24+0.24\times0.24\times1=8.87\text{m}^2$

7. 单层玻璃窗制作

$S=$ 框外围面积 $\times$ 樘数 $=1.48\times1.48\times6=13.14\text{m}^2$

8. 单层玻璃窗安装　　$S=13.14\text{m}^2$

9. 单层镶板门制作

$S=$ 框外围面积 $\times$ 樘数 $=0.88\times2.39\times3=6.30\text{m}^2$

10. 单层镶板门安装　　$S=6.30\text{m}^2$

11. 镶板门带窗制作

$S=$ (门宽 $+$ 窗宽) $\times$ 门高 $-$ 窗下部分面积 $=1.98\times2.39-1.10\times0.90$

$=4.73-0.99=3.74\text{m}^2$

12. 镶板门带窗安装　　$S=3.74\text{m}^2$

13. 木门窗运输

$S=$ 木门窗框外围面积 $=6.30+3.74+13.14=23.18\text{m}^2$

14. 现浇 C20 钢筋混凝土圈梁

$V=$ 圈梁长 $L_{中}\times$ 圈梁断面积

$=29.20\times0.24\times0.18=1.261m^3$

15. 现浇C20钢筋混凝土矩形梁

$V=$梁长×梁断面积×根数

$=2.94\times0.24\times0.30+(2.0-0.12+0.12)\times0.24\times0.30$

$=0.212+0.144=0.356m^3$

16. 现浇构件钢筋

圈梁钢筋：(详构件统计表)

$\phi12$：116.80m×0.888kg/m＝103.72kg ⎤
$\phi6.5$：122.64m×0.260kg/m＝31.89kg ⎦ 135.61kg(净)

矩形梁钢筋（详见图1-7）：

(1) $\phi14$：[(2.94－0.025×2)＋(2.24－0.025×2)]×3×1.208kg/m＝18.41kg

(2) $\phi12$：[2.94－0.025×2)＋(2.24－0.025×2)]×2×0.888kg/m＝9.02kg

(3) $\phi6.5$：(0.3＋0.24)×2×{[(2.94－0.05)＋(2.24－0.05)]÷0.2＋1＋2×2}×0.260kg/m＝8.70kg

小计：18.41＋9.02＋8.70＝36.13kg(净)

屋面钢筋网片：(双向@200)

ϕ^b4：[10.2×(5.4÷0.2＋1)＋5.4×(10.2÷0.2＋1)]×0.099kg/m＝56.07kg(净)

现浇构件钢筋用量＝钢筋净用量×(1＋损耗率)

＝(135.61＋36.13)×(1＋8%)＋56.07×(1＋9%)

＝171.74×1.08＋56.07×1.09＝185.48＋61.12＝246kg

其中　螺纹钢筋 $\phi12$～$\phi14$(18.41＋9.02)×1.08＝29.62kg

$\phi12$ 钢筋　103.72×1.08＝112.02kg

$\phi6.5$ 钢筋　(31.89＋8.70)×1.08＝43.84kg

ϕ^b4 钢筋　56.07×1.09＝61.12kg

17. 综合脚手架　$S=$建筑面积$=51.56m^2$

18. M2.5混合砂浆砌内外砖墙

$V=$(墙长×墙高－门窗框外围面积)×墙厚－圈梁体积

$=[(29.20+7.52)\times3.78-23.18]\times0.24-1.261$

$=115.62\times0.24-1.261=26.49m^3$

19. M5混合砂浆砌砖柱

$V=$柱断面×柱高(柱内梁头、板头体积不扣除,故柱高同墙高)

$=0.24\times0.24\times3.78=0.22m^3$

20. C30钢筋混凝土预应力空心板制作

详见表7-1，$V=$块数×单块体积

YKB　3962　9@$0.164m^3$/块＝$1.476m^3$ ⎤
YKB　3362　9@$0.139m^3$/块＝$1.251m^3$ ⎥ $3.861m^3$(净)
YKB　3062　9@$0.126m^3$/块＝$1.134m^3$ ⎦

制作工程量＝净体积×制作损耗系数

$=3.861\times1.015=3.919\text{m}^3$

21. 空心板运输

运输工程量 = 净体积 × 运输损耗系数 $=3.861\times1.013=3.911\text{m}^3$

22. 空心板安装

安装工程量 = 净体积 × 安装损耗系数 $=3.861=1.005\times3.880\text{m}^3$

23. 空心板接头灌浆　　按空心板净体积计算 $=3.861\text{m}^3$

24. C20 细石混凝土刚性屋面(40mm 厚)

$S=$ 屋面实铺水平投影面积 $=(5.0+0.20\times2)\times(9.6+0.3\times2)$

$=5.40\times10.20=55.08\text{m}^2$

25. 1∶2 水泥砂浆屋面面层(20mm 厚)

$S=55.08\text{m}^2$

26. 预制板底嵌缝找平

$S=$ 空心板实铺面积 − 墙结构面积 $=55.08-(29.20+7.52)\times0.24$

$=55.08-8.81=46.27\text{m}^2$

27. 室内回填土夯实

$V=$ 室内地面净面积 ×(室内外地坪高差 − 面层垫层厚)

$=(51.56-8.81)\times(0.30-0.02-0.06)=42.75\times0.22=9.41\text{m}^3$

28. 人工运土

$V=$ 挖土量 − 回填量 $=34.49-(16.37+9.41)=34.49-25.78=8.71\text{m}^3$

29. 现浇 C10 混凝土台阶

$S=$ 台阶长 × 台阶宽 $=(2.7+2.0)\times0.6=2.82\text{m}^2$

30. 1∶2 水泥砂浆台阶抹面　　$S=2.82\text{m}^2$

31. 1∶2 水泥砂浆地面面层

$S=$ 室内地面净面积一台阶所占面积

$=42.75-(2.7+2.0)\times0.3=42.75-1.41=41.34\text{m}^2$

32. 现浇 C10 混凝土地面垫层 (60mm 厚)

$V=$ 地面面层 × 垫层面 $=41.34\times0.06=2.480\text{m}^3$

33. 1∶2 水泥砂浆抹踢脚线 (20mm 厚)

$S=$ 踢脚线长(不扣门洞宽)× 高

$=\{[(3.6-0.24)+(5.0-0.24)]\times2+[(3.30-0.24)+(5.0-0.24)]$
$\times2+[(3.0-0.24)+(2.7-0.24)]\times2+2.70+2.0\}\times0.15$

$=47.02\times0.15=7.05\text{m}^2$

34. 混合砂浆内墙抹灰

$S=47.02\times3.6-(6.30+3.74)\times2-13.14=169.27-20.08-13.14=136.05\text{m}^2$

35. 内墙面、板底刷 106 涂料三遍

$S=136.05+46.27=182.32\text{m}^2$

36. 水泥砂浆抹窗台线

$S=$(窗洞口宽 + 窗台线展开宽度 0.20)× 樘数 × 窗台线展开宽度 0.36

　　C—1　　　　　　　门带窗

$=[(1.50+0.20)\times6+(1.10+0.10)]\times0.36=11.40\times0.36=4.10\text{m}^2$

37. 白石子水刷石抹挑檐

S =挑檐长×挑檐高

$=[(5.0+0.4)+(9.6+0.6)]\times 2\times(0.12+0.04+0.02)$

$=31.20\times 0.18=5.62\text{m}^2$

38. 水刷石外墙面

$S=(30.16-2.7-2.0)\times(3.6+0.30)-13.14+1.5$

$\times 3\times(0.24-0.10)\times 6$ 樘

$=25.46\times 3.90-13.14+3.78=89.93\text{m}^2$

39. 柱面、矩形梁面贴面砖

S =梁面积+柱面积

$=(2.70+2.0)\times(0.3\times 2+0.24)+(0.24\times 4\times 3.30)$

$=3.95+3.17=7.12\text{m}^2$

40. C15 混凝土散水（80mm 厚）

$S=(L_{外}+4\times$ 散水宽）× 散水宽 − 台阶所占面积

$=(30.16+4\times 0.80)\times 0.80-(2.7+2.30)\times 0.3$

$=26.69-1.5=25.19\text{m}^2$

41. 门窗刷底油一遍、调合漆两遍

$S=23.18\text{m}^2$

42. 预应力构件钢筋制作、安装

钢筋净用量＝134.10kg

预应力构件钢筋用量＝钢筋净用量×（1＋构件制作损耗率）×（1＋钢筋损耗率）

$=134.10\times(1+1.5\%)\times(1+9\%)$

$=134.10\times 1.015\times 1.09=148.36\text{kg}$

（六）直接费计算

传达室工程直接费计算见表 6-33。采用某省预算定额计算。

传达室工程直接费计算表 **表 6-33**

序号	定额号	分项工程名称	单位	工程量	基价	合价	人工费单价	人工费小计
		建筑面积	m^2	51.56				
		一、土方工程						
1	9	人工平整场地	m^2	127.88	0.11	14.07	0.11	14.07
2	3	人工挖地槽、地坑	m^3	34.49	2.38	82.09	2.38	82.09
3	7	人工槽、坑、室内回填土夯实	m^3	25.78	1.29	33.26	1.29	33.26
4	10+11×2	人工运土（运距 50m）	m^3	8.71	1.54	13.41	1.54	13.41
		分部小计	元			142.83		142.83
		二、砖石分部						
5	115	M5 水泥砂浆砌砖基础	m^3	14.502	88.74	1286.91	4.36	63.23
6	118	M2.5 混合砂浆砌砖墙	m^3	26.49	87.62	2321.05	5.67	150.20
7	125	M5 混合砂浆砌砖柱	m^3	0.22	95.72	21.06	7.77	1.71
		分部小计	元			3629.02		215.14

续表

序号	定额号	分项工程名称	单位	工程量	基价	合价	人工费单价	人工费小计
		三、脚手架工程						
8	212	综合脚手架	m^2	51.56	1.39	71.67	0.16	8.25
		分部小计	元			71.67		8.25
		四、混凝土及钢筋混凝土						
9	277	现浇C20钢筋混凝土圈梁	m^3	1.261	172.76	217.85	21.82	27.52
10	280	现浇C20钢筋混凝土矩形梁	m^3	0.356	190.76	67.91	26.15	9.31
11	329	现浇C10混凝土台阶	m^2	2.82	22.37	63.08	1.80	5.08
12	412	C30钢筋混凝土预应力空心板制作	m^3	3.919	141.94	556.26	9.67	37.90
13	426	现浇构件钢筋制安	t	0.247	1476.12	364.60	34.54	8.53
14	428	预应力构件钢筋制安	t	0.148	1515.19	224.25	74.32	11.00
15	436+437	空心板运输（汽车运5km）	m^3	3.911	25.58	100.04	1.68	6.57
16	459	空心板安装	m^3	3.880	11.33	43.96	2.18	8.46
17	489	细石混凝土空心板接头灌浆	m^3	3.861	26.97	104.13	5.49	21.20
		分部小计	元			1742.00		135.57
		五、木结构工程						
18	605	单层玻璃窗制作	m^2	13.14	24.37	320.22	0.81	10.64
19	622	单层玻璃窗安装	m^2	13.14	10.93	143.62	1.20	15.77
20	639	单层镶板门制作	m^2	6.30	30.73	193.60	1.20	7.56
21	694	单层镶板门安装	m^2	6.30	4.94	31.12	0.83	5.23
22	662	镶板门带窗制作	m^2	3.74	28.46	106.44	1.39	5.20
23	703	镶板门带窗安装	m^2	3.74	6.51	24.35	0.97	3.63
24	871+872	门窗运输（汽车运5km）	m^2	23.18	0.93	21.56	0.14	3.25
		分部小计	元			840.91		51.28
		六、楼地面工程						
25	909	C10混凝土地面垫层	m^3	2.480	95.38	236.54	5.15	12.77
26	912换	C10混凝土基础垫层	m^3	5.747	85.47	491.20	6.18	35.52
27	933	1：2水泥砂浆墙基防潮层	m^2	8.87	3.84	34.06	0.37	3.28
28	951	1：2水泥砂浆地面面层	m^2	41.34	3.42	141.38	0.41	16.95
29	951换	1：2水泥砂浆抹踢脚线	m^2	7.05	3.66	25.80	0.65	4.58
30	955	1：2水泥砂浆抹台阶面	m^2	2.82	5.59	15.76	1.07	3.02
31	1039	C15混凝土散水（80mm厚）	m^2	25.19	9.62	242.33	0.75	18.89
		分部小计	元			1187.07		95.01
		七、屋面工程						
32	922	1：2水泥砂浆屋面面层	m^2	55.08	2.94	161.94	0.22	12.12
33	1055	C20细石混凝土刚性屋面（40mm厚）	m^2	55.08	10.81	595.41	0.70	38.56

续表

序号	定额号	分项工程名称	单位	工程量	基价	合价	人工费单价	人工费小计
		分部小计	元			757.35		50.68
		八、装饰工程						
34	1276	混合砂浆内墙抹灰	m^2	136.05	2.59	352.37	0.52	70.75
35	1295	白石子水刷石外墙面	m^3	89.93	6.17	554.87	1.12	100.72
36	1286	水泥砂浆抹窗台线	m^2	4.10	4.60	18.86	1.26	5.17
37	1298	白石子水刷石抹挑檐	m^2	5.62	7.89	44.34	2.17	12.20
38	1328	梁、柱面贴面砖	m^2	7.12	29.83	212.39	1.67	11.89
39	1292	预制板底嵌缝找平	m^2	46.27	0.28	12.96	0.09	4.16
40	1366	门窗刷底油一遍，调合漆两遍	m^2	23.18	3.65	84.61	0.54	12.52
41	1427	内墙面，板底刷“106”涂料三遍	m^2	182.32	0.80	145.86	0.26	47.40
		分部小计	元			1426.26		264.81
		定额直接费合计	元			9797.19		963.57

（七）主要材料用量分析

采用某省预算定额对该工程的主要材料进行用量分析。见表 6-34。

主要材料用量分析表 **表 6-34**

定额号	分项工程名称	单位	工程量	428 号水泥（kg）	525 号水泥（kg）	标准砖（块）
115	M5 水泥砂浆砌砖基础	m^3	14.502	53.21/771.65		523/7585
118	M2.5 混合砂浆砌砖墙	m^3	26.49	29.34/777.22		526/13934
125	M5 混合砂浆砌砖柱	m^3	0.22	46.28/10.18		545/120
277	现浇 C20 钢筋混凝土圈梁	m^3	1.261	272/342.99		
280	现浇 C20 钢筋混凝土矩形梁	m^3	0.356	272/96.83		
329	现浇 C10 混凝土台阶	m^2	2.82	35.6/100.39		
412	C30 钢筋混凝土预应力空心板	m^3	3.919		344.1/1348.53	
489	空心板接头灌浆	m^3	3.861		47.9/184.94	
909	C10 混凝土地面垫层	m^3	2.480	227.25/563.58		
912	C10 混凝土基础垫层	m^3	5.747	227.25/1306.01		
933	1：2 水泥砂浆墙基防潮层	m^2	8.87	13.14/116.55		
951	1：2 水泥砂浆地面面层	m^2	41.34	14.37/594.06		
951	1：2 水泥砂浆踢脚线	m^2	7.05	14.37/101.31		
922	1：2 水泥砂浆屋面面层	m^2	55.08	12.83/67.91		
955	1：2 水泥砂浆抹台阶	m^2	2.82	21.74/61.31		
1039	C15 混凝土散水	m^2	25.19	24.46/616.15		
1055	C20 细石混凝土刚性屋面	m^2	55.08	16.28/896.70		
1276	混合砂浆内墙抹灰	m^2	136.05	7.64/1039.42		
1286	水泥砂浆抹窗台线	m^2	4.10	14.33/58.75		
1292	预制板底嵌缝找平	m^2	46.27	0.28/12.96		
1295	白石子水刷石外墙面	m^2	89.93	15.99/1437.98		
1298	白石子水刷石挑檐	m^2	5.62	18.29/102.79		
1328	梁、柱面贴面砖	m^2	7.12	14.65/104.31		
	合计			9179.05	1533.47	21639

6.5.5.2 传达室工程施工预算编制

（一）计算工程量

传达室工程施工预算工程量计算，见表 6-35。

施工预算工程量计算表 **表 6-35**

工程名称：传达室

序号	项目名称	单位	工程量	计算式
1	人工平整场地	m^2	127.83	同施工图预算
2	人工挖地槽	m^3	33.72	同施工图预算
3	人工挖地坑	m^3	0.77	同施工图预算
4	坑、槽、室内回填夯实	m^3	25.78	同施工图预算
5	人工运土(50m)	m^3	8.71	同施工图预算
6	M5 水泥砂浆砖基础	m^3	14.502	同施工图预算
7	M2.5 混合砂浆砌-砖内墙	m^3	8.473	$L_内$ 高 M-1 M-2 [(7.52＋4.70)×3.78－6.30－3.74]×0.24－ 圈梁 (4.70×0.24×0.18)＝8.473m^3
8	M2.5 混合砂浆砌-砖外墙	m^3	18.015	$L_中$ 高 C-1 圈梁 [(29.20－4.70)×3.78－13.14]×0.24－[(29.20－4.70)×0.24×0.18]＝18.015m^3
9	M5 混合砂浆砌砖柱	m^3	0.22	同施工图预算
10	立皮数杆加工	m^3	26.488	同砌砖墙工程量
11	墙基防潮层增加水泥砂浆	m^2	8.87	(29.20＋7.52)×0.24＋0.24×0.24＝8.87m^3
12	砌砖金属里架	m	36.72	$L_中$ $L_内$ 29.20＋7.52＝36.72m
13	内墙抹灰金属里架	m	48.90	(29.20－4.70)＋(7.52＋4.70)×2＝48.94m
14	抹灰金属外架	m	32.0	3 个角架宽里杆距离 (29.20－4.70)＋ 6×(1.5÷2＋0.5) ＝32.0m
15	圈梁模板	m^2	13.80	C-1 M-1 29.20×0.18×2＋0.24 ×1.5 ×6＋0.9× 0.24 M-2 ×3＋2.0×0.24＝13.80m^2
16	矩形梁模板	m^2	3.69	(2.70＋2.0－0.24)×0.30×2＋(2.70＋2.0－0.24×2)×0.24＝3.69m^2
17	圈梁、矩形梁钢筋制安	t	0.185	同施工图预算
18	现浇 C20 钢筋混凝土圈梁	m^3	1.261	同施工图预算
19	现浇 C20 钢筋混凝土矩形梁	m^3	0.356	同施工图预算
20	预应力空心板钢筋制定	t	0.148	同施工图预算
21	C30 预应力空心板制作	m^3	3.919	同施工图预算
22	空心板运输	t	9.78	3.911×2.50t/m^3＝9.78t
23	空心板安装	块	27	9×3＝27 块
24	空心板缝灌浆	m	97.80	5.40×3＋(9.6＋0.6)×8＝97.80m
25	空心板装卸	t	9.78	
26	木门框制作	樘	4	

续表

序号	项目名称	单位	工程量	计算式
27	木窗框制作	樘	6	
28	木门窗框安装	樘	10	
29	木门扇制作	樘	4	
30	木门扇安装	樘	4	
31	木窗扇制作	樘	6	
32	木窗扇安装	樘	6	
33	木门窗运输	m^2	23.18	同施工图预算
34	木砖制作	块	60	10@6 块=60 块
35	木砖浸臭油水	块	60	10@6 块=60 块
36	木门窗框浸臭油水	m	59.90	C-1 M-1 M-2 1.5×4×6 +(2.4×2 +0.9)×3+ 2.0 +2.4×2 =59.90m
37	制安门窗玻璃	m^2	11.75	C-1 M-1 M-2 (0.42×0.42 ×9×6)+ (0.3×0.8 ×3)+ (0.5×0.42 ×6+0.3×0.8)=11.75m^2
38	C10 混凝土基础垫层	m^3	5.747	同施工图预算
39	C15 混凝土散水	m^3	2.015	施工图预算 25.19×0.08=2.015m^3
40	C10 混凝土地面垫层	m^3	2.480	同施工图预算
41	1∶2 水泥砂浆地面面层	m^3	41.34	同施工图预算
42	1∶2 水泥砂浆踢脚线	m	47.02	同施工图预算
43	C10 混凝土台阶	m^3	0.705	2.82m^2×0.25=0.705m^3
44	1∶2 水泥砂浆抹台阶	m^2	4.23	2.82+4.70×0.3=4.23m^2
45	刚性屋面钢筋制安	t	0.061	同施工图预算
46	屋面钢筋网片点焊	t	0.061	
47	C20 细石混凝土刚性屋面	m^2	2.203	55.08×0.04=2.203m^3
48	1∶2 水泥砂浆屋面面层	m^2	55.08	同施工图预算
49	1∶2 水泥砂浆抹窗台线	m	10.20	1.5×6+1.2=10.20m
50	预制板底嵌缝找平	m	81.60	(9.60+0.6)×8=81.60m
51	混合砂浆抹砖墙面	m^2	136.05	同施工图预算
52	水刷石外墙面	m^2	89.93	同施工图预算
53	水刷石挑檐	m^2	5.62	同施工图预算
54	梁、柱面贴面砖	m^2	7.12	同施工图预算
55	刷 106 涂料	m^2	182.32	同施工图预算
56	镶板门油漆	m^2	10.04	同施工图预算
57	玻璃窗油漆	m^2	13.14	同施工图预算

（二）传达室工程施工预算工料分析

传达室工程施工预算工料分析，见表 6-36。

施工预算工料分析表 表 6-36

序号	定额编号	项目名称	单位	工程量	时间定额	工日小计	主要材料			
							M5 水泥砂浆（m^3）	M2.5 混合砂浆（m^3）	M5 混合砂浆（m^3）	标准砖（块）
		一、土方工程								
1	预定 9	人工平整场地	m^2	127.88	0.033	4.22				
2	劳定 2-2-3	人工挖地槽	m^2	33.72	0.476	16.05				
3	劳定 2-2-6	人工挖地坑	m^2	0.77	0.529	0.41				
4	劳定 2-6-46	地槽、坑、室内回填夯实	m^3	25.78	0.227	5.85				
5	劳定 2-3-15	人工运土(50m)	m^2	8.71	0.266	2.32				
		分部小计				28.85				
		二、砖石工程								
6	施定 4-1-1	M5 水泥砂浆砌砖基础	m^3	14.502	1.056	15.31	0.248/3.506			512/7425
7	施定 4-2-13	M2.5 混合砂浆砌-砖内墙	m^3	8.473	1.390	11.78		0.229/1.940		521/4414
8	施定 4-2-18	M2.5 混合砂浆砌-砖外墙	m^3	18.015	1.390	25.04		0.229/4.125		536/9656
9	施定 4-3-37	M5 混合砂浆砌砖柱	m^3	0.22	2.25	0.50		0.218/0.048		549/121

序号	定额编号	项目名称	单位	工程量	时间定额	工日小计	主要材料		
							1∶2 水泥砂浆（m^3）		
10	施定 4-2 注	立皮数杆加工	m^3	26.488	0.025	0.66			
11	施定 4-1 注	墙基防潮层增加砂浆	m^2	8.87			0.0202/0.179		
		分部小计				53.29			
		三、架子工程							
12	施定 3-3-127	砌砖金属里架(2 步)	10m	3.672	0.455	1.67			
13	施定 3-3-127	内墙抹灰金属里架(2 步)	10m	4.89	0.455	2.22			
14	施定 3-3-83	抹灰金属外架(2 步)	10m	3.20	0.864	2.76			
		分部小计				6.65			
		四、混凝土工程							
15	施定 7-3-39	圈梁模板	$10m^2$	1.38	3.16	4.36			
16	施定 7-3-28	矩形梁模板	$10m^2$	0.369	3.46	1.28			

续表

序号	定额编号	项目名称	单位	工程量	时间定额	工日小计	主要材料		
							C20 混凝土（m^3）	C20 混凝土（m^3）	
17	施定 8-4-65	圈梁、矩形梁钢筋制安	t	0.185	9.78	1.81			
18	施定 9-4-35	现浇 C20 钢筋混凝土圈梁	m^3	1.261	3.02	3.81	1.013/1.277		
19	施定 9-4-31	现浇 C20 钢筋混凝土矩形梁	m^3	0.356	2.389	0.85	1.013/0.361		
20	施定 8-17-268	预应力空心板钢筋制安	t	0.148	3.57	0.53			
21	施定 9-13-222	预应力空心板制作	m^3	3.919	2.33	9.13		1.013/3.970	
22	施定 13-25-481	空心板安装	块	27	0.074	2.00			
23	施定 9-7-64	空心板缝灌浆	100m	978	2.20	2.15	0.49/0.48		
24	施定 9-7-805	空心板运输	10t	0.978	0.22	0.22			
25	施定 13 分册说明	空心板装卸	10t	0.978	2.64	2.58			
		分部小计				28.72			
		五、木作工程							
26	劳定 7-1-3	木门框制作	10 樘	0.40	3.85	1.54			

序号	定额编号	项目名称	单位	工程量	时间定额	工日小计	主要材料		
27	劳定 7-2-33	木窗框制作	10 樘	0.60	17.90	10.74			
28	劳定 7-5-73	木门扇制作	10 樘	0.40	10.0	4.00			
29	劳定 7-6-142	木窗扇制作	10 樘	0.60	2.94	1.76			
30	劳定 7-2-33	木门窗框安装	10 樘	1.00	1.25	1.25			
31	劳定 7-7-157	木门扇安装	10 樘	0.40	1.21	0.48			
32	劳定 7-8-186	木窗扇安装	10 樘	0.60	0.758	0.45			
33	预定 878	木门窗运输	m^2	23.18	0.127	2.94			
34	劳定 7-18-253	木砖制作	100 块	0.60	0.0714	0.04			
35	施定 10-4-114	木砖浸臭油水	1000 块	0.06	0.588	0.04			
36	施定 10-4-113	木门窗框浸臭油水	100m	0.599	0.333	0.20			
37	施定 11-9-254	裁安门窗玻璃	$10m^2$	1.175	0.557	0.65			
		分部小计				24.09			

续表

序号	定额编号	项目名称	单位	工程量	时间定额	工日小计	主要材料		
							C10混凝土 (m^3)	C15混凝土 (m^3)	1∶2水泥砂浆 (m^3)
		六、楼地面工程							
38	施定9-2-16	C10混凝土基础垫层	m^3	5.747	1.946	11.18	1.01/5.804		
39	施定9-2-14	C15混凝土散水	m^3	2.015	1.889	3.81		1.01/2.035	
40	施定9-2-12	C10混凝土地面垫层	m^3	2.48	1.782	4.42	1.01/2.50		
41	施定5-3-32	1∶2水泥砂浆地面面层	$10m^2$	4.134	0.856	3.54			0.204/0.843
42	施定5-3-36	1∶2水泥砂浆踢脚线	10m	4.702	0.406	1.91			0.071/0.334
43	施定9-7-71	C10混凝土台阶	m^3	0.705	2.378	1.68	1.013/0.714		
44	施定5-3-101	1∶2水泥砂浆抹台阶	$10m^2$	0.423	1.46	0.62			0.202/0.085
		分部小计				27.16			
		七、屋面工程							
45	施定8-6-85	刚性屋面钢筋制安	t	0.061	4.61	0.28			
46	施定8-25-372	钢筋网片点焊	t	0.061	31.20	1.90			
47	施定9-6-51	C20混凝土刚性屋面	m^3	203	3.233	7.12	1.013/2.232		

续表

序号	定额编号	项目名称	单位	工程量	时间定额	工日小计	主要材料			
							C20 混凝土（m^3）	1∶2 水泥砂浆（m^3）	1∶3 水泥砂浆（m^3）	1∶2.5 水泥砂浆（m^3）
48	施定 5-3-27	1∶2 水泥砂浆屋面面层	$10m^2$	5.508	0.814	4.48		0.202/1.113		
		分部小计				13.78				
		八、装饰工程					1∶0.5∶2.5 混合砂浆（m^3）			
49	施定 5-3-57	1∶2 水泥砂浆抹窗台线	10m	1.02	0.867	0.88		0.222/0.206		
50	施定 5-2-17	预制板底嵌缝找平	10m	8.16	0.252	2.06		1∶1∶4 混合砂浆（m^3）	0.007/0.057	
51	施定 5-2-9	混合砂浆抹砖墙面	$10m^2$	13.605	1.92	26.12	0.082/1.116	0.088/1.197	1∶1.5 白石子水泥浆（m^3）	
52	施定 5-5-137	水刷石外墙面	$10m^2$	8.993	2.98	26.80			0.102/0.917	0.140/1.259
53	施定 5-5-146	水刷石挑檐	10m	0.562	1.54	0.87			0.102/0.057	0.101/0.090
54	施定 5-8-188	梁、柱面贴面砖	$10m^2$	0.712	3.97	2.83				0.183/0.130
55	施定 11-6-186	刷 106 涂料	$10m^2$	18.232	0.32	5.83				
56	施定 11-1-3	镶板门油漆	$10m^2$	1.004	2.39	2.40				
57	施定 11-1-11	玻璃窗油漆	$10m^2$	1.314	2.39	3.14				
		分部小计				70.93				
		合 计				253.46				

6.5.5.3 施工图预算人工工日计算

施工图预算人工工日计算，见表6-37。

施工图预算人工工日计算表 **表6-37**

工程名称：传达室

序 号	项目名称	人工费 （元）	人工单价 （元/工日）	人工工日 （个）
1	土方工程	142.83	3.39	42.13
2	砖石工程	215.14	3.39	63.46
3	脚手架工程	8.25	3.39	2.43
4	混凝土工程	128.38	3.39	37.87
5	木结构工程	51.28	3.39	15.13
6	楼地面工程	100.09	3.39	29.53
7	屋面工程	52.79	3.39	15.57
8	装饰工程	264.81	3.39	78.12
	小 计	963.57	3.39	284.24

6.5.5.4 施工预算半成品材料分析

施工预算半成品材料分析，见表6-38。

施工预算半成品材料分析表 **表6-38**

序号	半成品名称	单位	数量	材 料	
				525号水泥(kg)	425号水泥(kg)
1	M5水泥砂浆	m^3	3.596		220/791
2	M2.5混合砂浆	m^3	6.113		210/1284
3	1∶2水泥砂浆	m^3	3.957		552/2184
4	1∶3水泥砂浆	m^3	0.057		392/22
5	1∶2.5水泥砂浆	m^3	1.479		454/671
6	1∶0.5∶2.5混合砂浆	m^3	1.116		423/472
7	1∶1∶4混合砂浆	m^3	1.197		275/329
8	1∶1.5白石子浆	m^3	0.974		745/726
9	C10混凝土	m^3	9.020		223/2011
10	C15混凝土	m^3	2.035		250/509
11	C20混凝土	m^3	2.118		280/593
12	C20细石混凝土	m^3	2.232		302/674
13	C30混凝土	m^3	3.970	344/1366	
	小计			1336	10266

6.5.5.5 “两算”对比

“两算”对比表，见表6-39～表6-41。

两 算 对 比 表 **表 6-39**

（一）人工工日对比

建设单位：××市商业局　　　　20××年×月×日　　　　建筑面积：51.56m²

工程名称：传达室　　　　　　　　　　　　　　　　　　结构层数：单层

序号	项　目	施工预算（工日）	施工图预算		对　比　结　果			
			工　日	%	节约（工日）	超支（工日）	占本分部（%）	占单位工程（%）
①	②	③	④	⑤	⑥=④−③	⑦=④−③	⑧=⑥或⑦÷④	⑨=⑤×⑧
1	土方工程	28.85	42.13	14.82	13.28		31.52	4.67
2	砖石工程	53.28	63.46	22.33	10.18		16.04	3.58
3	脚手架工程	6.65	2.43	0.86		−4.22	−173.66	−1.49
4	混凝土工程	28.72	37.87	13.32	9.15		24.16	3.22
5	木作工程	24.09	15.13	5.32		−8.96	−59.22	−3.15
6	楼地面工程	27.16	29.53	10.39	2.37		8.03	0.84
7	屋面工程	13.78	15.57	5.48	1.79		11.50	0.63
8	装饰工程	70.93	78.12	27.48	7.19		9.20	2.50
	小　计	253.46	284.24	100	43.96	−13.18	10.83	10.83
					30.78			

两 算 对 比 表 **表 6-40**

（二）主要材料对比

建设单位：××市商业局　　　　20××年×月×日　　　　建筑面积：51.56m²

工程名称：传达室　　　　　　　　　　　　　　　　　　结构层数：单层

序号	材料名称及规格	单位	施 工 预 算			施工图预算		
			数　量	单　价	金　额	数　量	单　价	金　额
①	②	③	④	⑤	⑥=④×⑤	⑦	⑧	⑨=⑦×⑧
1	标准砖	千块	21.615	127.00	2745.11	21.639	127.00	2748.15
2	42.5 水泥	t	10.266	166.00	1704.16	9.179	166.00	1523.71
3	52.5 水泥	t	1.366	188.00	256.81	1.533	188.00	288.20
4	ϕ^b4 冷拔丝	t	0.209	2171.00	453.74	0.209	2171.00	453.74
	小计				5159.82			5013.80

两算对比表结果表　　　　表 6-41

序号	材料名称及规格	单位	对比结果					
			数量差			金额差		
			节约	超支	%	节约	超支	%
①	②	③	⑩=⑦-④	⑪=⑦-④	⑫=⑪/⑩}÷⑦	⑬=⑨-⑥	⑭=⑨-⑥	⑮=⑬/⑭}÷⑨
1	标准砖	千块	0.024		1.11	3.04		1.11
2	42.5 水泥	t		−1.087	−11.84		−180.45	−11.84
3	52.5 水泥	t	0.167		10.89	81.39		10.89
4	$\phi^{b}4$ 冷拔丝	t			0			0
	小计					34.43	−180.45 −146.02	−2.91

6.6 工程结算

6.6.1 概述

(1) 工程结算

工程结算亦称工程竣工结算，是指单位工程竣工后，施工单位根据施工实施过程中实际发生的变更情况，对原施工图预算工程造价或工程承包价进行调整、修正、重新确定工程造价的经济文件。

虽然承包商与业主签订了工程承包合同，按合同价支付工程价款，但是，施工过程中往往会发生地质条件的变化、设计变更、业主提出新的要求、施工情况发生了变化等等。这些变化通过工程索赔已确认，那么，工程竣工后就要在原承包合同价的基础上进行调整，重新确定工程造价。这一过程就是编制工程结算的主要过程。

(2) 工程结算与竣工决算的联系和区别

工程结算是由施工单位编制的，一般以单位工程为对象；竣工决算是由建设单位编制的，一般以一个建设项目或单项工程为对象。

工程结算如实反映了单位工程竣工后的工程造价；竣工决算综合反映了竣工项目的建设成果和财务情况。

竣工决算由若干个工程结算和费用概算汇总而成。

6.6.2 工程结算的内容

工程结算一般包括下列内容：

(1) 封面

内容包括：工程名称、建设单位、建筑面积、结构类型、结算造价、编制日期等，并设有施工单位、审查单位以及编制人、复核人、审核人的签字盖章的位置。

(2) 编制说明

内容包括：编制依据、结算范围、变更内容、双方协商处理的事项及其他必须说明的问题。

(3) 工程结算直接费计算表

定额编号、分项工程名称、单位、工程量、定额基价、合价、人工费、机械费等。

(4) 工程结算费用计算表

内容包括：费用名称、费用计算基础、费率、计算式、费用金额等。

(5) 附表

内容包括：工程量增减计算表、材料价差计算表、补充基价分析表等。

6.6.3 工程结算编制依据

编制工程结算除了应具备全套竣工图纸、预算定额、材料价格、人工单价、取费标准外，还应具备以下资料：

(1) 工程施工合同；

(2) 施工图预算书；

(3) 设计变更通知单；

(4) 施工技术核定单；

(5) 隐蔽工程验收单；

(6) 材料代用核定单；

(7) 分包工程结算书；

(8) 经业主、监理工程师同意确认的应列入工程结算的其他事项。

6.6.4 工程结算的编制程序和方法

单位工程竣工结算的编制，是在施工图预算的基础上，根据业主和监理工程师确认的设计变更资料、修改后的竣工图、其他有关工程索赔资料，先进行直接费的增减调整计算，再按取费标准计算各项费用，最后汇总为工程结算造价。其编制程序和方法概述为：

(1) 收集、整理、熟悉有关原始资料；

(2) 深入现场，对照观察竣工工程；

(3) 认真检查复核有关原始资料；

(4) 计算调整工程量；

(5) 套定额基价，计算调整直接费；

(6) 计算结算造价。

6.6.5 工程结算编制实例

××工程已竣工，在工程施工过程中发生了一些变更情况，根据这些情况需要编制工程结算。

6.6.5.1 ××工程变更情况

××基础平面图如图 6-7 所示，基础详图如图 6-8 所示。

(1) 第Ⓗ轴的①～④段，基础底标高由原设计标高－1.50m 改为－1.80m（表 6-42）；

(2) 第Ⓗ轴的①～④段，砖基础放脚改为等高式，基础垫层宽改为 1.100m，基础垫层厚度改为 0.30m（表 6-42）。

(3) C20 混凝土地圈梁由原设计 240mm×240mm 断面，改为 240mm×300mm 断面，长度不变（表 6-43）。

(4) 基础施工图 2—2 剖面有垫层砖基础计算结果有误，需更正（表 6-44）。

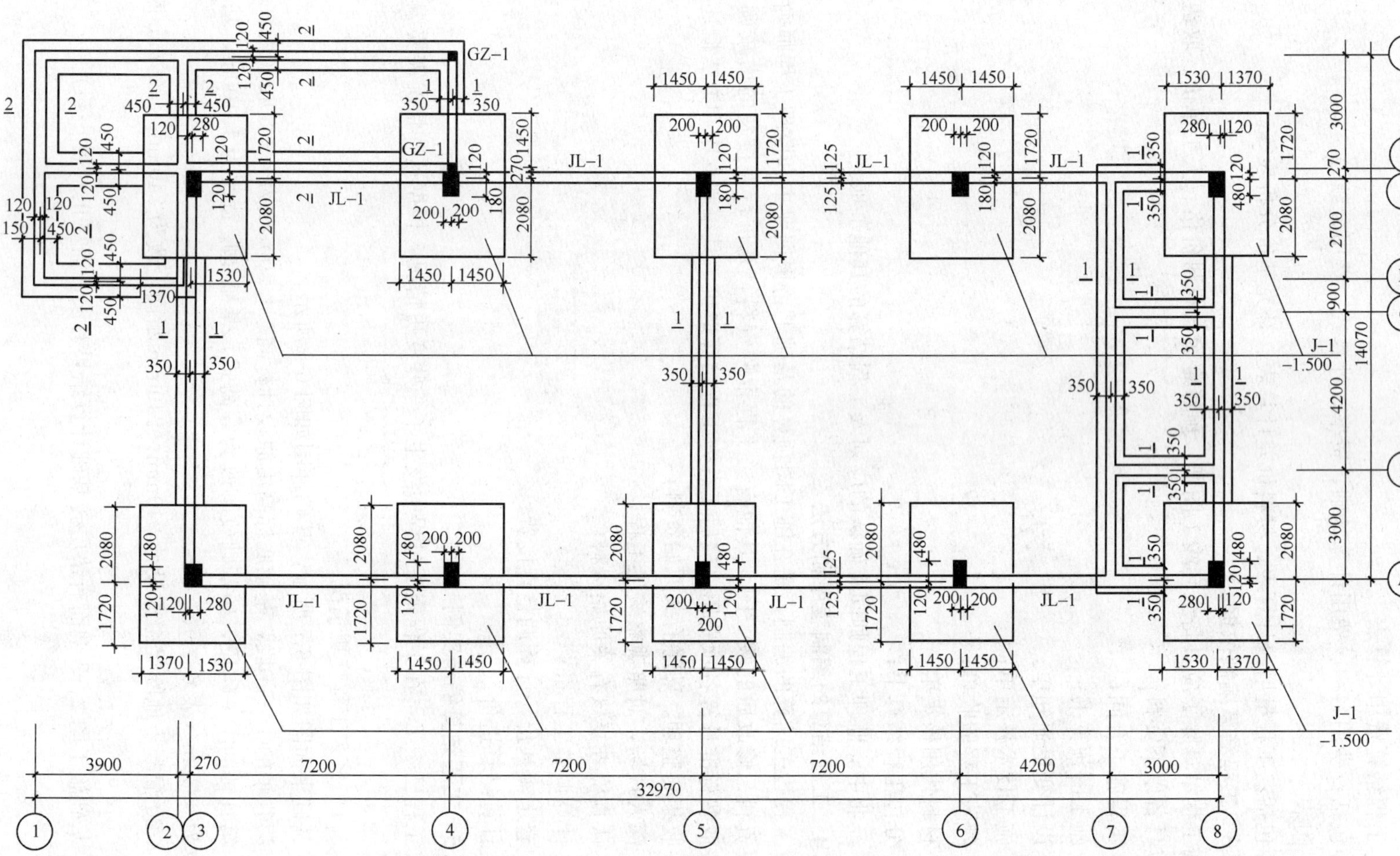
GZ–1
JL–1
J–1
–1.500
14070
32970
3900
270
7200
4200
3000
2700
900
1530
1370
1450
1720
2080
A
B
C
D
F
G
H
1
2
3
4
5
6
7
8

图 6-7　基础平面图

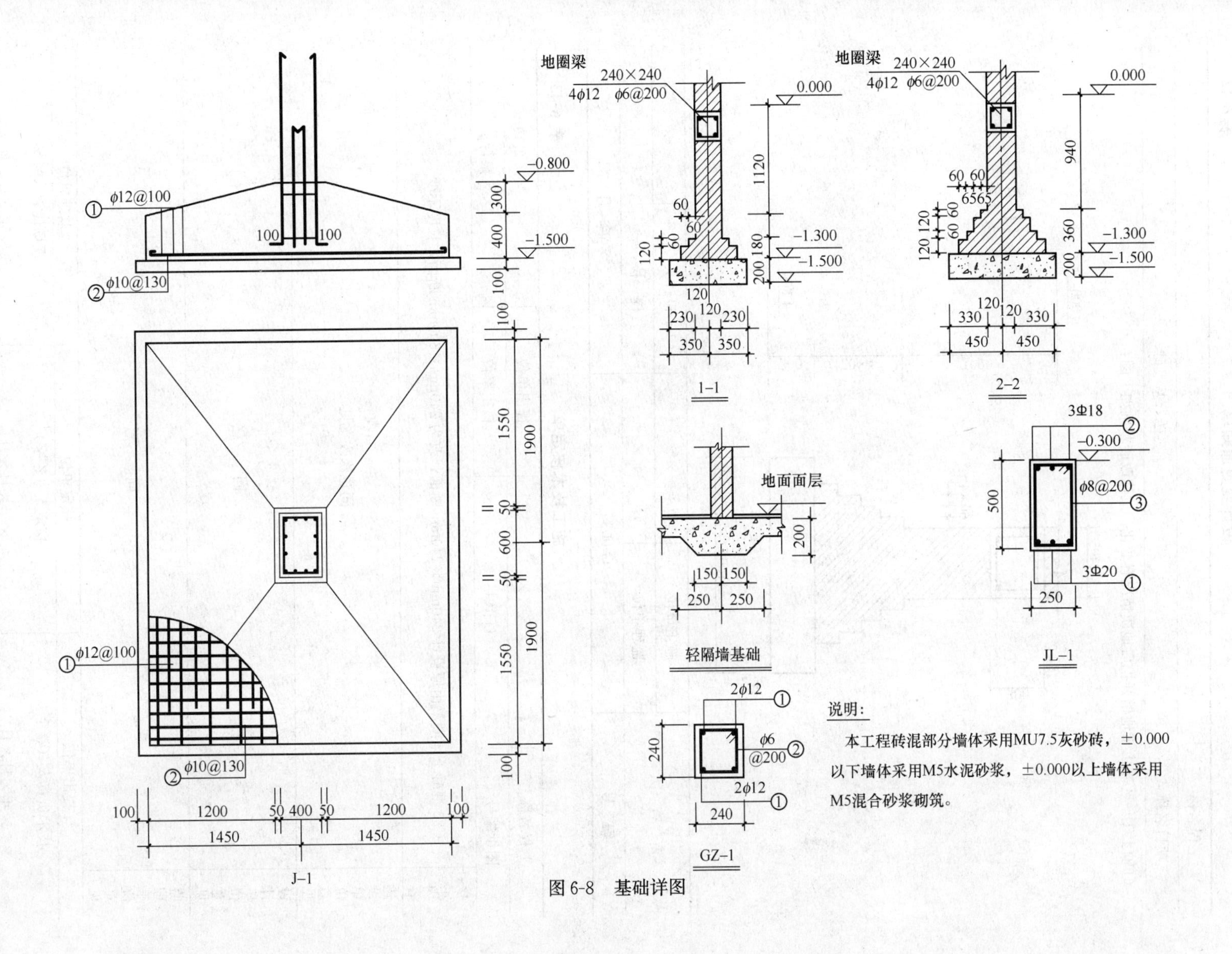

地圈梁
240×240
4ϕ12 ϕ6@200
0.000
-1.300
-1.500
1-1
2-2
J-1
GZ-1
JL-1
轻隔墙基础
地面面层
3Φ18
3Φ20
ϕ8@200
-0.300
ϕ12@100
ϕ10@130
-0.800
2ϕ12
ϕ6 @200
说明：
本工程砖混部分墙体采用MU7.5灰砂砖，±0.000以下墙体采用M5水泥砂浆，±0.000以上墙体采用M5混合砂浆砌筑。

图 6-8 基础详图

设计变更通知单 **表 6-42**

工程名称	××
项目名称	砖 基 础

Ⓗ轴上①～④轴由于地槽开挖后地质情况有变化，故修改砖基础如下图：

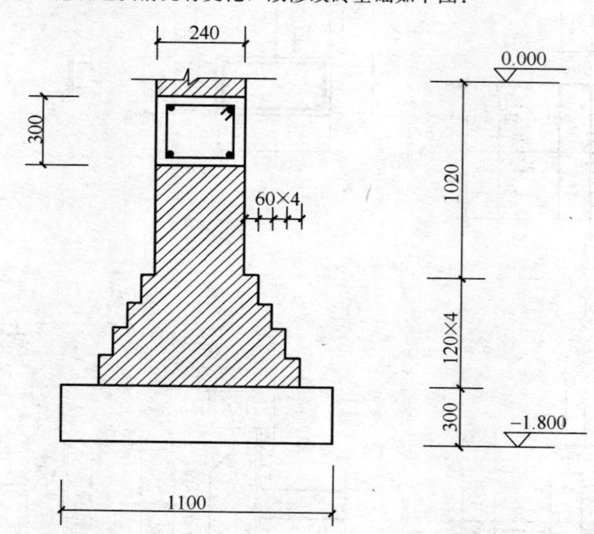

审 查 人	施工单位	××	设计人	××
	监理单位	××	校 核	××
编 号	G-003		×年×月×日	

施工技术核定单 **表 6-43**

工程名称	××××	提出单位	××××公司
图纸编号	G-101	核定单位	××银行
核定内容	C20 混凝土地圈梁由原设计 240mm×240mm 断面，改为 240mm×300mm 断面，长度不变		
建设单位意见	同意修改意见		
设计单位意见	同 意		
监理单位意见	同 意		

提出单位	核定单位	监理单位
技术负责人（签字） ×× ×年×月×日	核定人（签字） ×× ×年×月×日	现场代表（签字） ×× ×年×月×日

隐 蔽 工 程 验 收 单 **表 6-44**

建设单位：××银行 施工单位：

工程名称	××××	隐蔽日期	×年×月×日
项目名称	砖基础	施工图号	G-101
施工说明及简图	按照4月5日签发的设计变更通知单，Ⓗ轴上①～④轴的地槽、砖基础、混凝土垫层、施工后的验收情况如下图： 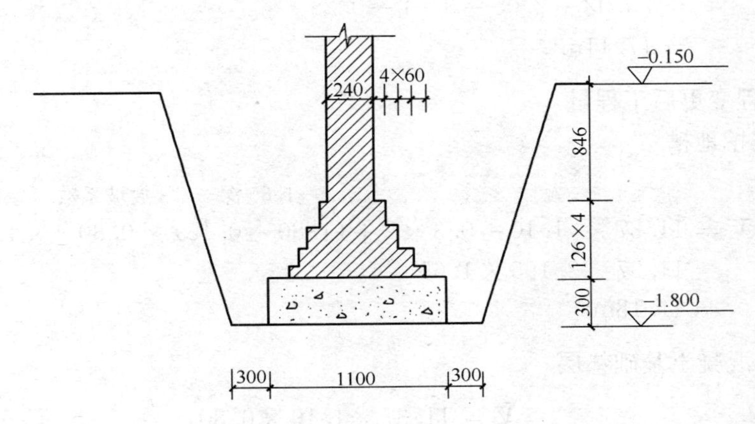		

建设单位：××银行 主管负责人：××	监理单位：××监理公司 现场代表：××	施工单位：××××公司 施工负责人：×× 质检员：××

×年×月×日

6.6.5.2 计算调整工程量

(1) 原预算工程量

1) 人工挖地槽

$$V = (3.90 + 0.27 + 7.20) \times (0.90 + 2 \times 0.30) \times 1.35$$
$$= 23.02\text{m}^3$$

2) C10 混凝土基础垫层

$$V = 11.37 \times 0.90 \times 0.20 = 2.05\text{m}^3$$

3) M5 水泥砂浆砌砖基础

$$V = 11.37 \times [1.06 \times 0.24 + 0.007875 \times (12 - 4)]$$

$$= 11.37 \times 0.3174$$
$$= 3.61\text{m}^3$$

4）C20 混凝土地圈梁

$$V = (12.10 + 39.18 + 8.75 + 32.35) \times 0.24 \times 0.24$$
$$= 92.38 \times 0.24 \times 0.24$$
$$= 5.32\text{m}^3$$

5）地槽回填土

$$V = 23.02 - 2.05 - 3.61 - (0.24 - 0.15) \times 0.24 \times 11.37$$
$$= 23.02 - 2.05 - 3.61 - 0.25$$
$$= 17.11\text{m}^3$$

（2）工程变更后工程量

1）人工挖地槽

$$V = 11.37 \times [1.10 + 0.3 \times 2 + \overbrace{(1.80 - 0.15)}^{1.65\text{深}} \times \underbrace{0.30}_{\text{放坡系数}}] \times 1.65$$
$$= 11.37 \times 2.195 \times 1.65$$
$$= 41.18\text{m}^3$$

2）C10 混凝土基础垫层

$$V = 11.37 \times 1.10 \times 0.30$$
$$= 3.75\text{m}^3$$

3）M5 水泥砂浆砌砖基础

$$\text{砖基础深} = 1.80 - \underset{\text{垫层}}{0.30} - \underset{\text{圈梁}}{0.30} = 1.20\text{m}$$
$$V = 11.37 \times (1.20 \times 0.24 + 0.007875 \times 20)$$
$$= 11.37 \times 0.4455$$
$$= 5.07\text{m}^3$$

4）C20 混凝土地圈梁

$$V = 92.38 \times 0.24 \times 0.30 = 6.65\text{m}^3$$

5）地槽回填土

$$V = 41.18 - 3.75 - 5.07 - 6.65 - (0.30 - 0.15) \times 0.24 \times 11.37$$
$$= 25.71 - 0.41$$
$$= 25.30\text{m}^3$$

（3）Ⓗ轴①～④段工程变更后工程量调整

1）人工挖地槽

$$V = 41.18 - 23.02 = 18.16\text{m}^3$$

2）C10 混凝土基础垫层

$$V = 3.75 - 2.05 = 1.70\text{m}^3$$

3）M5 水泥砂浆砌砖基础

$$V = 5.07 - 3.61 = 1.46\text{m}^3$$

4）C20 混凝土地圈梁

$$V = 6.65 - 5.32 = 1.33\text{m}^3$$

5）地槽回填土

$$V = 25.30 - 17.11 = 8.19\text{m}^3$$

（4）C20 混凝土圈梁变更后，砖基础工程量调整

1）需调整的砖基础长

$$L = 92.38 - 11.37 = 81.01\text{m}$$

2）圈梁高度调整为 0.30m 后，砖基础减少

$$\begin{aligned} V &= 81.01 \times (0.30 - 0.24) \times 0.24 \\ &= 81.01 \times 0.0144 \\ &= 1.17\text{m}^3 \end{aligned}$$

（5）原预算砖基础工程量计算有误调整

1）原预算有垫层砖基础 2—2 剖面工程量

$$V = 10.27\text{m}^3$$

2）2—2 剖面更正后工程量

$$\begin{aligned} V &= 32.35 \times [1.06 \times 0.24 + 0.007875 \times (20 - 4)] \\ &= 12.31\text{m}^3 \end{aligned}$$

3）砖基础工程量调增

$$V = 12.31 - 10.27 = 2.04\text{m}^3$$

4）由砖基础增加引起地槽回填土减少

$$V = -2.04\text{m}^3$$

5）由砖基础增加引起人工运土增加

$$V = 2.04\text{m}^3$$

6.6.5.3　调整项目工、料、机分析

调整项目工、料、机分析见表 6-45。

调整项目工、料、机分析表

表 6-45

定额编号	项目名称	单位	工程数量	综合工日	机械台班						材料用量							
					电动打夯机	200L灰浆机	平板振动器	400L搅拌机	插入式振动器		M5水泥砂浆（m^3）	黏土砖（块）	水（m^3）	C20混凝土（m^3）	草袋子（m^3）	C10混凝土（m^3）		
	一、调增项目																	
1-46	人工地槽回填土	m^3	18.16	$\frac{0.294}{5.34}$	$\frac{0.08}{1.45}$													
8-16	C10混凝土基础垫层	m^3	1.70	$\frac{1.225}{2.08}$			$\frac{0.079}{0.13}$	$\frac{0.101}{0.17}$					$\frac{0.50}{0.85}$			$\frac{1.01}{1.72}$		
4-1	M5水泥砂浆砖砌基础	m^3	1.46	$\frac{1.218}{1.78}$		$\frac{0.039}{0.06}$					$\frac{0.236}{0.345}$	$\frac{524}{765}$	$\frac{0.105}{0.15}$					
5-408	C20混凝土地圈梁	m^3	1.33	$\frac{2.41}{3.21}$				$\frac{0.039}{0.05}$	$\frac{0.077}{0.10}$				$\frac{0.984}{1.31}$	$\frac{1.015}{1.35}$	$\frac{0.826}{1.10}$			
1-46	人工地槽回填土	m^3	8.19	$\frac{0.294}{2.41}$	$\frac{0.08}{0.66}$													
4-1	M5水泥砂浆砌砖基础	m^3	2.04	$\frac{1.218}{2.48}$		$\frac{0.039}{0.08}$					$\frac{0.236}{0.48}$	$\frac{524}{1069}$	$\frac{0.105}{0.21}$					
1-49	人工运土	m^3	2.04	$\frac{0.204}{0.42}$														
	调增小计			17.22	2.11	0.14	0.13	0.22	0.10		0.83	1834	2.52	1.35	1.10	1.72		
	二、调减项目																	
4-1	M5水泥砂浆砌砖基础	m^3	1.17	$\frac{1.218}{1.43}$		$\frac{0.039}{0.05}$					$\frac{0.236}{0.28}$	$\frac{524}{613}$	$\frac{0.105}{0.12}$					
1-46	人工回填土	m^3	2.04	$\frac{0.294}{0.60}$	$\frac{0.08}{0.16}$													
	调减小计			2.03	0.16	0.05					0.28	613	0.12					
	合　计			15.69	1.95	0.09	0.13	0.22	0.10		0.55	1221	2.40	1.35	1.10	1.72		

6.6.5.4　调整项目直接工程费计算

调整项目直接工程费计算见表 6-46。

直接工程费计算表　　**表 6-46**

序号	名　　称	单位	数量	单价（元）	金额（元）
一	人工	工日	15.69	25.00	392.25
二	机械				64.43
1	电动打夯机	台班	1.95	20.24	39.47
2	200L 灰浆搅拌机	台班	0.09	15.92	1.43
3	400L 混凝土搅拌机	台班	0.22	94.59	20.81
4	平板振动器	台班	0.13	12.77	1.66
5	插入式振动器	台班	0.10	10.62	1.06
三	材料				696.00
	M5 水泥砂浆	m^3	0.55	124.32	68.38
	黏土砖	块	1221	0.15	183.15
	水	m^3	2.40	1.20	2.88
	C20 混凝土	m^3	1.35	155.93	210.51
	草袋子	m^2	1.10	1.50	1.65
	C10 混凝土	m^3	1.72	133.39	229.43
	小　计：				1152.68

6.6.5.5　××调整项目工程造价计算

××调整项目工程造价计算的费用项目及费率完全同预算造价计算过程，见表6-47。

××调整项目工程造价计算表　　**表6-47**

工程名称：××××

序号	费用名称		计算式	金额（元）
（一）	直接工程费		见表6-46	1152.68
（二）	单项材料价差调整		采用实物金额法不计算此费用	
（三）	综合系数调整材料价差		采用实物金额法不计算此费用	
（四）	措施费	环境保护费	1152.68×0.4%＝4.61元	58.78
		文明施工费	1152.68×0.9%＝10.37元	
		安全施工费	1152.68×1.0%＝11.53元	
		临时设施费	1152.68×2.0%＝23.05元	
		夜间施工增加费	1152.68×0.5%＝5.76元	
		二次搬运费	1152.68×0.3%＝3.46元	
		大型机械进出场及安拆费	—	
		脚手架费	—	
		已完工程及设备保护费	—	
		混凝土及钢筋混凝土模板及支架费	—	
		施工排、降水费	—	
（五）	规费	工程排污费	—	87.68
		工程定额测定费	1152.68×0.12%＝1.38元	
		社会保障费	见表6-46：392.25×16%＝62.76元	
		住房公积金	见表6-46：392.25×6.0%＝23.54元	
		危险作业意外伤害保险	—	
（六）	企业管理费		1152.68×5.1%＝58.79元	58.79
（七）	利润		1152.68×7%＝80.69元	80.69
（八）	营业税		1438.62×3.093%＝44.50元	44.50
（九）	城市维护建设税		44.50×7%－3.12元	3.12
（十）	教育费附加		44.50×3%＝1.34元	1.34
	工程造价		（一）～（十）之和	1487.58

6.6.5.6　营业用房工程结算造价

（1）营业用房原工程预算造价

预算造价＝590861.22元

（2）营业用房调整后增加的工程造价

调增造价＝1487.58元（表6-47）

（3）营业用房工程结算造价

工程结算造价＝590861.22＋1487.58＝592348.80元

6.7 竣工决算

6.7.1 概述

建设项目的竣工决算是指在竣工验收交付使用阶段，由建设单位编制的建设项目从筹建到竣工投产或使用全过程的全部实际支出费用的经济文件。它也是建设单位反映建设项目实际造价和投资效果的文件，是竣工验收报告的重要组成部分。

为了严格执行基本建设项目竣工验收制度，正确核定新增固定资产价值，考核投资效果，建立健全项目法人责任制，按照国家关于建设项目竣工验收的规定，所有的新建、扩建、改建和恢复项目竣工后，对所有建设项目的财产和物资进行认真清理，及时而正确地编报竣工决算。它对于总结分析建设过程的经验教训，提高工程造价管理水平和积累技术经济资料，为有关部门制定类似工程的建设计划与修订概预算定额指标提供资料和经验，都具有重要的意义。

财政部2008年9月公布的《关于进一步加强中央基本建设项目竣工财务决算工作的通知》（财办建［2008］91号）指出：财政部将按规定对中央级大中型项目、国家确定的重点小型项目竣工财务决算的审批实行"先审核、后审批"的办法，即对需先审核后审批的项目，先委托财政投资评审机构或经财政部认可的有资质的中介机构对项目单位编制的竣工财务决算进行审核，再按规定批复项目竣工财务决算。

通知指出，项目建设单位应在项目竣工后三个月内完成竣工财务决算的编制工作，并报主管部门审核。主管部门收到竣工财务决算报告后，对于按规定由主管部门审批的项目，应及时审核批复，并报财政部备案；对于按规定报财政部审批的项目，一般应在收到决算告后一个月内完成审核工作，并将经其审核后的决算报告报财政部审批。以前年度已竣工尚未编报竣工财务决算的基建项目，主管部门应督促项目建设单位抓紧编报。

另外，主管部门应对项目建设单位报送的项目竣工财务决算认真审核，严格把关。审核的重点内容：项目是否按规定程序和权限进行立项、可行性研究和初步设计报批工作审核；项目建设超标准、超规模、超概算投资等问题审核；项目竣工财务决算金额的正确性审核；项目竣工财务决算资料的完整性审核；项目建设过程中存在主要问题的整改情况审核等。

应该注意：施工企业为了总结经验，提高自身经营管理水平，在施工企业内部也进行工程竣工决算，它是以单位工程（或单项工程）为对象，以单位工程（或单项工程）竣工结算为依据，核算一个单位工程（或单项工程）的预算成本、实际成本和成本降低额，所以又称为工程竣工成本决算。通过施工企业内部进行实际成本分析，并编制单位工程竣工成本决算表（6-48）。以总结经验教训，提高企业经营管理水平。这项工作应由施工企业的工程造价管理人员完成。它与建设工程竣工决算在概念和内容方面是不一样的。

竣工成本决算表（样例） **表 6-48**

施工单位：

工程名称	住宅	工程结构：砖混			建筑面积：$4138m^2$		开工日期：2001年8月10日 竣工日期：2002年8月8日			
成本项目	预算成本（元）	实际成本（元）	降低金额（元）	降低率（%）	工料使用分析	单位	预算用量	实际用量	实际用量与预算用量的比较	
									节约或超支	节约或超支
人工费	290473	292310	1837	0.6	一、材料					
材料费	1363168	1173862	−189306	−13.89	1. 钢材	t	103.96	96.06	−7.9	−7.6
机械费	112345	110020	−2325	−2.07	2. 木材	m^3	84.21	74.02	−10.29	−12.2
其他直接费	65746	58319	−7427	−11.3	3. 水泥	t	745.18	662.01	−83.17	−11.1
间接费	163632	145471	−18161	−11	4. 煤矸石标准砖	千块	512.79	402.86	−109.93	−21.43
定额管理费	1949	1864	−85	−4.36	5. 中砂	m^3	1672.77	1525	−147.77	−8.8
税金	73849	60582	−13267	−17.96	6. 石子	m^3	1352.49	1220	−132.49	−9.8
工程成本	2071162	1842428	−228734	−11.04	二、人工	工日	28176	28344	168	0.6
					三、机械费	元	112345	110020	−2325	−2.1
预算总造价：2071162元（建筑安装工程费用） 单位工程造价：507.11元/m^2 单位工程成本： 预算成本：500.52元/m^2 实际成本：445.25元/m^2					说明：本决算采用2002年有关决算资料和有关规定，取费等级为丙级，工程类别为三类，主要材料选用定额规定的××市价					

6.7.2 竣工决算的内容

建设项目竣工决算应包括从筹集到竣工投产全过程的全部实际费用，即包括建筑工程费、安装工程费、设备工器具购置费用及预备费等费用。按照财政部、国家发展和改革委员会和住房和城乡建设部的有关文件规定，竣工决算是由竣工财务决算说明书、竣工财务决算报表、工程竣工图和工程竣工造价对比分析四部分内容组成。其中，竣工财务决算说明书和竣工财务决算报表两部分又称建设项目竣工财务决算，是竣工决算的核心内容。

（1）竣工财务决算说明书

竣工财务决算说明书主要反映竣工工程建设成果和经验，是对竣工决算报表进行分析和补充说明的文件，是全面考核分析工程投资与造价的书面总结，是竣工决算报告的重要组成部分。其内容主要包括：

1）建设项目概况及对工程总的评价。一般从进度、质量、安全和造价方面进行分析说明。

进度方面主要说明开工和竣工时间，对照合理工期和要求，分析工期是提前还是延期；质量方面主要根据竣工验收委员会或相当一级质量监督部门的验收评定等级、合格率和优良品率；安全方面主要根据劳动工资和施工部门的记录，对有无设备和人身事故进行说明；造价方面主要对照概算造价，说明节约或超支的情况，用金额和百分率进行分析说明。

2）资金来源及运用等财务分析。主要包括工程价款结算、会计账务的处理、财产物资情况及债权债务的清偿情况。

3）基本建设收入、投资包干结余、竣工结余资金的上交分配情况。通过对基本建设投资包干情况的分析，说明投资包干数、实际支用数和节约额、投资包干节余的有机构成和包干节余的分配情况。

4）各项经济技术指标的分析。概算执行情况分析，根据实际投资完成额与概算进行对比分析；新增生产能力的效益分析，说明支付使用财产占总投资额的比例、占支付使用财产的比例，不增加固定资产的造价占投资总额的比例，分析有机构成和成果。

5）工程建设的经验及项目管理和财务管理工作以及竣工财务决算中有待解决的问题。

6）需要说明的其他事项。

（2）竣工财务决算报表

建设项目竣工财务决算报表根据大、中型建设项目和小型建设项目分别制定。根据财政部财基字［1998］4号关于《基本建设财务管理若干规定》的通知以及财基字［1998］498号文《基本建设项目竣工财务决算报表》和《基本建设项目竣工财务决算报表填表说明》的通知，大、中型建设项目竣工决算报表包括：建设项目竣工财务决算审批表；大、中型建设项目概况表；大、中型建设项目竣工财务决算表；大、中型建设项目交付使用资产总表；建设项目交付使用资产明细表。小型建设项目竣工财务决算报表，包括建设项目竣工财务决算审批表、竣工财务决算总表、建设项目交付使用资产明细表等。

1）建设项目竣工财务决算审批表（表6-49）。该表为竣工决算上报有关部门审批时使用，其格式是按照中央级小型项目审批要求设计的，地方级项目可按审批要求作适当修改，大、中、小型项目均要按照下列要求填报此表。

建设项目竣工财务决算审批表　　　　表6-49

建设项目法人（建设单位）		建设性质	
建设项目名称		主管部门	
开户银行意见： （盖章） 年　月　日			
专员办审批意见： （盖章） 年　月　日			
主管部门或地方财政部门审批意见： （盖章） 年　月　日			

① 表中“建设性质”按照新建、改建、扩建、迁建和恢复建设项目等分类填列。

② 表中“主管部门”是指建设单位的主管部门。

③ 所有建设项目均须经过开户银行签署意见后，按照有关要求进行报批；中央级小型项目由主管部门签署审批意见；中央级大、中型建设项目报所在地财政监察专员办事机构签署意见后，再由主管部门签署意见报财政部审批；地方级项目由同级财政部门签署审批意见。

④ 已具备竣工验收条件的项目，三个月内应及时填报审批表。如三个月内不办理竣工验收和固定资产移交手续的视同项目已正式投产，其费用不得从基本建设投资中支付，所实现的收入作为经营收入，不再作为基本建设收入管理。

2）大、中型建设项目概况表（表6-50）。该表综合反映大中型项目的基本概况，内容包括该项目总投资、建设起止时间、新增生产能力、主要材料消耗、建设成本、完成主要工程量和主要技术经济指标，为全面考核和分析投资效果提供依据。可按下列要求填写：

大、中型建设项目概况表 **表6-50**

<table>
<tr><td>建设项目（单项工程）名称</td><td colspan="2"></td><td>建设地址</td><td colspan="2"></td><td rowspan="9">基本建设支出</td><td>项目</td><td>概算（元）</td><td>实际（元）</td><td>备注</td></tr>
<tr><td rowspan="2">主要设计单位</td><td colspan="2" rowspan="2"></td><td rowspan="2">主要施工企业</td><td colspan="2" rowspan="2"></td><td>建筑安装工程投资</td><td></td><td></td><td></td></tr>
<tr><td>设备、工具、器具</td><td></td><td></td><td></td></tr>
<tr><td rowspan="2">占地面积</td><td>设计</td><td>实际</td><td rowspan="2">总投资（万元）</td><td>设计</td><td>实际</td><td rowspan="2">待摊投资
其中：
建设单位管理费</td><td rowspan="2"></td><td rowspan="2"></td><td rowspan="2"></td></tr>
<tr><td></td><td></td><td></td><td></td></tr>
<tr><td rowspan="2">新增生产能力</td><td colspan="3">能力（效益）名称</td><td>设计</td><td>实际</td><td>其他投资</td><td></td><td></td><td></td></tr>
<tr><td colspan="3"></td><td></td><td></td><td>待核销基建支出</td><td></td><td></td><td></td></tr>
<tr><td rowspan="2">建设起止时间</td><td>设计</td><td colspan="4">从　年　月开工
至　年　月竣工</td><td>非经营项目转出投资</td><td></td><td></td><td></td></tr>
<tr><td>实际</td><td colspan="4">从　年　月开工
至　年　月竣工</td><td>合计</td><td></td><td></td><td></td></tr>
<tr><td>设计概算批准文号</td><td colspan="10"></td></tr>
<tr><td rowspan="3">完成主要工程量</td><td colspan="6">建设规模</td><td colspan="4">设备（台、套、t）</td></tr>
<tr><td colspan="3">设计</td><td colspan="3">实际</td><td colspan="2">设计</td><td colspan="2">实际</td></tr>
<tr><td colspan="3"></td><td colspan="3"></td><td colspan="2"></td><td colspan="2"></td></tr>
<tr><td rowspan="2">收尾工程</td><td colspan="3">工程项目、内容</td><td colspan="3">已完成投资额</td><td colspan="2">尚需投资额</td><td colspan="2">完成时间</td></tr>
<tr><td colspan="3"></td><td colspan="3"></td><td colspan="2"></td><td colspan="2"></td></tr>
</table>

① 建设项目名称、建设地址、主要设计单位和主要承包人要按全称填列。

② 表中各项目的设计、概算、计划等指标，根据批准的设计文件和概算、计划等确定的数字填列。

③ 表中所列新增生产能力、完成主要工程量的实际数据，根据建设单位统计资料和

承包人提供的有关成本核算资料填列。

④ 表中基建支出是指建设项目从开工起至竣工为止发生的全部基本建设支出，包括形成资产价值的交付使用资产，如固定资产，流动资产、无形资产、其他资产支出，还包括不形成资产价值按照规定应核销的非经营项目的待核销基建支出和转出投资。

上述支出，应根据财政部门历年批准的“基建投资表”中的有关数据填列。按照财政部印发财基字［1998］4号关于《基本建设财务管理若干规定》的通知执行。另外，需要注意以下几点：

A. 建筑安装工程投资支出、设备工器具投资支出、待摊投资支出和其他投资支出构成建设项目的建设成本。

B. 待核销基建支出是指非经营性项目发生的如江河清障、补助群众造林、水土保持、城市绿化、取消项目可行性研究费、项目报废等不能形成资产部分的投资。对于能够形成资产部分的投资，应计入交付使用资产价值。

C. 非经营性项目转出投资支出是指非经营项目为项目配套的专用设施投资，包括专用道路、专用通信设施、送变电站、地下管道等。其产权不属于本单位的投资支出，对于产权归属本单位的，应计入交付使用资产价值。

⑤ 表中“初步设计和概算批准文号”，按最后经批准的日期和文件号填列。

⑥ 表中收尾工程是指全部工程项目验收后尚遗留的少量收尾工程，在表中应明确填写收尾工程内容、完成时间、这部分工程的实际成本，可根据实际情况进行估算并加以说明，完工后不再编制竣工决算。

3）大、中型建设项目竣工财务决算表（表6-51）。竣工财务决算表是竣工财务决算报表的一种。大、中型建设项目竣工财务决算表是用来反映建设项目的全部资金来源和资金占用情况，是考核和分析投资效果的依据。该表反映竣工的大中型建设项目从开工到竣工为止全部资金来源和资金运用的情况。它是考核和分析投资效果、落实结余资金，并作为报告上级核销基本建设支出和基本建设拨款的依据。在编制该表前，应先编制出项目竣工年度财务决算，根据编制出的竣工年度财务决算和历年财务决算编制项目的竣工财务决算。此表采用平衡表形式，即资金来源合计等于资金支出合计。具体填写方法是：

大、中型建设项目竣工财务决算表（单位：元）　　　　**表6-51**

资金来源	金额	资金占用	金额	补充资料
一、基建拨款		一、基本建设支出		
1. 预算拨款		1. 交付使用资产		1. 基建投资借款期末余额
2. 基建基金拨款		2. 在建工程		
其中：国债专项资金拨款		3. 待核销基建支出		
3. 专项建设基金拨款		4. 非经营性项目转出投资		
4. 进口设备转账拨款		二、应收生产单位投资借款		2. 应收生产单位投资借款期末数
5. 器材转账拨款		三、拨付所属投资借款		
6. 燃代油专用基金拨款		四、器材		
7. 自筹资金拨款		其中：待处理器材损失		
8. 其他拨款		五、货币资金		

续表

资金来源	金额	资金占用	金额	补充资料
二、项目资本金		六、预付及应收款		3. 基建结余资金
1. 国家资本		七、有价证券		
2. 法人资本		八、固定资产		
3. 个人资本		固定资产原价		
三、项目资本公积金		减：累计折旧		
四、基建借款		固定资产净值		
其中：国债转贷		固定资产清理		
五、上级拨入投资借款		待处理固定资产损失		
六、企业债券资金				
七、待冲基建支出				
八、应付款				
九、未交款				
1. 未交税金				
2. 其他未交款				
十、上级拨入资金				
十一、留成收入				
合　计		合　计		

① 资金来源包括基建拨款、项目资本金、项目资本公积金、基建借款、上级拨入投资借款、企业债券资金、待冲基建支出、应付款和未交款以及上级拨入资金和企业留成收入等。

A. 项目资本金是指经营性项目投资者按国家有关项目资本金的规定，筹集并投入项目的非负债资金，在项目竣工后。相应转为生产经营企业的国家资本金、法人资本金、个人资本金和外商资本金。

B. 项目资本公积金是指经营性项目投资者实际缴付的出资额超过其资金的差额（包括发行股票的溢价净收入）、资产评估确认价值或者合同协议约定价值与原账面净值的差额、接受捐赠的财产、资本汇率折算差额，在项目建设期间作为资本公积金、项目建成交付使用并办理竣工决算后，转为生产经营企业的资本公积金。

C. 基建收入是基建过程中形成的各项工程建设副产品，变价净收入、负荷试车的试运行收入以及其他收入。在表中基建收入以实际销售收入扣除销售过程中所发生的费用和税后的实际纯收入填写。

② 表中“交付使用资产”、“预算拨款”、“自筹资金拨款”、“其他拨款”、“项目资本金”、“基建投资借款”、“其他借款”等项目，是指自开工建设至竣工的累计数。

上述有关指标应根据历年批复的年度基本建设财务决算和竣工年度的基本建设财务决算中资金平衡表相应项目的数字进行汇总填写。

③ 表中其余项目费用办理竣工验收时的结余数。根据竣工年度财务决算中资金平衡

表的有关项目期末数填写。

④ 资金支出反映建设项目从开工准备到竣工全过程资金支出的情况，内容包括基建支出、应收生产单位投资借款、库存器材、货币资金，有价证券和预付及应收款以及拨付所属投资借款和库存固定资产等，资金支出总额应等于资金来源总额。

⑤ 基建结余资金可以按下列公式计算：

基建结余资金＝基建拨款＋项目资本金＋项目资本公积金＋基建投资借款
＋企业债券基金＋待冲基建支出－基本建设支出
－应收生产单位投资借款 (6-65)

4）大、中型建设项目交付使用资产总表（表 6-52)。该表反映建设项目建成后新增固定资产、流动资产、无形资产和其他资产价值的情况和价值，作为财产交接、检查投资计划完成情况和分析投资效果的依据。小型项目不编制“交付使用资产总表”，直接编制“交付使用资产明细表”。大、中型项目在编制“交付使用资产总表”的同时，还需编制“交付使用资产明细表”。大、中型建设项目交付使用资产总表具体编制过程是：

大、中型建设项目交付使用资产总表（单位：元） **表 6-52**

序号	单项工程项目名称	总计	固定资产				流动资产	无形资产	其他资产
			合计	建安工程	设备	其他			

交付单位： 负责人： 接受单位： 负责人：
盖　章 年　月　日 盖　章 年　月　日

① 表中各栏目数据根据“交付使用明细表”的固定资产、流动资产、无形资产、其他资产的各相应项目的汇总数分别填写，表中总计栏的总计数应与竣工财务决算表中的交付使用资产的金额一致。

② 表中第 3 栏、第 4 栏、第 8～10 栏的合计数，应分别与竣工财务决算表交付使用的固定资产、流动资产、无形资产、其他资产的数据相符。

5）建设项目交付使用资产明细表（表 6-53)。该表反映交付使用的固定资产、流动资产、无形资产和其他资产及其价值的明细情况，是办理资产交接和接收单位登记资产账目的依据，是使用单位建立资产明细账和登记新增资产价值的依据。大、中型和小型建设项目均需编制此表。编制时要做到齐全完整，数字准确，各栏目价值应与会计账目中相应科目的数据保持一致。建设项目交付使用资产明细表具体编制过程是：

建设项目交付使用资产明细表 **表 6-53**

单项工程名称	建筑工程			设备、工具、器具、家具						流动资产		无形资产		其他资产	
	结构	面积（m²）	价值（元）	名称	规格型号	单位	数量	价值（元）	设备安装费（元）	名称	价值（元）	名称	价值（元）	名称	价值（元）

① 表中“建筑工程”项目应按单项工程名称填列其结构、面积和价值。其中“结构”按钢结构、钢筋混凝土结构、混合结构等结构形式填写；面积则按各项目实际完成面积填列；价值按交付使用资产的实际价值填写。

② 表中“固定资产”部分要在逐项盘点后，根据盘点实际情况填写，工具、器具和家具等低值易耗品可分类填写。

③ 表中“流动资产”、“无形资产”、“其他资产”项目应根据建设单位实际交付的名称和价值分别填列。

6）小型建设项目竣工财务决算总表（表 6-54）。由于小型建设项目内容比较简单，因此可将工程概况与财务情况合并编制一张“竣工财务决算总表”，该表主要反映小型建设项目的全部工程和财务情况。具体编制时可参照大、中型建设项目概况表指标和大、中型建设项目竣工财务决算表相应指标内容填写。

（3）建设工程竣工图

建设过程竣工图是真实地记录各种地上、地下建筑物、构筑物等情况的技术文件，是工程进行交工验收、维护、改建和扩建的依据，是国家的重要技术档案。全国各建设、设计、施工单位和各主管部门都要认真做好竣工图的编制工作。

国家规定：各项新建、扩建、改建的基本建设工程，特别是基础、地下建筑、管线、结构、井巷、桥梁、隧道、港口、水坝以及设备安装等隐蔽部位，都要编制竣工图。为确保竣工图质量，必须在施工过程中（不能在竣工后）及时做好隐蔽工程检查记录，整理好设计变更文件。

编制竣工图的形式和深度，应根据不同情况区别对待，其具体要求包括：

1）凡按图竣工没有变动的，由承包人（包括总包和分包承包人，下同）在原施工图上加盖“竣工图”标志后，即作为竣工图。

2）凡在施工过程中，虽有一般性设计变更，但能将原施工图加以修改补充作为竣工图的，可不重新绘制，由承包人负责在原施工图（必须是新蓝图）上注明修改的部分，并附以设计变更通知单和施工说明，加盖“竣工图”标志后，作为竣工图。

3）凡结构形式改变、施工工艺改变、平面布置改变、项目改变以及有其他重大改变，不宜再在原施工图上修改、补充时，应重新绘制改变后的竣工图。

原设计原因造成的，由设计单位负责重新绘制；施工原因造成的，由承包人负责重新绘图；其他原因造成的，由建设单位再行绘制或委托设计单位绘制，承包人负责在新图上加盖“竣工图”标志，并附以有关记录和说明，作为竣工图。

4）为了满足竣工验收和竣工决算需要，还应绘制反映竣工工程全部内容的工程设计平面示意图。

5）重大的改建、扩建工程项目涉及原有的工程项目变更时，应将相关项目的竣工图资料统一整理归档，并在原图案卷内增补必要的说明。

小型建设项目竣工财务决算总表　　表 6-54

<table>
<tr><td>建设项目名称</td><td colspan="3"></td><td colspan="2">建设地址</td><td colspan="2"></td><td colspan="2">资金来源</td><td colspan="2">资金运用</td></tr>
<tr><td>初步设计概算批准文号</td><td colspan="7"></td><td>项目</td><td>金额（元）</td><td>项目</td><td>金额（元）</td></tr>
<tr><td rowspan="4">占地面积</td><td rowspan="4">计划</td><td rowspan="4">实际</td><td rowspan="4">总投资（万元）</td><td colspan="2" rowspan="2">计划</td><td colspan="2" rowspan="2">实际</td><td rowspan="2">一、基建拨款其中：预算拨款</td><td rowspan="2"></td><td>一、交付使用资产</td><td></td></tr>
<tr><td>二、待核销基建支出</td><td></td></tr>
<tr><td>固定资产</td><td>流动资金</td><td>固定资产</td><td>流动资金</td><td>二、项目资本金</td><td></td><td rowspan="2">三、非经营项目转出投资</td><td rowspan="2"></td></tr>
<tr><td></td><td></td><td></td><td></td><td>三、项目资本公积金</td><td></td></tr>
<tr><td rowspan="2">新增生产能力</td><td colspan="2">能力（效益）名称</td><td colspan="2">设计</td><td colspan="3">实际</td><td>四、基建借款</td><td></td><td rowspan="2">四、应收生产单位投资借款</td><td rowspan="2"></td></tr>
<tr><td colspan="2"></td><td colspan="2"></td><td colspan="3"></td><td>五、上级拨入借款</td><td></td></tr>
<tr><td rowspan="2">建设起止时间</td><td colspan="2">计划</td><td colspan="5">从　年　月开工
至　年　月竣工</td><td>六、企业债券资金</td><td></td><td>五、拨付所属投资借款</td><td></td></tr>
<tr><td colspan="2">实际</td><td colspan="5">从　年　月开工
至　年　月竣工</td><td>七、待冲基建支出</td><td></td><td>六、器材</td><td></td></tr>
<tr><td rowspan="9">基建支出</td><td colspan="5">项　目</td><td>概算（元）</td><td>实际（元）</td><td>八、应付款</td><td></td><td>七、货币资金</td><td></td></tr>
<tr><td colspan="5">建筑安装工程</td><td></td><td></td><td rowspan="3">九、未付款
其中：
未交基建收入
未交包干收入</td><td rowspan="3"></td><td>八、预付及应收款</td><td></td></tr>
<tr><td colspan="5">设备　工具　器具</td><td></td><td></td><td>九、有价证券</td><td></td></tr>
<tr><td colspan="5" rowspan="2">待摊投资
其中：建设单位管理费</td><td rowspan="2"></td><td rowspan="2"></td><td>十、原有固定资产</td><td></td></tr>
<tr><td>十、上级拨入资金</td><td></td><td rowspan="4"></td><td rowspan="4"></td></tr>
<tr><td colspan="5">其他投资</td><td></td><td></td><td>十一、留成收入</td><td></td></tr>
<tr><td colspan="5">待核销基建支出</td><td></td><td></td><td rowspan="2"></td><td rowspan="2"></td></tr>
<tr><td colspan="5">非经营性项目转出投资</td><td></td><td></td></tr>
<tr><td colspan="5">合　计</td><td></td><td></td><td>合计</td><td></td><td>合计</td><td></td></tr>
</table>

(4) 工程造价对比分析

竣工决算时须对工程造价进行对比分析，总结控制工程造价的经验教训。

批准的概算是考核建设工程造价的依据。在工程造价分析时，可先对比整个项目的总概算，然后将建筑安装工程费、设备工器具费和其他工程费用逐一与竣工决算表中所提供的实际数据和相关资料及批准的概算、预算指标、实际的工程造价进行对比分析，以确定竣工项目总造价是节约还是超支，并在对比的基础上，总结先进经验，找出节约和超支的内容和原因，提出改进措施。

在实际工作中，应主要分析以下内容：

1) 主要实物工程量。对于实物工程量出入比较大的情况，必须查明其原因。

2) 主要材料消耗量。考核主要材料消耗量，要按照竣工决算表中所列明的三大材料实际超概算的消耗量，查明是在工程的哪个环节的超出量最大，再进一步查明超耗的原因。

3) 考核建设单位管理费、措施费和间接费的取费标准。建设单位管理费、措施费和间接费的取费标准要按照国家和各地的有关规定，根据竣工决算报表中所列的建设单位管理费与概预算所列的建设单位管理费数额进行比较，依据规定查明多列或少列的费用项目，确定其节约超支的数额，并查明原因。

6.7.3 竣工决算的编制

(1) 竣工决算的编制依据

1) 经批准的可行性研究报告、投资估算书，初步设计或扩大初步设计，修正总概算及其批复文件。

2) 经批准的施工图设计及其施工图预算书。

3) 设计交底资料或图纸会审会议纪要。

4) 设计变更记录、施工记录或施工签证单及其他施工发生的费用记录。

5) 招标控制价，承包合同工程结算等有关资料。

6) 历年基建计划、历年财务决算及批复文件。

7) 设备、材料调价文件和调价记录。

8) 有关财务核算制度、办法和其他有关资料。

(2) 竣工决算的编制要求

为了严格执行建设项目竣工验收制度，正确核定新增固定资产价值，考核分析投资效果，建立健全经济责任制，所有新建、扩建和改建等建设项目竣工后，都应及时、完整、正确的编制好竣工决算。

编制竣工决算时，建设单位要做好以下工作：

1) 按照规定组织竣工验收，保证竣工决算的及时性。竣工结算是对建设工程的全面考核。所有的建设项目（或单项工程）按照批准的设计文件所规定的内容建成后，具备了投产和使用条件的，都要及时组织验收。

对于竣工验收中发现的问题，应及时查明原因，采取措施加以解决，以保证建设项目按时交付使用和及时编制竣工决算。

2) 积累、整理竣工项目资料，保证竣工决算的完整性。积累、整理竣工项目资料是编制竣工决算的基础工作，它关系到竣工决算的完整性和质量的好坏。因此，在建设过程中，建设单位必须随时收集项目建设的各种资料，并在竣工验收前，对各种资料进行系统整理，分类立卷，为编制竣工决算提供完整的数据资料，为投产后加强固定资产管理提供依据。在工程竣工时，建设单位应将各种基础资料与竣工决算一起移交给生产单位或使用单位。

3）清理、核对各项账目，保证竣工决算的正确性。工程竣工后，建设单位要认真核实各项交付使用资产的建设成本，做好各项账务、物资以及债权的清理结余工作，应偿还的及时偿还，该收回的应及时收回。对各种结余的材料、设备、施工机械工具等，要逐项清点核实，妥善保管，按照国家有关规定进行处理，不得任意侵占。对竣工后的结余资金，要按规定上交财政部门或上级主管部门。在完成上述工作核实了各项数据的基础上，正确编制从年初起到竣工月份止的竣工年度财务决算，以便根据历年的财务决算和竣工年度财务决算进行整理汇总，编制建设项目决算。

按照规定，竣工决算应在竣工项目办理验收交付手续后一个月内编好，并上报主管部门，有关财务成本部分，还应送经办行审查签证。主管部门和财政部门对报送的竣工决算审批后，建设单位即可办理决算调整和结束有关工作。

（3）竣工决算的编制步骤

1）收集、整理和分析有关依据资料。在编制竣工决算文件之前，应系统地整理所有技术资料，包括：结算的经济文件、施工图纸和各种变更与签证资料，并分析它们的准确性。完整、齐全的资料是准确而迅速编制竣工决算的必要条件。

2）清理各项财务，债务和结余物资。在收集、整理和分析有关资料中，要特别注意建设工程从筹建到竣工投产或使用的全部费用的各项账务。债权和债务的清理，做到工程完毕账目清晰，既要核对账目，又要查点库存实物的数量，做到账与物相等，账与账相符。对结余的各种材料、工器具和设备，要逐项清点核实，妥善管理，并按规定及时处理，收回资金。对各种往来款项要及时进行全面清理，为编制竣工决算提供准确的数据和结果。

3）核实工程变动情况。重新核实各单位工程、单项工程造价，将竣工资料与原设计图纸进行查对、核实，必要时可实地测量，确认实际变更情况；根据经审定的承包人竣工结算等原始资料，按照有关规定对原概、预算进行增减调整，重新核定工程造价。

4）编制建设工程竣工决算说明。按照建设工程竣工决算说明的内容要求，根据编制依据材料填写在报表中的结果，编写文字说明。

5）填写竣工决算报表。按照建设工程决算表格中的内容，根据编制依据中的有关资料进行统计或计算各个项目和数量，并将其结果填到相应表格的栏目内，完成所有报表的填写工作。

6）做好工程造价对比分析。

7）清理、装订好竣工图。

8）上报主管部门审查存档。

将上述编写的文字说明和填写的表格经核对无误，装订成册，即为建设工程竣工决算文件。将其上报主管部门审查，并把其中财务成本部分送交开户银行签证。

竣工决算在上报主管部门的同时，抄送有关设计单位。大、中型建设项目的竣工决算还应抄送财政部、主办银行和省、自治区、直辖市的财政局各一份。建设工程竣工决算的文件由建设单位负责组织人员编写，在竣工建设项目办理验收使用一个月之内完成。

(4) 竣工决算的编制实例

【例 6-12】 某一大、中型建设项目 2000 年开工建设，2008 年年底有关财务结算资料如下：

(1) 已经完成部分单项工程，经验收合格后，已经交付使用的资产包括：

1) 固定资产价值 75540 万元。

2) 为生产准备的使用期限在一年以内的备品备件、工具、器具等流动资产价值 30000 万元，期限在一年以上，单位价值在 1500 元以上的工具 60 万元。

3) 建造期间购置的专利权、非专利技术等无形资产 2000 万元，摊销期 5 年。

(2) 基本建设支出的未完成项目包括：

1) 建筑安装工程支出 16000 万元。

2) 设备工器具投资 44000 万元。

3) 建设单位管理费、勘察设计费等待摊投资 2400 万元。

4) 通过出让方式购置的土地使用权形成的其他投资 110 万元。

(3) 非经营项目发生待核销基建支出 50 万元。

(4) 应收生产单位投资借款 1400 万元。

(5) 购置需要安装的器材 50 万元，其中待处理器材 16 万元。

(6) 货币资金 470 万元。

(7) 预付工程款及应收有偿调出器材款 18 万元。

(8) 建设单位自用的固定资产原值 60550 万元，累计折旧 10022 万元。

(9) 反映在《资金平衡表》中的各类资金来源的期末余额是：

1) 预算拨款 52000 万元。

2) 自筹资金拨款 58000 万元。

3) 其他拨款 450 万元。

4) 建设单位向商业银行借入的借款 110000 万元。

5) 建设单位当年完成交付生产单位使用的资产价值中，200 万元属于利用投资借款形成的待冲基建支出。

6) 应付器材费 30 万元。

根据上述有关资料编制该项目竣工财务决算表（表 6-55）。

大、中型建设项目竣工财务决算表 **表 6-55**

建设项目名称：××建设项目 单位：万元

资金来源	金额	资金占用	金额	补充资料
一、基建拨款	110450	一、基本建设支出	170160	1. 基本建设借款期末余额
1. 预算拨款	52000	1. 交付使用资产	107600	
2. 基建基金拨款		2. 在建工程	62510	
其中：国债专项基金拨款		3. 待核销基建支出	50	
3. 专项建设基金拨款		4. 非经营性项目转出投资		

续表

资金来源	金额	资金占用	金额	补充资料
4. 进口设备转账拨款		二、应收生产单位投资借款	1400	2. 应收生产单位投资借款期末数
5. 器材转账拨款		三、拨付所属投资借款		
6. 煤代油专用基金拨款		四、器材	50	
7. 自筹资金拨款	58000	其中：待处理器材损失	16	3. 基建结余资金
8. 其他拨款	400	五、货币资金	470	
二、项目资本金		六、预付及应收款	18	
1. 国家资本		七、有价证券		
2. 法人资本		八、固定资产	50528	
3. 个人资本		固定资产原值	60550	
三、项目资本公积		减：累计折旧	10022	
四、基建借款		固定资产净值	50528	
其中：国债转贷	110000	固定资产清理		
五、上级拨入投资借款		待处理固定资产损失		
六、企业债券资金				
七、待冲基建支出	200			
八、应付款	1956			
九、未交款	30			
1. 未交税金	30			
2. 其他未交款				
十、上级拨入资金				
十一、留成收入				
合　计	222626	合　计	222626	

6.7.4 新增资产价值的确定

(1) 新增资产价值的分类

建设项目竣工投入运营后，所花费的总投资形成相应的资产。按照新的财务制度和企业会计准则，新增资产按资产性质可分为固定资产、流动资产、无形资产和其他资产四大类。

(2) 新增资产价值的确定方法

1) 新增固定资产价值的确定

新增固定资产价值是建设项目竣工投产后所增加的固定资产的价值，它是以价值形态表示的固定资产投资最终成果的综合性指标。

新增固定资产价值是投资项目竣工投产后所增加的固定资产价值，即交付使用的固定资产价值，是以价值形态表示建设项目的固定资产最终成果的指标。

新增固定资产价值的计算是以独立发挥生产能力的单项工程为对象的。单项工程建成经有关部门验收鉴定合格，正式移交生产或使用，就应计算新增固定资产价值。一次交付生产或使用的工程，一次计算新增固定资产价值；分期分批交付生产或使用的工程，应分期分批计算新增固定资产价值。

新增固定资产价值的内容包括：已投入生产或交付使用的建筑安装工程造价；达到固定资产标准的设备、工器具的购置费用；增加固定资产价值的其他费用。

在计算新增固定资产价值时应注意以下几种情况：

① 对于为了提高产品质量、改善劳动条件、节约材料消耗、保护环境而建设的附属辅助工程，只要全部建成，正式验收交付使用后就要计入新增固定资产价值。

② 对于有些单项工程不构成生产系统，但能独立发挥效益的非生产性项目，如住宅、食堂、医务所、托儿所、生活服务网点等，在建成并交付使用后，也要计算新增固定资产价值。

③ 凡购置达到固定资产标准不需安装的设备、工器具，应在交付使用后计入新增固定资产价值。

④属于新增固定资产价值的其他投资，应随同受益工程交付使用的同时一并计入。

⑤交付使用财产的成本，应按下列内容计算：

A. 房屋、建筑物、管道、线路等固定资产的成本包括：建筑工程成本和待分摊的待摊投资。

B. 动力设备和生产设备等固定资产的成本包括：需要安装设备的采购成本，安装工程成本，设备基础、支柱等建筑工程成本或砌筑锅炉及各种特殊炉的建筑工程成本，应分摊的待摊投资。

C. 运输设备及其他不需要安装的设备、工具、器具、家具等固定资产一般仅计算采购成本，不计分摊的“待摊投资”。

⑥ 共同费用的分摊方法。新增固定资产的其他费用，如果是属于整个建设项目或两个以上单项工程的，在计算新增固定资产价值时，应在各单项工程中按比例分摊。一般情况下，建设单位管理费按建筑工程、安装工程、需安装设备价值总额作比例分摊。而土地征用费、地质勘察和建筑工程设计费等费用则按建筑工程造价比例分摊。生产工艺流程系统设计费按安装工程造价比例分摊。

【例 6-13】 某工业建设项目及其总装车间的建筑工程费、安装工程费，需安装设备费以及应摊入费用如表 6-56 所示，计算总装车间新增固定资产价值。

分摊费用计算表（单位：万元） **表 6-56**

项目名称	建筑工程	安装工程	需安装设备	建设单位管理费	土地征用费	勘察设计费	合计
建设单位竣工决算	250	60	120	7.6	13	4.5	455.1
第一车间竣工决算	60	22	50	3.04	3.12	1.06	139.22

【解】

应分摊的建设单位管理费＝(60＋22＋50)÷(250＋60＋120)×7.6＝3.04 万元

应分摊的土地征用费＝60÷250×13＝3.12 万元

应分摊的勘察设计费＝60÷250×4.5＝1.08 万元

第一车间新增固定资产价值＝(60＋22＋50)＋(3.04＋3.12＋1.06)＝139.22 万元

2）新增流动资产价值的确定

流动资产是指可以在一年内或者超过一年的一个营业周期内变现或者运用的资产，包括现金及各种存款以及其他货币资金，短期投资、存货、应收及预付款项以及其他流动资产等。

① 货币性资金。货币性资金是指现金、各种银行存款及其他货币资金，其中现金是指企业的库存现金，包括企业内部各部门用于周转使用的备用金；各种存款是指企业的各种不同类型的银行存款；其他货币资金是指除现金和银行存款以外的其他货币资金，根据实际入账价值核定。

② 应收及预付款项。应收账款是指企业因销售商品、提供劳务等应向购货单位或受益单位收取的款项；预付款项是指企业按照购货合同预付给供货单位的购货定金或部分货款。应收及预付款项包括应收票据、应收款项、其他应收数、预付货款和待摊费用。一般情况下，应收及预付款项按企业销售商品、产品或提供劳务时的实际成交金额入账核算。

③ 短期投资包括股票、债券、基金。股票和债券根据是否可以上市流通分别采用市场法和收益法确定其价值。

④ 存货。存货是指企业的库存材料、在产品、产成品等。各种存货应当按照取得时的实际成本计价。存货的形成主要有外购和自制两个途径。外购的存货按照买价加运输费、装卸费，保险费、途中合理损耗、入库前加工整理及挑选发生的费用以及缴纳的税金等计价；自制的存货，按照制造过程中的各项实际支出计价。

3）新增无形资产价值的确定

根据我国 2001 年颁布的《资产评估准则——无形资产》规定，我国作为评估对象的无形资产通常包括专利权、非专利技术、生产许可证、特许经营权、租赁权、土地使用权、矿产资源勘探权和采矿权、商标权、版权、计算机软件及商誉等。《新会计准则第 6 号——无形资产》对无形资产的规定是：无形资产是指企业拥有或（并）控制的没有实物形态的可辨认非货币性资产。

① 无形资产的计价原则。

A. 投资者按无形资产作为资本金或者合作条件投入时，按评估确认或合同协议约定的金额计价。

B. 购入的无形资产，按照实际支付的价款计价。

C. 企业自创并依法申请取得的，按开发过程中的实际支出计价。

D. 企业接受捐赠的无形资产，按照发票账单所载金额或者同类无形资产市场价作价。

E. 无形资产计价入账后，应在其有效使用期内分期摊销，即企业为无形资产支出的费用应在无形资产的有效期内得到及时补偿。

② 无形资产的计价方法。

A. 专利权的计价。专利权分为自创和外购两类。自创专利权的价值为开发过程中的实际支出，主要包括专利的研制成本和交易成本。交易成本是指在交易过程中的费用支出（主要包括技术服务费、交易过程中的差旅费及管理费、手续费、税金）。由于专利权是具有独占性并能带来超额利润的生产要素。因此，专利权转让价格不按成本估价，而是按照其所能带来的超额收益计价。

B. 非专利技术的计价。非专利技术具有使用价值和价值，使用价值是非专利技术本身应具有的。非专利技术的价值在于非专利技术的使用所能产生的超额获利能力，应在研究分析其直接和间接的获利能力的基础上，准确计算出其价值。如果非专利技术是自创的，一般不作为无形资产入账。自创过程中发生的费用，按当期费用处理。对于外购非专利技术，应由法定评估机构确认后再进行估价，其方法往往通过能产生的收益采用收益法进行估价。

C. 商标权的计价。如果商标权是自创的，一般不作为无形资产入账，而将商标设计、制作、注册、广告宣传等发生的费用直接作为销售费用计入当期损益。只有当企业购入或转让商标时，才需要对商标权计价。商标权的计价一般根据被许可方新增的收益确定。

D. 土地使用权的计价。根据取得土地使用权的方式不同，土地使用权可有以下几种计价方式：当建设单位向土地管理部门申请土地使用权并为之支付一笔出让金时，土地使用权作为无形资产核算；当建设单位获得土地使用权是通过行政划拨的，这时土地使用权就不能作为无形资产核算；在将土地使用权有偿转让、出租、抵押、作价入股和投资，按规定补交土地出让价款时，才作为无形资产核算。

多选练习题

1. 定额计价方式的内容包括（　　）。

A　投资估算　　B　清单报价　　C　设计概算　　D　施工预算

2. 设计概算的编制方法有（　　）。

A　概算指标法　　B　估算法　　C　概算定额法　　D　类似工程预算法

3. 施工预算的编制依据有（　　）。

A　施工图　　B　企业定额　　C　施工方案　　D　预算定额

4. 工程结算是对原工程承包价进行（　　）的工程造价文件。

A　调整　　B　修正　　C　重新确定　　D　与原承包价无关

5. 竣工决算不是由（　　）编制。

A　施工单位　　B　建设单位　　C　投标单位　　D　监理单位

7 清单计价方式

7.1 概　　述

《建设工程工程量清单计价规范》规范了工程量清单、招标控制价、投标报价、工程价款结算等工程造价文件的编制原则和方法。

本教材主要介绍工程量清单和投标报价的编制方法。

7.1.1 工程量清单的概念

工程量清单是指表达建设工程的分部分项工程项目、措施项目、其他项目、规费项目和税金项目的名称和相应数量等的明细清单。

分部分项工程量清单表明了拟建工程的全部分项实体工程的名称和相应的工程数量。例如，某工程现浇C20钢筋混凝土基础梁，167.26m³；低压碳钢 ϕ219×8 无缝钢管安装，320m 等。

措施项目清单主要表明了为完成拟建工程全部分项实体工程而必须采取的措施性项目。例如，某工程大型施工机械设备（塔吊）进场及安拆；脚手架搭拆等。

其他项目清单主要表明了招标人提出的与拟建工程有关的特殊要求所发生的费用。例如，某工程考虑可能发生工程量变更而预先提出的暂列金额项目，以及材料暂估价、专业工程暂估价、计日工、总承包服务费等项目。

规费项目清单是指根据省级政府或省级有关权力部门规定必须缴纳的，应计入建筑安装工程造价的费用项目，例如，工程排污、养老保险、失业保险、医疗保险、住房公积金、危险作业意外伤害保险等。

税金项目清单是根据目前国家税法规定应计入建筑安装工程造价内的税种，包括营业税、城市建设维护税及教育费附加。

工程量清单是招标投标活动中，对招标人和投标人都具有约束力的重要文件，是招标投标活动的重要依据。

7.1.2 工程量清单计价方式的概念

工程量清单计价是一种国际上通行的工程造价计价方式。是在建设工程招标投标中，招标人按照国家统一的《建设工程工程量清单计价规范》的要求以及施工图，提供工程量清单，由投标人按照招标文件、工程量清单、施工图、计价定额或企业定额、市场价格等依据，自主报价并经评审后，合理低价中标的工程造价计价方式。

7.1.3 《建设工程工程量清单计价规范》的编制依据

《建设工程工程量清单计价规范》根据《中华人民共和国建筑法》、《中华人民共和国合同法》、《中华人民共和国招标投标法》等法律法规，并遵照国家宏观调控、市场竞争形成价格的原则，结合我国当前的实际情况制定的。

7.1.4 工程量清单编制原则

工程量清单编制原则包括，四个统一、三个自主、两个分离。

(1) 四个统一

分部分项工程量清单包括的内容，应满足两方面的要求，一是满足方便管理和规范管理的要求；二是满足工程计价的要求。为了满足上述要求，工程量清单编制必须符合四个统一的要求，即项目编码统一、项目名称统一、计量单位统一、工程量计算规则统一。

(2) 三个自主

工程量清单报价是市场形成工程造价的主要形式。《建设工程工程量清单计价规范》第4.3.1条指出“除本规范强制性规定外，投标价由投标人自主确定，但不得低于成本。”

这一要求使得投标人在报价时自主确定工料机消耗量、自主确定工料机单价、自主确定除规范强制性规定外的措施项目费及其他项目费的内容和费率。

(3) 两个分离

两个分离是指，量价分离、清单工程量与计价工程量分离。

量价分离是从定额计价方式的角度来表达的。因为定额计价的方式采用定额基价计算直接费，工料机消耗量和工料机单价是固定的，量价没有分离。而工程量清单计价按规范规定可以自主确定工料机消耗量、自主确定工料机单价，量价是分离的。

清单工程量与计价工程量分离是从工程量清单报价方式来描述的。清单工程量是根据《建设工程工程量清单计价规范》计算的，计价工程量是根据所选定的计价定额或企业定额等消耗量定额计算的，两者的工程量计算规则有所不同，算出的工程数量是不同的，两者是分离的。

7.2 工程量清单编制内容

工程量清单主要包括五部分内容，一是分部分项工程量清单；二是措施项目清单；三是其他项目清单；四是规费项目清单；五是税金项目清单。

7.2.1 分部分项工程量清单

一般，每个分部分项工程量清单项目由项目编码、项目名称、项目特征、计量单位和工程量五个要素构成。

(1) 项目编码

项目编码是指分部分项工程量清单项目名称的数字标识。

分部分项工程量清单的项目编码，应采用12位阿拉伯数字表示。1～9位应按附录的规定设置，10～12位编制人根据拟建工程的工程量清单项目名称设置，同一招标工程的项目编码不得有重码。

例如，某拟建工程的砖基础清单项目的编码为“010301001001”，前九位“010301001”为计价规范的统一编码，后三位“001”为该项目名称的顺序编码；又如，某拟建工程的静置设备碳钢填料塔制作清单项目的编码为“030501002001”，前九位“030501002”为计价规范的统一编码，后3位“001”为该清单项目名称的顺序编码。

同一招标工程的项目编码不得有重码。例如一个标段（或合同段）的工程量清单中含有三个单位工程，每一单位工程中都有项目特征相同的标准砖基础，在工程量清单中又需反映三个不同单位工程的标准砖基础工程量时，此时工程量清单应以单位工程为编制对象，则第一个单位工程的标准砖基础的项目编码应为010301001001，第二个单位工程的标准砖基础的项目编码应为010301001002，第三个单位工程的标准砖基础的项目编码应为010301001003，并分别列出各单位工程标准砖基础的工程量。

编制工程量清单出现附录中未包括的项目，编制人应作补充，并报省级或行业工程造价管理机构备案。

补充项目的编码由附录的顺序码与B和三位阿拉伯数字组成，并应从×B001起顺序编制，同一招标工程的项目不得重码。工程量清单中需附有补充项目的名称、项目特征、计量单位、工程量计算规则、工程内容等。

（2）项目名称

分部分项工程量清单的项目名称应按《建设工程工程量清单计价规范》附录的项目名称，结合拟建工程的实际情况确定。

（3）项目特征

项目特征是指构成分部分项工程量清单项目的本质特征。

1）项目特征的描述要求

分部分项工程量清单项目特征应按附录中规定的项目特征、结合拟建工程项目的实际予以描述。

项目特征必须描述清楚。如果招标人提供的工程量清单对项目特征描述不具体，特征不清、界限不明，会使投标人无法准确理解工程量清单项目的构成要素，评标时就会难以合理的评定中标价；结算时也会引起发、承包双方争议，影响工程量清单计价工作的推进。因此，在工程量清单中准确地描述工程量清单项目特征是有效推进工程量清单计价工作的重要环节。

项目特征是与项目名称相对应的。预算定额的项目，一般按施工工序或工作过程、综合工作过程设置，包含的工程内容相对来说较单一，据此规定了相应的工程量计算规则。工程量清单项目的划分，一般按“综合实体”来考虑，一个项目中包含了多个工作过程或综合工作过程，据此也规定了相应的工程量计算规则。这两者的工程内容和工程量计算规则有较大的差别，使用时应充分注意。所以，相对地说工程量清单项目的工程内容综合性较强。例如，在工程量清单项目中，砖基础项目的工程内容包括：砂浆制作与运输；材料运输；砌砖基础；防潮层铺设等。上述项目可由两个预算定额项目构成；又如，低压ϕ159×5不锈钢管安装清单项目包含了管道安装、水压试验、管酸洗、管脱脂、管绝热、镀锌薄钢板保护层六个预算定额项目。

在项目特征中，每一个工作对象都有不同的规格、型号和材质，这些必须说明。所以，每个项目名称都要表达出项目特征。例如，清单项目的砖基础项目，其项目特征包括：砖品种、规格、强度等级；基础类型；基础深度；砂浆强度等级等等。

2）准确描述项目特征的重要意义

① 项目特征是区分清单项目的依据。工程量清单项目特征是用来表述分部分项清单项目的实质内容，用于区分计价规范中同一清单条目下各个具体的清单项目。没有项目特征的准确描述，对于相同或相似的清单项目名称，就无从区分。

② 项目特征是确定综合单价的前提。由于工程量清单项目的特征决定了工程实体的实质内容，必然直接决定了工程实体的自身价值。因此，工程量清单项目特征描述得准确与否，直接关系到工程量清单项目综合单价的准确确定。

③ 项目特征是履行合同义务的基础。实行工程量清单计价，工程量清单及其综合单价是施工合同的组成部分，因此，如果工程量清单项目特征的描述不清甚至漏项、错误，从而引起在施工过程中的更改，都会引起意见分歧，导致不必要的纠纷。

由此可见，清单项目特征的描述，应根据计价规范附录中有关项目特征的要求，结合技术规范、标准图集、施工图纸，按照工程结构、使用材质及规格或安装位置等，予以详细而准确地表述和说明。可以说离开了清单项目特征的准确描述，清单项目就将没有生命力。比如我们要购买某一商品，如电脑，我们就首先要了解电脑的品牌、型号、内存和硬盘的配置等诸方面情况，因为这些情况决定了电脑的价格。但相对于建筑产品来说，由于其单件性的特性，情况比较特殊，因此在合同的分类中，工程发、承包施工合同属于加工承揽合同中的一个特例，实行工程量清单计价，就需要对分部分项工程量清单项目的实质内容、项目特征进行准确描述，就好比我们要购买某一商品，要了解品牌、性能等是一样的。因此，准确地描述清单项目的特征对于准确地确定清单项目的综合单价具有决定性的作用。当然，由于种种原因，对同一个清单项目，由不同的人进行编制，会有不同的描述，尽管如此，体现项目本质区别的特征和对报价有实质影响的内容都必须描述，这一点是无可置疑的。

(4) 计量单位

分部分项工程量清单的计量单位应按附录中规定的计量单位确定。

工程量清单项目的计量单位是按照能够较准确地反映该项目工程内容的原则确定的。例如，“实心砖墙”项目的计量单位是“m^3”；“砖水池”项目的计量单位为“座”；“硬木靠墙扶手”项目的计量单位为“m”；“墙面一般抹灰”项目的计量单位为“m^2”；“墙面干挂石材钢骨架”项目的计量单位为“t”；“荧光灯安装”项目的计量单位为“套”；“车床安装”项目的计量单位为“台”；“接地装置”项目的单位为“项”；“电气配线”的计量单位为“m”；“拱顶罐制作、安装”的计量单位为“台”等等。

(5) 工程量

工程量即工程的实物数量。分部分项工程量清单项目的计算依据有：施工图纸；《建设工程工程量清单计价规范》等。

分部分项工程量清单中所列工程量应按附录中规定的工程量计算规则计算。

分部分项工程量清单项目的工程量是一个综合的数量。综合的意思是指一项清单项目中，相对消耗量定额综合了若干项工程内容，这些工程内容的工程量可能是相同的，也可能是不相同的。例如，“砖基础”这个项目中，综合了砌砖的工程量、铺设墙基防潮层的工程量。当这些不同工程内容的工程量不相同时，除了应该算出项目实体的（主项）工程量外，还要分别算出相关工程内容的（附项）工程量。例如，根据某拟建工程实际情况，算出的砖基础（主项）工程量为 $125.51m^3$，算出的基础防潮层（附项）工程量为 $8.25m^2$。这时，该项目的主项工程量可以确定为砖基础 $125.51m^3$，但分析综合单价计算材料、人工、机械台班消耗量时，应分别按各自的工程量计算。只有这样计算，才能为计算综合单价提供准确的依据。

还须指出，在分析工、料、机消耗量时套用的定额，必须与所采用的消耗量定额的工程量计算规则的规定相对应。这是因为工程量计算规则与编制定额确定消耗量有着内在的对应关系。

7.2.2 措施项目清单

措施项目清单的编制应考虑多种因素，除了工程本身的因素外，还要考虑水文、气象、环境、安全和施工企业的实际情况。为此，《建设工程工程量清单计价规范》提供了“通用措施项目一览表”（表7-1），表中通用项目所列内容是指各专业工程的“措施项目清单”中均可列的措施项目。同时在附录A、附录B、附录C、附录D、附录E、附录F的各专业中分别提供了措施项目，供列项时参考。

措施项目中可以计算工程量的项目清单宜采用分部分项工程量清单的方式编制，列出项目编码、项目名称、项目特征、计量单位和工程量计算规则；不能计算工程量的项目清单，以“项”为计量单位。

通用措施项目一览表　　表7-1

序　号	项　目　名　称
1	安全文明施工（含环境保护、文明施工、安全施工、临时设施）
2	夜间施工
3	二次搬运
4	冬雨期施工
5	大型机械设备进出场及安拆
6	施工排水
7	施工降水
8	地上、地下设施，建筑物的临时保护设施
9	已完工程及设备保护

7.2.3 其他项目清单

工程建设项目标准的高低、工程的复杂程度、工程的工期长短、工程的组成内容等直接影响其他项目清单中的具体内容。

其他项目清单应根据拟建工程的具体情况确定。一般包括暂列金额、暂估价、计日工、总承包服务费等。

暂列金额设置主要考虑可能发生的工程量变更而预留的资金。工程量变更主要指工程量清单漏项、有误所引起工程量的增加或施工中的设计变更引起标准提高或工程量的增加等。

总承包服务费包括配合协调招标人工程分包和材料采购所需的费用，此处提出的分包是指国家允许的分包工程。

计日工应根据拟建工程的具体情况，详细列出人工、材料、机械的名称、计量单位和相应数量。例如，某办公楼建筑工程，在设计图纸以外发生的零星工作项目，家具搬运用工30个工日。

7.2.4 规费项目清单

规费是政府和有关权力部门规定必须缴纳的费用，主要包括工程排污费、社会保障费、住房公积金、危险作业意外伤害保险等。

7.2.5 税金项目清单

税金项目清单是根据目前国家税法规定应计入建筑安装工程造价内的税种，包括营业税、城市建设维护税及教育费附加等。

7.3 工程量清单报价编制内容

工程量清单计价编制的主要内容包括：工料机消耗量的确定、分部分项工程量清单费的确定、措施项目清单费的确定、其他项目清单费的确定、规费项目清单费的确定、税金项目清单费的确定。

7.3.1 工料机消耗量的确定

工料机消耗量是根据分部分项工程量和有关消耗量定额计算出来的。

在套用定额分析计算工料机消耗量时，分两种情况：一是直接套用；二是分别套用。

(1) 直接套用定额，分析工料机用量

当分部分项工程量清单项目与定额项目的工程内容和项目特征完全一致时，就可以直接套用定额消耗量，计算出分部分项的工料机消耗量。例如，某工程250mm半圆球吸顶灯安装清单项目，可以直接套用工程内容相对应的消耗量定额时，就可以采用该定额分析工料机消耗量。

(2) 分别套用不同定额，分析工料机用量

当定额项目的工程内容与清单项目的工程内容不完全相同时，需要按清单项目的工程内容，分别套用不同的定额项目。例如，某工程M5水泥砂浆砌砖基础清单项目，还包含了1∶2水泥砂浆墙基防潮层附项工程量时，应分别套用1∶2水泥砂浆墙基防潮层消耗量定额和M5水泥砂浆砌砖基础消耗量定额和计算其工料机消耗量；又如，室内*DN*25焊接钢管螺纹连接清单项目包含主项——焊接钢管安装，还包括附项——薄钢板套管制作、安装，手工除锈，刷防锈漆项目时，就要分别套用对应的消耗量定额和计算其工料机消耗量。

7.3.2 分部分项工程量清单费的确定

分部分项工程量清单费是根据分部分项清单工程量分别乘以对应的综合单价计算出来的。

(1) 综合单价的确定

综合单价是有别于预算定额基价的另一种计价方式。

综合单价以分部分项工程项目为对象，从我国的实际情况出发，包含了人工费、材料费、机械费、管理费、利润、风险费等费用。

综合单价的计算公式表达为：

$$\text{分部分项工程量清单项目综合单价} = \text{人工费} + \text{材料费} + \text{机械费} + \text{管理费} + \text{利润} + \text{风险费} \tag{7-1}$$

其中：

$$\text{人工费} = \sum_{i=1}^{n}(\text{定额工日} \times \text{人工单价})_i \tag{7-2}$$

$$\text{材料费} = \sum_{i=1}^{n}(\text{某种材料定额消耗量} \times \text{材料单价})_i \tag{7-3}$$

$$\text{机械费} = \sum_{i=1}^{n}(\text{某种机械台班定额消耗量} \times \text{台班单价})_i \tag{7-4}$$

$$\text{管理费} = \text{人工费(或直接费)} \times \text{管理费费率} \tag{7-5}$$

$$\text{利润} = \text{人工费(或直接费)} \times \text{利润率} \tag{7-6}$$

(2) 分部分项工程量清单费计算

分部分项工程量清单费按照下列公式计算：

$$\text{分部分项工程量清单费} = \sum_{i=1}^{n}(\text{清单工程量} \times \text{综合单价})_i \tag{7-7}$$

7.3.3 措施项目费确定

措施项目费应该由投标人根据拟建工程的施工方案或施工组织设计计算确定。一般，可以采用以下几种方法确定。

(1) 依据消耗量定额计算

脚手架、大型机械设备进出场及安拆费、垂直运输机械费等可以根据已有的定额计算确定。

(2) 按系数计算

临时设施费、安全文明施工增加费、夜间施工增加费等，可以按直接费为基础乘以适当的系数确定。

(3) 按收费规定计算

室内空气污染测试费、环境保护费等可以按有关规定计取费用。

7.3.4 其他项目费的确定

招标人部分的其他项目费可按估算金额确定。投标人部分的总承包服务费应根据招标人提出要求按所发生的费用确定。计日工项目费应根据“计日工表”确定。

其他项目清单中的暂列金额为预测和估算数额，虽在投标时计入投标人的报价中，但不应视为投标人所有。竣工结算时，应按承包人实际完成的工作内容结算，剩余部分仍归招标人所有。

7.3.5 规费项目清单费的确定

规费应该根据国家、省级政府和有关权力部门规定的项目、计算方法、计算基数、费率进行计算。

7.3.6 税金项目清单费的确定

税金是按照国家税法或地方政府及税务部门依据职权对税种进行调整规定的项目、计算方法、计算基数、税率进行计算。

7.4 工程量清单计价与定额计价的区别

工程量清单计算与定额计价主要有以下几个方面的区别。

7.4.1 计价依据不同

(1) 依据不同定额

定额计价按照政府主管部门颁发的预算定额计算各项消耗量；工程量清单计价按照企业定额计算各项消耗量，也可以选择政府主管部门颁发的计价定额或消耗量定额计算工料机消耗量。选择何种定额，由投标人自主确定。

(2) 采用的单价不同

定额计价的人工单价、材料单价、机械台班单价采用预算定额基价中的单价或政府指导价；工程量清单计价的人工单价、材料单价、机械台班单价采用市场价或政府指导价，由投标人自主确定。

(3) 费用项目不同

定额计价的费用计算，根据政府主管部门颁发的费用计算程序所规定的项目和费率计算；工程量清单计价的费用除清单计价规范和文件规定强制性的项目外，可以按照工程量清单计价规范的规定和根据拟建工程和本企业的具体情况自主确定费用项目和费率。

7.4.2 费用构成不同

定额计价方式的工程造价费用构成一般由直接费（包括直接工程费和措施费）、间接费（包括规费和企业管理费）、利润和税金（包括营业税、城市维护建设税和教育费附加）构成；工程量清单计价的工程造价费用由分部分项工程项目费、措施项目费、其他项目费、规费和税金构成。

7.4.3 计价方法不同

定额计价方式常采用单位估价法和实物金额法计算直接费，然后再计算间接费、利润和税金。而工程量清单计价则采用综合单价的方法计算分部分项工程量清单项目费，然后再计算措施项目费、其他措施项目费、规费和税金。

7.4.4 本质特性不同

定额计价方式确定的工程造价，具有计划价格的特性；工程量清单计价方式确定的工程造价具有市场价格的特性。两者有着本质上的区别。

7.5 工程量清单计价与定额计价的关系

7.5.1 实施工程量清单计价后定额计价的地位

我们知道，工程量清单计价的本质特征是由市场竞争形成工程造价。随着我国社会主义市场经济体制的发展和不断完善，清单计价方式已逐渐成为招标投标中确定工程造价的主流定价方式。但是，我们还应看到，在工程造价控制的其他阶段，甚至是招投标阶段，定额计价方式还在发挥着重要作用。这些作用表明，定额计价方式还将在一定的时间内处于一个比较重要的地位。

（1）定额计价方式在工程造价管理各个阶段的作用

定额计价方式的主要特征是，由政府行政主管部门颁发反映社会平均水平的消耗量定额；由工程造价主管部门发布人工、材料等指导价格。当建设项目进入可行性研究阶段和设计阶段，就需要利用上述定额（或概算指标）和指导价格编制工程估价、设计概算、施工图预算。因此，实施工程量清单计价方式后在不同的工程造价控制和管理阶段还需要用定额计价方式来确定工程估算造价、概算造价、预算造价等，定额计价方式将在相当长的时间与清单计价方式共存。

（2）采用定额计价方式编制标底

不管采用工程量清单招投标还是采用定额计价方式招投标，一般情况下，都应编制标底。

由于标底是业主的期望工程造价，所以，不可能采用某个企业的定额来编制。只有采用反映社会平均水平的预算定额和主管部门颁发的指导价格和有关规定编制后，在此基础上进行调整，才能确定合理的标底价。因而，常采用定额计价方式来编制标底。

（3）定额计价方式在特殊工程招标中的应用

在推行工程量清单计价的同时，并没有禁止采用定额计价方式进行招投标。例如，非政府投资、非公有制企业投资的项目，业主可以自行选择清单计价方式，也可以选择定额计价方式。又如，当所建设的特殊工程没有可选择的企业定额，采用定额计价方式显得更为简单合理一些。再如，特种设备安装工程，只能由符合条件的某个专业公司来完成，采用定额计价方式也是较为合适的方法。因为只有这样，才能较好地控制住工程造价。

综上所述，工程量清单计价方式是在市场经济条件下，适合建设工程招标投标这个特定阶段确定工程造价的计价方式。在工程造价控制与管理的其他阶段甚至包括招投标阶段还会采用定额计价方式来计算工程造价。所以，定额计价方式将与清单计价方式长期共存下去。

7.5.2 清单计价与定额计价之间的联系

从发展过程来看，我们可以把清单计价方式看成是在定额计价方式的基础上发展而来，是在此基础上发展成适合市场经济条件的新的计价方式。从这个角度讲，在掌握了定额计价方法的基础上再来学习清单计价方法比直接学习清单计价方法显得较为容易和简单。因为这两种计价方式之间具有传承性。

（1）两种计价方式的编制程序主线条基本相同

清单计价方式和定额计价方式都要经过识图、计算工程量、套用定额、计算费用、汇总工程造价等主要程序来确定工程造价。

（2）两种计价方法的重点都是要准确计算工程量

工程量计算是两种计价方法的共同重点。因为该项工作涉及的知识面较宽，计算的依据较多，花的时间较长，技术含量较高。

两种计价方式计算工程量的不同点主要是，项目划分的内容不同、采用的工程量计算规则不同。清单工程量依据计价规范的附录进行列项和计算工程量；定额计价工程量依据预算定额来列项和计算工程量。应该指出，在清单计价方式下，也会产生上述两种不同的工程量计算，即清单工程量依据计价规范计算；计价工程量依据采用的定额计算。

（3）两种计价方法发生的费用基本相同

不管是清单计价或者是定额计价方式，都必然要计算直接费、间接费、利润和税金。其不同点是，两种计价方式划分费用的方法不一样，计算基数不一样，采用的费率不一样。

（4）两种计价方法的取费方法基本相同

通常，所谓取费方法就是指应该取哪些费、取费基数是什么、取费费率是多少等。在清单计价方式和定额计价方式中都有存在如何取费、取费基数的规定、取费费率的规定。不同的是各项费用的取费基数及费率有差别。

7.5.3 掌握清单计价的特点是掌握该方法的关键

近年来，我国一直采用定额计价方式来确定工程造价。已经有成千上万的人掌握了这一传统的计价方法。定额计价方法有良好的群众基础，已被人们广泛接受。人们也会长时间的使用该方法。为此，我们应该利用这一惯性特点来学习清单计价方法。只要我们在较成熟的定额计价方式的基础上认真学习清单计价方法，那么，我们就可以在较短的时间内掌握好清单计价方法。

（1）掌握本质特征是理解清单计价方法的钥匙

清单计价方法的本质特征是通过市场竞争形成建筑产品价格。这一本质特征决定了该方法必须符合市场经济规律，必须体现清单报价的竞争性。竞争性带来了自主报价。自主报价就决定了投标工程的人工、材料等价格由企业自主确定，决定了自主确定工程实物消耗量，决定了自主确定措施项目费、管理费、利润等费用。理解了这一本质特点是学好清单计价方法的基本前提。

（2）两种计价方式的目标相同

不管是何种计价方式，其目标都是正确确定建筑工程造价。不管造价的计价形式、方法有什么变化，从理论上来讲，工程造价均由直接费、间接费、利润和税金构成。如果不同，只不过具体的计价方式及费用的归类方法不同而已，其各项费用计算的先后顺序不同而已，其计算基础和费率的不同而已。因此，只要掌握了定额计价方式，就能在短期内较好地掌握清单计价方法。两种计价方式费用划分对照见表 7-2。

两种计价方式费用划分对照表 表 7-2

<table>
<tr><th colspan="2">清单计价方式</th><th>费用划分</th><th colspan="3">定额计价方式</th></tr>
<tr><td rowspan="8">分部分项工程量清单费</td><td rowspan="2">人工费</td><td rowspan="6">直接费</td><td>人工费</td><td rowspan="3">直接工程费</td><td rowspan="6">直接费</td></tr>
<tr><td>材料费</td></tr>
<tr><td rowspan="2">材料费</td><td>机械使用费</td></tr>
<tr><td>二次搬运</td><td rowspan="3">措施费</td></tr>
<tr><td rowspan="2">机械使用费</td><td>脚手架</td></tr>
<tr><td>……</td></tr>
<tr><td>管理费</td><td>间接费</td><td colspan="2">企业管理费</td><td>间接费</td></tr>
<tr><td>利 润</td><td>利 润</td><td colspan="2">利 润</td><td>利 润</td></tr>
<tr><td rowspan="5">措施项目清单费</td><td>临时设施</td><td rowspan="8">直接费</td><td colspan="3" rowspan="8"></td></tr>
<tr><td>夜间施工</td></tr>
<tr><td>二次搬运</td></tr>
<tr><td>脚手架</td></tr>
<tr><td>……</td></tr>
<tr><td rowspan="5">其他项目清单费</td><td>暂定金额</td></tr>
<tr><td>暂估价</td></tr>
<tr><td>计日工</td></tr>
<tr><td>总承包服务费</td><td rowspan="6">间接费</td><td>工程排污费</td><td rowspan="6">规 费</td><td rowspan="6">间接费</td></tr>
<tr><td>……</td><td>定额测定费</td></tr>
<tr><td rowspan="4">规 费</td><td>工程排污费</td><td>社会保障费</td></tr>
<tr><td>工程定额测定费</td><td rowspan="3">……</td></tr>
<tr><td>社会保障费</td></tr>
<tr><td>……</td></tr>
<tr><td rowspan="3">税 金</td><td>营业税</td><td rowspan="3">税 金</td><td colspan="2">营业税</td><td rowspan="3">税金</td></tr>
<tr><td>城市维护建设税</td><td colspan="2">城市维护建设税</td></tr>
<tr><td>教育费附加</td><td colspan="2">教育费附加</td></tr>
</table>

（3）熟悉工程内容和掌握工程量计算规则是关键

熟悉工程内容和掌握工程量计算规则是正确计算工程量的关键。我们知道，定额计价方式的工程量计算规则和工程内容的范围与清单计价方式的工程量计算规则和工程内容的范围是不相同的。从历史上看由于定额计价方式在先，清单计价方式在后，其工程量计算规则具有一定的传承性。了解了这一点，我们就可以在掌握定额计价方式的基础上分解清单计价方式的不同点后，较快地掌握清单计价方式下的计算规则和立项方法。

（4）综合单价编制是清单计价方式的关键技术

定额计价方式，一般是先计算分项工程直接费，汇总成单位工程直接费后再计算间接费和利润。而清单计价方式将管理费和利润分别综合在了每一个分部分项工程量清单项目中。这是清单计价方式的重要特点，也是清单报价的关键技术。所以我们必须在熟悉定额计价方式的基础上掌握综合单价的编制方法，这样就可以把握清单报价的关键技术。

综合单价编制成为关键技术的原因是它有两个难点：一是根据市场价和自身企业的特点确定人工、材料、机械台班单价及管理费费率和利润率；二是要根据清单工程量和所选定的定额计算计价工程量，以便准确报价。

（5）自主确定措施项目费

与施工有关和与工程有关的措施项目费是企业根据自己的施工生产水平和管理水平及工程具体情况自主确定的。因此清单计价方式在计算措施项目费上与定额计价方式相比，具有较大的灵活性，当然也有相当的难度。

7.6 工程量清单报价编制方法

7.6.1 工程量清单报价编制依据

（1）建设工程工程量清单计价规范

（2）招标文件及其补充通知、答疑纪要

（3）工程量清单

（4）施工图及相关资料

（5）施工现场情况、工程特点及拟定的投标施工组织设计或施工方案

（6）企业定额，国家或省级、行业建设主管部门颁发的计价定额等消耗量定额

（7）市场价格信息或工程造价管理机构发布的价格信息

7.6.2 工程量清单报价编制内容

按编制顺序排列，工程量清单报价编制的主要内容包括：

（1）计算清单项目的综合单价

（2）计算分部分项工程量清单计价表

（3）计算措施项目清单计价表（包括表一和表二）

（4）计算其他项目清单计价汇总表（包括暂列金额明细表、材料暂估单价表、专业工程暂估价表、计日工表、总承包服务费计价表）

（5）计算规费、税金项目清单计价表

（6）计算单位工程投标报价汇总表

(7) 计算单项工程投标报价汇总表

(8) 编写总说明

(9) 填写投标总价封面

7.6.3 工程量清单报价编制步骤

(1) 根据清单计价规范、招标文件、工程量清单、施工图、施工方案、消耗量定额计算计价工程量。

(2) 根据清单计价规范、工程量清单、消耗量定额（计价定额）、工料机市场价（指导价）、计价工程量等分析和计算综合单价。

(3) 根据工程量清单和综合单价计算分部分项工程量清单计价表。

(4) 根据措施项目清单和确定的计算基础及费率计算措施项目清单计价表。

(5) 根据其他项目清单和确定的计算基础及费率计算其他项目清单计价表。

(6) 根据规费和税金项目清单和确定的计算基础及费（税）率计算规费和税金项目清单计价表。

(7) 将上述分部分项工程量清单计价表、措施项目清单计价表、其他项目清单计价表、规费和税金项目清单计价表的合计金额填入单位工程投标报价汇总表，计算出单位工程投标报价。

(8) 将单位工程投标报价汇总表合计数汇总到单项工程投标报价汇总表。

(9) 编写总说明。

(10) 填写投标总价封面。

7.6.4 计价工程量计算方法

(1) 计价工程量的概念

计价工程量也称报价工程量，它是计算工程投标报价的重要数据。

计价工程量是投标人根据拟建工程施工图、施工方案、清单工程量和所采用定额及相对应的工程量计算规则计算出的，用以确定综合单价的重要数据。

清单工程量对于统一各投标人工程报价的口径是十分重要的，也是十分必要的。但是，投标人不能根据清单工程量直接进行报价。这是因为，施工方案不同，其实际发生的工程量是不同的，例如，基础挖方是否要留工作面，留多少，不同的施工方法其实际发生的工程量是不同的；采用的定额不同，其综合单价的综合结果也是不同的。所以在投标报价时，各投标人必须要计算计价工程量。我们就将用于报价的实际工程量称为计价工程量。

(2) 计价工程量计算方法

计价工程量是根据所采用的定额和相对应的工程量计算规则计算的，所以，承包商一旦确定采用何种定额时，就应完全按其定额所划分的项目内容和工程量计算规则计算工程量。

计价工程量的计算内容一般要多于清单工程量。因为，计价工程量不但要计算每个清单项目的主项工程量，而且还要计算所包含的附项工程量。这就要根据清单项目的工程内容和定额项目的划分内容具体确定。例如，M5 水泥砂浆砌砖基础项目，不但要计算主项的砖基础项目，还要计算水泥砂浆墙基防潮层的附项工程量。又如，低压 $\phi159\times5$ 不锈钢管安装项目，除了要计算管道安装主项工程量外，还要计算水压试验、管酸洗、管脱脂、管绝热、镀锌薄钢板保护层五个附项工程量。

计价工程量的具体计算方法，同建筑安装工程预算中所介绍的工程量计算方法基本相同。

7.6.5 综合单价编制

(1) 综合单价的概念

综合单价是相对各分项单价而言，是在分部分项清单工程量以及相对应的计价工程量项目乘以人工单价、材料单价、机械台班单价、管理费费率、利润率的基础上综合而成的。形成综合单价的过程不是简单地将其汇总的过程，而是根据具体分部分项清单工程量和计价工程量以及工料机单价等要素的结合，通过具体计算后综合而成的。

(2) 综合单价的编制方法

本教材介绍两种综合单价的编制方法。

1) 计价定额法

是以计价定额为主要依据计算综合单价的方法。

该方法是根据计价定额分部分项的人工费、机械费、管理费和利润来计算综合费。其特点是能方便地利用计价定额的各项数据。

该方法采用"08 清单计价规范"推荐的"工程量清单综合单价分析表"（称为用"表式一"计算）的方法计算综合单价。

2) 消耗量定额法

是以企业定额、预算定额等消耗量定额为主要依据计算的方法。

该方法只采用定额的工料机消耗量，不用任何货币量。其特点是较适合于由施工企业自主确定工料机单价，自主确定管理费、利润的综合单价确定。该方法采用"表式二"计算综合单价。

(3) 采用计价定额法（"表式一"）的综合单价编制方法

编制步骤与方法如下：

①根据分部分项工程量清单将清单编码、项目名称、计量单位填入"表式一"的第一行。

②将清单项目（计价工程量的主项项目）名称填入"清单综合单价组成明细"的定额名称栏目第一行。

③将主项项目选定的定额编号、定额单位、工料机单价、管理费和利润填入对应栏目，将一个单位的工程数量填入"数量"栏目内。

④将计价工程量附项项目选定的定额编号、定额单位、工料机单价、管理费和利润填入第二行的对应栏目，将附项工程量除以主项工程量的系数填入本行的"数量"栏目内，如果还有计价工程量附项项目就按上述方法接着填完。

⑤根据主项项目、附项项目所套用定额的材料名称、规格、型号、单位、单价等填入"工程量清单综合单价分析表"下部分的"材料费明细"中对应的栏目内。将材料消耗量以主项工程量为计算基数，经计算和汇总后分别填入"数量"栏目内。数量乘以单价计算出合价，再汇总成材料费。

⑥计算主项项目和全部附项项目人工费、材料费、机械费、管理费和利润的合价并汇总成小计，再加总未计价材料费后成为该项目的综合单价。

说明：如果人工单价、材料单价、管理费、利润发生了变化，那么就要调整后再计算各项费用。

(4) 采用"表式一"的综合单价编制实例

1) 综合单价编制条件

①清单计价定额：某地区清单计价定额见表 7-3。

②清单工程量项目编码：010301001001

③清单工程量项目及工程量：砖基础 86.25m³。

④计价工程量项目及工程量：主项 M7.5 水泥砂浆砌砖基础 86.25m³；

附项 1∶2 水泥砂浆墙基防潮层 38.50m²。

工程量清单计价定额（摘录）　　**表 7-3**

工程内容：略

定额编号				AC0004	AG0523
项目		单位	单价	M7.5 水泥砂浆砌砖基础	1∶2 水泥砂浆墙基防潮层
				10m³	100m²
综合单（基）价		元		1843.41	1129.61
其中	人工费	元		605.80	455.68
	材料费	元		1092.46	565.65
	机械费	元		6.10	3.97
	综合费	元		139.05	104.31
材料	M7.5 水泥砂浆	m³	127.80	2.38	
	红（青）砖	块	0.15	5240	
	水泥 32.5	kg	0.30	(599.76)	(1242.00)
	细砂	m³	45.00	(2.761)	
	水	m³	1.30	1.76	4.42
	防水粉	kg	1.20		66.38
	1∶2 水泥砂浆	m³	232.00		2.07
	中砂	m³	50.00		(2.153)

注：人工单价 50 元/工日。

2) 综合单价编制过程

根据上述条件，采用"表式一"计算综合单价。

“表式一”详细的计算步骤如下（表 7-4）：

工程量清单综合单价分析表（表式一） **表 7-4**

工程名称：××工程　　　　标段：　　　　第 1 页　共 1 页

项目编码	010301001001			项目名称		砖基础		计量单位		m³	
清单综合单价组成明细											
定额编号	定额名称	定额单位	数量	单价				合价			
				人工费	材料费	机械费	管理费和利润	人工费	材料费	机械费	管理费和利润
AC0004	M7.5 水泥砂浆砌砖基础	10m³	0.100	605.80	1092.46	6.10	139.05	60.58	109.25	0.61	13.91
AG0523	1∶2 水泥砂浆墙基防潮层	100m²	0.00464	455.68	565.65	3.97	104.31	2.11	2.62	0.02	0.48
人工单价		小 计						62.69	111.87	0.63	14.39
元/（工日）		未计价材料费									
清单项目综合单价								189.58			
材料费明细	主要材料名称、规格、型号					单位	数量	单价（元）	合价（元）	暂估单价（元）	暂估合价（元）
	M7.5 水泥砂浆					m³	0.238	127.80	30.41		
	红（青）砖					块	524	0.15	78.60		
	水泥 32.5					kg	(65.74)	0.30	(19.72)		
	细砂					m³	(0.2761)	45.00	(12.42)		
	水					m³	0.1965	1.30	0.26		
	防水粉					kg	0.308	1.20	0.37		
	1∶2 水泥砂浆					m³	0.0096	232.00	2.23		
	中砂					m³	(0.010)	50.00	(0.50)		
	其他材料费							—		—	
	材料费小计							—	111.87	—	

注：1. 如不使用省级或行业建设主管部门发布的计价依据，可不填定额项目、编号等；
2. 招标文件提供了暂估单价的材料，按暂估的单价填入表内“暂估单价”栏及“暂估合价”栏。

①在“表式一”中填入清单工程量项目的项目编码、项目名称、计量单位。

②在“表式一”“清单综合单价组成明细”部分的定额编号栏、定额名称栏、定额单位栏中对应填入计价工程量主项选定的定额（表 7-3）编号“AC0004、M7.5 ”、“水泥砂浆砌砖基础”、“10m³”。

③在单价大栏的人工费、材料费、机械费、管理费和利润栏目内填入“AC0004”定额号（表 7-3）、人工费单价“605.80”、材料费单价“1092.46”、机械费单价“6.10”、管理费和利润单价“139.05”。

④将主项工程量“1m³”填入对应的数量栏目内。注意，由于定额单位是 10m³，所以实际对立的数据是“0.100”。

⑤根据数量和各单价计算合价。0.100×605.80＝60.58 的计算结果“60.58”填入人工费合价栏目；0.100×1092.46＝109.25 的计算结果“109.25”填入材料费合价栏目；0.100×6.10＝0.61 的计算结果“0.61”填入机械费合价栏目；0.100×139.05＝13.91 的计算结果“13.91”填入管理费和利润合价栏目。

⑥计价工程量的附项各项费用的计算方法同第②步到第⑤步的方法。应该指出附项最重要的不同点是附项的工程量要通过公式换算后才能填入对应的“数量”栏目内。即：

$$\text{附项数量} = \text{附项工程量} \div \text{主项工程量} \tag{7-8}$$

例如，1∶2 水泥砂浆墙基防潮层数量＝38.50÷86.25＝0.464m^2

由于 AG0523 定额单位是 100m^2，所以填入该项的数量栏目的数据是：0.464÷100＝0.00464，该数据也可以看成是附项材料用量与主项材料用量相加的换算系数。

⑦根据定额编号“AC0004、AG0523”中“材料”栏内的各项数据对应填入“表式一”的“材料费明细”各栏目。例如，将“M7.5 水泥砂浆”填入“主要材料名称、规格、型号”栏目；将“m^3”填入“单位”栏目；将“0.238”填入“数量”栏目；将单价“127.80”填入“单价”栏目。然后在本行中用“0.238×127.80＝30.41”的计算结果“30.41”填入“合价”栏目。

⑧当遇到某种材料是主项和附项都发生时，就要进行换算才能计算出材料数量。例如，32.5 水泥用量＝1242.00×0.00464（系数）＋599.76÷10m^3＝65.74kg

⑨各种材料的合价计算完成后，就加总没有括号的材料合价，将“111.87”填入材料费小计栏目。该数据应该与“清单综合单价组成明细”部分的材料费合价小计“111.87”是一致的。

⑩最后，将“清单综合单价组成明细”、“小计”那行中的人工费、材料费、机械费、管理费和利润合价加总，得出该清单项目的综合单价“189.58”，将该数据填入“清单项目综合单价”栏目内。

（5）采用消耗量定额法（表式二）确定综合单价的数学模型

我们知道，清单工程量乘以综合单价等于该清单工程量对应各计价工程量发生的全部人工费、材料费、机械费、管理费、利润、风险费之和。其数学模型如下：

$$\begin{aligned}\text{清单工程量} \times \text{综合单价} = \Big[& \sum_{i=1}^{n}(\text{计价工程量} \times \text{定额用工量} \times \text{人工单价})_i + \\ & \sum_{j=1}^{n}(\text{计价工程量} \times \text{定额材料量} \times \text{材料单价})_j + \\ & \sum_{i=1}^{n}(\text{计价工程量} \times \text{定额台班量} \times \text{台班单价})_k \Big] \\ & \times (1 + \text{管理费率} + \text{利润率}) \times (1 + \text{风险率})\end{aligned} \tag{7-9}$$

上述公式整理后，变为综合单价的数学模型：

$$\text{综合单价} = \Big\{ \Big[\sum_{i=1}^{n}(\text{计价工程量} \times \text{定额用工量} \times \text{人工单价})_i +$$

$$\sum_{j=1}^{n}(\text{计价工程量} \times \text{定额材料量} \times \text{材料单价})_j +$$

$$\sum_{i=1}^{n}(\text{计价工程量}\times\text{定额台班量}\times\text{台班单价})_k\Big]$$

$$\times(1+\text{管理费率}+\text{利润率})\times(1+\text{风险率})\Big\}\div\text{清单工程量} \qquad (7\text{-}10)$$

（6）采用消耗量定额法（表式二）编制综合单价的方法

编制步骤和方法如下：

①根据分部分项工程量清单将清单编码、项目名称、计量单位、清单工程量填入“表式二”表的上部各对应栏目内。

②根据计价工程量的主项及选定的消耗量定额，将定额编号、定额名称、定额单位、计价工程量填入“表式二”、“综合单价分析”部分的第一列对应位置。

③根据主项选定的消耗量定额，将人工工日、单位填入“人工”栏目对应的位置，将一个定额单位的人工消费量填入“耗量”对应的栏目，将确定的人工单价填入“单价”对应的栏目，然后再计算人工耗量小计和人工合价，该部分的计算方法为：

$$\text{人工耗量小计}=\text{计价工程量}\times\text{人工定额消费量} \qquad (7\text{-}11)$$

$$\text{人工合价}=\text{人工耗量小计}\times\text{人工单价} \qquad (7\text{-}12)$$

④根据主项选定的消耗量定额，将各材料名称、单位、一个定额单位的材料消费量填入“材料”栏目对应的位置内，将确定的各材料单价填入各材料对应的“单价”栏目内，然后再计算各材料耗量小计和各材料合价，该部分费用的计算方法为：

$$\text{材料耗量小计}=\text{计价工程量}\times\text{材料定额消费量} \qquad (7\text{-}13)$$

$$\text{材料合价}=\text{材料耗量小计}\times\text{材料单价} \qquad (7\text{-}14)$$

⑤机械费计算分两种情况。第一种情况是定额列出了机械台班消费量；第二种情况是定额只列出了机械使用费。

当第一种情况时：

根据主项选定的消耗量定额，将各机械名称、单位、一个定额单位的机械台班消费量填入“机械”栏目对应的位置内，将确定的各机械台班单价填入各机械对应的“单价”栏目内，然后再计算各机械台班耗量小计和各机械费合价，该部分费用的计算方法为：

$$\text{机械台班耗量小计}=\text{计价工程量}\times\text{机械台班定额消费量} \qquad (7\text{-}15)$$

$$\text{机械费合价}=\text{机械台班耗量小计}\times\text{机械台班单价} \qquad (7\text{-}16)$$

当第二种情况时：

根据主项选定的消耗量定额，将各机械名称、单位、一个定额单位的机械费耗用量填入“机械”栏目的“单价”栏位置内，然后再乘以计价工程量得出机械费合价，该部分费用的计算方法为：

$$\text{机械费合价}=\text{计价工程量}\times\text{机械费单价} \qquad (7\text{-}17)$$

⑥将主项大栏内的人工、材料、机械各合价位置上的汇总后，填入工料机小计栏目内。

⑦各计价工程量的附项工料机小计计算方法同第②步到第⑥步。

⑧计价工程量的主项和各附项工料机小计计算出来后汇总填入工料机合价栏目内。

⑨根据工料机合计和确定的管理费率、利润率计算管理费和利润填入对应的栏目内，将工料机合计、管理费、利润汇总后填入清单合价栏目内。

⑩清单合价除以清单工程量就得到了该清单项目的综合单价。

综合单价计算方法示意如图 7-1 所示。

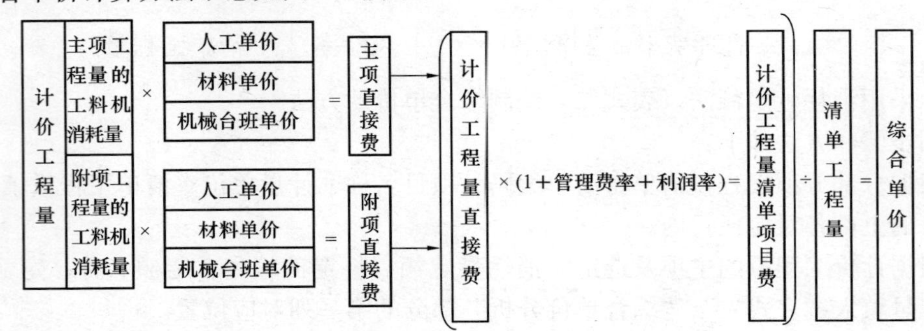

图 7-1　综合单价计算方法示意图

（7）采用“表式二”的综合单价编制实例

1）综合单价编制条件

预算定额摘录　　**表 7-5**

工程内容：略

定额编号				1C0004	1H0058
项　目		单位	单价	M7.5 水泥砂浆砌砖基础	1∶2 水泥砂浆墙基防潮层
				$10m^3$	$100m^2$
综合单（基）价		元		1311.56	740.41
其中	人工费	元		273.92	207.34
	材料费	元		1031.49	529.07
	机械费	元		6.15	4.00
材料	M7.5 水泥砂浆	m^3	124.50	2.38	
	红（青）砖	块	0.14	5240	
	水泥 42.5	kg	0.30	(711.62)	(1242.00)
	细砂	m^3	30.00	(2.761)	
	水	m^3	0.90	1.76	4.42
	防水粉	kg	1.00		66.38
	1∶2 水泥砂浆	m^3	221.60		2.07
	中砂	m^3	40.00		(2.153)

注：人工单价 20 元/工日。

①预算定额：某地区预算定额见表 7-5。

②清单工程量项目编码：010301001001

③清单工程量项目及工程量：砖基础 86.25m^3。

④计价工程量项目及工程量：主项 M7.5 水泥砂浆砌砖基础 86.25m^3；

附项 1∶2 水泥砂浆墙基防潮层 38.50m^2。

⑤人工单价：50 元/工日

⑥材料单价。

红（青）砖：0.40元/块

水泥42.5：0.45元/kg

细砂：60.00元/m^3

水：2.00元/m^3

防水粉：2.10元/kg

中砂：65.00元/m^3

⑦机械费按预算定额数据。

⑧管理费率：5%

⑨利润率：3%

2）综合单价编制过程

根据上述条件，采用“表式二”计算综合单价。

“表式二”详细的计算步骤如下（表7-6）：

①在“表式二”、“清单编码、清单项目名称、计量单位、清单工程量”栏目内分别填入“010301001001”、“砖基础”、“m^3”、“86.25”等内容和数据。

②根据预算定额在综合单价分析大栏的第一列“定额编号、定额名称、定额单位、计价工程量”栏目内分别填入“1C0004”、“M7.5水泥砂浆砌砖基础”、“m^3”、“86.25”等内容和数据，在“工料机名称”内的“人工”栏内填入“人工”、“单位”栏填入“工日”、人工“耗量”（在分子位置）栏填入定额用工“1.37”（1.37=273.92÷20元/工日÷10 m^3），将人工单价50元填入对应的单价栏（在分子位置），将“耗量小计=计价工程量×耗量=86.25×1.37=118.16”的结果“118.16”填入对应的“小计”内（在分母位置），将“合价=耗量小计×人工单价=118.16×50=5908.00”的计算结果“5908.00”填入对应的“合价”内（在分母位置）。

③根据预算定额在综合单价分析大栏的第一列的材料栏目的“材料名称、单位、定额耗量（在分子位置）”内按材料品种分别填入“红砖、块、524”，“水泥42.5、kg、71.16”，“细砂、m^3、0.276”，“水、m^3、0.176”，将上述材料的单价“0.40、0.45、60.00、2.00”分别填入对应的单价栏内（在分子位置），将“耗量小计=计价工程量×耗量”的结果分别填入对应的“小计”内（在分母位置），将“合价=耗量小计×材料单价”的计算结果分别填入对应的“合价”内（在分母位置）。

④根据预算定额在综合单价分析大栏的第一列的机械栏目的“机械名称、单位、单价（在分子位置）”内填入“机械费、元、0.62”。将“合价=计价工程量×机械费单价=86.25×0.62=53.48”的计算结果“53.08”填入对应的“合价”内（在分母位置）。

⑤将主项工程量计算出来的合价汇总后填入该列的“工料机小计”栏目内。

⑥附项工程量工料机费用计算方法同第②步到第⑤步的方法。

⑦在一个清单项目范围内的计价工程量的主项和各附项工料机小计计算出来后汇总填入工料机合价栏目内。

⑧根据工料机合计和确定的管理费率、利润率计算管理费和利润填入对应的栏目内，将工料机合计、管理费、利润汇总后填入清单合价栏目内。

⑨清单合价除以清单工程量就得到了该清单项目的综合单价。

分部分项工程量清单综合单价计算表（表式二） 表 7-6

工程名称：某工程 第 1 页共 1 页

序号			1					
清单编码			010301001001					
清单项目名称			砖基础					
计量单位			m^3					
清单工程量			86.25					
综合单价分析								
定额编号			1C0004		1H0058			
定额名称			M7.5 水泥砂浆砌砖基础		1∶2 水泥砂浆墙基防潮层			
定额单位			m^3		m^2			
计价工程量			86.25		38.50			
工料机名称		单位	耗量 小计	单价 合价	耗量 小计	单价 合价	耗量 小计	单价 合价
人工	人工	工日	1.37 118.16	50.00 5908.00	0.104 4.004	50.00 200.20		
材料	红砖	块	524 45195	0.40 18078.00				
	水泥 42.5	kg	71.16 6137.55	0.45 2761.9	12.42 478.17	0.45 215.18		
	细砂	m^3	0.276 23.81	60.00 1428.60				
	水	m^3	0.176 15.18	2.00 30.36	0.044 1.694	2.00 3.39		
	防水粉	kg			0.664 25.56	2.10 53.68		
	中砂	m^3			0.02153 0.829	65.00 53.89		
机械	机械费	元		0.62 53.48		0.04 1.54		
工料机小计			28260.34		526.14			
工料机合计			28786.48					
管理费			1439.32					
利润			863.59					
清单合价			31089.39					
综合单价			360.46					
			其中	人工费	材料费	机械费	管理费和利润	
				70.82	262.32	0.64	26.70	

注：管理费＝工料机合计×5%；利润＝工料机合计×3%。

7.6.6 措施项目费计算方法

措施项目费的计算方法一般有以下几种：

（1）定额分析法

定额分析法是指，凡是可以套用定额的项目，通过先计算工程量，然后再套用定额分析出工料机消耗量，最后根据各项单价和费率计算出措施项目费的方法。例如，脚手架搭拆费可以根据施工图算出的搭设的工程量，然后套用定额、选定单价和费率，计算出除规费和税金之外的全部费用。

（2）系数计算法

系数计算法是采用与措施项目有直接关系的分部分项清单项目费为计算基础，乘以措施项目费系数，求得措施项目费。例如，临时设施费可以按分部分项清单项目费乘以选定的系数（或百分率）计算出该项费用。计算措施项目费的各项系数是根据已完工程的统计资料，通过分析计算得到的。

（3）方案分析法

方案分析法是通过编制具体的措施实施方案，对方案所涉及的各项费用进行分析计算后，汇总成某个措施项目费。

7.6.7 其他项目费

（1）其他项目费的概念

其他项目费是指暂列金额、材料暂估价、总承包服务费、计日工项目费、总承包服务费等估算金额的总和。包括：人工费、材料费、机械台班费、管理费、利润和风险费。

（2）其他项目费的确定

1）暂列金额

暂列金额主要指考虑可能发生的工程量变化和费用增加而预留的金额。引起工程量变化和费用增加的原因很多，一般主要有以下几个方面：

①清单编制人员错算、漏算引起的工程量增加；

②设计深度不够、设计质量较低造成的设计变更引起的工程量增加；

③在施工过程中应业主要求，经设计或监理工程师同意的工程变更增加的工程量；

④其他原因引起应由业主承担的增加费用，如风险费用和索赔费用。

暂列金额由招标人根据工程特点，按有关计价规定进行估算确定，一般可以按分部分项工程量清单费的10％～15％作为参考。

暂列金额作为工程造价的组成部分计入工程造价。但暂列金额应根据发生的情况和必须通过监理工程师批准方能使用。未使用部分归业主所有。

2）暂估价

暂估价根据发布的清单计算，不得更改。暂估价中的材料必须按照暂估单价计入综合单价；专业工程暂估价必须按照其他项目清单中列出的金额填写。

3）计日工

计日工应按照其他项目清单列出的项目和估算的数量，自主确定各项综合单价并计算费用。

4）总承包服务费

总包服务费应该依据招标人在招标文件列出的分包专业工程内容和供应材料、设备情况，按照招标人提出协调、配合与服务要求和施工现场管理需要自主确定。

7.6.8 规费

(1) 规费的概念

规费是指根据省级政府或省级有关权力部门规定必须缴纳的，应计入建筑安装工程造价的费用。

(2) 规费的内容

规费一般包括下列内容：

1) 工程排污费

工程排污费是指按规定缴纳的施工现场的排污费。

2) 养老保险费

养老保险费是指企业按规定标准为职工缴纳的养老保险费（指社会统筹部分)。

3) 失业保险费

失业保险费是指企业按照国家规定标准为职工缴纳的失业保险金。

4) 医疗保险费

医疗保险费是指企业按规定标准为职工缴纳的基本医疗保险费。

5) 住房公积金

住房公积金是指企业按规定标准为职工缴纳的住房公积金。

6) 危险作业意外伤害保险

是指按照《中华人民共和国建筑法》规定，企业为从事危险作业的建筑安装施工人员支付的意外伤害保险费。

(3) 规费的计算

规费可以按“人工费”或“人工费＋机械费”作为基数计算。投标人在投标报价时必须按照国家或省级、行业建设主管部门的规定计算规费。

规费的计算公式为：

$$\text{规费}=\text{计算基数}\times\text{对应的费率} \tag{7-18}$$

7.6.9 税金

税金是指国家税法规定的应计入建筑安装工程造价内的营业税、城市维护建设税以及教育费附加等。投标人在投标报价时必须按照国家或省级、行业建设主管部门的规定计算税金。

其计算公式为：

$$\text{税金}=(\text{分部分项清单项目费}+\text{措施项目费}+\text{其他项目费}+\text{规费项目费}+\text{税金项目费})\times\text{税率} \tag{7-19}$$

上述公式变换后成为：

$$\text{税金}=(\text{分部分项清单项目费}+\text{措施项目费}+\text{其他项目费}+\text{规费})\times\frac{\text{税率}}{1-\text{税率}} \tag{7-20}$$

例如，营业税税金计算公式为：

$$\text{营业税金}=\left(\begin{matrix}\text{分部分项}\\\text{清单项目费}\end{matrix}+\begin{matrix}\text{措施}\\\text{项目费}\end{matrix}+\begin{matrix}\text{其他}\\\text{项目费}\end{matrix}+\text{规费}\right)\times\frac{3\%}{1-3\%}$$

7.7 工程量清单简例

7.7.1 编制工程量清单的步骤

第一步：根据施工图、招标文件和《建设工程工程量清单计价规范》，列出分部分项工程项目名称并计算分部分项清单工程量。

第二步：将计算出的分部分项清单工程量汇总到分部分项工程量清单表中。

第三步：根据招标文件、国家行政主管部门的文件和《建设工程工程量清单计价规范》列出措施项目清单。

第四步：根据招标文件、国家行政主管部门的文件和《建设工程工程量清单计价规范》及拟建工程实际情况，列出其他项目清单、规费项目清单、税金项目清单。

第五步：将上述五种清单内容汇总成单位工程工程量清单。

7.7.2 工程量清单编制示例

【例 7-1】 根据给出的某工程基础平面图（图 7-2）、地区工程量清单计价定额（表 7-7）和 GB 50500—2008《建设工程工程量清单计价规范》中的相应项目（表 7-8），计算砖基础清单工程量，列出分部分项工程量清单、措施项目清单、其他项目清单、规费和税金项目清单。

工程量清单计价定额摘录 **表 7-7**

工程内容：略

定额编号				AC0003	AG0523
项目		单位	单价（元）	M5 水泥砂浆砌砖基础	1∶2 水泥砂浆墙基防潮层
				$10m^3$	$100m^2$
综合单（基）价		元		1521.94	901.77
其中	人工费	元		302.90	227.84
	材料费	元		1073.89	565.65
	机械费	元		6.10	3.97
	综合费	元		139.05	104.31
材料	M5 水泥砂浆	m^3	120.00	2.38	
	红（青）砖	块	0.15	5240	
	水泥 32.5	kg	0.30	(537.88)	(1242.00)
	细砂	m^3	45.00	(2.761)	
	水	m^3	1.30		4.42
	防水粉	kg	1.20	1.76	66.38
	1∶2 水泥砂浆	m^3	232.00		2.07
	中砂	m^3	50.00		(2.153)

注：人工单价 25 元/工日。

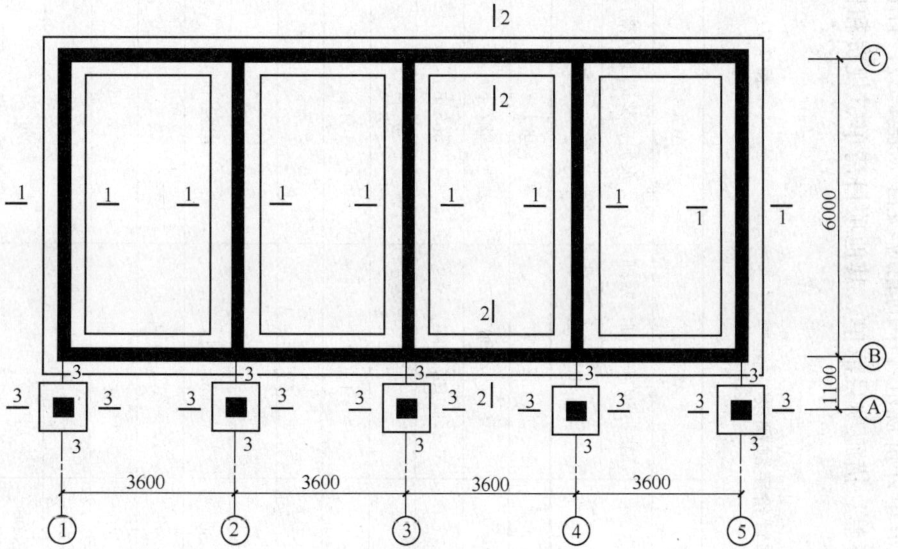

基础平面布置图

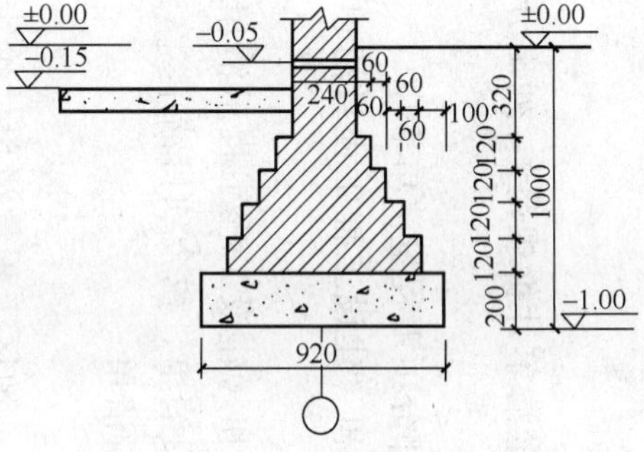

1—1剖面图

结构设计说明

1.基础、垫层为C10素混凝土，厚200mm;MU7.5页岩标准砖、M5水泥砂浆砖砌大放脚。

2.砖墙为MU7.5页岩标准砖，M2.5混合砂浆砌筑。

3.所有预制构件，混凝土为C20，现浇钢筋混凝土楼梯的混凝土为C20。柱垫的混凝土为C15。钢材Φ为Ⅰ级钢材，Φ为Ⅱ级钢材。

4.防潮层的标高，墙体为−0.05m，砖柱为−0.20m，1:2水泥砂浆厚20mm。

5.图中未尽事宜，按钢筋混凝土设计规范和施工验收规范执行。

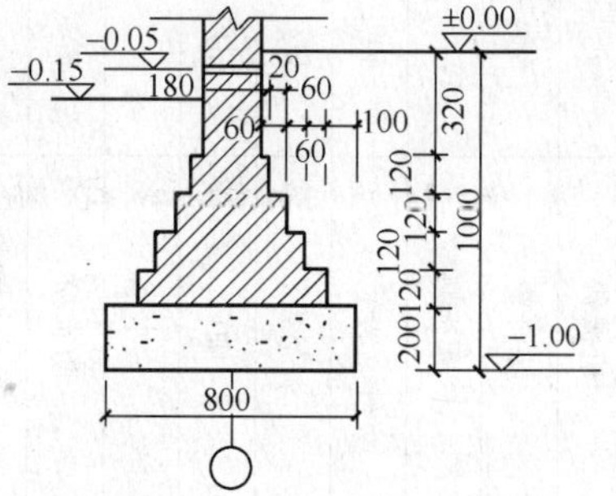

2—2剖面图

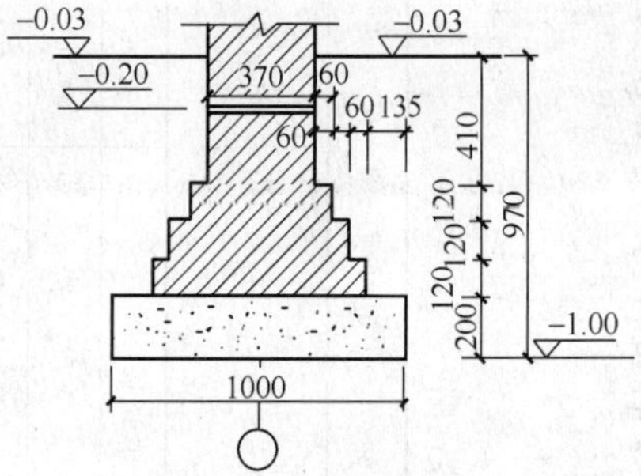

3—3剖面图

图 7-2　基础平面图

砖基础工程量清单计价规范（摘录） **表 7-8**

项目编号	项目名称	项目特征	计量单位	工程量计算规则	工程内容
010301001	砖基础	1. 砖品种、规格、强度等级； 2. 基础类型； 3. 基础深度； 4. 砂浆强度等级	m^3	按设计图示尺寸以体积计算。包括附墙垛基础宽出部分体积，扣除地梁（圈梁）、构造柱所占体积，不扣除基础大放脚 T 形接头处的重叠部分及嵌入基础内的钢筋、铁件、管道、基础砂浆防潮层和单个面积 $0.3m^2$ 以内的孔洞所占体积，靠墙暖气沟的挑檐不增加 基础长度：外墙按中心线、内墙按净长线计算	1. 砂浆制作、运输 2. 砌砖 3. 防潮层铺设 4. 材料运输

【解】 该工程编制工程量清单的步骤如下：

（1）计算清单工程量

砖基础清单工程量计算如下（不计算柱基）：

2—2 剖面砖基础长 $=3.60\text{m}\times4\times2$ 道

$=28.80\text{m}$

1—1 剖面砖基础长 $=6.0\text{m}\times2\text{m}+(6.0-0.18)\text{m}\times3$ 道

$=12.0\text{m}+17.46\text{m}=29.46\text{m}$

砖基础工程量 = 砖基础长 × 砖基础断面积

$=28.80\text{m}\times(0.18\times0.80+0.007875\times20)\text{m}^2$

$+29.46\text{m}\times(0.24\times0.80+0.007875\times20)\text{m}^2$

$=28.80\text{m}\times0.3015\text{m}^2+29.46\text{m}\times0.3495\text{m}^2$

$=8.68\text{m}^3+10.30\text{m}^3$

$=18.98\text{m}^3$

根据表 7-8 的要求和上述计算结果，将内容填表 7-9“分部分项工程量清单与计价表”。

分部分项工程量清单与计价表 **表 7-9**

工程名称：某工程　　　　标段　　　　第 1 页共 1 页

序号	项目编码	项目名称	项目特征描述	计量单位	工程量	金额（元）		
						综合	合价	其中暂估价
1	010301001001	砖基础	M5 水泥砂浆砌条形基础，深 0.85m，MU7.5 页岩砖 240mm × 115mm ×53mm	m^3	18.98			
本页小计								
合　计								

注：根据原建设部、财政部发布的《建筑安装工程费用组成》（建标［2003］206 号）的规定，为计取规费等的使用，可在表中增设：“直接费”或“人工费＋机械费”。

（2）根据《建设工程工程量清单计价规范》、招标文件、行政主管部门的有关规定，列出措施项目清单（表 7-10），其他项目清单（表 7-11），规费、税金项目清单（表 7-12）。

措施项目清单与计价表（一） **表 7-10**

工程名称：某工程　　　　标段：　　　　第 1 页共 1 页

序　号	项目名称	计算基础	费率（%）	金额（元）
1	安全文明施工			
2	夜间施工费			
3	二次搬运费			
4				
5				
6				
7				
合　计				

注：1. 本表适用于以“项”计价的措施项目。

2. 根据原建设部、财政部发布的《建筑安装工程费用组成》（建标［2003］2C6 号）的规定，“计算基础”可为“直接费”、“人工费”或“人工费＋机械费”。

其他项目清单与计价汇总表 **表 7-11**

工程名称：某工程　　　　标段：　　　　第 1 页共 1 页

序　号	项目名称	计算单位	金额（元）	备　注
1	暂列金额	项	500	
2	暂估价			
2.1	材料暂估价			
2.2	专业工程暂估价			
3	计日工			
4	总承包服务费			
5				
合　计				—

注：材料暂估单价进入清单项目综合单价，此处不汇总。

规费、税金项目清单与计价表 **表 7-12**

工程名称：某工程　　　　标段：　　　　第 1 页共 1 页

序　号	项目名称	计算基础	费率（%）	金额（元）
1	规费			
1.1	工程排污费			
1.2	社会保障费			
(1)	养老保险费			
(2)	失业保险费			
(3)	医疗保险费			
1.3	住房公积金			
1.4	危险作业意外伤害保险			
1.5	工程定额测定费			
2	税金	分部分项工程费＋措施项目费＋其他项目费＋规费		
合　计				

注：根据原建设部、财政部发布的《建筑安装工程费用组成》（建标［2003］206 号）的规定，“计算基础”可为“直接费”、“人工费”或“人工费＋机械费”。

7.8　工程量清单报价

7.8.1　编制工程量清单报价的主要步骤

第一步：根据分部分项工程量清单、《建设工程工程量清单计价规范》、施工图、消耗量定额等计算计价工程量。

第二步：根据计价工程量、消耗量定额、工料机市场价、管理费率、利润率和分部分项工程量清单计算综合单价。

第三步：根据综合单价及分部分项工程量清单计算分部分项工程量清单费。

第四步：根据措施项目清单、施工图等确定措施项目清单费。

第五步：根据其他项目清单，确定其他项目清单费。

第六步：根据规费项目清单和有关费率计算规费项目清单费。

第七步：根据分部分项工程清单费、措施项目清单费、其他项目清单费、规费项目清单费和税率计算税金。

第八步：将上述五项费用汇总，即为拟建工程工程量清单报价。

7.8.2　工程量清单报价编制示例

【例 7-2】　请根据【例 7-1】的工程量清单进行报价。

【解】　对该工程工程量清单进行报价计算的步骤如下：

（1）计价工程量计算

根据图 7-2 中工程内容的分析，砖基础清单项目按预算定额项目划分，应该划分为砖基础和防潮层两个项目。所以，要根据预算定额的工程量计算规则分别计算上述两项计价工程量。

1）计算砖基础计价工程量

由于砖基础计价工程量计算规则与清单工程量计算规则相同，故其工程量也相同，为 18.98m^3。

2）计算基础防潮层计价工程量

1：2 水泥砂浆基础防潮层 工程量

$$=\underbrace{(3.60\times4\times2)\text{m}\times0.18\text{m}}_{\text{2-2 剖面}}+\underbrace{[6.0\text{m}\times2+(6.0-0.18)\text{m}\times3]\times0.24\text{m}}_{\text{1-1 剖面}}$$

$$=28.80\text{m}\times0.18\text{m}+29.46\text{m}\times0.24\text{m}$$

$$=5.18\text{m}^2+7.07\text{m}^2$$

$$=12.25\text{m}^2$$

（2）确定综合单价

根据上述砖基础计价工程量和表 7-7 清单计价定额分析砖基础综合单价（表 7-13）。

根据砖基础工程量清单和综合单价，计算分部分项清单费（表 7-14）。

（3）计算基础工程清单报价

根据招标文件、工程量清单、《建设工程工程量清单计价规范》自主计算除建设主管部门必须按规定计算的有关费用外的措施项目清单费（表 7-15）、暂列金额明细表（表 7-

16）、其他项目清单费（表 7-17）、规费和税金项目清单费（表 7-18），并填制投标报价汇总表（表 7-19）。

工程量清单综合单价分析表 表 7-13

工程名称：某工程　　标段：　　第 1 页共 1 页

项目编码	010301001001	项目名称		砖基础		计量单位				m^3	
清单综合单价组成明细											
定额编号	定额名称	定额单位	数量	单价（元）				合价（元）			
				人工费	材料费	机械费	管理费和利润	人工费	材料费	机械费	管理费和利润
AC0003	M5 水泥砂浆砌砖基础	10m^3	0.100	302.90	1073.89	6.10	139.05	30.29	107.39	0.61	13.91
AG0523	1：2 水泥砂浆墙基防潮层	100m^2	0.00645	227.84	565.65	3.97	104.31	1.47	3.65	0.03	0.67
人工单价		小　计						31.76	111.04	0.64	14.58
25 元/工日		未计价材料费									
清单项目综合单价（元）								158.02			

材料费明细	主要材料名称、规格、型号	单位	数量	单价（元）	合价（元）	暂估单价（元）	暂估合价（元）
	M5 水泥砂浆	m^3	0.238	120.00	28.56		
	1：2 水泥砂浆	m^3	0.01335	232.00	3.10		
	红（青）砖	块	524	0.15	78.60		
	水	m^3	0.2045	1.30	0.27		
	细砂	m^3	(0.276)	45.00	(12.42)		
	中砂	m^3	(0.0139)	50.00	(0.69)		
	防水粉	kg	0.428	1.20	0.51		
	水泥 32.5	kg	(61.80)	0.30	(18.54)		
	其他材料费			—		—	
	材料费小计			—	111.04	—	

注：1. 如不使用省级或行业建设主管部门发布的计价依据，可不填定额项目、编号。

2. 招标文件提供了暂估单价的材料，按暂估的单价填入表内“暂估单价”栏及“暂估合价”栏。

分部分项工程量清单与计价表 表 7-14

工程名称：某工程　　标段：　　第 1 页共 1 页

序号	项目编码	项目名称	项目特征描述	计量单位	工程量	金额（元）		
						综合单价	合价	其中：暂估价
1	010301001001	砖基础	M5 水泥砂浆砌条形基础，深 0.85m，MU7.5 页岩砖 240mm×115mm×53mm	m^3	18.98	158.02	2999.22	
			本页小计				2999.22	
			合　计				2999.22	

注：根据原建设部、财政部发布的《建设安装工程费用组成》（建标［2003］206 号）的规定，为计取规费等的使用，可在表中增设：“直接费”、“人工费”或“人工费＋机械费”。

措施项目清单与计价表 表 7-15

工程名称：某工程 标段： 第 1 页共 1 页

序　号	项目名称	计算基础	费率（%）	金额（元）
1	安全文明施工费	人工费	30	180.84
2	夜间施工费	人工费	3	18.08
3	二次搬运费	人工费	2	12.06
4				
5				
6				
7				
合　计				210.98

注：1. 本表适用于以“项”计价的措施项目。

2. 根据原建设部、财政部发布的《建筑安装工程费用组成》（建标［2003］206 号）的规定，“计算基础”可为“直接费”、“人工费”或“人工费＋机械费”。

暂列金额明细表 表 7-16

工程名称：某工程 标段： 第 1 页共 1 页

序　号	项目名称	计量单位	暂定金额（元）	备　注
1	工程量清单中工程量偏差和设计变更	项	500	
2				
3				
4				
5				
合　计			500	—

注：此表由招标人填写，如不详列，也可只列暂定金额总额，投标人应将上述暂列金额计入投标总价中。

其他项目清单与计价汇总表 表 7-17

工程名称：某工程 标段： 第 1 页共 1 页

序　号	项目名称	计算单位	金额（元）	备　注
1	暂列金额	项	500	
2	暂估价			
2.1	材料暂估价			
2.2	专业工程暂估价			
3	计日工			
4	总承包服务费			
5				
合　计			500	—

注：材料暂估单价进入清单项目综合单价，此处不汇总。

规费、税金项目清单与计价表 表 7-18

工程名称：某工程　　标段：　　第 1 页共 1 页

序号	项目名称	计算基础	费率（%）	金额（元）
1	规费			176.99
1.1	工程排污费	根据工程所在地环保部门规定按实计算		
1.2	社会保障费	(1)+(2)+(3)		132.62
(1)	养老保险费	人工费	14	84.39
(2)	失业保险费	人工费	2	12.06
(3)	医疗保险费	人工费	6	36.17
1.3	住房公积金	人工费	6	36.17
1.4	危险作业意外伤害保险	人工费	0.5	3.01
1.5	工程定额测定费	税前工程造价	0.14	5.19
2	税金	分部分项工程费+措施项目费+其他项目费+规费	3.41	
合　计				

注：根据原建设部、财政部发布的《建筑安装工程费用组成》（建标［2003］206 号）的规定，“计算基础”可为“直接费”、“人工费”或“人工费+机械费”。

单位工程投标报价汇总表 表 7-19

工程名称：某工程　　第 1 页共 1 页

序　号	单项工程名称	金额（元）	其中：暂估价（元）
1	分部分项工程		
1.1	A.3 砌筑工程	2999.22	
1.2			
1.3			
1.4			
……			
2	措施项目	210.98	
2.1	安全文明施工费	180.84	—
3	其他项目	500	—
3.1	暂列金额	500	—
3.2	专业工程暂估价		—
3.3	计日工		—
3.4	总承包服务费		—
4	规费	176.99	—
5	税金	132.55	—
招标控制价/投标报价合计=1+2+3+4+5		4019.74	

注：本表适用于单位工程招标控制价或投标报价的汇总，如无单位工程划分，单项工程也使用本表汇总。

多 选 练 习 题

1. 工程量清单是指（　　）的名称和相应数量的明细清单。

A　分部分项工程项目　　B　措施项目　　C　其他项目　　D　管理费项目

2. 工程量清单编制原则包括（　　）。

A　四个统一　　B　一个原则　　C　两个分离　　D　三个自主

3. 其他项目清单的内容包括（　　）。

A　脚手架费　　B　暂列金额　　C　暂估价　　D　计日工

4. 综合单价包括（　　）。

A　人工费　　B　材料费　　C　机械费　　D　规费

5. 措施项目费计算方法有（　　）。

A　定额分析法　　B　系数计算法　　C　资料推算法　　D　方案分析法

8　工程造价综合练习指导

8.1　定额工程量计算规则与方法

8.1.1　土石方工程量计算

土石方工程量包括平整场地，挖掘沟槽、基坑，挖土，回填土，运土和井点降水等内容。

8.1.1.1　有关问题的说明

（1）平整场地

人工平整场地，是指建筑场地挖、填土方厚度在±30cm以内及找平（图8-1）。挖、填土方厚度超过±30cm时，按场地土方平衡竖向布置图另行计算。

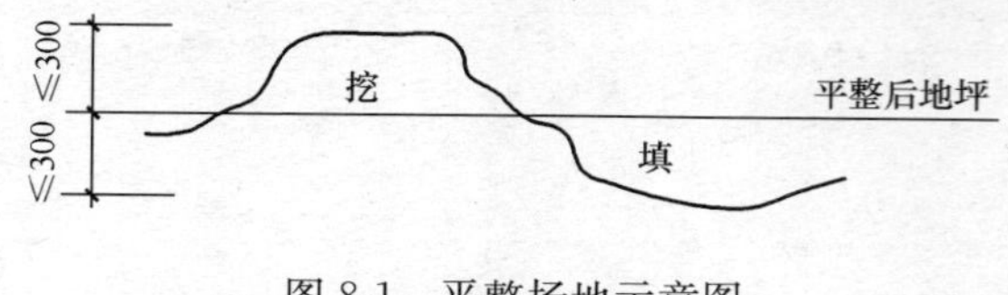

图8-1　平整场地示意图

说明：

1）人工平整场地示意如图8-2所示，超过±30cm的按挖、填土方计算工程量。

2）场地土方平衡竖向布置，是将原有地形划分成20m×20m或10m×10m的若干个方格网，将设计标高和自然地形标高分别标注在方格点的右上角和左下角，再根据这些标高数据计算出零线位置，然后确定挖方区和填方区的精度较高的土方工程量计算方法。

平整场地工程量按建筑物外墙外边线（用$L_{外}$表示）每边各加2m，以平方米计算。

计算公式为：

$$S_{平}=S_{底}+L_{外}\times 2+16$$

【例8-1】　根据图8-3计算人工平整场地工程量。

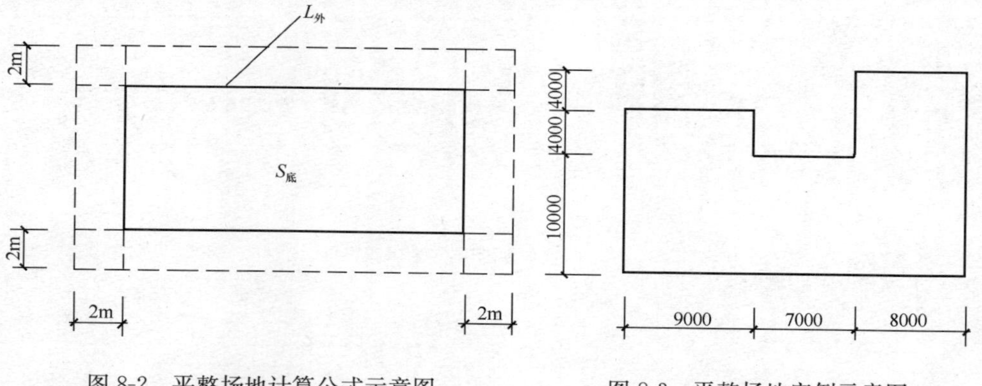

图8-2　平整场地计算公式示意图　　图8-3　平整场地实例示意图

【解】　$S_{底}=(10.0+4.0)\times 9.0+10.0\times 7.0+18.0\times 8.0=340\text{m}^2$

$$L_{外}=(18.0+24.0+4.0)\times 2=92\text{m}$$
$$S_{平}=340+92\times 2+16=540\text{m}^2$$

（2）挖掘沟槽、基坑土方的有关规定

沟槽、基坑划分：

1）凡图示沟槽底宽在3m以内，且沟槽长大于槽宽3倍以上的，为沟槽。

2）凡图示基坑底面积在20m^2以内的为基坑。

3）凡图示沟槽底宽3m以外，坑底面积20m^2以外，平整场地挖土方厚度在30cm以外，均按挖土方计算。

说明：

1）图示沟槽底宽和基坑底面积的长、宽均不含两边工作面的宽度。

2）根据施工图判断沟槽、基坑、挖土方项目的顺序是：先根据尺寸判断沟槽是否成立，若不成立再判断是否属于基坑，若还不成立，就一定是挖土方项目。

例如，表8-1中所列，为根据各段挖方的长宽尺寸，所分别确定的挖土项目。

各段挖方的长宽尺寸表 **表8-1**

位　置	长(m)	宽(m)	挖土项目	位　置	长(m)	宽(m)	挖土项目
*A*段	3.0	0.8	沟槽	*D*段	20.0	3.05	挖土方
*B*段	3.0	1.0	基坑	*E*段	6.1	2.0	沟槽
*C*段	20.0	3.0	沟槽	*F*段	6.0	2.0	基坑

（3）放坡系数

计算挖沟槽、基坑、土方工程量需放坡时，放坡系数按表8-2规定计算。

放坡系数表 **表8-2**

土质类别	放坡起点(m)	人工挖土	机械挖土	
			在坑内作业	在坑上作业
一、二类土	1.20	1∶0.5	1∶0.33	1∶0.75
三类土	1.50	1∶0.33	1∶0.25	1∶0.67
四类土	2.00	1∶0.25	1∶0.10	1∶0.33

注：1. 沟槽、基坑中土质类别不同时，分别按其放坡起点、放坡系数，依不同土的厚度加权平均计算。

2. 计算放坡时，在交接处的重复工程量不予扣除，原槽、坑作基础垫层时，放坡从垫层上表面开始计算。

说明：

1）放坡起点是指，挖土方时，各类土超过表中的放坡起点时，才能按表中的系数计算放坡工程量。例如，图8-4中若是三类土时，$H>1.50\text{m}$才能计算放坡。

2）表8-2中，人工挖四类土超过2m深时，放坡系数为1∶0.25，含义是每挖深1m，放坡宽度就增加0.25m。

3）从图8-4中可以看出，放坡宽度b与深度H和放坡角度α之间的关系是正切函数关系，即$\tan\alpha=\frac{b}{H}$，不同的土质类别取不同的α角度值，所以不难看出，放坡系数就是根据$\tan\alpha$来确定的。例如，三类土的$\tan\alpha=\frac{b}{H}=0.33$。我们将$\tan\alpha=K$来表示放坡系数，

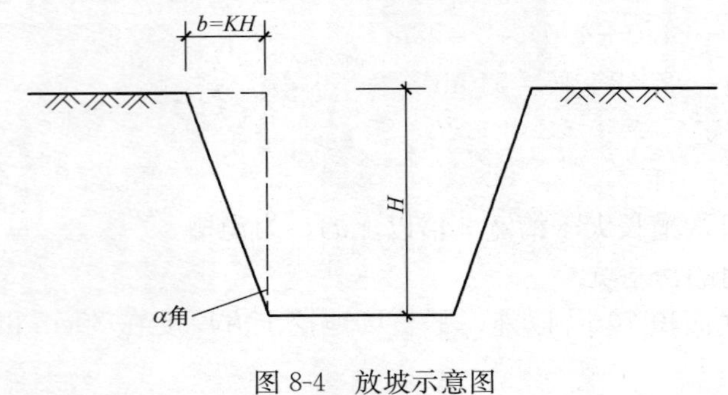

图 8-4　放坡示意图

故放坡宽度 $b=KH$。

4）原槽、坑作基础垫层时，放坡自垫层上表面开始，示意图如图 8-5 所示。

（4）支挡土板

挖沟槽、基坑需支挡土板时，其挖土宽度按图 8-6 所示沟槽、基坑底宽，单面加 10cm，双面加 20cm 计算。挡土板面积，按槽、坑垂直支撑面积计算。支挡土板后，不得再计算放坡。

基础施工所需工作面，按表 8-3 规定计算。

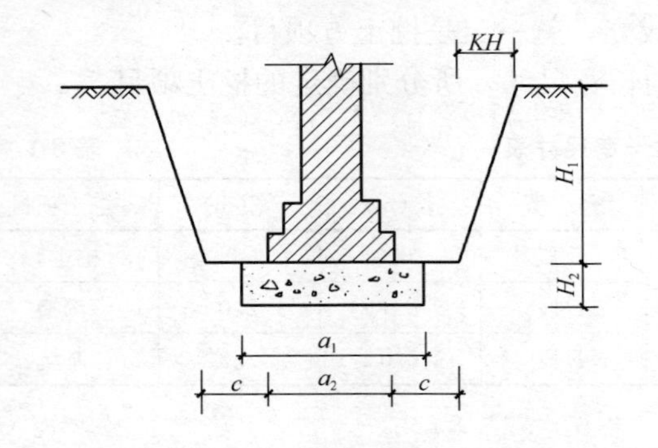

图 8-5　从垫层上表面放坡示意图

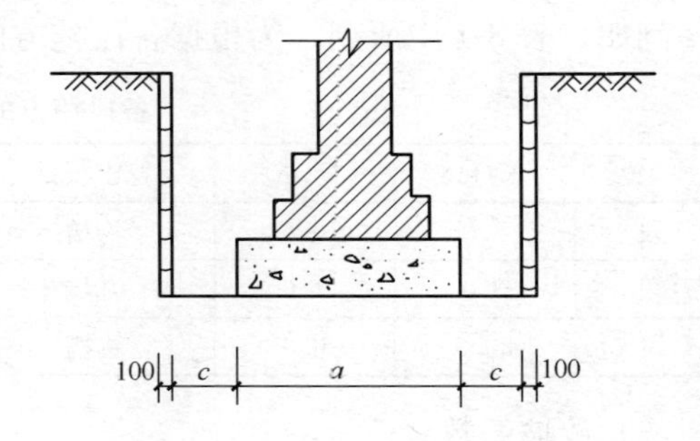

图 8-6　支挡土板地槽示意图

基础施工所需工作面宽度计算表　　**表 8-3**

基础材料	每边各增加工作面宽度（mm）	基础材料	每边各增加工作面宽度（mm）
砖基础	200	混凝土基础支模板	300
浆砌毛石、条石基础	150	基础垂直面做防水层	800
混凝土基础垫层支模板	300		

（5）沟槽长度

挖沟槽长度，外墙按图示中心线长度计算；内墙按图示基础底面之间净长线长度计算；内外凸出部分（垛、附墙烟囱等）体积并入沟槽土方工程量内计算。

【例 8-2】　根据图 8-7 计算地槽长度。

【解】　外墙地槽长(宽 1.0m)$=(12+6+8+12)\times2=76$m

内墙地槽长(宽 0.9m)$=6+12-\frac{1.0}{2}\times2=17$m

内墙地槽长(宽 0.8m)$=8-\frac{1.0}{2}-\frac{0.9}{2}=7.05$m

（6）沟槽、基坑深度

按图示槽、坑底面至室外地坪深度计算；管道地沟按图示沟底至室外地坪深度计算。

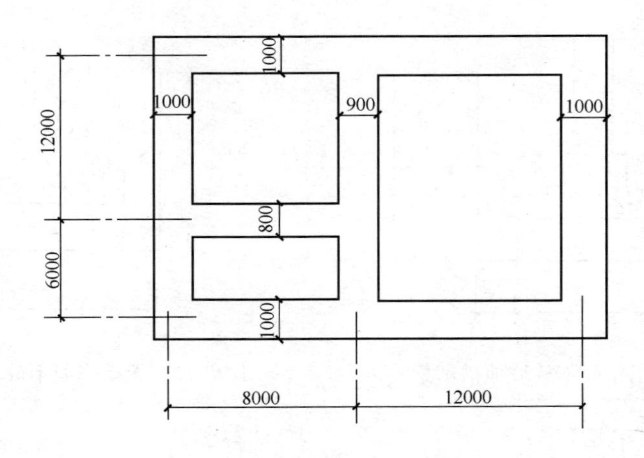

图 8-7 地槽宽平面图

8.1.1.2 地槽土方工程量计算

(1) 有放坡地槽(图 8-8)

计算公式：$V=(a+2c+KH)HL$

式中 a——基础垫层宽度；

c——工作面宽度；

H——地槽深度；

K——放坡系数；

L——地槽长度。

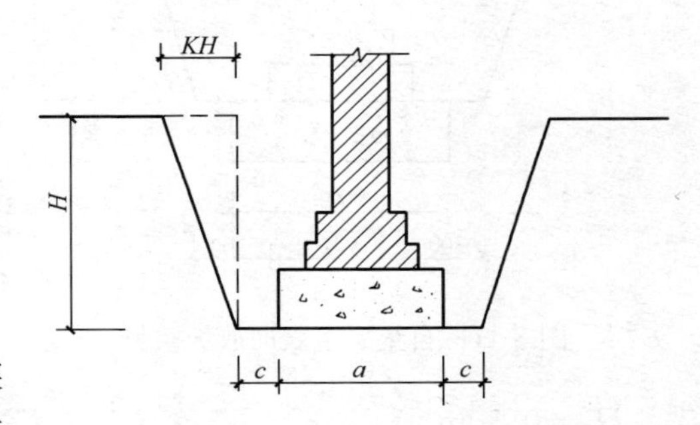

图 8-8 有放坡地槽示意图

【例 8-3】 某地槽长 15.50m，槽深 1.60m，混凝土基础垫层宽 0.90m，有工作面，三类土，计算人工挖地槽工程量。

【解】 已知：$a=0.90\text{m}$

$c=0.30\text{m}$(查表 8-3)

$H=1.60\text{m}$

$L=15.50\text{m}$

$K=0.33$(查表 8-2)

故：$V=(d+2c+KH)HL$

$=(0.90+2\times0.30+0.33\times1.60)\times1.60\times15.50$

$=2.028\times1.60\times15.50$

$=50.29\text{m}^3$

(2) 支撑挡土板地槽

计算公式： $V=(a+2c+2\times0.10)HL$

式中变量含义同上。

(3) 有工作面不放坡地槽(图 8-9)

计算公式：

$$V=(a+2c)HL$$

(4) 无工作面不放坡地槽(图 8-10)

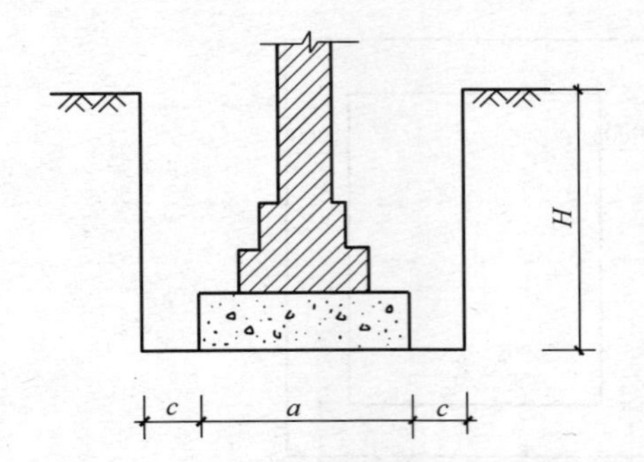

图 8-9　有工作面不放坡地槽示意图

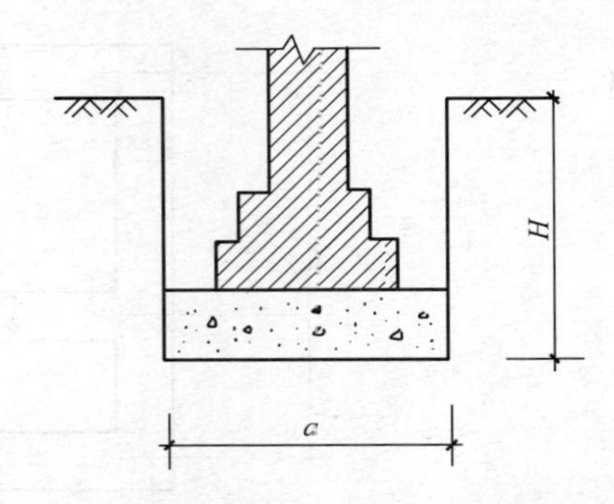

图 8-10　无工作面不放坡地槽示意图

计算公式：

$$V = aHL$$

(5) 自垫层上表面放坡地槽(图 8-11)

计算公式：

$$V = [a_1 H_2 + (a_2 + 2c + KH_1) H_1] L$$

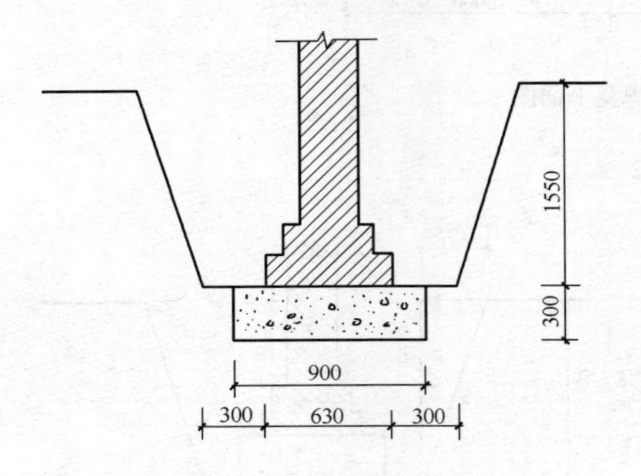

图 8-11　自垫层上表面放坡实例

【例 8-4】　根据图 8-11 中的数据，计算 12.8m 长地槽的土方工程量(三类土)。

【解】　已知：$a_1 = 0.90\text{m}$

$a_2 = 0.63\text{m}$

$c = 0.30\text{m}$

$H_1 = 1.55\text{m}$

$H_2 = 0.30\text{m}$

$K = 0.33$

故：$V = [0.9 \times 0.30 + (0.63 + 2 \times 0.30 + 0.33 \times 1.55) \times 1.55] \times 12.8$

$= (0.27 + 2.70) \times 12.80 = 2.97 \times 12.80 = 38.02\text{m}^3$

8.1.1.3　地坑土方工程量计算

(1) 矩形不放坡地坑

计算公式：

$$V = abH$$

(2) 矩形放坡地坑(图 8-12)

计算公式：

$$V = (a + 2c + KH)(b + 2c + KH)H + \frac{1}{3}K^2 H^3$$

式中　a——基础垫层宽度；

b——基础垫层长度；

c——工作面宽度；

H——地坑深度；

K——放坡系数。

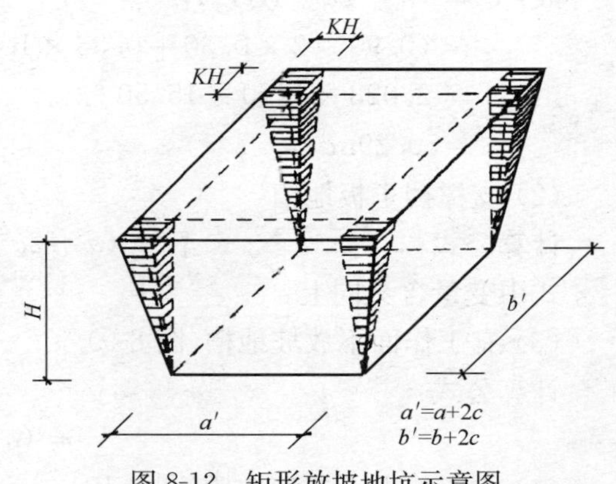

图 8-12　矩形放坡地坑示意图

【例 8-5】 已知某基础土方为四类土，混凝土基础垫层长、宽为 1.50m 和 1.20m，深度 2.20m，有工作面，计算该基础工程土方工程量。

【解】 已知：$a=1.20$m

$b=1.50$m

$H=2.20$m

$K=0.25$

$c=0.30$

$$
\begin{aligned}
\text{故：}V &= (1.20+2\times0.30+0.25\times2.20)\times(1.50+2\times0.30+0.25\times2.20)\\
&\quad\times2.20+\frac{1}{3}\times(0.25)^2\times(2.20)^3\\
&=2.35\times2.65\times2.20+0.22=13.92\text{m}^3
\end{aligned}
$$

(3) 圆形不放坡地坑

计算公式：

$$V=\pi r^2H$$

(4) 圆形放坡地坑(图 8-13)

图 8-13 圆形放坡地坑示意图

计算公式： $V=\frac{1}{3}\pi H[r^2+(r+KH)^2+r(r+KH)]$

式中 r——坑底半径(含工作面)；

H——坑深度；

K——放坡系数。

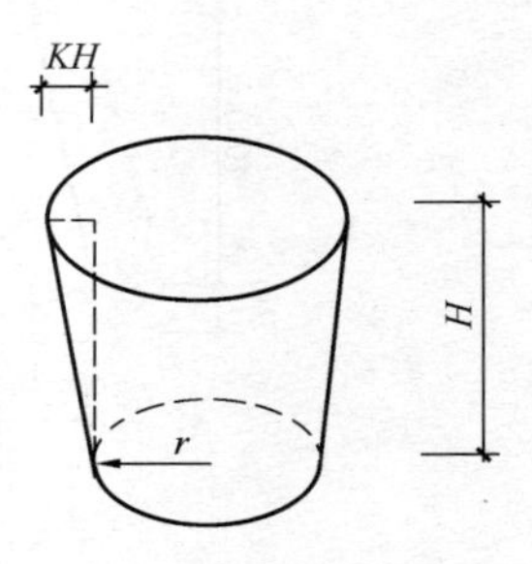

【例 8-6】 已知一圆形放坡地坑，混凝土基础垫层半径 0.40m，坑深 1.65m，二类土，有工作面，计算其土方工程量。

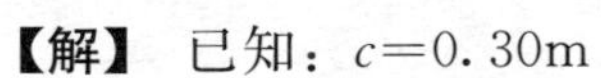

【解】 已知：$c=0.30$m

$r=0.40+0.30=0.70$m

$H=1.65$m

$K=0.50$

$$
\begin{aligned}
\text{故：}V &= \frac{1}{3}\times3.1416\times1.65\times[0.70^2+(0.70+0.50\times1.65)^2\\
&\quad+0.70\times(0.70+0.50\times1.65)]\\
&=1.728\times(0.49+2.326+1.068)\\
&=1.728\times3.884\\
&=6.71\text{m}^3
\end{aligned}
$$

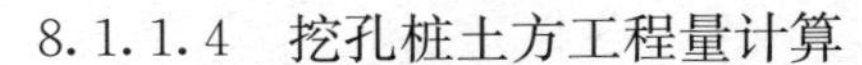

8.1.1.4 挖孔桩土方工程量计算

人工挖孔桩土方应按图示桩断面积乘以设计桩孔中心线深度计算。

挖孔桩的底部一般是球冠体(图 8-14)。

球冠体的体积计算公式为：

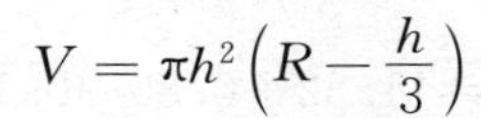

$$V=\pi h^2\left(R-\frac{h}{3}\right)$$

图 8-14 球冠示意图

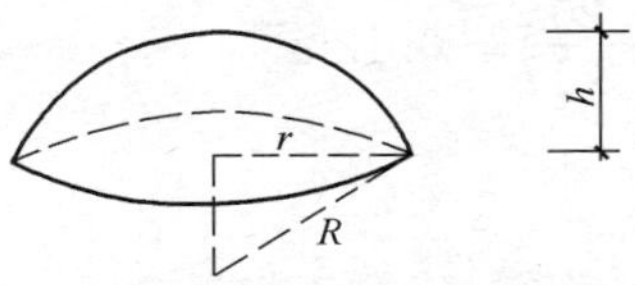

由于施工图中一般只标注 r 的尺寸，无 R 尺寸，所以需变换一下求 R 的公式：

已知：$r^2 = R^2 - (R-h)^2$

故：$r^2 = 2Rh - h^2$

$\therefore \quad R = \dfrac{r^2 + h^2}{2h}$

【例 8-7】 根据图 8-15 中的有关数据和上述计算公式，计算挖孔桩土方工程量。

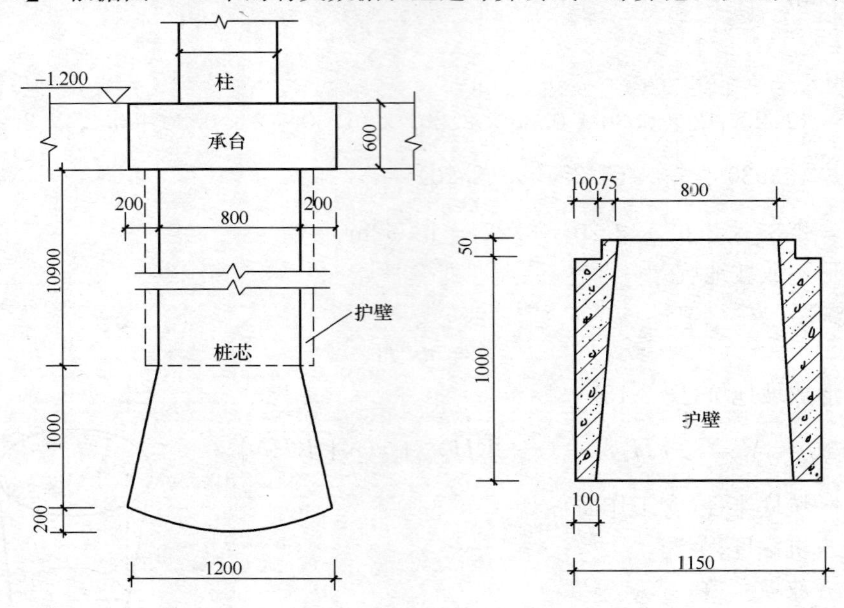

图 8-15　挖孔桩示意图

【解】 （1）桩身部分

$$V = 3.1416 \times \left(\frac{1.15}{2}\right)^2 \times 10.90 = 11.32\text{m}^3$$

（2）圆台部分

$$\begin{aligned} V &= \frac{1}{3}\pi h(r^2 + R^2 + rR) \\ &= \frac{1}{3} \times 3.1416 \times 1.0 \times \left[\left(\frac{0.80}{2}\right)^2 + \left(\frac{1.20}{2}\right)^2 + \frac{0.80}{2} \times \frac{1.20}{2}\right] \\ &= 1.047 \times (0.16 + 0.36 + 0.24) \\ &= 1.047 \times 0.76 = 0.80\text{m}^3 \end{aligned}$$

（3）球冠部分

$$R = \frac{\left(\frac{1.20}{2}\right)^2 + (0.2)^2}{2 \times 0.2} = \frac{0.40}{0.4} = 1.0\text{m}$$

$$V = \pi h^2\left(R - \frac{h}{3}\right) = 3.1416 \times (0.20)^2 \times \left(1.0 - \frac{0.20}{3}\right) = 0.12\text{m}^3$$

$\therefore$ 挖孔桩体积＝11.32＋0.80＋0.12＝12.24m^3

8.1.1.5　回填土

回填土分夯填和松填，按图示尺寸和下列规定计算：

（1）沟槽、基坑回填土

沟槽、基坑回填土体积以挖方体积减去设计室外地坪以下埋设砌筑物（包括：基础垫层、基础等）体积计算，如图 8-16 所示。

计算公式：V＝挖方体积－设计室外地坪以下埋设砌筑物

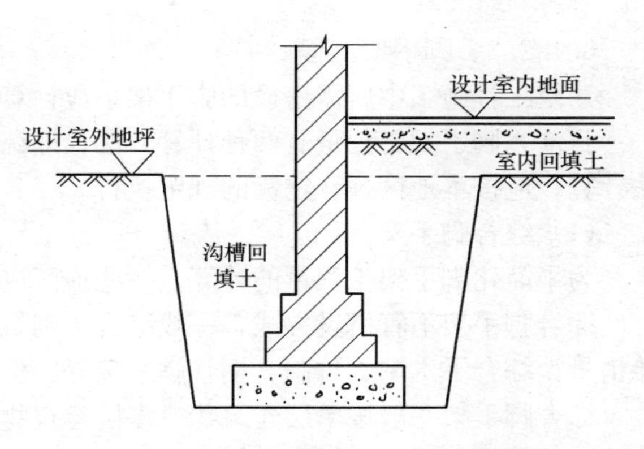

图 8-16　沟槽及室内回填土示意图

（2）房心回填土

房心回填土即室内回填土，按主墙之间的面积乘以回填土厚度计算，如图 8-16 所示。

计算公式：V ＝室内净面积×（设计室内地坪标高－设计室外地坪标高

　　　　　－地面面层厚－地面垫层厚）

　　　　＝室内净面积×回填土厚

8.1.1.6　运土

运土包括余土外运和取土。当回填土方量小于挖方量时，需余土外运，反之，需取土。各地区的预算定额规定，土方的挖、填、运工程量均按自然密实体积计算，不换算为虚方体积。

计算公式：运土体积＝总挖方量－总回填量

式中计算结果为正值时，为余土外运体积；负值时，为取土体积。

8.1.2　桩基及脚手架工程量计算

8.1.2.1　预制钢筋混凝土桩

（1）打桩

打预制钢筋混凝土桩的体积，按设计桩长（包括桩尖，不扣除桩尖虚体积）乘以桩截面面积计算。管桩的空心体积应扣除。如管桩的空心部分按设计要求灌注混凝土或其他填充材料时，应另行计算。预制桩、桩靴示意图如图 8-17 所示。

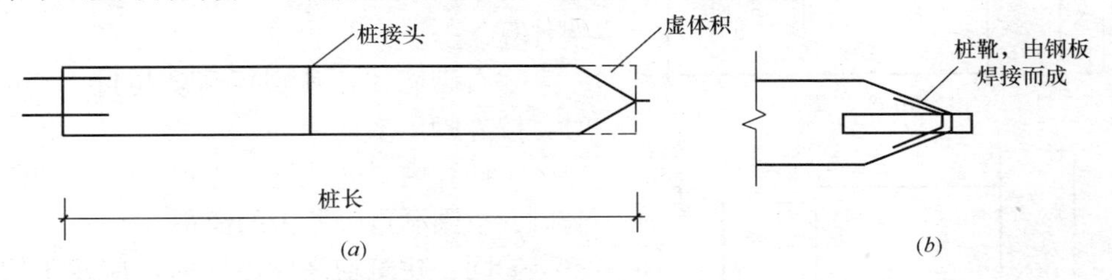

图 8-17　预制桩、桩靴示意图

（*a*）预制桩示意图；（*b*）桩靴示意图

（2）接桩

电焊接桩按设计接头以个计算；硫磺胶泥接桩按桩断面积以平方米计算。

（3）送桩

送桩按桩截面面积乘以送桩长度（即打桩架底至桩顶面高度或自桩顶面至自然地坪面另加 0.5m）计算。

8.1.2.2 脚手架工程

建筑工程施工中所需搭设的脚手架，应计算工程量。

目前，脚手架工程量有两种计算方法，即综合脚手架和单项脚手架。具体采用哪种方法计算，应按本地区预算定额的规定执行。

(1) 综合脚手架

为了简化脚手架工程量的计算，一些地区以建筑面积为综合脚手架的工程量。

综合脚手架不管搭设方式，一般综合了砌筑、浇筑、吊装、抹灰等所需脚手架材料的摊销量；综合了木制、竹制、钢管脚手架等，但不包括浇灌满堂基础等脚手架的项目。

综合脚手架一般按单层建筑物或多层建筑物分不同檐口高度来计算工程量，若是高层建筑还需计算高层建筑超高增加费。

(2) 单项脚手架

单项脚手架是根据工程具体情况按不同的搭设方式搭设的脚手架，一般包括：单排脚手架、双排脚手架、里脚手架、满堂脚手架、悬空脚手架、挑脚手架、防护架、烟囱（水塔）脚手架、电梯井字架、架空运输道等。

单项脚手架的项目应根据批准了的施工组织设计或施工方案确定。如施工方案无规定，应根据预算定额的规定确定。

1) 单项脚手架工程量计算一般规则

①建筑物外墙脚手架，凡设计室外地坪至檐口（或女儿墙上表面）的砌筑高度在15m以下的按单排脚手架计算；砌筑高度在15m以上的或砌筑高度虽不足15m，但外墙门窗及装饰面积超过外墙表面积60%以上时，均按双排脚手架计算。采用竹制脚手架时，按双排计算。

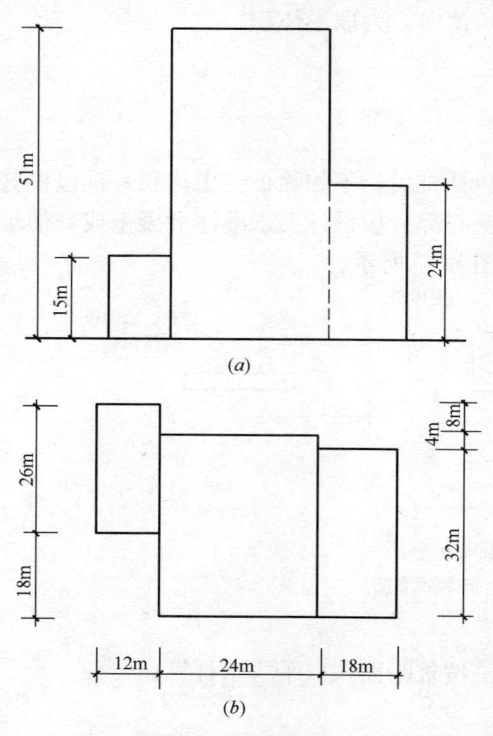

图8-18 计算外墙脚手架工程量示意图
(a) 建筑物立面；(b) 建筑物平面

②建筑物内墙脚手架，凡设计室内地面至顶板下表面（或山墙高度的1/2处）的砌筑高度在3.6m以下的（含3.6m），按里脚手架计算；砌筑高度超过3.6m以上时，按单排脚手架计算。

③石砌墙体，凡砌筑高度超过1.0m以上时，按外脚手架计算。

④计算内、外墙脚手架时，均不扣除门窗洞口、空圈洞口等所占的面积。

⑤同一建筑物高度不同时，应按不同高度分别计算。

【例8-8】 根据图8-18图示尺寸，计算建筑物外墙脚手架工程量。

【解】 单排脚手架(15m高)$=(26+12\times2+8)\times15=870m^2$

双排脚手架(24m高)$=(18\times2+32)\times24=1632m^2$

双排脚手架(27m 高)＝32×27＝864m^2

双排脚手架(36m 高)＝(26－8)×36＝648m^2

双排脚手架(5lm 高)＝(18＋24×2＋4)×51＝3570m^2

⑥现浇钢筋混凝土框架柱、梁按双排脚手架计算。

⑦围墙脚手架，凡室外自然地坪至围墙顶面的砌筑高度在 3.6m 以下的，按里脚手架计算；砌筑高度超过 3.6m 以上时，按单排脚手架计算。

⑧室内顶棚装饰面距设计室内地面在 3.6m 以上时，应计算满堂脚手架。计算满堂脚手架后，墙面装饰工程则不再计算脚手架。

⑨滑升模板施工的钢筋混凝土烟囱、筒仓，不另计算脚手架。

⑩砌筑贮仓，按双排外脚手架计算。

⑪贮水（油）池、大型设备基础，凡距地坪高度超过 1.2m 以上时，均按双排脚手架计算。

⑫整体满堂钢筋混凝土基础，凡其宽度超过 3m 以上时，按其底板面积计算满堂脚手架。

2）砌筑脚手架工程量计算

①外脚手架按外墙外边线长度，乘以外墙砌筑高度以平方米计算，凸出墙面宽度在 24cm 以内的墙垛、附墙烟囱等不计算脚手架；宽度超过 24cm 以外时，按图示尺寸展开计算，并入外脚手架工程量之内。

②里脚手架按墙面垂直投影面积计算。

③独立柱按图示柱结构外围周长另加 3.6m，乘以砌筑高度以平方米计算，套用相应外脚手架定额。

3）现浇钢筋混凝土框架脚手架计算

①现浇钢筋混凝土柱，按柱图示周长尺寸另加 3.6m，乘以柱高以平方米计算，套用外脚手架定额。

②现浇钢筋混凝土梁、墙，按设计室外地坪或楼板上表面至楼板底之间的高度，乘以梁、墙净长以平方米计算，套用相应双排外脚手架定额。

4）装饰工程脚手架工程量计算

①满堂脚手架，按室内净面积计算，其高度在 3.6～5.2m 之间时，计算基本层；超过 5.2m 时，每增加 1.2m 按增加 1 层计算，不足 0.6m 的不计。计算式表示如下：

$$满堂脚手架增加层 = \frac{室内净高 - 5.2(m)}{1.2(m)}$$

【例 8-9】 某大厅室内净高 9.50m，试计算满堂脚手架增加层数。

【解】 满堂脚手架增加层$=\frac{9.50-5.2}{1.2}=$3 层余 0.7m＝4 层

②挑脚手架，按搭设长度和层数以延长米计算。

③悬空脚手架，按搭设水平投影面积以平方米计算。

④高度超过 3.6m 的墙面装饰不能利用原砌筑脚手架时，可以计算装饰脚手架。装饰脚手架按双排脚手架乘以 0.3 计算。

5）其他脚手架工程量计算

①水平防护架，按实际铺板的水平投影面积以平方米计算。

②垂直防护架，按自然地坪至最上一层横杆之间的搭设高度，乘以实际搭设长度以平

方米计算。

③架空运输脚手架，按搭设长度以延长米计算。

④烟囱、水塔脚手架，区别不同搭设高度以座计算。

⑤电梯井脚手架，按单孔以座计算。

⑥斜道，区别不同高度以座计算。

⑦砌筑贮仓脚手架，不分单筒或贮仓组，均按单筒外边线周长乘以设计室外地坪至贮仓上口之间高度以平方米计算。

⑧贮水（油）池脚手架，按外壁周长乘以室外地坪至池壁顶面之间高度以平方米计算。

⑨大型设备基础脚手架，按其外形周长乘以地坪至外形顶面边线之间高度以平方米计算。

⑩建筑物垂直封闭工程量，按封闭面的垂直投影面积计算。

6）安全网工程量计算

①立挂式安全网，按网架部分的实挂长度乘以实挂高度计算。

②挑出式安全网，按挑出的水平投影面积计算。

8.1.3 砌筑工程量计算

8.1.3.1 一般规定

（1）计算墙体的规定

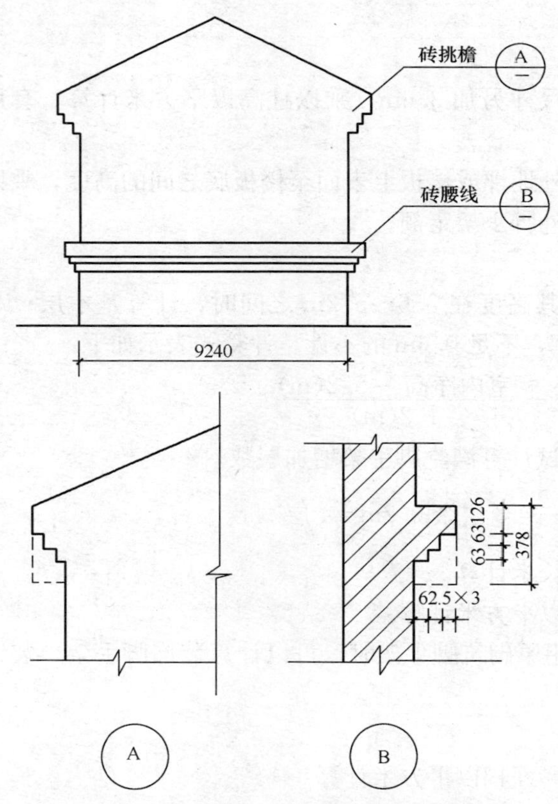

图 8-19 砖垛、三皮砖以上的腰线和挑檐示意图

1）计算墙体时，应扣除门窗洞口、过人洞、空圈、嵌入墙身的钢筋混凝土柱、梁（包括过梁、圈梁及埋入墙内的挑梁）、砖平碹、平砌砖过梁和暖气包壁龛及内墙板头的体积，不扣除梁头、外墙板头、檩头、垫木、木楞头、沿椽木、木砖、门窗框走头、砖墙内的加固钢筋、木筋、铁件、钢管及每个面积在 $0.3m^2$ 以下的孔洞等所占的体积，凸出墙面的窗台虎头砖、压顶线、山墙泛水、烟囱根、门窗套及三皮砖以内的腰线和挑檐等体积亦不增加。

2）砖垛、三皮砖以上的腰线和挑檐等体积，并入墙身计算（图 8-19）。

3）附墙烟囱（包括附墙通风道、垃圾道）按其外形体积计算，并入所依附的墙体内，不扣除每一个孔洞横截面在 $0.1m^2$ 以下的体积，但孔洞内的抹灰工程量亦不增加。

4）女儿墙（图 8-20）高度，自外墙顶面至图示女儿墙顶面高度，按不同墙厚分别并入外墙计算。

5）砖平碹、平砌砖过梁按图示尺寸以立方米计算。如设计无规定时，砖平碹按门窗洞口宽度两端共加 100mm，乘以高度计算（门窗洞口宽小于 1500mm 时，高度为 240mm；大于 1500mm 时，高度为 365mm）；平砌砖过梁按门窗洞口宽度两端共加 500mm，高按 440mm 计算。

（2）砌体厚度的规定

1）标准砖尺寸以 240mm×115mm×53mm 为准，其砌体计算厚度按表 8-4 计算。

2）使用非标准砖时，其砌体厚度应按砖实际规格和设计厚度计算。

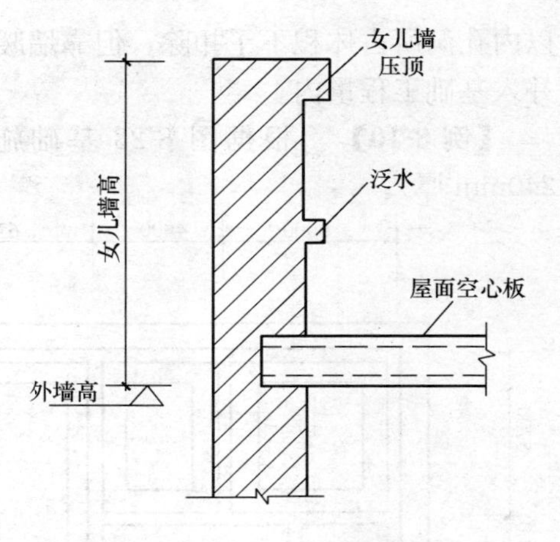

图 8-20　女儿墙示意图

标准砖砌体计算厚度表　　**表 8-4**

砖数(厚度)	1/4	1/2	3/4	1	1.5	2	2.5	3
计算厚度(mm)	53	115	180	240	365	490	615	740

8.1.3.2　砖基础

（1）基础与墙（柱）身的划分

1）基础与墙（柱）身（图 8-21）使用同一种材料时，以设计室内地面为界；有地下室者，以地下室室内设计地面为界（图 8-22）。以下为基础，以上为墙（柱）身。

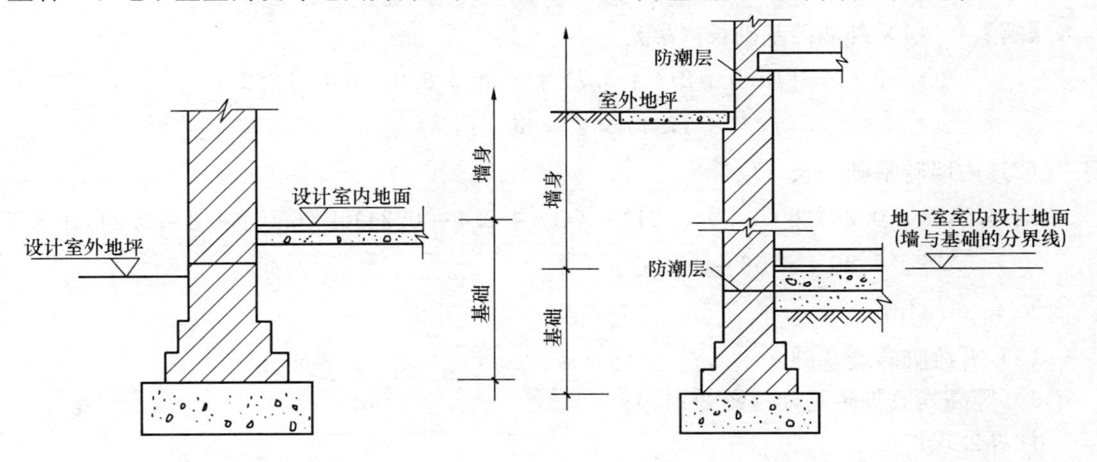

图 8-21　基础与墙身划分示意图　　图 8-22　地下室的基础与墙身划分示意图

2）基础与墙身使用不同材料时，位于设计室内地面±300mm 以内时，以不同材料为分界线；超过±300mm 时，以设计室内地面为分界线。

3）砖、石围墙，以设计室外地坪为界线，以下为基础，以上为墙身。

（2）基础长度

外墙墙基按外墙基中心线长度计算；内墙墙基按内墙基净长线计算。基础大放脚 T 形接头处的重叠部分以及嵌入基础的钢筋、铁件、管道、基础防潮层及单个面积在 0.3m^2

以内孔洞所占体积不予扣除，但靠墙暖气沟的挑檐亦不增加。附墙垛基础宽出部分体积应并入基础工程量内。

【例 8-10】 根据图 8-23 基础施工图的尺寸，计算砖基础的长度（基础墙均为 240mm 厚）。

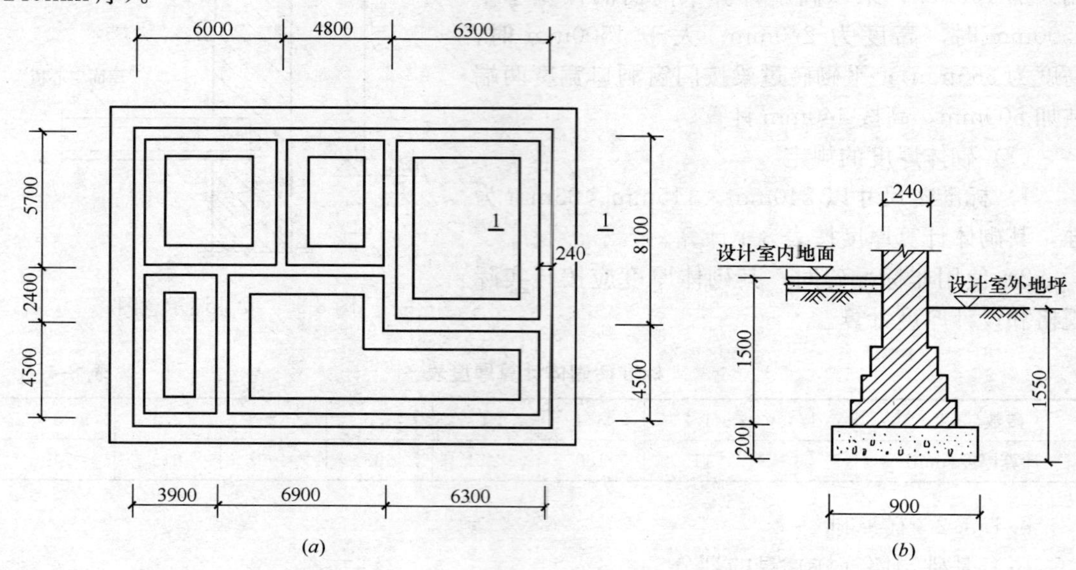

图 8-23 砖基础施工图

(a) 基础平面图；(b) 1-1 剖面图

【解】 (1) 外墙砖基础长（$l_{中}$）

$$l_{中}=[(4.5+2.4+5.7)+(3.9+6.9+6.3)]\times 2$$
$$=(12.6+17.1)\times 2=59.4\text{m}$$

(2) 内墙砖基础净长（$l_{内}$）

$$l_{内}=(5.7-0.24)+(8.1-0.24)+(4.5+2.4-0.24)+(6.0+4.8-0.24)+6.3$$
$$=5.46+7.86+6.66+10.56+6.3$$
$$=36.84\text{m}$$

(3) 有放脚砖墙基础

1) 等高式放脚砖基础（图 8-24*a*）

计算公式：

$$V_{基}=(基础墙厚\times 基础墙高+放脚增加面积)\times 基础长$$
$$=(dh+\Delta S)l$$
$$=[dh+0.126\times 0.0625n(n+1)]l$$
$$=[dh+0.007875n(n+1)]l$$

式中 0.007875——一个放脚标准块面积；

$0.007875n(n+1)$——全部放脚增加面积；

n——放脚层数；

d——基础墙厚；

h——基础墙高；

l——基础长。

【例 8-11】 某工程砌筑的等高式标准砖放脚基础如图 8-23 所示，当基础墙高 $h=1.4\text{m}$，基础长 $l=25.65\text{m}$ 时，计算砖基础工程量。

【解】 已知：$d=0.365\text{m}$，$h=1.4\text{m}$，$l=25.65\text{m}$，$n=3$

$$V_{基}=(0.365\times1.40+0.007875\times3\times4)\times25.65$$
$$=0.6055\times25.65=15.53\text{m}^3$$

2）不等高式放脚砖基础（图 8-24b）

计算公式：

$$V_{基}=\{dh+0.007875[n(n+1)-\Sigma 半层放脚层数值]\}l$$

式中 半层放脚层数值——指半层放脚（0.063m 高）所在放脚层的值。如图 8-24（b）中为 1+3=4。

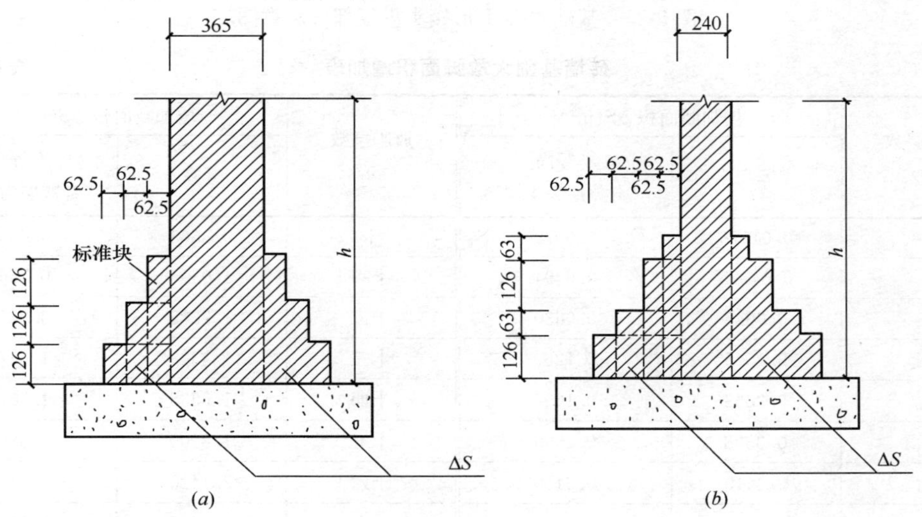

图 8-24 大放脚砖基础示意图

（a）等高式大放脚砖基础；（b）不等高式大放脚砖基础

其余字母含义同上公式。

3）基础放脚 T 形接头重复部分（图 8-25）

【例 8-12】 某工程大放脚砖基础的尺寸如图 8-24（b）所示，当 $h=1.56\text{m}$，基础长 $l=18.5\text{m}$ 时，计算砖基础工程量。

【解】 已知：$d=0.24\text{m}$，$h=1.56\text{m}$，$l=18.5\text{m}$，$n=4$

$$V_{基}=\{0.24\times1.56+0.007875\times[4\times5-(1+3)]\times18.5$$
$$=(0.3744+0.007875\times16)\times18.5$$
$$=0.5004\times18.5$$
$$=9.26\text{m}^3$$

标准砖大放脚基础，放脚面积 ΔS 见表 8-5 所列。

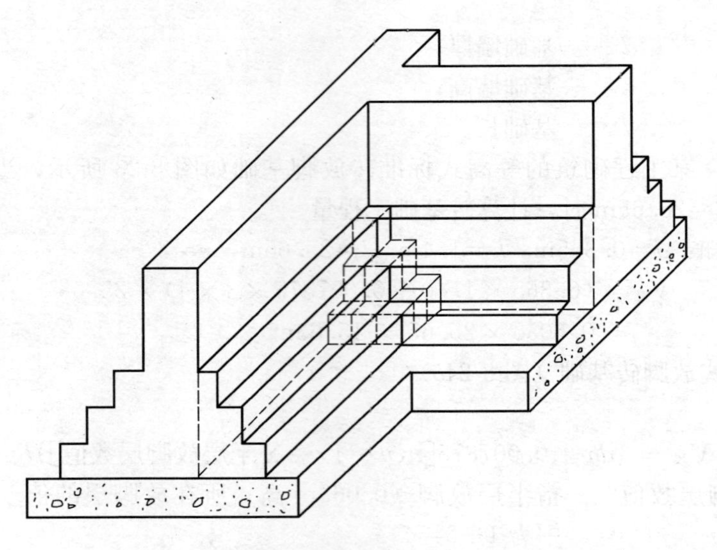

图 8-25　基础放脚 T 形接头重复部分示意图

砖墙基础大放脚面积增加表　　　　**表 8-5**

放脚层数（n）	增加断面积 $\Delta S(m^2)$		放脚层数（n）	增加断面积 $\Delta S(m^2)$	
	等高	不等高（奇数层为半层）		等高	不等高（奇数层为半层）
一	0.01575	0.0079	十	0.8663	0.6694
二	0.04725	0.0394	十一	1.0395	0.7560
三	0.0945	0.0630	十二	1.2285	0.9450
四	0.1575	0.1260	十三	1.4333	1.0474
五	0.2363	0.1654	十四	1.6538	1.2679
六	0.3308	0.2599	十五	1.8900	1.3860
七	0.4410	0.3150	十六	2.1420	1.6380
八	0.5670	0.4410	十七	2.4098	1.7719
九	0.7088	0.5119	十八	2.6933	2.0554

注：1. 等高式 $\Delta S=0.007875n(n+1)$；

2. 不等高式 $\Delta S=0.007875[n(n+1)-\Sigma$ 半层放脚层数值$]$。

（4）有放脚砖柱基础

有放脚砖柱基础工程量计算分为两部分，一是将柱的体积算至基础底；二是将柱四周放脚体积算出（表 8-6）。

$$V_{柱基}=abh+\Delta V$$

$$=abh+n(n+1)[0.007875(a+b)+0.000328125(2n+1)]$$

式中　a——柱断面长；

b——柱断面宽；

h——柱基高；

n——放脚层数。

砖柱基础四周放脚体积表 **表 8-6**

$a\times b$ / 放脚层数	0.24×0.24	0.24×0.365	0.365×0.365 0.24×0.49	0.365×0.49 0.24×0.615	0.49×0.49 0.365×0.615	0.49×0.615 0.365×0.74	0.365×0.865 0.615×0.615	0.615×0.74 0.49×0.865	0.74×0.74 0.615×0.865
一	0.010	0.011	0.013	0.015	0.017	0.019	0.021	0.024	0.025
二	0.033	0.038	0.045	0.050	0.056	0.062	0.068	0.074	0.080
三	0.073	0.085	0.097	0.108	0.120	0.132	0.144	0.156	0.167
四	0.135	0.154	0.174	0.194	0.213	0.233	0.253	0.272	0.292
五	0.221	0.251	0.281	0.310	0.340	0.369	0.400	0.428	0.458
六	0.337	0.379	0.421	0.462	0.503	0.545	0.586	0.627	0.669
七	0.487	0.543	0.597	0.653	0.708	0.763	0.818	0.873	0.928
八	0.674	0.745	0.816	0.887	0.957	1.028	1.095	1.170	1.241
九	0.910	0.990	1.078	1.167	1.256	1.344	1.433	1.521	1.610
十	1.173	1.282	1.390	1.498	1.607	1.715	1.823	1.931	2.040

8.1.3.3 砖墙

（1）外墙长度按外墙中心线长度计算，内墙长度按内墙净长线计算。

墙长计算方法如下：

1）墙长在转角处的计算。

墙体在 90°转角时，用中轴线尺寸计算墙长，就能算准墙体的体积。例如，图 8-26 的 Ⓐ 图中，按箭头方向的尺寸算至两轴线的交点时，墙厚方向的水平断面积重复计算的矩形部分正好等于没有计算到的矩形面积。因而，凡是 90°转角的墙，算到中轴线交叉点时，就算够了墙长。

2）T 形接头的墙长计算。

当墙体处于 T 形接头时，T 形上部墙拉通算完长度后，与其垂直部分的墙只能从墙内边起算净长。例如，图 8-26 中的 Ⓑ 图，当垂直的墙算完长度后，水平墙的墙长只能从垂直墙墙边开始计算，故内墙应按净长计算。

3）十字形接头的墙长计算。

当墙体处于十字形接头状时，计算方法基本同 T 形接头，如图 8-26 中 Ⓒ 图的示意。因此，十字形接头处分断的二道墙也应算净长。

【例 8-13】 根据图 8-26，计算内、外墙长（墙厚均为 240mm）。

【解】 （1）240mm 厚外墙长

$$l_{中} = [(4.2+4.2)+(3.9+2.4)]\times 2 = 29.40\text{m}$$

（2）240mm 厚内墙长

$$l_{中} = (3.9+2.4-0.24)+(4.2-0.24)+(2.4-0.12)+(2.4-0.12) = 14.58\text{m}$$

（2）墙身高度的规定。

1）外墙墙身高度。

斜（坡）屋面无檐口顶棚者算至屋面板底；有屋架，且室内外均有顶棚者（图 8-27），

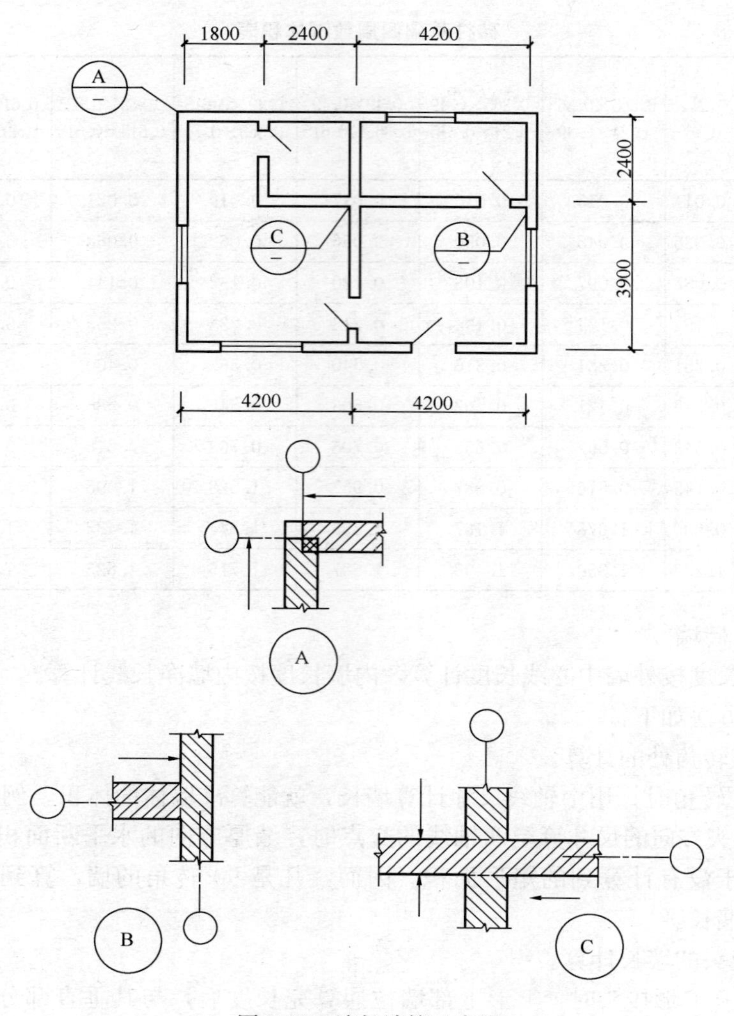

图 8-26　墙长计算示意图

算至屋架下弦底面另加 200mm；无顶棚者算至屋架下弦底面另加 300mm（图 8-28）；出檐宽度超过 600mm 时，应按实砌高度计算；平屋面算至钢筋混凝土板底（图 8-29）。

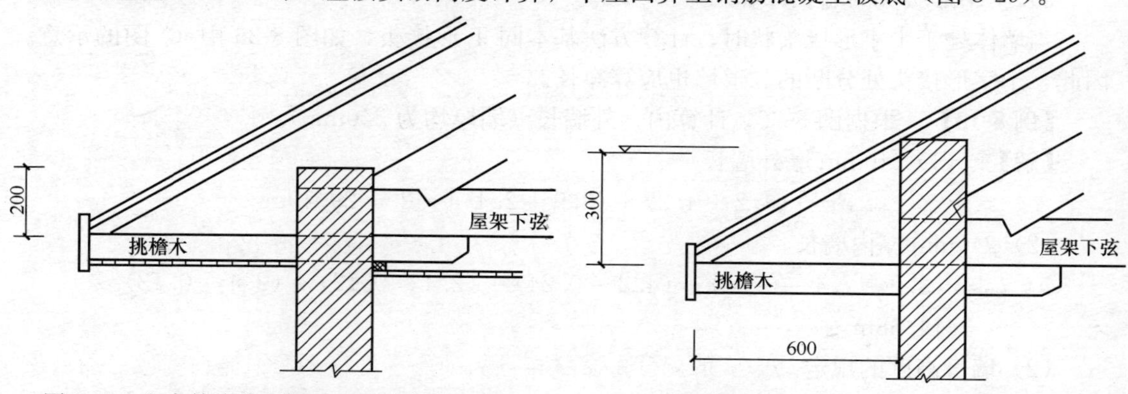

图 8-27　室内外均有顶棚时，外墙高度示意图　　图 8-28　有屋架，无顶棚时，外墙高度示意图

2）内墙墙身高度。

内墙位于屋架下弦者，其高度算至屋架底；无屋架者，算至顶棚底另加100mm；有钢筋混凝土楼板隔层者，算至板底；有框架梁时，算至梁底面。

3）内、外山墙墙身高度，按其平均高计算（图 8-30、图 8-31）。

（3）框架间砌体，分别以内外墙框架间的净空面积（图 8-32）乘以墙厚计算。框架外表镶贴砖部分亦并入框架间砌体工程量内计算。

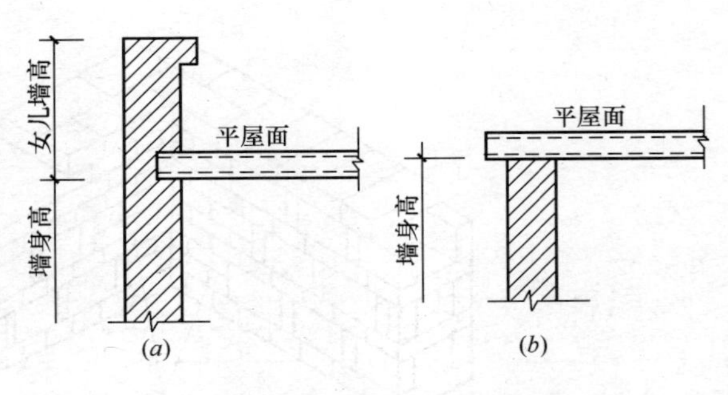

图 8-29 平屋面外墙墙身高度示意图

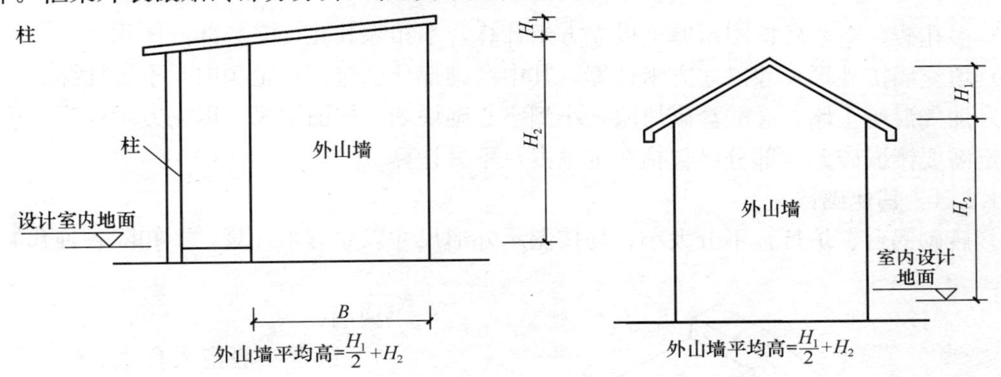

图 8-30 一坡水屋面外山墙墙身高度示意图　　图 8-31 二坡水屋面外山墙墙身高度示意图

（4）空花墙按空花部分外形体积以立方米计算，空花部分不予扣除，其中实体部分另行计算（图 8-33）。

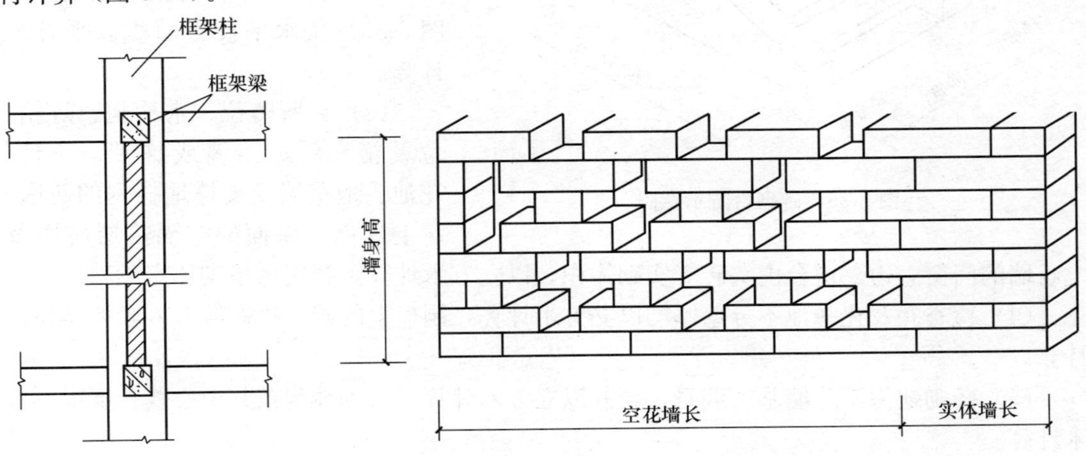

图8-32 有框架梁时的墙身高度示意图　　图 8-33 空花墙与实体墙划分示意图

（5）空斗墙按外形尺寸以立方米计算，墙角、内外墙交接处、门窗洞口立边、窗台砖及屋檐处的实砌部分已包括在定额内，不另行计算，但窗间墙、窗台下、楼板下、梁头下等实砌部分，应另行计算，套零星砌体定额项目（图 8-34）。

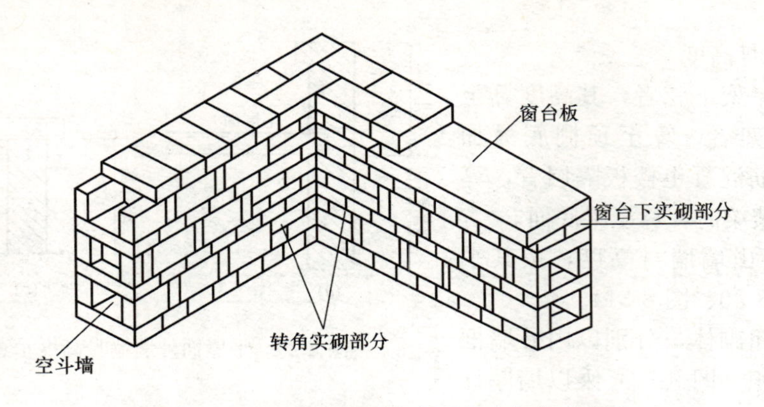

图 8-34　空斗墙转角及窗台下实砌部分示意图

(6) 多孔砖、空心砖按图示厚度以立方米计算，不扣除其孔、空心部分体积。

(7) 填充墙按外形尺寸以立方米计算，其中实砌部分已包括在定额内，不另计算。

(8) 加气混凝土墙、硅酸盐砌块墙、小型空心砌块墙，按图示尺寸以立方米计算，按设计规定需要镶嵌砖砌体部分已包括在定额内，不另计算。

8.1.3.4　其他砌体

(1) 砖砌锅台、炉灶，不分大小，均按图示外形尺寸以立方米计算，不扣除各种孔洞的体积。

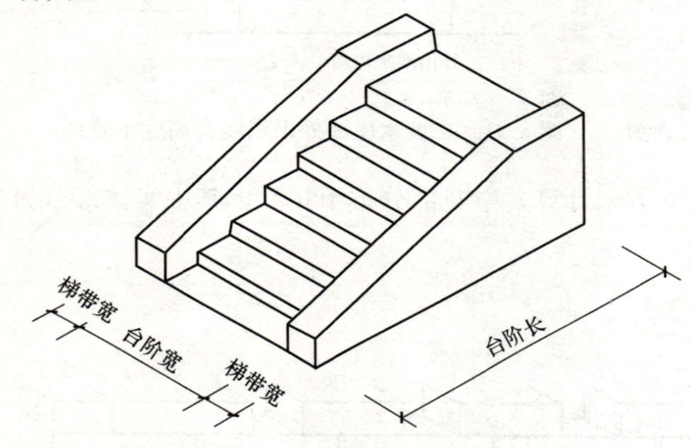

图 8-35　砖砌台阶示意图

说明：

1) 锅台一般指大食堂、餐厅里用的锅灶。

2) 炉灶一般指住宅里每户用的灶台。

(2) 砖砌台阶（不包括梯带，图 8-35）按水平投影面积以平方米计算。

(3) 厕所蹲位、水槽腿、灯箱、垃圾箱、台阶挡墙或梯带、花台、花池、地垄墙及支撑地楞木的砖墩、房上烟囱、屋面架空隔热层砖墩及毛石墙的门窗立边、窗台虎头砖等实砌体积，以立方米计算，套用零星砌体定额项目。

(4) 检查井及化粪池不分壁厚均以立方米计算，洞口上的砖平拱碹等并入砌体体积内计算。

(5) 砖砌地沟不分墙基、墙身，合并以立方米计算。石砌地沟按其中心线长度以延长米计算。

8.1.4　混凝土及钢筋混凝土工程量计算

8.1.4.1　现浇混凝土及钢筋混凝土模板工程量

(1) 现浇混凝土及钢筋混凝土模板工程量，除另有规定者外，均应区别模板的不同材质，按混凝土与模板接触面积以平方米计算。

说明：除了底面有垫层、构件（侧面有构件）及上表面不需支撑模板外，其余各个方向的面均应计算模板接触面积。

(2) 现浇钢筋混凝土柱、梁、板、墙的支模高度（即室外地坪至板底或板面至板底之间的高度）以 3.6m 以内为准，超过 3.6m 以上部分，另按超过部分计算增加支撑工程量（图 8-36)。

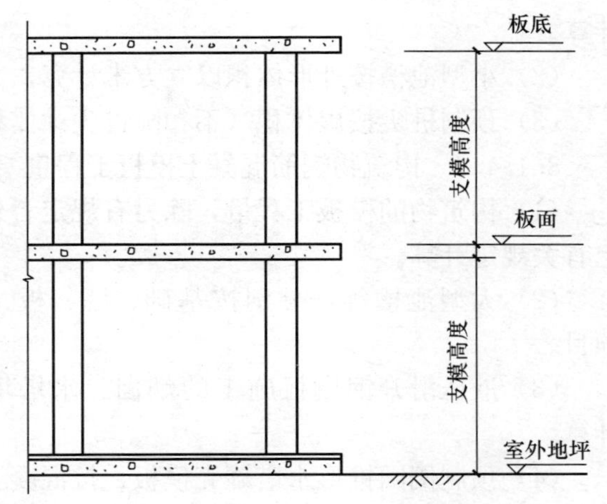

图 8-36　支模高度示意图

(3) 现浇钢筋混凝土墙、板上单孔面积在 $0.3m^2$ 以内的孔洞，不予扣除，洞侧壁模板亦不增加；单孔面积在 $0.3m^2$ 以外时，应予扣除，洞侧壁模板面积并入墙、板模板工程量内计算。

(4) 现浇钢筋混凝土框架的模板，分别按梁、板、柱、墙有关规定计算，附墙柱并入墙内工程量计算。

(5) 杯形基础杯口高度大于杯口大边长度的，套高杯基础模板定额项目。

(6) 柱与梁、柱与墙、梁与梁等连接的重叠部分以及伸入墙内的梁头、板头部分，均不计算模板面积。

(7) 构造柱外露面均应按图示外露部分计算模板面积，构造柱与墙接触部分不计算模板面积（图 8-37)。

(8) 现浇钢筋混凝土悬挑板（雨篷、阳台），按图示外挑部分尺寸的水平投影面积计算模板面积。挑出墙外的牛腿梁及板边模板不另计算。

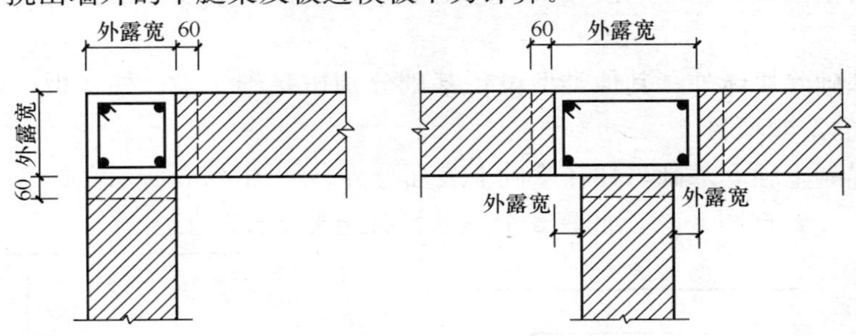

图 8-37　构造柱外露宽需支模示意图

说明："挑出墙外的牛腿梁及板边模板"在实际施工时需支模板，为了简化工程量计算，在编制该项定额时已经将该因素考虑在定额消耗内，所以工程量就不单独计算了。

(9) 现浇钢筋混凝土楼梯，以图示露明面尺寸的水平投影面积计算，不扣除小于 500mm 的楼梯井所占面积。楼梯的踏步、踏步板、平台梁等侧面模板，不另计算。

(10) 混凝土台阶不包括梯带，按图示台阶尺寸的水平投影面积计算，台阶端头两侧不另计算模板面积。

(11) 现浇混凝土小型池槽，按构件外围体积计算，池槽内、外侧及底部的模板不另计算。

8.1.4.2　预制钢筋混凝土构件模板工程量

（1）预制钢筋混凝土模板工程量，除另有规定者外，均按混凝土实体体积以立方米计算。

（2）小型池槽按外形体积以立方米计算。

（3）预制桩尖按虚体积（不扣除桩尖虚体积部分）计算。

8.1.4.3　构筑物钢筋混凝土模板工程量

（1）构筑物的模板工程量，除另有规定者外，区别现浇、预制和构件类别，分别按以上有关规定计算。

（2）大型池槽等，分别按基础、墙、板、梁、柱等有关规定计算，并套相应定额项目。

（3）液压滑升钢模板施工的烟囱、水塔塔身、贮仓等，均按混凝土体积以立方米计算。

（4）预制倒圆锥形水塔罐壳模板，按混凝土体积以立方米计算。

（5）预制倒圆锥形水塔罐壳组装、提升、就位，按不同容积以座计算。

8.1.4.4　现浇混凝土工程量

（1）计算规定

混凝土工程量，除另有规定者外，均按图示尺寸实体体积以立方米计算。不扣除构件内钢筋、预埋铁件及墙、板中 $0.3m^2$ 以内的孔洞所占体积。

（2）基础

1）有肋带形混凝土基础，其肋高与肋宽之比在 4∶1 以内的，按有肋带形基础计算；超过 4∶1 时，其基础底板按板式基础计算，以上部分按墙计算。

2）箱式满堂基础，应分别按无梁式满堂基础、柱、墙、梁、板有关规定计算，套相应定额项目。

3）设备基础除块体外，其他类型设备基础分别按基础、梁、柱、板、墙等有关规定计算，套相应的定额项目。

4）钢筋混凝土独立基础与柱在基础上表面分界，如图 8-38 所示。

【例 8-14】　根据图 8-38，计算 3 个钢筋混凝土独立柱基工程量。

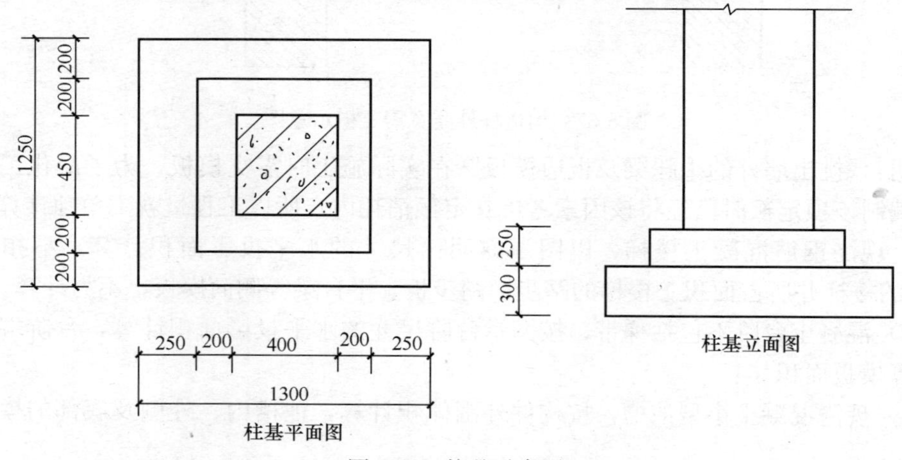

图 8-38　柱基示意图

【解】 $V=[1.30\times1.25\times0.30+(0.2+0.4+0.2)\times(0.2+0.45+0.2)\times0.25]\times3$(个)

$=(0.488+0.170)\times3=1.97\text{m}^3$

5）现浇钢筋混凝土杯形基础（图 8-39）的工程量分 4 个部分计算：①底部立方体；②中部棱台体；③上部立方体；④最后扣除杯口空心棱台体。

【例 8-15】 根据图 8-39，计算现浇钢筋混凝土杯形基础工程量。

【解】 $V=$下部立方体＋中部棱台体＋上部立方体－杯口空心棱台体

$$=1.65\times1.75\times0.30+\frac{1}{3}\times0.15\times[1.65\times1.75+0.95\times1.05+\sqrt{(1.65\times1.75)\times(0.95\times1.05)}]+0.95\times1.05\times0.35-\frac{1}{3}\times(0.8-0.2)\times[0.4\times0.5+0.55\times0.65+\sqrt{(0.4\times0.5)\times(0.55\times0.65)}]$$

$$=0.866+0.279+0.349-0.165=1.33\text{m}^3$$

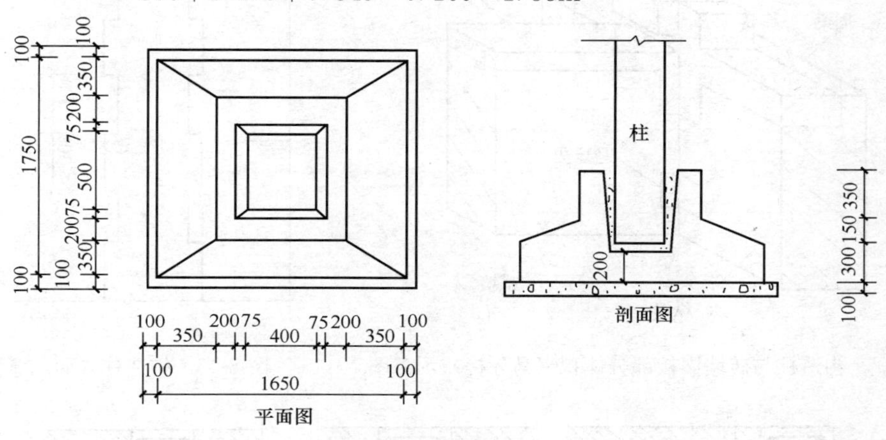

图 8-39 杯形基础

（3）柱

柱按图示断面尺寸乘以柱高以立方米计算。柱高按下列规定确定：

1）有梁板的柱高（图 8-40），应自柱基上表面（或楼板上表面）至柱顶高度计算。

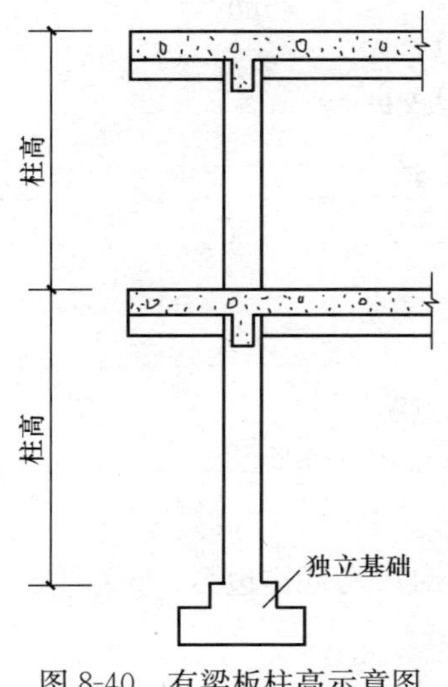

图 8-40 有梁板柱高示意图

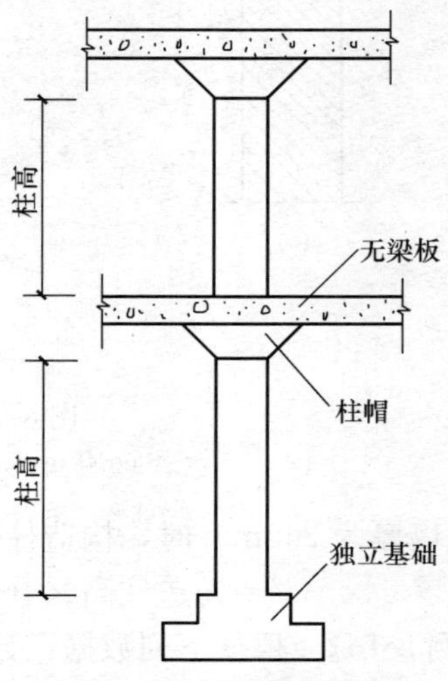

图 8-41 无梁板柱高示意图

2）无梁板的柱高（图 8-41），应自柱基上表面（或楼板上表面）至柱帽下表面之间的高度计算。

3）框架柱的柱高应自柱基上表面至柱顶高度计算。

4）依附柱上的牛腿，并入柱身体积计算。

5）构造柱按全高计算，与砖墙嵌接部分的体积并入柱身体积内计算。

构造柱的形状、尺寸示意图，如图 8-42～图 8-44 所示。

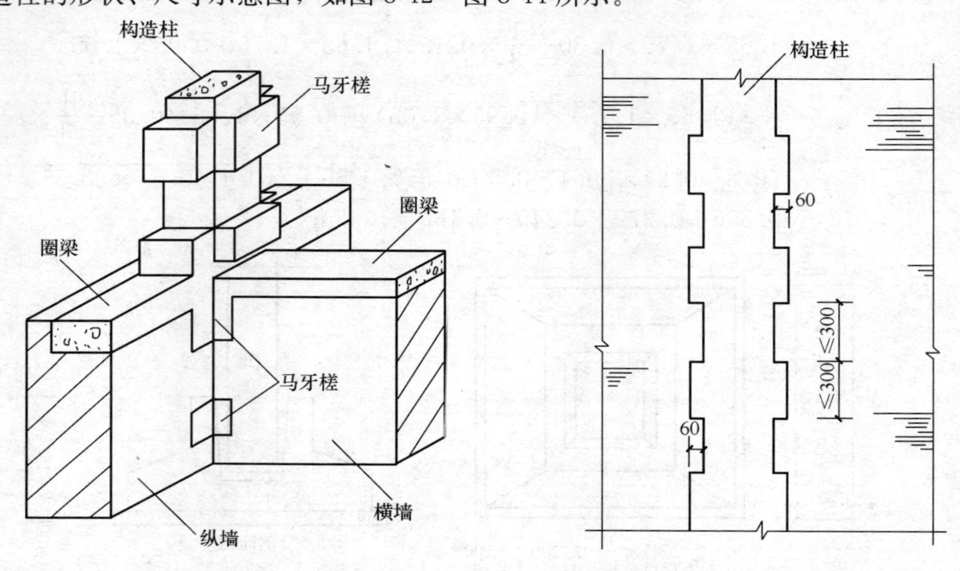

图 8-42　构造柱与砖墙嵌接部分体积（马牙槎）示意图　　图 8-43　构造柱立面示意图

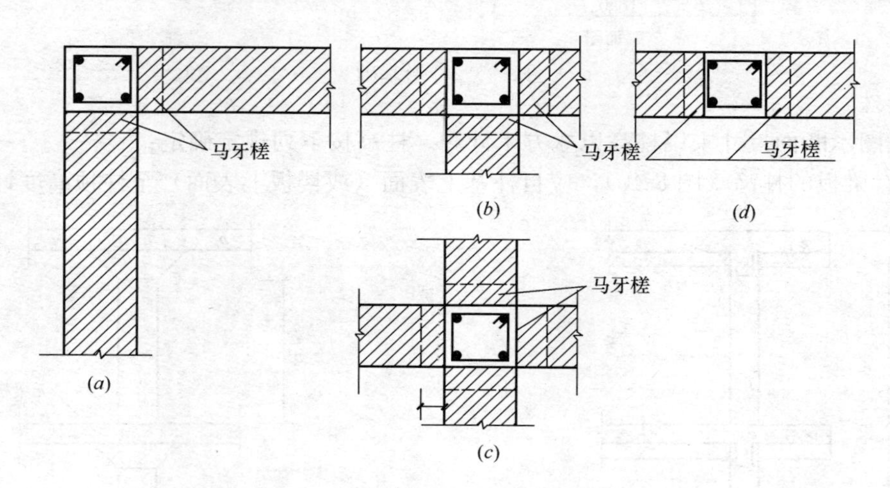

图 8-44　不同平面形状构造柱示意图

(a) 90°转角；(b) T 形接头；(c) 十字形接头；(d) 一字形

当墙厚为 240mm 时，构造柱体积计算公式：

$$V=构造柱高\times(0.24\times0.24+0.03\times0.24\times马牙槎边数)$$

【例 8-16】 根据下列数据，计算构造柱体积。

(1) 90°转角：墙厚 240mm，柱高 12.0m；

（2）T形接头：墙厚240mm，柱高15.0m；

（3）十字形接头：墙厚365mm，柱高18.0m；

（4）一字形：墙厚240mm，柱高9.5m。

【解】（1）90°转角

$$V=12.0\times(0.24\times0.24+0.03\times0.24\times2)=0.864\text{m}^3$$

（2）T形接头

$$V=15.0\times(0.24\times0.24+0.03\times0.24\times3)=1.188\text{m}^3$$

（3）十字形接头

$$V=18.0\times(0.365\times0.365+0.03\times0.365\times4)=3.186\text{m}^3$$

（4）一字形

$$V=9.5\times(0.24\times0.24+0.03\times0.24\times2)=0.684\text{m}^3$$

小计：$0.864+1.188+3.186+0.684=5.92\text{m}^3$

（4）梁

梁按图示断面尺寸乘以梁长以立方米计算，梁长按下列规定确定：

1）梁与柱连接时，梁长算至柱侧面。

2）主梁与次梁连接时，次梁长算至主梁侧面。

3）伸入墙内梁头、梁垫体积并入梁体积内计算。

（5）板

现浇板按图示面积乘以板厚以立方米计算。

1）有梁板包括主、次梁与板，按梁板体积之和计算。

2）无梁板按板和柱帽体积之和计算。

3）平板按板实体积计算。

4）现浇挑檐、檐沟与板（包括屋面板、楼板）连接时，以外墙为分界线，与圈梁（包括其他梁）连接时，以梁外边线为分界线，外墙边线以外或梁外边线以外为挑檐、檐沟（图8-45）。

5）各类板伸入墙内的板头并入板体积内计算。

（6）墙

现浇钢筋混凝土墙，按图示中心线长度乘以墙高及厚度以立方米计算。应扣除门窗洞口及0.3m^2以外孔洞的体积，墙垛及凸出部分并入墙体积内计算。

（7）整体楼梯

现浇钢筋混凝土整体楼梯，包括休息平台、平台梁、斜梁及楼梯的连接梁，按水平投影面积计算，不扣除宽度小于500mm的楼梯井，伸入墙内部分不另增加。

说明：平台梁、斜梁比楼梯板厚，好像少算了；不扣除宽度小于500mm的楼梯井，好像多算了；伸入墙内部分不另增加等等。这些因素在编制定额时已经作了综合考虑。

【例8-17】 某工程现浇钢筋混凝土楼梯（图8-46）包括休息平台至平台梁，试计算该楼梯工程量（建筑物4层，共3层楼梯）。

【解】
$$\begin{aligned}S&=(1.23+0.50+1.23)\times(1.23+3.00+0.20)\times3\\&=2.96\times4.43\times3=13.113\times3=39.34\text{m}^2\end{aligned}$$

（8）阳台、雨篷（悬挑板）

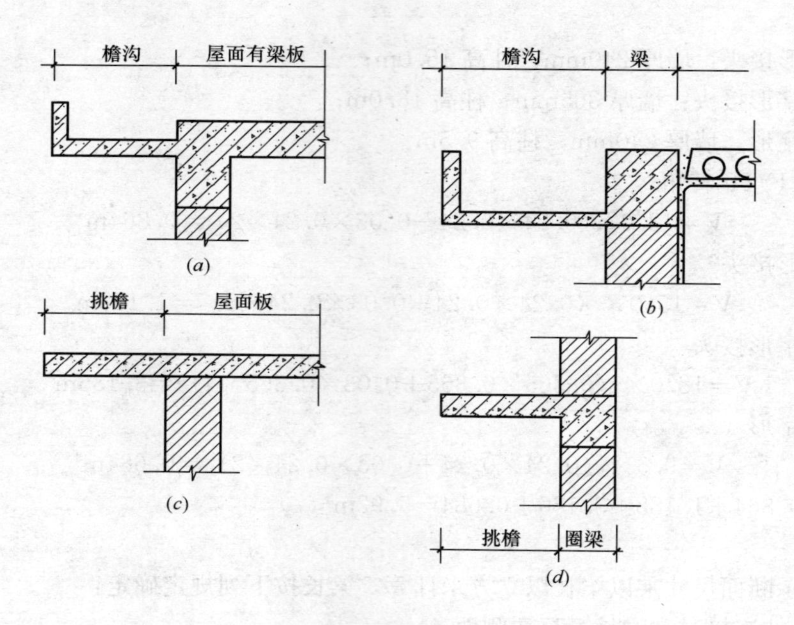

图 8-45　现浇挑檐檐沟与板、梁划分

（*a*）屋面檐沟；（*b*）屋面檐沟；（*c*）屋面挑檐；（*d*）挑檐

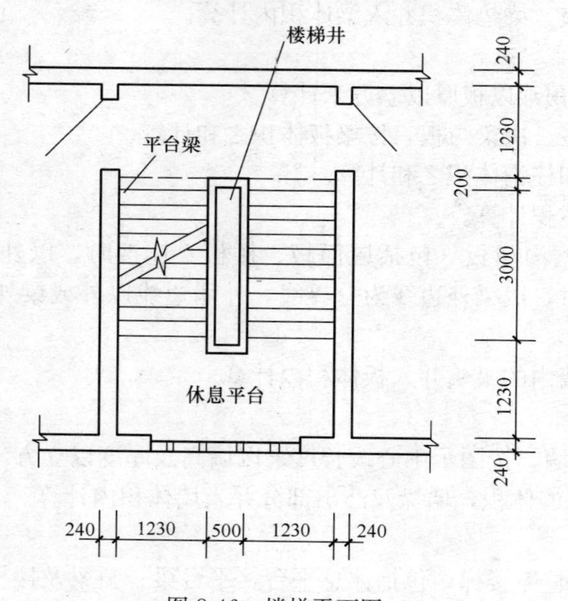

图 8-46　楼梯平面图

阳台、雨篷（悬挑板），按伸出外墙的水平投影面积计算，伸出外墙的牛腿不另计算。带反挑檐的雨篷按展开面积并入雨篷内计算（图 8-47、图 8-48）。

（9）栏杆、栏板

栏杆按净长度以延长米计算，伸入墙内的长度已综合在定额内。栏板以立方米计算，伸入墙内的栏板合并计算。

（10）现浇板缝

预制板补现浇板缝时，按平板计算。

(11) 现浇接头

预制钢筋混凝土框架柱现浇接头（包括梁接头）按设计规定断面和长度以立方米计算。

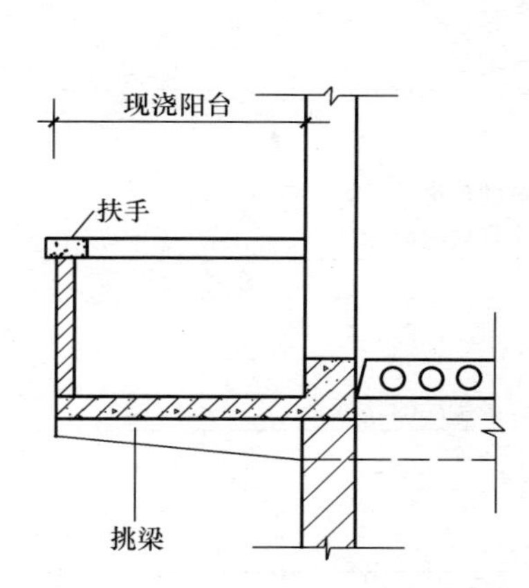

图 8-47　有现浇挑梁的现浇阳台

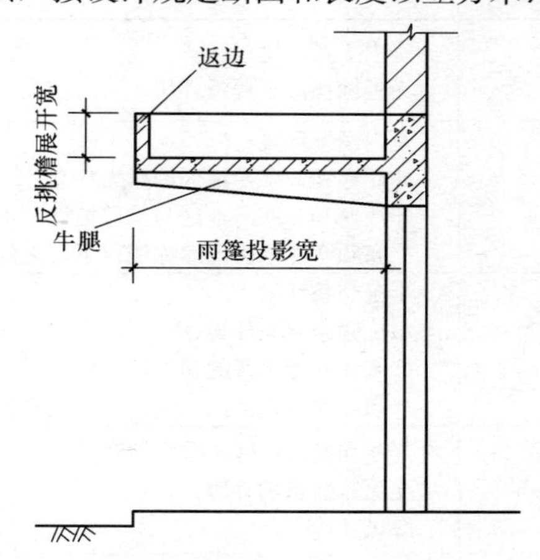

图 8-48　带反挑檐雨篷示意图

8.1.4.5　预制混凝土工程量

预制混凝土工程量均按图示尺寸实体体积以立方米计算，不扣除构件内钢筋、铁件及小于 300mm×30mm 以内孔洞面积。

8.1.5　钢筋工程量

(1) 钢筋工程量有关规定

1) 钢筋工程，应区别现浇、预制构件、不同钢种和规格，分别按设计长度乘以单位重量，以吨计算。

2) 计算钢筋工程量时，设计已规定钢筋搭接长度的，按规定搭接长度计算；设计未规定搭接长度的，已包括在钢筋的损耗率内，不另计算搭接长度。

(2) 钢筋长度的确定

钢筋长＝构件长－保护层厚度×2＋弯钩长×2＋弯起钢筋增加值（ΔL）×2

1) 钢筋的混凝土保护层受力钢筋的混凝土保护层，应符合设计要求；当设计无具体要求时，不应小于受力钢筋直径，并应符合表 8-7 的要求。

混凝土保护层的最小厚度（mm）　　**表 8-7**

环境类别	板、墙	梁、柱
一	15	20
二 a	20	25
二 b	25	35
三 a	30	40
三 b	40	50

注：1. 表中混凝土保护层厚度指最外层钢筋外边缘至混凝土表面的距离，适用于设计使用年限为 50 年的混凝土结构。

2. 构件中受力钢筋的保护层厚度不应小于钢筋的公称直径。

3. 设计使用年限为 100 年的混凝土结构，一类环境中，最外层钢筋的保护层厚度不应小于表中数值的 1.4 倍；二、三类环境中，应采取专门的有效措施。

4. 混凝土强度等级不大于 C25 时，表中保护层厚度数值应增加 5。

5. 基础底面钢筋的保护层厚度，有混凝土垫层时应从垫层顶面算起，且不应小于 40mm。

混凝土结构的环境类别 表 8-8

环境类别	条 件
一	室内干燥环境； 无侵蚀性静水浸没环境
二 a	室内潮湿环境； 非严寒和非寒冷地区的露天环境； 非严寒和非寒冷地区与无侵蚀性的水或土壤直接接触的环境； 严寒和寒冷地区的冰冻线以下与无侵蚀性的水或土壤直接接触的环境
二 b	干湿交替环境； 水位频繁变动环境； 严寒和寒冷地区的露天环境； 严寒和寒冷地区冰冻线以上与无侵蚀性的水或土壤直接接触的环境
三 a	严寒和寒冷地区冬季水位变动区环境； 受除冰盐影响环境； 海风环境
三 b	盐渍土环境； 受除冰盐作用环境； 海岸环境
四	海水环境
五	受人为或自然的侵蚀性物质影响的环境

注：1. 室内潮湿环境是指构件表面经常处于结露或湿润状态的环境。

2. 严寒和寒冷地区的划分应符合现行国家标准《民用建筑热工设计规范》GB 50176 的有关规定。

3. 海岸环境和海风环境宜根据当地情况，考虑主导风向及结构所处迎风、背风部位等因素的影响，由调查研究和工程经验确定。

4. 受除冰盐影响环境是指受到除冰盐盐雾影响的环境；受除冰盐作用环境是指被除冰盐溶液溅射的环境以及使用除冰盐地区的洗车房、停车楼等建筑。

5. 暴露的环境是指混凝土结构表面所处的环境。

2）纵向钢筋弯钩长度计算

HPB300 级钢筋末端需要做 180°弯钩时，其圆弧弯曲直径 D 不应小于钢筋直径 d 的 2.5 倍，平直部分长度不宜小于钢筋直径 d 的 3 倍；HRB335 级、HRB400 级钢筋的弯弧内直径不应小于钢筋直径的 4 倍，弯钩的弯后平直部分应符合设计要求。

① 钢筋弯钩增加长度基本公式

$$L_{\mathrm{x}}=\left(\frac{n}{2}d+\frac{d}{2}\right)\pi\times\frac{x}{180°}+zd-\left(\frac{n}{2}d+d\right)$$

式中：L——钢筋弯钩增加长度（mm）；

n——弯钩弯心直径的倍数值；

d——钢筋直径（mm）；

x——弯钩角度；

z——以 d 为基础的弯钩末端平直长度系数（mm）。

② 纵向钢筋 180°弯钩增加长度（当弯心直径＝2.5d，z＝3 时）

根据图 8-49 和基本公式计算 180°弯钩增加长度：

$$L_{180}=\left(\frac{2.5}{2}d+\frac{d}{2}\right)\pi\times\frac{180°}{180°}+3d-\left(\frac{2.5}{2}d+d\right)$$

$= 1.75d\pi \times 1 + 3d - 2.25d$

$= 5.498d + 0.75d$

$= 6.248d = 6.25d$(取值)

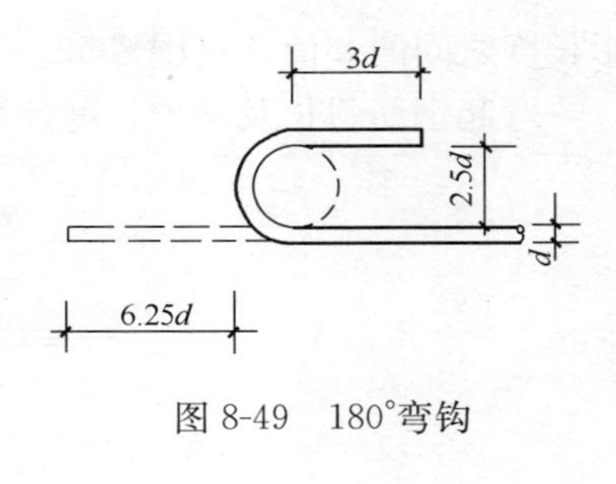

图 8-49　180°弯钩

③ 纵向钢筋 90°弯钩（当弯心直径=4d，z=12 时）

根据图 8-50（a）和基本公式计算 90°弯钩增加长度：

$$L_{90} = \left(\frac{4}{2}d + \frac{d}{2}\right)\pi \times \frac{90}{180^{\circ}} + 12d - \left(\frac{4}{2}d + d\right)$$

$$= 2.5d\pi \times \frac{1}{2} + 12d - 3d$$

$$= 3.927d + 9d$$

$= 12.93d$(取值)

④ 纵向钢筋 135°弯钩（当弯心直径=4d，z=5 时）

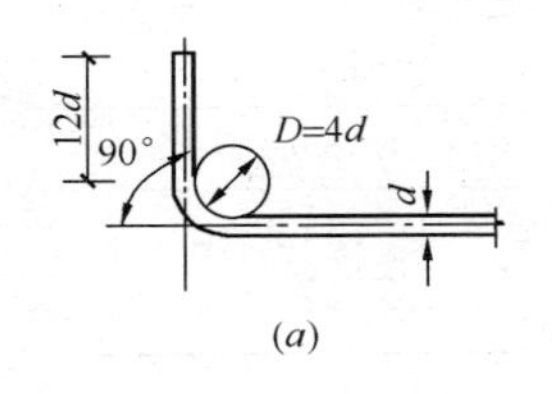

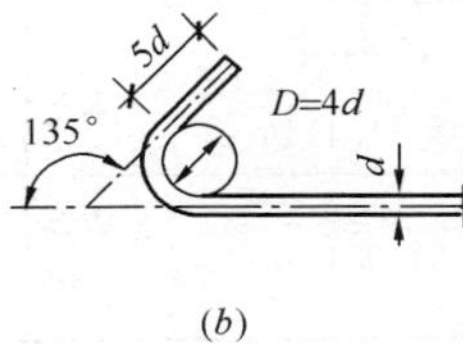

(a)　　(b)

图 8-50　90°、135°弯钩

（a）末端带 90°弯钩；（b）末端带 135°弯钩

根据图 8-50（a）和基本公式计算 90°弯钩增加长度：

$$L_{135} = \left(\frac{4}{2}d + \frac{d}{2}\right)\pi \times \frac{135^{\circ}}{180^{\circ}} + 5d - \left(\frac{4}{2}d + d\right)$$

$$= 2.5d\pi \times 0.75 + 5d - 3d$$

$$= 5.891d + 2d$$

$= 7.89d$(取值)

3）箍筋弯钩

箍筋的末端应作弯钩，弯钩形式应符合设计要求。当设计无具体要求时，用 HPB300 级钢筋或冷拔低碳钢丝制作的箍筋，其弯钩的弯曲直径应大于受力钢筋直径，且不小于箍筋直径的 2.5 倍；弯钩平直部分的长度，对一般结构，不宜小于箍筋直径的 5 倍；对有抗震要求的结构，不应小于箍筋直径的 10 倍。（见图 8-51）

① 箍筋 135°弯钩（当弯心直径=2.5d，z=5 时）

根据图 8-51 和基本公式计算 135°弯钩增加长度：

$$L_{135} = \left(\frac{2.5}{2}d + \frac{d}{2}\right)\pi \times \frac{135^{\circ}}{180^{\circ}} + 5d - \left(\frac{2.5}{2}d + d\right)$$

$$= 1.75d\pi \times 0.75 + 5d - 2.25d$$

$$= 4.123d + 2.75d$$

$= 6.873d = 6.87d$(取值)

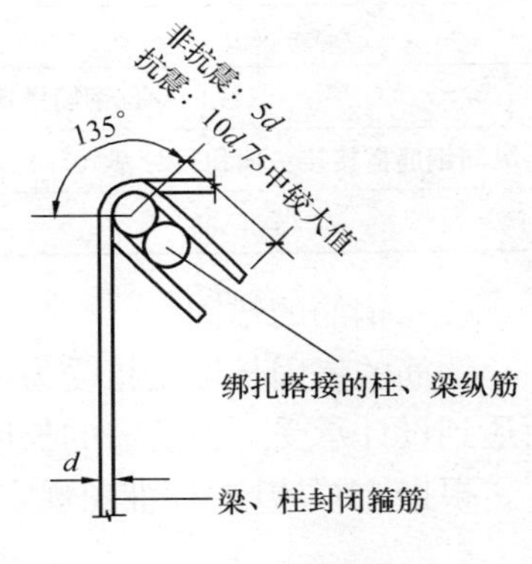

图 8-51　箍筋弯钩

② 箍筋 135°弯钩（当弯心直径=2.5d，z=10 时）

根据图 8-51 和基本公式计算 135°弯钩增加长度：

$$L_{135} = \left(\frac{2.5}{2}d + \frac{d}{2}\right)\pi \times \frac{135^{\circ}}{180^{\circ}} + 10d - \left(\frac{2.5}{2}d + d\right)$$

$$= 1.75d\pi \times 0.75 + 10d - 2.25d$$

$$= 4.123d + 7.75d$$

$= 11.873d = 11.89d$(取值)

4）弯起钢筋增加长度

弯起钢筋的弯起角度，一般有 30°、45°、60°三种，其弯起增加值是指斜长与水平投影长度之间的差值，见图 8-52。

弯起钢筋斜长及增加长度计算方法见表 8-9。

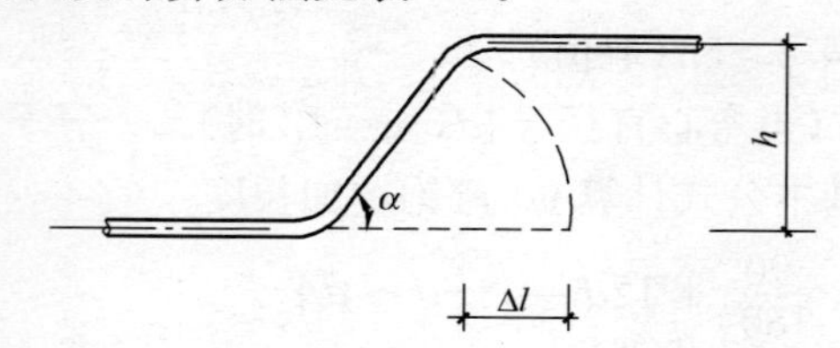

图 8-52　弯起钢筋增加长度示意图

弯起钢筋斜长及增加长度计算表　　**表 8-9**

形　状		S, h, 30°, L	S, h, 45°, L	S, h, 60°, L
计算方法	斜边长 S	$2h$	$1.414h$	$1.155h$
	增加长度 $S-L=\Delta l$	$0.268h$	$0.414h$	$0.577h$

5）钢筋的绑扎接头

按《混凝土结构设计规范》GB 50010—2010 规定，纵向受拉钢筋的绑扎搭接接头的搭接长度，应根据位于同一连接区段内的钢筋搭接接头面积百分率，且不应小于 300mm，按表中规定计算。

纵向受拉钢筋绑扎搭接长度 l_l、l_{lE}			
抗　震	非抗震		
$l_{lE}=\zeta_l l_{aE}$	$l_l=\zeta_l l_a$		
纵向受拉钢筋搭接长度修正系数 ζ_l			
纵向钢筋搭接接头面积百分率（%）	≤25	50	100
ζ_l	1.2	1.4	1.6

注：

1. 当直径不同的钢筋搭接时，l_l、l_{lE}按直径较小的钢筋计算。
2. 任何情况下不应小于 300mm。
3. 式中 ζ_l 为纵向受拉钢筋搭接长度修正系数。当纵向钢筋搭接接头百分率为表的中间值时，可按内插取值

（3）钢筋的锚固

钢筋的锚固长度是指受力钢筋依靠其表面与混凝土的粘结作用或端部构造的挤压作用而达到设计承受应力所需的长度。

根据 11G101-1 标准图规定，钢筋的锚固长度应按表 8-10 和表 8-11 要求计算。

受拉钢筋基本锚固长度 l_{ab}、l_{abE}　　**表 8-10**

钢筋种类	抗震等级	混凝土强度等级								
		C20	C25	C30	C35	C40	C45	C50	C55	≥C60
HPB300	一、二级（l_{abE}）	$45d$	$39d$	$35d$	$32d$	$29d$	$28d$	$26d$	$25d$	$24d$
	三级（l_{abE}）	$41d$	$36d$	$32d$	$29d$	$26d$	$25d$	$24d$	$23d$	$22d$
	四级（l_{abE}） 非抗震（l_{ab}）	$39d$	$34d$	$30d$	$28d$	$25d$	$24d$	$23d$	$22d$	$21d$

续表

钢筋种类	抗震等级	混凝土强度等级								
		C20	C25	C30	C35	C40	C45	C50	C55	≥C60
HRB335 HRBF335	一、二级（l_{abE}）	44d	38d	33d	31d	29d	26d	25d	24d	24d
	三级（l_{abE}）	40d	35d	31d	28d	26d	24d	23d	22d	22d
	四级（l_{abE}） 非抗震（l_{ab}）	38d	33d	29d	27d	25d	23d	22d	21d	21d
HRB400 HRBF400 RRB400	一、二级（l_{abE}）	—	46d	40d	37d	33d	32d	31d	30d	29d
	三级（l_{abE}）	—	42d	37d	34d	30d	29d	28d	27d	26d
	四级（l_{abE}） 非抗震（l_{ab}）	—	40d	35d	32d	29d	28d	27d	26d	25d
HRB500 HRBF500	一、二级（l_{abE}）	—	55d	49d	45d	41d	39d	37d	36d	35d
	三级（l_{abE}）	—	50d	45d	41d	38d	36d	34d	33d	32d
	四级（l_{abE}） 非抗震（l_{ab}）	—	48d	43d	39d	36d	34d	32d	31d	30d

受拉钢筋锚固长度 l_a、抗震锚固长度 l_{aE} **表 8-11**

非抗震	抗震	注： 1. l_a 不应小于 200。 2. 锚固长度修正系数 ζ_a 按右表取用，当多于一项时，可按连乘计算，但不应小于 0.6。 3. ζ_{aE}为抗震锚固长度修正系数，对一、二级抗震等级取 1.15，对三级抗震等级取 1.05，对四级抗震等级取 1.00。
$l_a=\zeta_a l_{ab}$	$l_{aE}=\zeta_{aE} l_a$	

受拉钢筋锚固长度修正系数 ζ_a **表 8-12**

锚固条件		ζ_a	
带肋钢筋的公称直径大于 25		1.10	—
环氧树脂涂层带肋钢筋		1.25	
施工过程中易受扰动的钢筋		1.10	
锚固区保护层厚度	3d	0.80	注：中间时按内插值，d 为锚固钢筋直径。
	5d	0.70	

（4）钢筋重量计算

1）钢筋理论重量

钢筋理论重量＝钢筋长度×每米重量

式中　每米重量＝0.006165d^2（kg/m）；

d——以毫米为单位的钢筋直径。

2）钢筋工程量

钢筋工程量＝钢筋分规格长×分规格每米重量

8.1.6　门窗及木结构工程量计算

8.1.6.1　一般规定

各类门窗制作、安装工程量，均按门窗洞口面积计算。

(1) 门窗盖口条、贴脸、披水条，按图示尺寸以延长米计算，执行木装修项目（图8-53）。

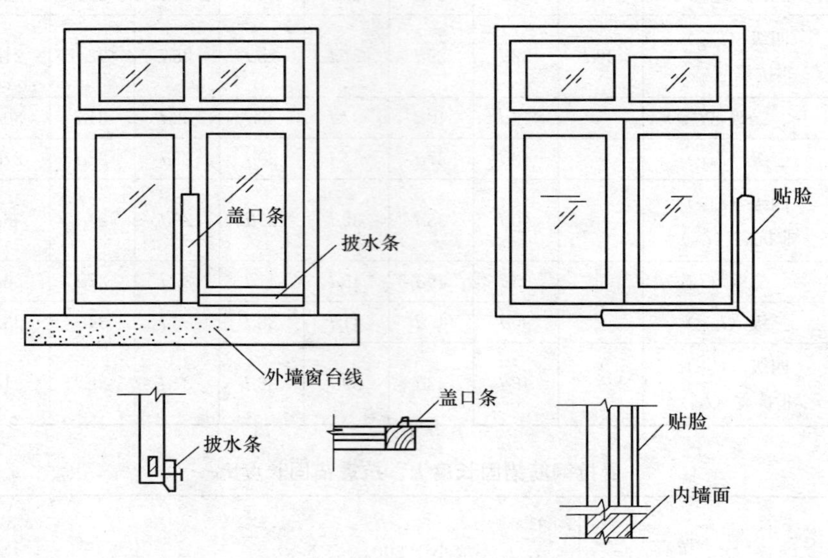

图 8-53　门窗盖口条、贴脸、披水条示意图

(2) 普通窗上部带有半圆窗的工程量，应分别按半圆窗和普通窗计算，以普通窗和半圆窗之间的横框上裁口线为分界线。

(3) 镀锌薄钢板、钉橡皮条、钉毛毡，按图示门窗洞口尺寸以延长米计算。

8.1.6.2　铝合金门窗等

铝合金门窗制作，铝合金门窗、不锈钢门窗、彩板组角钢门窗、塑料门窗、钢门窗安装，均按设计门窗洞口面积计算。

8.1.6.3　卷闸门

卷闸门安装按洞口高度增加 600mm 乘以门实际宽度以平方米计算（图 8-54）。电动装置安装以套计算，小门安装以个计算。

【例 8-18】 根据图 8-54 图示尺寸计算卷闸门工程量。

【解】 $S=3.20\times(3.60+0.60)=3.20\times4.20=13.44\text{m}^2$

8.1.7　楼地面工程量计算

8.1.7.1　垫层

地面垫层按室内主墙间净空面积乘以设计厚度以立方米计算。应扣除凸出地面的构筑物、设备基础、室内铁道、地沟等所占体积，不扣除柱、垛、间壁墙、附墙烟囱及面积在 0.3m^2 以内孔洞所占体积。

说明：

1) 不扣除间壁墙是因为间壁墙是在地面完成后再做，所以不扣除；不扣除柱、垛及不增加门洞开口部分，是一种综合计算方法。

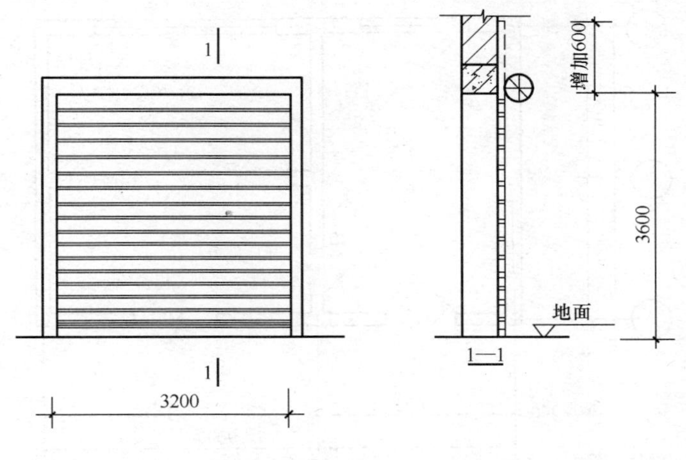

图 8-54　卷闸门示意图

2）凸出地面的构筑物、设备基础等，是先做好后再做室内地面垫层，所以要扣除所占体积。

8.1.7.2　整体面层、找平层

整体面层、找平层均按主墙间净空面积以平方米计算。应扣除凸出地面的构筑物、设备基础、室内铁道、地沟等所占面积，不扣除柱、垛、间壁墙、附墙烟囱及面积在 $0.3m^2$ 以内的孔洞所占面积，但门洞、空圈、暖气包槽、壁龛的开口部分亦不增加。

说明：

1）整体面层包括：水泥砂浆、水磨石、水泥豆石等。

2）找平层包括：水泥砂浆、细石混凝土等。

3）不扣除柱、垛、间壁墙等所占面积，不增加门洞、空圈、暖气包槽、壁龛的开口部分，各种面积经过正负抵消后就能确定定额用量，这是编制定额时采用的综合计算方法。

【例 8-19】 根据图 8-55 计算该建筑物的室内地面面层工程量。

【解】 室内地面面积＝建筑面积－墙结构面积

$$=9.24\times6.24-[(9+6)\times2+6-0.24+5.1-0.24]\times0.24$$

$$=57.66-40.62\times0.24$$

$$=57.66-9.75=47.91m^2$$

8.1.7.3　块料面层

块料面层，按图示尺寸实铺面积以平方米计算，门洞、空圈、暖气包槽和壁龛的开口部分的工程量并入相应的面层内计算。

说明：块料面层包括，大理石、花岗石、彩釉砖、缸砖、马赛克、木地板等。

【例 8-20】 根据图 8-55 和上例的数据，计算该建筑物室内花岗石地面工程量。

【解】 花岗石地面面积＝室内地面面积＋门洞开口部分面积

$$=47.91+(1.0+1.2+0.9+1.0)\times0.24$$

$$=47.91+0.98=48.89m^2$$

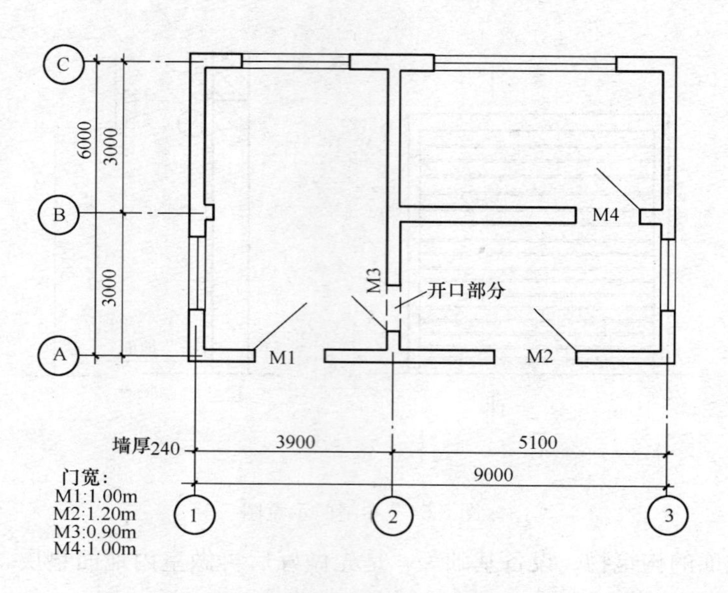

图 8-55　某工程建筑平面图

8.1.7.4　楼梯面层

楼梯面层(包括踏步、平台以及小于500mm宽的楼梯井)按水平投影面积计算。

【例 8-21】 根据图 8-46 楼梯平面图的尺寸计算水泥豆石浆楼梯间面层（只算一层）工程量。

【解】 水泥豆石浆楼梯间面层＝(1.23×2＋0.50)×(0.200＋1.23×2＋3.0)

＝2.96×5.66＝16.75m²

8.1.7.5　台阶面层

台阶面层(包括踏步及最上一层踏步沿300mm)按水平投影面积计算。

说明：台阶的整体面层和块料面层均按水平投影面积计算。这是因为定额已将台阶踢脚立面的工料综合到水平投影面积中了。

【例 8-22】 根据图 8-56，计算花岗石台阶面层工程量。

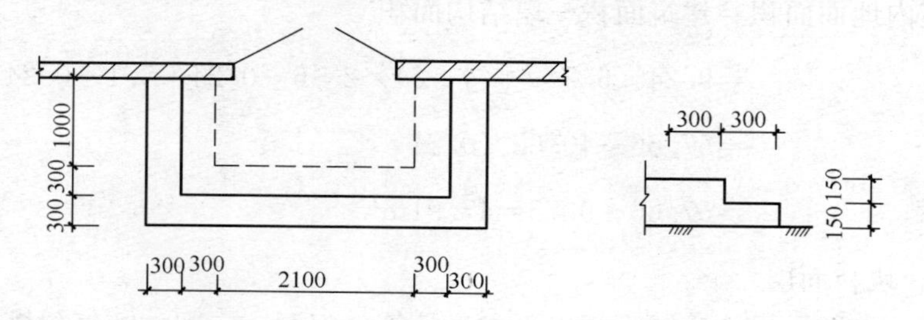

图 8-56　台阶示意图

【解】 花岗石台阶面层＝台阶中心线长×台阶宽

＝[(0.30×2＋2.1)＋(0.30＋1.0)×2]×(0.30×2)

＝5.30×0.6＝3.18m²

8.1.7.6　其他

(1) 踢脚板（线）按延长米计算，洞口、空圈长度不予扣除，洞口、空圈、垛、附墙烟囱等侧壁长度亦不增加。

【例 8-23】 根据图 8-55，计算各房间 150mm 高瓷砖踢脚线工程量。

【解】 瓷砖踢脚线

$L = \Sigma$ 房间净空周长

$= (6.0 - 0.24 + 3.9 - 0.24) \times 2 + (5.1 - 0.24 + 3.0 - 0.24) \times 2$

$+ (5.1 - 0.24 + 3.0 - 0.24) \times 2$

$= 18.84 + 15.24 \times 2 = 49.32\text{m}$

（2）散水、防滑坡道按图示尺寸以平方米计算。

散水面积计算公式：

$S_{散水} =$（外墙外边周长 + 散水宽 × 4）× 散水宽 − 坡道、台阶所占面积

【例 8-24】 根据图 8-57，计算散水工程量。

【解】 $S_{散水} = [(12.0 + 0.24 + 6.0 + 0.24) \times 2 + 0.80 \times 4] \times 0.80 - 2.50 \times 0.80 - 0.60 \times 1.50 \times 2$

$= 40.16 \times 0.80 - 3.80 = 28.33\text{m}^2$

【例 8-25】 根据图 8-57，计算防滑坡道工程量。

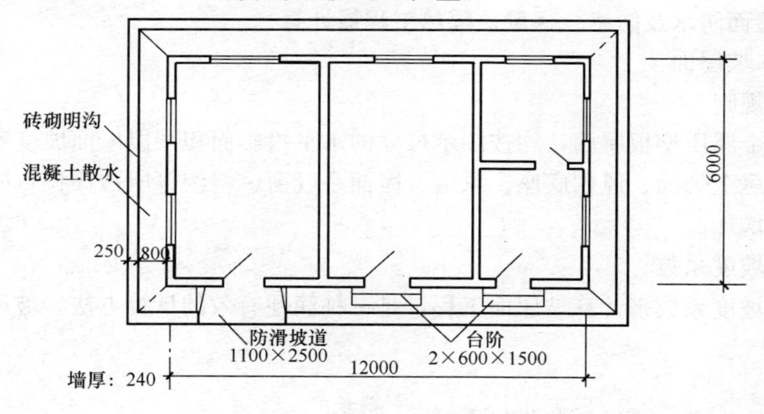

图 8-57 散水、防滑坡道、明沟、台阶示意图

【解】 $S_{坡道} = 1.10 \times 2.50 = 2.75\text{m}^2$

（3）栏杆、扶手包括弯头长度按延长米计算。

【例 8-26】 某大楼有等高的 8 跑楼梯，采用不锈钢管扶手栏杆，每跑楼梯高为 1.80m，每跑楼梯扶手水平长为 3.80m，扶手转弯处为 0.30m，最后一跑楼梯连接的安全栏杆水平长 1.55m，求该扶手栏杆工程量。

【解】 不锈钢扶手栏杆长 $= \sqrt{(1.80)^2 + (3.80)^2} \times 8$（跑）

$+ 0.30$（转弯）$\times 7 + 1.55$（水平）

$= 4.205 \times 8 + 2.10 + 1.55$

$= 37.29\text{m}$

（4）防滑条按楼梯踏步两端距离减 300mm，以延长米计算。如图 8-58 所示。

（5）明沟按图示尺寸以延长米计算。

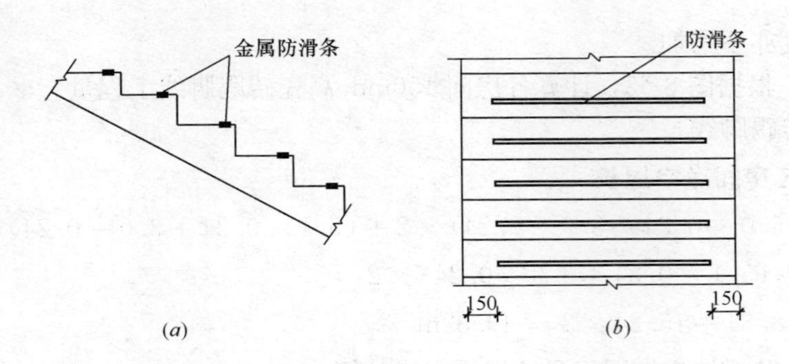

图 8-58　防滑条示意图

(a) 侧立面；(b) 平面

明沟长度计算公式：

明沟长＝外墙外边周长＋散水宽×8＋明沟宽×4－台阶、坡道长

【例 8-27】 根据图 8-57，计算砖砌明沟工程量。

【解】 明沟长＝（12.24＋6.24）×2＋0.80×8＋0.25×4－2.50

＝41.86m

8.1.8　屋面防水及防腐、保温、隔热工程量计算

8.1.8.1　坡屋面

(1) 有关规则

瓦屋面、金属压型板屋面，均按图示尺寸的水平投影面积乘以屋面坡度系数以平方米计算。不扣除房上烟囱、风帽底座、风道、屋面小气窗、斜沟等所占面积，屋面小气窗的出檐部分亦不增加。

(2) 屋面坡度系数

利用屋面坡度系数来计算坡屋面工程量是一种简便有效的计算方法。坡度系数的计算方法是：

$$坡度系数=\frac{斜长}{水平长}=\sec\alpha$$

屋面坡度系数表见表 8-13，示意如图 8-59 所示。

屋面坡度系数表　　**表 8-13**

坡度			延尺系数 C $(A=1)$	隅延尺系数 D $(A=1)$
以高度 B 表示（当 $A=1$ 时）	以高跨比表示 $(B/2A)$	以角度表示 (α)		
1	1/2	45°	1.4142	1.7321
0.75		36°52′	1.2500	1.6008
0.70		35°	1.2207	1.5779
0.666	1/3	33°40′	1.2015	1.5620
0.65		33°01′	1.1926	1.5564
0.60		30°58′	1.1662	1.5362

续表

坡度			延尺系数 C ($A=1$)	隅延尺系数 D ($A=1$)
以高度 B 表示 （当 $A=1$ 时）	以高跨比表示 ($B/2A$)	以角度表示 (α)		
0.577		30°	1.1547	1.5270
0.55		28°49′	1.1413	1.5170
0.50	1/4	26°34′	1.1180	1.5000
0.45		24°14′	1.0966	1.4839
0.40	1/5	21°48′	1.0770	1.4697
0.35		19°17′	1.0594	1.4569
0.30		16°42′	1.0440	1.4457
0.25		14°02′	1.0308	1.4362
0.20	1/10	11°19′	1.0198	1.4283
0.15		8°32′	1.0112	1.4221
9.125		7°8′	1.0078	1.4191
0.100	1/20	5°42′	1.0050	1.4177
0.083		4°45′	1.0035	1.4166
0.066	1/30	3°49′	1.0022	1.4157

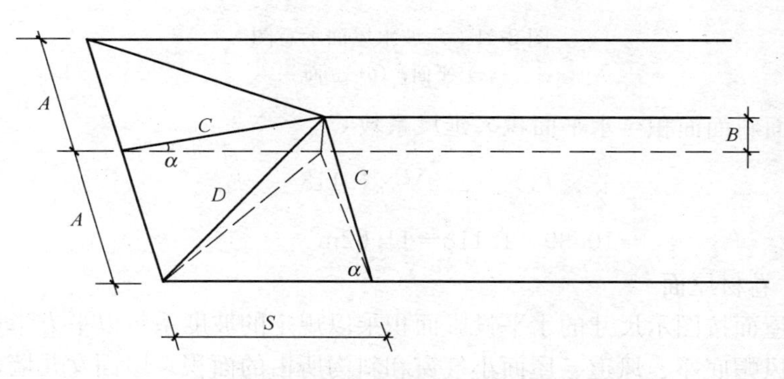

图 8-59　放坡系数各字母含义示意图

注：1. 两坡水排水屋面（当 α 角相等时，可以是任意坡水）面积为屋面水平投影面积乘以延尺系数 C

2. 四坡水排水屋面斜脊长度 $=A\times D$（当 $S=A$ 时）

3. 沿山墙泛水长度 $=A\times C$

【例 8-28】 根据图 8-60 图示尺寸，计算四坡水屋面工程量。

【解】 $S=$ 水平面积 $\times$ 坡度系数 C

$=8.0\times24.0\times1.118$（查表 8-12）

$=214.66\text{m}^2$

【例 8-29】 根据图 8-60 中有关数据，计算 4 角斜脊的长度。

【解】 屋面斜脊长 $=$ 跨长 $\times0.5\times$ 隅延尺系数 $D\times4$

$=8.0\times0.5\times1.50$（查表 8-12）$\times4=24.0\text{m}$

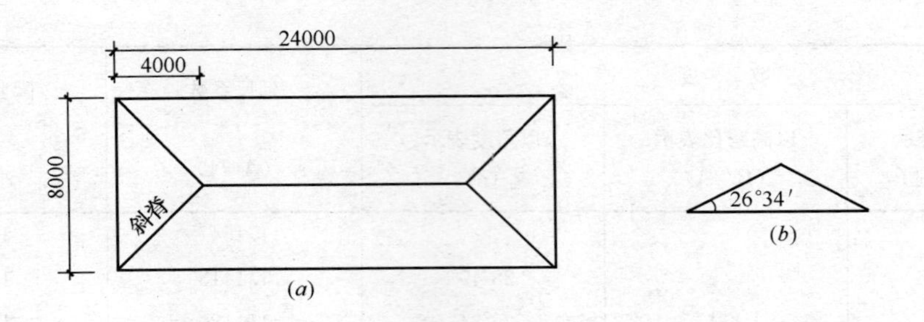

图 8-60　四坡水屋面示意图

(a) 平面；(b) 立面

【例 8-30】 根据图 8-61 的图示尺寸，计算六坡水（正六边形）屋面的斜面面积。

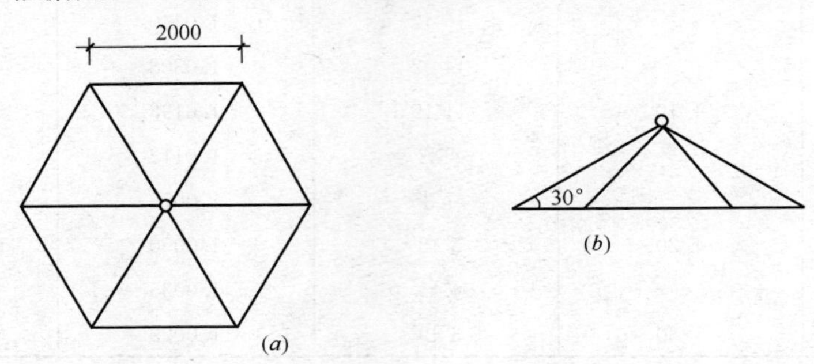

图 8-61　六坡水屋面示意图

(a) 平面；(b) 立面

【解】 屋面斜面面积＝水平面积×延尺系数 C

$$=\frac{3}{2}\times\sqrt{3}\times(2.0)^2\times1.118$$

$$=10.39\times1.118=11.62\text{m}^2$$

8.1.8.2　卷材屋面

(1) 卷材屋面按图示尺寸的水平投影面积乘以规定的坡度系数以平方米计算。但不扣除房上烟囱、风帽底座、风道、屋面小气窗和斜沟所占的面积。屋面女儿墙、伸缩缝和天窗弯起部分（图 8-62、图 8-63），按图示尺寸并入屋面工程量计算，如图纸无规定时，伸缩缝、女儿墙的弯起部分可按 250mm 计算，天窗弯起部分可按 500mm 计算。

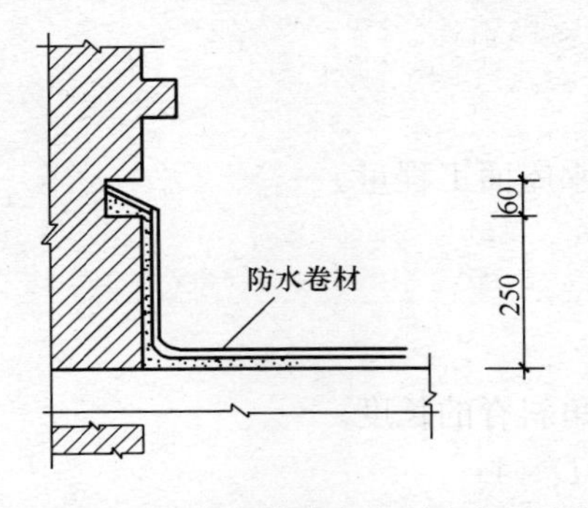

图 8-62　屋面女儿墙防水卷材弯起示意图

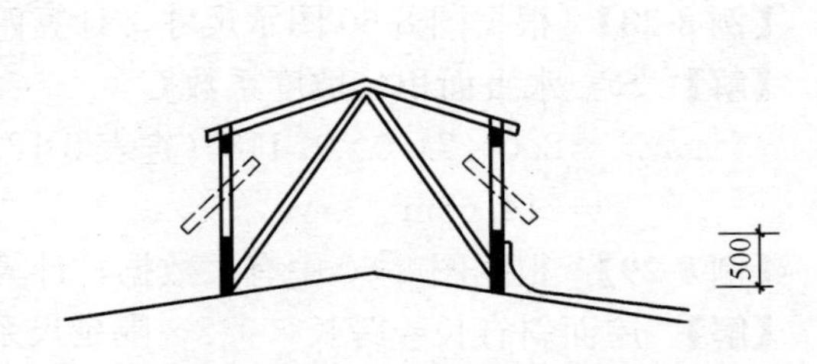

图 8-63　卷材屋面天窗弯起部分示意图

（2）屋面找坡一般采用轻质混凝土和保温隔热材料。找坡层的平均厚度需根据图示尺寸计算加权平均厚度，以立方米计算。

屋面找坡平均厚计算公式：

$$找坡平均厚=坡宽（L）\times 坡度系数（i）\times \frac{1}{2}+最薄处厚$$

【例 8-31】 根据图 8-64 所示尺寸和条件计算屋面找坡层工程量。

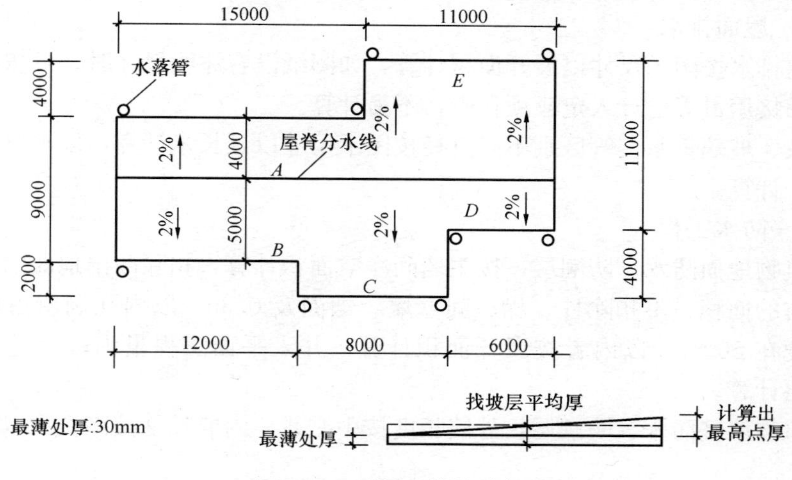

图 8-64 平屋面找坡示意图

【解】 （1）计算加权平均厚

$$A区\begin{cases}面积：15\times 4=60\text{m}^2\\ 平均厚：4.0\times 2\%\times \frac{1}{2}+0.03=0.07\text{m}\end{cases}$$

$$B区\begin{cases}面积：12\times 5=60\text{m}^2\\ 平均厚：5.0\times 2\%\times \frac{1}{2}+0.03=0.08\text{m}\end{cases}$$

$$C区\begin{cases}面积：8\times (5+2)=56\text{m}^2\\ 平均厚：7\times 2\%\times \frac{1}{2}+0.03=0.10\text{m}\end{cases}$$

$$D区\begin{cases}面积：6\times (5+2-4)=18\text{m}^2\\ 平均厚：3\times 2\%\times \frac{1}{2}+0.03=0.06\text{m}\end{cases}$$

$$E区\begin{cases}面积：11\times (4+4)=88\text{m}^2\\ 平均厚：8\times 2\%\times \frac{1}{2}+0.03=0.11\text{m}\end{cases}$$

$$\begin{aligned}加权平均厚&=\frac{60\times 0.07+60\times 0.08+56\times 0.10+18\times 0.06+88\times 0.11}{60+60+56+18+88}\\&=\frac{25.26}{282}\\&=0.0899\\&\approx 0.09\text{m}\end{aligned}$$

（2）屋面找坡层体积

$$V=屋面面积\times平均厚=282\times0.09=25.38m^3$$

（3）卷材屋面的附加层、接缝、收头、找平层的嵌缝、冷底子油已计入定额内，不另计算。

（4）涂膜屋面的工程量计算同卷材屋面。涂膜屋面的油膏嵌缝、玻璃布盖缝、屋面分格缝，以延长米计算。

8.1.8.3　屋面排水

（1）铁皮排水按图示尺寸以展开面积计算，如图纸没有注明尺寸时，可按有关规定计算。咬口和搭接用量等已计入定额项目内，不另计算。

（2）铸铁、玻璃钢水落管区别不同直径按图示尺寸以延长米计算，雨水口、水斗、弯头、短管以个计算。

8.1.8.4　防水工程

（1）建筑物地面防水、防潮层，按主墙间净空面积计算，扣除凸出地面的构筑物、设备基础等所占的面积，不扣除柱、垛、间壁墙、烟囱及 $0.3m^2$ 以内孔洞所占面积。与墙面连接处高度在 500mm 以内者按展开面积计算，并入平面工程量内；超过 500mm 时，按立面防水层计算。

（2）建筑物墙基防水、防潮层，外墙长度按中心线，内墙长度按净长乘以宽度以平方米计算。

（3）构筑物及建筑物地下室防水层，按实铺面积计算，但不扣除 $0.3m^2$ 以内的孔洞面积。平面与立面交接处的防水层，其上卷高度超过 500mm 时，按立面防水层计算。

（4）防水卷材的附加层、接缝、收头、冷底子油等人工材料均已计入定额内，不另计算。

（5）变形缝按延长米计算。

8.1.8.5　防腐、保温、隔热工程

（1）防腐工程

1）防腐工程项目，应区分不同防腐材料种类及其厚度，按设计实铺面积以平方米计算。应扣除凸出地面的构筑物、设备基础等所占的面积，砖垛等凸出墙面部分按展开面积计算后并入墙面防腐工程量之内。

2）踢脚板按实铺长度乘以高度以平方米计算，应扣除门洞所占面积并相应增加侧壁展开面积。

3）平面砌筑双层耐酸块料时，按单层面积乘以 2 计算。

4）防腐卷材接缝、附加层、收头等人工材料，已计入定额内，不再另行计算。

（2）保温隔热工程

1）保温隔热层应区别不同保温隔热材料，除另有规定者外，均按设计实铺厚度以立方米计算。

2）保温隔热层的厚度按隔热材料（不包括胶结材料）净厚度计算。

3）地面隔热层按围护结构墙体间净面积乘以设计厚度以立方米计算，不扣除柱、垛所占的体积。

4）墙体隔热层，外墙按隔热层中心线，内墙按隔热层净长，乘以图示尺寸的高度及厚度以立方米计算。应扣除冷藏门洞口和管道穿墙洞口所占体积。

5）柱包隔热层，按图示柱的隔热层中心线的展开长度乘以图示尺寸高度及厚度以立方米计算。

（3）其他

1）池槽隔热层按图示池槽保温隔热层的长、宽及其厚度以立方米计算。其中池壁按墙面计算，池底按地面计算。

2）门洞口侧壁周围的隔热部分，按图示隔热层尺寸以立方米计算，并入墙面的保温隔热工程量内。

3）柱帽保温隔热层按图示保温隔热层体积并入顶棚保温隔热层工程量内。

8.1.9 装饰工程量计算

8.1.9.1 内墙抹灰

（1）内墙抹灰面积，应扣除门窗洞口和空圈所占的面积，不扣除踢脚板、挂镜线、0.3m^2以内的孔洞和墙与构件交接处的面积，洞口侧壁和顶面亦不增加。墙垛和附墙烟囱侧壁面积与内墙抹灰工程量合并计算。

（2）内墙面抹灰的长度，以主墙间的图示净长尺寸计算，其高度确定如下：

1）无墙裙的，其高度按室内地面或楼面至顶棚底面之间距离计算。

2）有墙裙的，其高度按墙裙顶至顶棚底面之间距离计算。

3）钉板条顶棚的内墙面抹灰，其高度按室内地面或楼面至顶棚底面另加100mm计算。

说明：

1）墙与构件交接处的面积，主要指各种现浇或预制梁头伸入墙内所占的面积。

2）由于一般墙面先抹灰后做吊顶，所以钉板条顶棚的墙面需抹灰时应抹至顶棚底再加100mm。

3）墙裙单独抹灰时，工程量应单独计算，内墙抹灰也要扣除墙裙工程量。

计算公式：

内墙面抹灰面积＝（主墙间净长＋墙垛和附墙烟囱侧壁宽）×（室内净高－墙裙高）－门窗洞口及大于0.3m^2孔洞面积

式中　室内净高＝{有吊顶：楼面或地面至顶棚底加100mm；无吊顶：楼面或地面至顶棚底净高}

（3）内墙裙抹灰面积按内墙净长乘以高度计算。应扣除门窗洞口和空圈所占的面积，门窗洞口和空洞的侧壁面积不另增加，墙垛、附墙烟囱侧壁面积并入墙裙抹灰面积内计算。

8.1.9.2 外墙抹灰

（1）外墙抹灰面积，按外墙面的垂直投影面积以平方米计算。应扣除门窗洞口、外墙裙和大于0.3m^2孔洞所占面积，洞口侧壁面积不另增加。附墙垛、梁、柱侧面抹灰面积并入外墙面抹灰工程量内计算。栏板、栏杆、窗台线、门窗套、扶手、压顶、挑檐、遮阳板、凸出墙外的腰线等，另按相应规定计算。

（2）外墙裙抹灰面积按其长度乘高度计算，扣除门窗洞口和大于0.3m^2孔洞所占的面积，门窗洞口及孔洞的侧壁不增加。

(3) 窗台线、门窗套、挑檐、腰线、遮阳板等展开宽度在300mm以内者，按装饰线以延长米计算，如果展开宽度超过300mm以上时，按图示尺寸以展开面积计算，套零星抹灰定额项目。

(4) 栏板、栏杆（包括立柱、扶手或压顶等）抹灰，按立面垂直投影面积乘以系数2.2以平方米计算。

(5) 阳台底面抹灰按水平投影面积以平方米计算，并入相应顶棚抹灰面积内。阳台如带悬臂者，其工程量乘系数1.30。

(6) 雨篷底面或顶面抹灰分别按水平投影面积以平方米计算，并入相应顶棚抹灰面积内。雨篷顶面带反沿或反梁者，其工程量乘系数1.20，底面带悬臂梁者，其工程量乘以系数1.20。雨篷外边线按相应装饰或零星项目执行。

(7) 墙面勾缝按垂直投影面积计算，应扣除墙裙和墙面抹灰的面积，不扣除门窗洞口、门窗套、腰线等零星抹灰所占的面积，附墙柱和门窗洞口侧面的勾缝面积亦不增加。独立柱、房上烟囱勾缝，按图示尺寸以平方米计算。

8.1.9.3　外墙装饰抹灰

(1) 外墙各种装饰抹灰均按图示尺寸以实抹面积计算。应扣除门窗洞口空圈的面积，其侧壁面积不另增加。

(2) 挑檐、天沟、腰线、栏杆、栏板、门窗套、窗台线、压顶等，均按图示尺寸展开面积以平方米计算，并入相应的外墙面积内。

8.1.9.4　墙面块料面层

(1) 墙面贴块料面层均按图示尺寸以实贴面积计算。

(2) 墙裙以高度1500mm以内为准，超过1500mm时，按墙面计算，高度低于300mm时，按踢脚板计算。

8.1.9.5　隔墙、隔断、幕墙

(1) 木隔墙、墙裙、护壁板，均按图示尺寸长度乘以高度按实铺面积以平方米计算。

(2) 玻璃隔墙，按上横档顶面至下横档底面之间高度乘以宽度（两边立梃外边线之间）以平方米计算。

(3) 浴厕木隔断，按下横档底面至上横档顶面高度乘以图示长度以平方米计算，门扇面积并入隔断面积内计算。

(4) 铝合金、轻钢隔墙、幕墙，按四周框外围面积计算。

8.1.9.6　独立柱

(1) 一般抹灰、装饰抹灰、镶贴块料，按结构断面周长乘以柱的高度以平方米计算。

(2) 柱面装饰，按柱外围饰面尺寸乘以柱的高度以平方米计算。

8.1.9.7　零星抹灰

各种“零星项目”均按图示尺寸以展开面积计算。

8.1.9.8　顶棚抹灰

(1) 顶棚抹灰面积，按主墙间的净面积计算，不扣除间壁墙、垛、柱、附墙烟囱、检查口和管道所占的面积。带梁顶棚，梁两侧抹灰面积，并入顶棚抹灰工程量内计算。

(2) 密肋梁和井字梁顶棚抹灰面积，按展开面积计算。

(3) 顶棚抹灰如带有装饰线时，区别三道线以内或五道线以内按延长米计算，线角的道数以一个凸出的棱角为一道线。

（4）檐口顶棚的抹灰面积，并入相同的顶棚抹灰工程量内计算。

（5）顶棚中的折线、灯槽线、圆弧形线、拱形线等艺术形式的抹灰，按展开面积计算。

8.1.9.9　顶棚龙骨

各种吊顶顶棚龙骨按主墙间净空面积计算，不扣除间壁墙、检查口、附墙烟囱、柱、垛和管道所占面积。但顶棚中的折线、跌落等圆弧形、高低吊灯槽等面积也不展开计算。

8.1.9.10　顶棚面装饰

（1）顶棚装饰面积，按主墙间实铺面积以平方米计算，不扣除间壁墙、检查口、附墙烟囱、附墙垛和管道所占面积，应扣除独立柱及与顶棚相连的窗帘盒所占的面积。

（2）顶棚中的折线、跌落等圆弧形、拱形、高低灯槽及其他艺术形式顶棚面层均按展开面积计算。

8.1.10　金属结构制作、构件运输与安装及其他工程量计算

（1）一般规则

金属结构制作按图示钢材尺寸以吨计算，不扣除孔眼、切边的重量，焊条、铆钉、螺栓等重量，已包括在定额内不另计算。在计算不规则或多边形钢板重量时，均按其几何图形的外接矩形面积计算。

（2）实腹柱、吊车梁

实腹柱、吊车梁、H型钢按图示尺寸计算，其中腹板及翼板宽度按每边增加25mm计算。

（3）制动梁、墙架、钢柱

1）制动梁的制作工程量包括制动梁、制动桁架、制动板重量。

2）墙架的制作工程量包括墙架柱、墙架梁及连接柱杆重量。

3）钢柱制作工程量包括依附于柱上的牛腿及悬臂梁重量（图8-65）。

（4）轨道

轨道制作工程量，只计算轨道本身重量，不包括轨道垫板、压板、斜垫、夹板及连接角钢等重量。

（5）铁栏杆

铁栏杆制作，仅适用于工业厂房中平台、操作台的钢栏杆。民用建筑中铁栏杆等按定额其他章节有关项目计算。

（6）钢漏斗

钢漏斗制作工程量，矩形按图示分片，圆形按图示展开尺寸，并依钢板宽

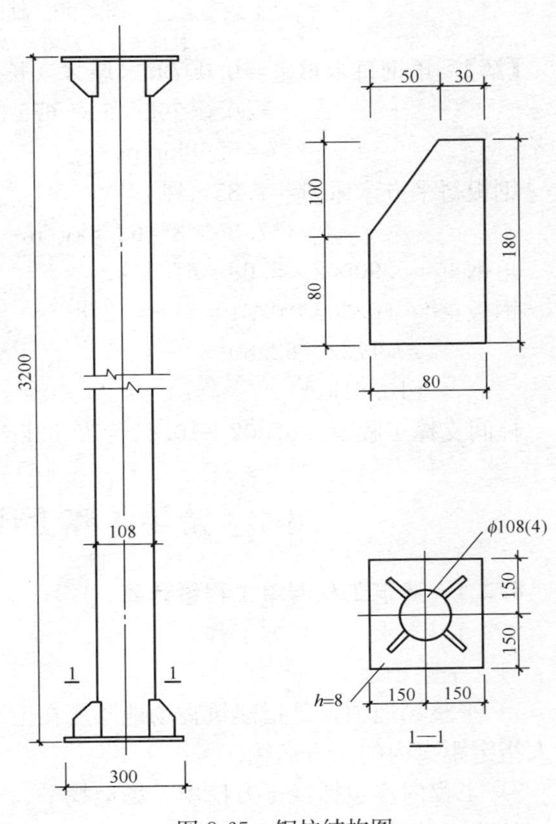

图8-65　钢柱结构图

度分段计算，每段均以其上口长度（圆形以分段展开上口长度）与钢板宽度，按矩形计算，依附漏斗的型钢并入漏斗重量内计算。

【例 8-32】 根据图 8-66 图示尺寸，计算柱间支撑的制作工程量。

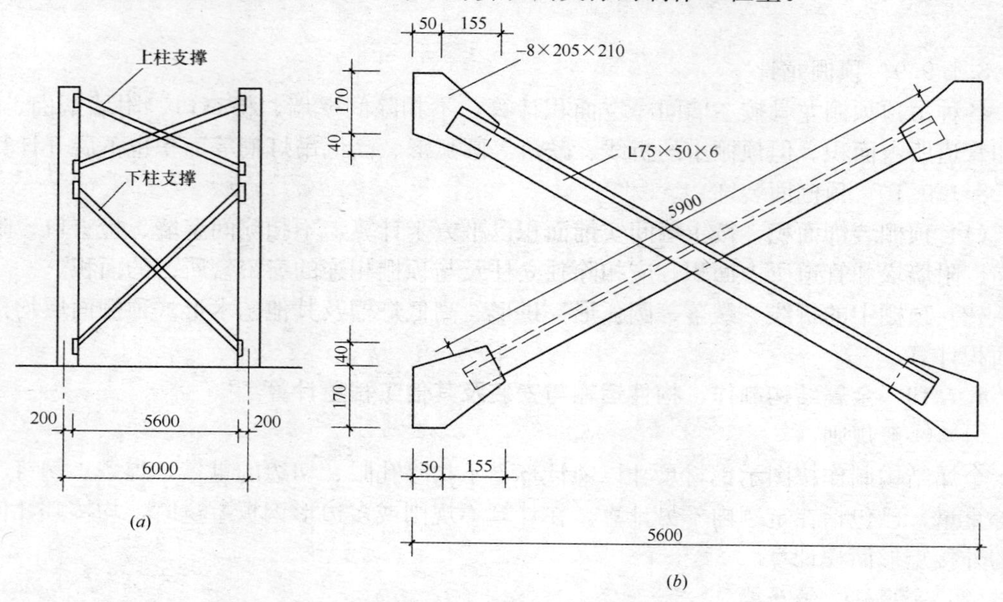

图 8-66 柱间支撑

(*a*) 柱间支撑示意图；(*b*) 上柱间支撑详图

【解】 角钢每米重量＝0.00795×厚×（长边＋短边－厚）

＝0.00795×6×（75＋50－6）

＝5.68kg/m

钢板每平方米重量＝7.85×厚

＝7.85×8＝62.8kg/m²

角钢重＝5.90×2×5.68＝67.02kg

钢板重＝（0.205×0.21×4）×62.8

＝0.1722×62.80

＝10.81kg

柱间支撑工程量＝67.02＋10.81＝77.83kg

8.2 清单工程量计算规则与方法

8.2.1 建筑工程清单工程量计算

8.2.1.1 土（石）方工程

(1) 平整场地

1) 平整场地项目是指建筑物场地厚度在±300mm 以内的挖、填、运、找平以及在招标人指定距离内的土方运输。

2) 工程内容包括：土方挖填、场地找平、土方运输等。

3) 项目特征：

①土的类别按清单计价规范的“土及岩石（普氏）分类表”和施工场地的实际情况确定；

②弃土运距按施工现场的实际情况和当地弃土地点确定；

③取土运距按施工现场实际情况和当地取土地点确定。

④计算规则：

平整场地按设计图示尺寸以建筑物首层面积计算。

（2）挖土方

1）挖土方是指室外地坪标高300mm以上竖向布置的挖土或山坡切土，包括由招标人指定运距的土方运输项目。

2）工程内容包括：排地表水、土方开挖、支拆挡土板、土方运输等。

3）项目特征：

①土的类别；

②挖土平均厚度；

③弃土运距。

4）计算规则：

挖土方工程量按设计图示尺寸以体积计算。

5）计算方法：

①地形起伏变化不大时，采用平均厚乘以挖土面积的方法计算土方工程量。

②地形起伏变化较大时，采用方格网法或断面法计算挖土方工程量。

③需按拟建工程实际情况确定运土方距离。

（3）挖基础土方

1）挖基础土方是指挖建筑物的带形基础、设备基础、满堂基础、独立基础、人工挖孔桩等土方，包括在招标人指定距离内的土方运输。

2）工程内容包括：排地表水、土方开挖、支拆挡土板、截桩头、基底钎探、土方运输等。

3）项目特征：

①土的类别；

②基础类型；

③垫层底宽、底面积；

④挖土深度；

⑤弃土运距。

4）计算规则：

挖基础土方按设计图示尺寸以基础垫层底面积乘以挖土深度计算。

5）计算方法：

$$基础土方工程量=基础垫层底面积\times挖土深度$$

6）有关说明：

①桩间挖土方不扣除桩所占体积；

②不考虑施工方案要求的放坡宽度、操作工作面等因素，只按垫层底面积和挖土深度计算。

(4) 管沟土方

1) 管沟土方是指各类管沟土方的挖土、回填以及招标人指定运距内的土方运输。

2) 工程内容包括：排地表水、土方开挖、挡土板支拆、土方运输、土方回填等。

3) 项目特征：

①土的类别；

②管外径；

③挖沟平均深度；

④弃土运距；

⑤回填要求。

4) 计算规则：

管沟土方工程量不论有无管沟设计均按管道中心线长度计算。

5) 有关说明：

工程量计算不考虑施工方案规定的放坡、工作面和接头处理加宽工作面的土方。

(5) 石方开挖

1) 石方开挖是指人工凿石、人工打眼爆破、机械打眼爆破等，以及在招标人指定运距范围内的石方清除运输。

2) 工程内容包括：打眼、装药、放炮，处理渗水、积水，解小、岩石开凿、摊座、清理、运输、安全防护、警卫等。

3) 项目特征：

①岩石类别；

②开凿深度；

③弃渣运距；

④光面爆破要求；

⑤基底摊座要求；

⑥爆破石块直径要求。

4) 计算规则：

石方开挖按设计图纸尺寸以体积计算。

(6) 土（石）方回填土

1) 土（石）方回填是指场地回填、室内回填和基础回填以及招标人指定运距内的取土运输。

2) 工程内容包括：挖取土（石）方、装卸、运输、回填、分层碾压、夯实等。

3) 项目特征：

①土质要求；

②密实度要求；

③粒径要求；

④夯填（碾压）；

⑤松填；

⑥运输距离。

4) 计算规则：

土（石）方回填按设计图示尺寸以体积计算。

5）计算方法：

场地土（石）方回填工程量＝回填面积×平均回填厚度

室内土（石）方回填工程量＝主墙间净面积×回填厚度

基础土（石）方回填工程量＝挖方体积－设计室外地坪以下埋设的垫层、构筑物和基础体积

（7）有关规定

1）土石方体积折算系数

土石方体积应按挖掘前的天然密实度体积计算。如需按天然密实度体积折算时，应按表8-14规定的系数计算。

土石方体积折算系数表 **表 8-14**

天然密实度体积	虚方体积	夯实后体积	松填体积
1.00	1.30	0.87	1.08
0.77	1.00	0.67	0.83
1.15	1.49	1.00	1.24
0.93	1.20	0.81	1.00

2）挖基础土方清单项目内容

项目编码为010101003的挖基础土方工程量清单项目包括带形基础、独立基础、满堂基础（包括地下室基础）及设备基础、人工挖孔桩等的土方。带形基础应按不同底宽和深度编码列项，独立基础和满堂基础应按不同底面积和深度分别编码列项。

3）管沟土（石）方工程量应按设计图示尺寸以管道中心线长度计算

当有管沟设计时，平均深度以沟垫层底表面标高至交付施工场地标高计算；无管沟设计时，直埋管深度应按管底外表面标高至交付施工场地标高的平均高度计算。

4）湿土划分

湿土划分应按地质资料提供的地下常水位为界，地下常水位以下为湿土。

5）出现流砂、淤泥的处理方法

挖方出现流砂、淤泥时，可根据实际情况由发包人与承包人双方认证。

8.2.1.2　桩与地基基础工程

（1）预制钢筋混凝土桩

1）预制钢筋混凝土桩是先在加工厂或施工现场采用钢筋和混凝土预制成各种形状的桩，然后用沉桩设备将其沉入土中以承受上部结构荷载的构件。

2）工程内容包括：桩制作、运输、打桩、试验桩、斜桩、送桩、管桩填充材料、刷防护材料、清理、运输等。

3）项目特征：

①土的级别；

②单桩长度、根数；

③桩截面；

④板桩面积；

⑤管桩填充材料种类；

⑥桩倾斜度；

⑦混凝土强度等级；

⑧防护材料种类。

4）计算规则：

预制钢筋混凝土桩工程量按设计图示尺寸以桩长（包括桩尖）或根数计算。计量单位为米或根。

5）有关说明：

①预制钢筋混凝土桩项目适用于预制钢筋混凝土方桩、管桩和板桩等；

②试桩与打桩之间的间歇时间、机械在现场的停滞，应包括在打试桩报价内；

③打钢筋混凝土预制板桩是指留滞原位（即不拔出）的板桩，板桩应在工程量清单中描述其单桩垂直投影面积；

④预制桩刷防护材料应包括在报价内。

（2）接桩

1）当钢筋混凝土长桩受到运输条件和打桩架高度限制时，一般分成数节制作，分节打入，这时，需要在现场进行接桩。接桩采用的接头方式有焊接、法兰连接和硫磺胶泥锚接等几种。

2）工程内容包括：接桩的制作、运输、接桩、材料运输等。

3）项目特征：

①桩截面；

②接头长度；

③接桩材料。

4）计算规则：

接桩工程量按设计图示规定的尺寸以接头数量（板桩按接头长度）计算。计量单位为个或米。

（3）混凝土灌注桩

1）混凝土灌注桩是利用各种成孔设备在设计桩位上成孔，然后在孔内灌注混凝土或先放入钢筋笼后再灌注混凝土而制成的承受上部荷载的桩。

2）工程内容包括：成孔、固壁，混凝土制作、运输、灌注、振捣、养护，泥浆池及沟槽砌筑、拆除，泥浆制作、运输等。

3）项目特征：

①土的级别；

②单桩长度、根数；

③桩截面；

④成孔方法；

⑤混凝土强度等级。

4）有关说明：

①混凝土灌注桩项目适用于人工挖孔灌注桩、钻孔灌注桩、爆扩灌注桩、打管灌注桩、振动管灌注桩等；

②人工挖孔时采用的护壁，如砖砌护壁、预制混凝土护壁、现浇混凝土护壁、钢模周转护壁、竹笼护壁等，应包括在报价内；

③钻孔护壁泥浆的搅拌运输，泥浆池、泥浆沟槽的砌筑、拆除所发生的费用，应包括在报价内。

(4) 砂石灌注桩

1) 砂石灌注桩是采用振动成孔机械或锤击成孔机械，将带有活瓣桩尖的与砂石桩同直径的钢管沉下，往桩管内灌砂石后，边振动边缓慢拔出桩管后形成砂石桩，从而使地基达到密实、增加地基承载力的桩。

2) 工程内容包括：成孔，砂石运输、填充、振实。

3) 项目特征：

①土的级别；

②桩长；

③桩截面；

④成孔方法；

⑤砂石级配。

4) 计算规则：

砂石灌注桩工程量按设计图示尺寸以桩长（包括桩尖）计算。

(5) 灰土挤密桩

1) 灰土挤密桩是利用锤击（冲击、爆破等方法）将钢管打入土中侧向挤密成孔，将钢管拔出后，在桩孔中分层回填 2∶8 或 3∶7 灰土夯实而成的。它是与桩间土共同组成复合地基以承受上部荷载的桩。

2) 工程内容包括：成孔、灰土拌合及运输、填充、夯实。

3) 项目特征：

①土的级别；

②桩长；

③桩截面；

④成孔方法；

⑤灰土级配。

4) 计算规则：

灰土挤密桩工程量按设计图示尺寸以桩长（包括桩尖）计算。

(6) 旋喷桩

1) 旋喷桩是利用钻机把带有特殊喷嘴的注浆管钻进至土层的预留位置后，用高压脉冲泵将水泥浆液通过钻杆下端的喷射装置向四周以高速水平喷入土体，借助流体的冲击力切削土层，使喷射流程内土体遭受破坏，与此同时，钻杆一面以一定的速度旋转，一面低速徐徐提升，使土体与水泥浆充分搅拌混合，待胶结硬化后即在地基中形成直径比较均匀，具有一定强度的圆柱体桩，从而使地基得到加固。

2) 工程内容包括：成孔、水泥浆制作运输、水泥浆旋喷等。

3) 项目特征：

①桩长；

②桩截面；

③水泥强度等级。

4）计算规则：

旋喷桩工程量按设计图示尺寸以桩长（包括桩尖）计算。

（7）喷粉桩

1）喷粉桩系采用喷粉桩机成孔，采用粉体喷射搅拌法，用压缩空气将粉体（水泥或石灰粉）输送到钻头，并以雾状喷射到加固地基的土层中，并借钻头的叶片旋转加以搅拌使其充分混合，形成土桩体，与原地基构成复合地基，从而达到加固较弱地基基础的目的。

2）工程内容包括：成孔、粉体运输、喷粉固化等。

3）项目特征：

①桩长；

②桩截面；

③粉体种类；

④水泥强度等级；

⑤石灰粉要求。

4）计算规则：

喷粉桩工程量按设计图示尺寸以桩长（包括桩尖）计算。

（8）地下连续墙

1）地下连续墙是在地面上采用一种挖槽机械，沿着深开挖工程的周边轴线，在泥浆护壁的措施下，开挖出一条狭长的深槽，深槽内放入钢筋笼，然后用导管法灌筑水下混凝土，筑成一个个单元槽段，以特殊接头方式在地下筑成一道连续的钢筋混凝土墙壁，作为截水、防渗、承重和挡土结构。它适用于高层建筑的深基础、工业建筑的深池、地下铁道等工程的施工。

2）工程内容包括：挖土成槽，余土外运，导墙制作、安装，锁口管吊拔，浇筑混凝土连续墙，材料运输等。

3）项目特征：

①墙体厚度；

②成槽深度；

③混凝土强度等级。

4）计算规则：

地下连续墙工程量计算按设计图示墙中心线长乘以厚度再乘以槽深以体积计算。

（9）地基强夯

1）地基强夯是用起重机械将大吨位（8～25t）夯锤起吊到6～30m高度后，自由落下，给地基土以强大的冲击能量的夯击，使土中出现冲击波和很大的冲击应力，迫使土体孔隙压缩，排除孔隙中的水，使土粒重新排列，迅速固结，从而提高地基承载力，降低其压缩性的一种地基的加固方法。

2）工程内容包括：铺夯填材料，强夯，夯填材料运输等。

3）项目特征：

①夯击能量；
②夯击遍数；
③地基承载力要求；
④夯填材料种类。
4）计算规则：
地基强夯按设计图示尺寸以面积计算。
8.2.1.3　砌筑工程
（1）砖基础
1）工程内容包括：砂浆制作、运输，砌砖，防潮层铺设，材料运输。
2）项目特征：
①砖品种、规格、强度等级；
②基础类型；
③基础深度；
④砂浆强度等级。
3）计算规则：
砖基础工程量按设计图示尺寸以体积计算，应扣除地梁（圈梁）、构造柱等所占体积，不扣除基础大放脚T形接头处重叠部分等所占体积。
基础长度的确定：外墙按中心线，内墙按净长线计算。
4）有关说明：
砖基础项目适用于各种类型砖基础，包括柱基、墙基础、烟囱基础、水塔基础、管道基础等。具体是何种类型，应在工程量清单的项目特征中详细描述。
（2）实心砖墙
1）工程内容包括：砂浆制作、运输，砌砖，勾缝，砖压顶砌筑，材料运输等。
2）项目特征：
①砖品种、规格、强度等级；
②墙体类型；
③墙体厚度；
④墙体高度；
⑤勾缝要求；
⑥砂浆强度等级或配合比。
3）计算规则：
实心砖墙工程量按设计图示尺寸以体积计算，应扣除门窗洞口、过人洞等所占体积，还应扣除嵌入墙内的钢筋混凝土柱、梁、圈梁、挑梁、过梁及凹进墙内的壁龛、暖气槽、消火栓箱等所占体积，不扣除梁头、板头、门窗走头及墙内加固钢筋等所占体积。凸出墙面的腰线、压顶、窗台线、门窗套的体积亦不增加。
①墙长的确定：外墙按中心线长，内墙按净长计算。
②墙高的确定：基础与墙身使用同一种材料时，以设计室内地面为界，以下为基础，以上为墙身。当为平屋面时，外墙高度算至钢筋混凝土板底；当有钢筋混凝土楼板隔层时，内墙高度算至楼板顶。

4）有关说明：

实心砖墙项目适用于各种类型实心砖墙，包括外墙、内墙、围墙、双面混水墙、双面清水墙、单面清水墙、直形墙、弧形墙等。

（3）空斗墙

1）空斗墙是以普通黏土砖砌筑而成的空心墙体，民居中常采用。墙厚一般为240mm，采取无眠空斗、一眠一斗、一眠三斗等几种砌筑方法。所谓“斗”是指墙体中由两皮侧砌砖与横向拉结砖所构成的空间，而“眠”则是墙体中沿纵向平砌的一皮顶砖。

一砖厚的空斗墙与同厚度的实体墙相比，可节省砖20%左右，可减轻自重，常在三层及三层以下的民用建筑中采用，但下列情况又不宜采用：土质软弱可能引起建筑物不均匀沉陷的地区；建筑物有振动荷载时；地震烈度在七度及七度以上的地区。

2）工程内容包括：砂浆制作、运输，砌砖，装填充料，勾缝，材料运输等。

3）项目特征：

①砖品种、规格、强度等级；

②墙体类型；

③墙体厚度；

④勾缝要求；

⑤砂浆强度等级或配合比。

4）计算规则：

空斗墙工程量按设计图示尺寸以墙的外形体积计算。墙角、内外墙交接处、门窗洞口立边、窗台砖、屋檐处的实砌部分体积并入空斗墙体积内。

5）有关说明：

空斗墙项目适用于各种砌法的空斗墙。应注意，窗间墙、窗台下、楼板下、梁头下的实砌部分，应按零星砌砖项目另行列项计算。

（4）砖烟囱、水塔

1）工程内容包括：砂浆制作、运输，砌砖，涂隔热层，装填充料，砌内衬，勾缝，材料运输等。

2）项目特征：

①筒身高度；

②砖品种、规格、强度等级；

③耐火砖品种、规格；

④耐火泥品种；

⑤隔热材料种类；

⑥勾缝要求；

⑦砂浆强度等级或配合比。

3）计算规则：

砖烟囱、水塔工程量按设计图示筒壁平均中心线周长乘以厚度再乘以高度以体积计算，应扣除各种孔洞、钢筋混凝土圈梁、过梁等所占的体积。

4）有关说明：

砖烟囱、水塔项目适用于各种类型砖烟囱和砖水塔。烟囱内衬以及隔热填充材料可与烟囱外壁分别编码（采用第五级编码）列项。

（5）砖水池、化粪池

1）工程内容包括：土方挖运，砂浆制作、运输，铺设垫层，底板混凝土制作、运输、浇筑、振捣、养护，砌砖，勾缝，池底、壁抹灰，抹防潮层，回填土，材料运输等。

2）项目特征：

①池截面；

②垫层材料种类、厚度；

③底板厚度；

④勾缝要求；

⑤混凝土强度等级；

⑥砂浆强度等级或配合比。

3）计算规则：

砖水池、化粪池按设计图示数量以座计算。

4）有关说明：

砖水池、化粪池项目适用于各类砖水池、化粪池、沼气池、公厕生化池等。工程量的“座”包括挖土、运输、回填、池底板、池壁、池盖板、池内隔断、隔墙、隔栅小梁、隔板、滤板等全部工程。

8.2.1.4　混凝土及钢筋混凝土工程

（1）带形基础

1）当建筑物上部结构采用墙承重时，基础沿墙设置，多做成长条形，这时称为带形基础。

2）工程内容包括：铺设垫层，混凝土制作、运输、浇筑、振捣、养护等。

3）项目特征：

①垫层材料种类、厚度；

②混凝土强度等级；

③混凝土拌合料要求；

④砂浆强度等级。

4）计算规则：

带形混凝土基础按设计图示尺寸以体积计算，不扣除构件内钢筋、预埋铁件和伸入承台基础的桩头所占体积。

（2）独立基础

1）当建筑物上部结构采用框架结构或单层排架结构承重时，基础常采用矩形的单独基础，这类基础称为独立基础。常见的独立基础有阶梯形的、锥形的、杯口形的基础等。

2）工程内容：

独立基础的工程内容同带形基础。

3）项目特征：

独立基础的项目特征同带形基础。

4）计算规则：

独立基础的计算规则同带形基础。

(3) 桩承台基础

桩承台基础项目适用于浇筑在组桩上（如梅花桩）的承台。计算工程量时，不扣除浇入承台体积内的桩头所占体积。

桩承台基础的工程内容、项目特征、计算规则同带形混凝土基础。

(4) 满堂基础

满堂基础项目适用于地下室的箱式、筏式基础等。

满堂基础的工程内容、项目特征、计算规则同带形混凝土基础。

(5) 现浇矩形柱、异形柱

1) 工程内容包括：混凝土制作、运输、浇筑、振捣、养护等。

2) 项目特征：

①柱高度；

②柱截面尺寸；

③混凝土强度等级；

④混凝土拌合料要求。

3) 计算规则：

现浇矩形柱、异形柱工程量按设计图示尺寸以体积计算，不扣除构件内钢筋、预埋铁件所占体积。

(6) 现浇矩形梁

1) 工程内容包括：混凝土制作、运输、浇筑、振捣、养护等。

2) 项目特征：

①梁底标高；

②梁截面；

③混凝土强度等级；

④混凝土拌合料要求。

3) 计算规则：

现浇混凝土矩形梁工程量按设计图示尺寸以体积计算，不扣除构件内钢筋、预埋铁件所占体积，伸入墙内的梁头、梁垫并入梁体积内。梁长计算的规定是：梁与柱连接时，梁长算至柱侧面；主梁与次梁连接时，次梁长算至主梁侧面。

(7) 直形墙

1) 工程内容包括：混凝土制作、运输、浇筑、振捣、养护等。

2) 项目特征：

①墙类型；

②墙厚度；

③混凝土强度等级；

④混凝土拌合料要求。

3) 计算规则：

现浇直形墙工程量按设计图示尺寸以体积计算，不扣除构件内钢筋、预埋铁件所占体积，扣除门窗洞口及单个面积在 0.3m^2 以外的孔洞所占体积，墙垛及凸出墙面部分并入墙体体积内计算。

4）有关说明：

直形墙项目也适用于电梯井。

（8）有梁板

1）现浇有梁板是指在同一平面内相互正交式的密肋板，或者由主梁、次梁相交的井字梁板。

2）工程内容包括：混凝土制作、运输、浇筑、振捣、养护等。

3）项目特征：

①板底标高；

②板厚度；

③混凝土强度等级；

④混凝土拌合料要求。

4）计算规则：

现浇有梁板工程量按设计图示尺寸以体积计算，不扣除构件内钢筋、预埋铁件及单个面积在 $0.30m^2$ 以内的孔洞所占体积。有梁板（包括主梁、次梁与板）按梁、板体积之和计算。无梁板按板和柱帽体积之和计算。各类板伸入墙内的板头并入板体积内计算，薄壳板的肋、基梁并入薄壳体积内计算。

5）有关说明：

项目特征内的梁底标高、板底标高，不需要每个构件都标注，而是要求选择关键部件的梁、板构件，以便投标人在投标时选择吊装机械和垂直运输机械。

（9）现浇直形楼梯

1）工程内容包括：混凝土制作、运输、浇筑、振捣、养护等。

2）项目特征：

①混凝土强度等级；

②混凝土拌合料要求。

3）计算规则：

现浇直形楼梯按设计图示尺寸以水平投影面积计算，不扣除宽度小于500mm的楼梯井，伸入墙内部分不计算。

4）有关说明：

①整体楼梯水平投影面积包括休息平台、平台梁、斜梁及与楼梯连接的梁。当整体楼梯与现浇板无梯梁连接时，以楼梯的最后一个踏步边缘加300mm计算。

②单跑楼梯如果无休息平台的，应在工程量清单项目中进行描述。

（10）散水、坡道

1）工程内容包括：地基夯实，铺设垫层，混凝土制作、运输、浇筑、振捣、养护，变形缝填塞等。

2）项目特征：

①垫层材料种类、厚度；

②面层厚度；

③混凝土强度等级；

④混凝土拌合料要求；

⑤填塞材料种类。

3）计算规则：

散水、坡道工程量按设计图示尺寸以面积计算，不扣除单个在 $0.3m^2$ 以内的孔洞所占面积。

4）有关说明：

如果散水、坡道需抹灰时，应在项目特征中表达清楚。

（11）后浇带

1）后浇带是为在现浇钢筋混凝土施工过程中，克服由于温度、收缩可能产生有害裂缝而设置的临时施工缝。该缝需根据设计要求保留一段时间后再浇筑，将整个结构连成整体。

2）工程内容包括：混凝土制作、运输、浇筑、振捣、养护等。

3）项目特征：

①部位；

②混凝土强度等级；

③混凝土拌合料要求。

4）计算规则：

后浇带工程量按设计图示尺寸以体积计算。

5）有关说明：

后浇带项目适用于梁、墙、板的后浇带。

（12）预制矩形柱、异形柱

1）工程内容包括：混凝土制作、运输、浇筑、振捣、养护，构件制作、运输，构件安装，砂浆制作、运输，接头灌浆、养护等。

2）项目特征：

①柱类型；

②单件体积；

③安装高度；

④混凝土强度等级。

3）计算规则：

预制矩形柱、异形柱工程量计算有两种表达方式，一是按设计图示尺寸以体积计算，不扣除构件内钢筋、预埋铁件所占体积；二是按设计图示尺寸以“根”计算。

4）有关说明：

有相同截面、长度的预制混凝土柱的工程量可按根数计算。

（13）预制折线形屋架

1）工程内容包括：混凝土制作、运输、浇筑、振捣、养护，构件制作、运输，构件安装，砂浆制作、运输，接头灌浆、养护等。

2）项目特征：

①屋架的类型、跨度；

②单件体积；

③安装高度；

④混凝土强度等级；
⑤砂浆强度等级。
3）计算规则：
预制折线形屋架的工程量计算按两种方式表达，一是按设计图示尺寸以体积计算，不扣除构件内钢筋、预埋铁件所占体积；二是按设计图示尺寸以“榀”计算。
4）有关说明：
同类型、相同跨度的预制混凝土屋架工程量可按榀数计算。
（14）预制混凝土楼梯
1）工程内容包括：混凝土制作、运输、浇筑、振捣、养护，构件制作、运输，构件安装，砂浆制作、运输，接头灌浆、养护等。
2）项目特征：
①楼梯类型；
②单件体积；
③混凝土强度等级；
④砂浆强度等级。
3）计算规则：
预制混凝土楼梯工程量按设计图示尺寸以体积计算，不扣除构件内钢筋、预埋铁件所占体积，应扣除空心踏步板的空洞体积。
（15）混凝土水塔
1）工程内容包括：混凝土制作、运输、浇筑、振捣、养护，预制倒圆锥形罐壳、组装、提升、就位，砂浆制作、运输，接头灌缝、养护等。
2）项目特征：
①类型；
②支筒高度、水箱容积；
③倒圆锥形罐壳厚度、直径；
④混凝土强度等级；
⑤混凝土拌合料要求；
⑥砂浆强度等级。
3）计算规则：
混凝土水塔工程量按设计图示尺寸以体积计算，不扣除构件内钢筋、预埋铁件及单个面积在 0.3m^2 以内孔洞所占体积。
4）有关说明：
混凝土水塔基础、塔身、水箱应分别采用第五级编码列项。筒式塔身应以筒座上表面或基础底板上表面为界；柱式（框架式）塔身应以柱脚与基础底板或梁顶为界，与基础板连接的梁应并入基础体积内。塔身与水箱应以箱底相连接的圈梁下表面为界，以上为水箱，以下为塔身。依附于塔身的过梁、雨篷、挑檐等，应并入塔身体积内，柱式塔身应不分柱、梁合并计算。依附于水箱壁的柱、梁，应并入水箱壁体积内。
8.2.1.5 厂库房大门、特种门、木结构工程
（1）钢木大门

1）钢木大门门框一般由混凝土制成，门扇由骨架和面板构成，门扇的骨架常用型钢制成，门芯板一般用15mm厚的木板，用螺栓与钢骨架相连接。

2）工程内容包括：门（骨架）制作、运输，门、五金配件安装，刷防护材料、油漆等。

3）项目特征：

①开启方式；

②有框、无框；

③含门扇数；

④材料品种规格；

⑤五金种类、规格；

⑥防护材料种类；

⑦油漆品种、刷漆遍数。

4）计算规则：

钢木大门工程量按设计图示数量以樘计算。

（2）木楼梯

1）工程内容包括：木楼梯的制作，运输、安装、刷防护材料、油漆等。

2）项目特征：

①木材种类；

②刨光要求；

③防护材料种类；

④油漆品种、刷漆遍数。

3）计算规则：

木楼梯工程量按设计图示尺寸以水平投影面积计算，不扣除宽度小于300mm的楼梯井，伸入墙内部分不计算。

8.2.1.6 金属结构工程

（1）实腹柱

1）工程内容包括：钢柱的制作、运输、拼装、安装、探伤、刷油漆等。

2）项目特征：

①钢材品种、规格；

②单根柱重量；

③探伤要求；

④油漆品种、刷漆遍数。

3）计算规则：

实腹柱工程量按设计图示尺寸以质量计算，不扣除孔眼、切边、切肢的质量，焊条、铆钉、螺栓等不另增加质量，不规则或多边形钢板，以其外接矩形面积乘以厚度乘以单位理论质量计算。依附在钢柱上的牛腿及悬臂梁等并入钢柱工程量内。

4）有关说明：

实腹柱项目适用于实腹钢柱和实腹式型钢混凝土柱。型钢混凝土柱是指由混凝土包裹型钢组成的柱。

（2）压型钢板楼板

1）工程内容包括：楼板的制作、运输、安装、刷油漆等。

2）项目特征：

①钢材品种、规格；

②压型钢板厚度；

③油漆品种、刷漆遍数。

3）计算规则：

压型钢板楼板工程量是按设计图示尺寸以铺设水平投影面积计算，不扣除柱、垛及单个在 0.3m² 以内孔洞所占的面积。

4）有关说明：

压型钢板楼板项目适用于现浇混凝土楼板使用压型钢板作永久性模板，并与混凝土叠合后组成共同受力的构件。压型钢板采用镀锌或经防腐处理的薄钢板。

8.2.1.7　屋面及防水工程

（1）膜结构屋面

1）膜结构也称索膜结构，是一种以膜布与支撑（柱、网架等）和拉结结构（拉杆、钢丝绳等）组成的屋盖、篷顶结构。

2）工程内容包括：膜布热压胶接，支柱（网架）制作、安装，膜布安装，穿钢丝绳、锚头锚固，刷油漆等。

3）项目特征：

①膜布品种、规格、颜色；

②支柱（网架）钢材品种、规格；

③钢丝绳品种、规格；

④油漆品种、刷漆遍数。

4）计算规则：

膜结构屋面工程量按设计图示尺寸以需要覆盖的水平面积计算。

5）有关说明：

“需要覆盖的水平面积”是指屋面本身的面积，不是指膜布的实际水平投影面积。

（2）屋面卷材防水

1）工程内容包括：基层处理，抹找平层，刷底油，铺油毡卷材、接缝、嵌缝，铺保护层等。

2）项目特征：

①卷材品种、规格；

②防水层做法；

③嵌缝材料种类；

④防护材料种类。

3）计算规则：

屋面卷材防水工程量按设计图示尺寸以面积计算，斜屋顶按斜面积计算。平屋顶按水平投影面积计算，不扣除房上烟囱、风帽底座、风道、屋面透气窗和斜沟所占面积。屋面的女儿墙、伸缩缝和天窗等处的弯起部分，并入屋面工程量内。

4）有关说明：

屋面卷材防水项目适用于利用胶结材料粘贴卷材进行防水的屋面。

8.2.1.8　防腐、隔热、保温工程

（1）防腐砂浆面层

1）工程内容包括：基层处理，基层刷稀胶泥，砂浆制作、运输、摊铺、养护等。

2）项目特征：

①防腐部位；

②面层厚度；

③砂浆种类。

3）计算规则：

防腐砂浆面层工程量按设计图示尺寸以面积计算。平面防腐应扣除凸出地面的构筑物、设备基础等所占面积；立面防腐应将砖垛等凸出部分按展开面积并入墙面积内计算。

4）有关说明：

防腐砂浆面层项目适用于平面或立面抹沥青砂浆、沥青胶泥、树脂砂浆、树脂胶泥以及聚合物水泥砂浆等防腐工程。

（2）保温隔热顶棚

1）工程内容包括：基层清理，铺设保温层，刷防护材料等。

2）项目特征：

①保温隔热部位；

②保温隔热方式（内保温、外保温、夹心保温）；

③保温隔热面层材料品种、规格、性能；

④保温隔热材料品种、规格；

⑤粘结材料种类；

⑥防护材料种类。

3）计算规则：

保温隔热顶棚工程量按设计图示尺寸以面积计算，不扣除柱、垛所占面积。

4）有关说明：

保温隔热顶棚项目适用于各种材料的下贴式或吊顶上搁式的保温隔热顶棚。

8.2.2　装饰装修工程清单工程量计算

8.2.2.1　楼地面工程

（1）石材楼地面

1）工程内容包括：基层清理，铺设垫层，抹找平层，防水层铺设，填充层铺设，面层铺设，嵌缝，刷防护材料，酸洗、打蜡，材料运输等。

2）项目特征：

①垫层材料的种类、厚度；

②找平层厚度、砂浆配合比；

③防水层材料种类；

④填充材料种类、厚度；

⑤结合层厚度、砂浆配合比；

⑥面层材料品种、规格、品牌、颜色；

⑦嵌缝材料种类；

⑧防护材料种类；

⑨酸洗、打蜡要求。

3）计算规则：

石材楼地面工程量按设计图示尺寸以面积计算，应扣除凸出地面的构筑物、设备基础、室内铁道、地沟等所占面积，不扣除间壁墙和0.3m^2以内的柱、垛、附墙烟囱及孔洞所占面积，门洞、空圈、暖气包槽、壁龛的开口部分不增加面积。

4）有关说明：

防护材料是指耐酸、耐碱、耐臭氧、耐老化、防火、防油渗等材料。

（2）硬木扶手带栏杆、栏板

1）工程内容包括：扶手及栏杆、栏板的制作、运输、安装，刷防护材料，刷油漆等。

2）项目特征：

①扶手材料的种类、规格、品牌、颜色；

②栏杆材料的种类、规格、品牌、颜色；

③栏板材料的种类、规格、品牌、颜色；

④固定配件种类；

⑤防护材料种类；

⑥油漆品种、刷漆遍数。

3）计算规则：

硬木扶手带栏杆、栏板的工程量按设计图示尺寸以扶手中心线长度（包括弯头长度）计算。

4）有关说明：

扶手、栏杆、栏板项目适用于楼梯、阳台、走廊、回廊及其他装饰性扶手、栏杆、栏板。

（3）块料台阶面

1）工程内容包括：基层清理，抹找平层，面层铺贴，贴嵌防滑条，勾缝，刷防护材料，材料运输等。

2）项目特征：

①找平层厚度、砂浆配合比；

②粘结层材料种类；

③面层材料品种、规格、品牌、颜色；

④勾缝材料种类；

⑤防滑条材料种类、规格；

⑥防护材料种类。

3）计算规则：

块料台阶面工程量按设计图示尺寸以台阶（包括最上层踏步边增加300mm）水平投影面积计算。

4）有关说明：

台阶侧面装饰，可按零星装饰项目编码列项。

8.2.2.2　墙、柱面工程

（1）块料墙面

1）工程内容包括：基层清理，砂浆制作、运输，底层抹灰，结合层铺贴，面层铺贴、挂贴或干挂，嵌缝，刷防护材料，磨光、酸洗、打蜡。

2）项目特征：

①墙体种类；

②底层厚度、砂浆配合比；

③粘结层厚度、材料种类；

④挂贴方式；

⑤干挂方式（膨胀螺栓、钢龙骨）；

⑥面层材料品种、规格、品牌、颜色；

⑦缝宽、嵌缝材料种类；

⑧防护材料种类；

⑨磨光、酸洗、打蜡要求。

3）计算规则：

块料墙面工程量按设计图示尺寸以面积计算。

4）有关说明：

①墙体种类是指砖墙、石墙、混凝土墙、砌块墙及内墙、外墙等。

②块料饰面板是指石材饰面板、陶瓷面砖、玻璃面砖、金属饰面板、塑料饰面板、木质饰面板等。

③挂贴是指对大规格的石材（大理石、花岗石、青石等）使用铁件先挂在墙面后灌浆的方法固定。

④干挂有两种，一种是直接干挂法，通过不锈钢膨胀螺栓、不锈钢挂件、不锈钢连接件、不锈钢钢针等将外墙饰面板连接在外墙面。第二种是间接干挂法，是通过固定在墙上的钢龙骨，再用各种挂件固定外墙饰面板。

⑤嵌缝材料是指砂浆、油膏、密封胶等材料。

⑥防护材料是指石材正面的防酸涂剂和石材背面的防碱涂剂等。

（2）干挂石材钢骨架

1）工程内容包括：钢骨架制作、运输、安装、油漆等。

2）项目特征：

①钢骨架种类、规格；

②油漆品种、刷漆遍数。

3）计算规则：

干挂石材钢骨架工程量按设计图示尺寸以质量计算。

（3）全玻幕墙

1）工程内容包括：玻璃幕墙的安装、嵌缝、塞口、清洗等。

2）项目特征：

①玻璃品种、规格、品牌、颜色；

②粘结塞口材料种类；
③固定方式。
3）计算规则：
全玻幕墙按设计图示尺寸以面积计算，带肋全玻幕墙按展开面积计算。
8.2.2.3　顶棚工程
（1）格栅吊顶
1）工程内容包括：基层清理，底层抹灰，安装龙骨，基层板铺贴，面层铺贴，刷防护材料、油漆等。
2）项目特征：
①龙骨类型、材料种类、规格、中距；
②基层材料种类、规格；
③面层材料品种、规格、品牌、颜色；
④防护材料种类；
⑤油漆品种、刷漆遍数。
3）计算规则：
格栅吊顶工程是按设计图示尺寸以水平投影面积计算。
4）有关说明：
格栅吊顶适用于木格栅、金属格栅、塑料格栅等。
（2）灯带
1）工程内容包括：灯带的安装和固定。
2）项目特征：
①灯带形式、尺寸；
②格栅片材料品种、规格、品牌、颜色；
③安装固定方式。
3）计算规则：
灯带工程量按设计图示尺寸以框外围面积计算。
（3）送风口、回风口
1）工程内容包括：送风口、回风口的安装和固定，刷防护材料。
2）项目特征：
①风口材料品种、规格、品牌、颜色；
②安装固定方式；
③防护材料种类。
3）计算规则：
送风口、回风口工程量按设计图数量以个为单位计算。
8.2.2.4　门窗工程
（1）实木装饰门
1）工程内容包括：门制作、运输、安装，五金、玻璃安装，刷防护材料、油漆等。
2）项目特征：
①门类型；

②框截面尺寸、单扇面积；
③骨架材料种类；
④面层材料品种、规格、品牌、颜色；
⑤玻璃品种、厚度，五金材料品种、规格；
⑥防护层材料种类；
⑦油漆品种、刷漆遍数。
3）计算规则：
实木装饰门工程量按设计图示数量以樘为单位计算。
4）有关说明：
①实木装饰门项目也适用于竹压板装饰门；
②框截面尺寸（或面积）指边立梃截面尺寸或面积；
③木门窗五金包括：折页、插锁、风钩、弓背拉手、搭扣、弹簧折页、管子拉手、地弹簧、滑轮、滑轨、门轧头、铁角、木螺钉等。
（2）彩板门
1）彩板门亦称彩板组角门，是以0.7～1.1mm厚的彩色镀锌卷板和4mm厚平板玻璃或中空玻璃为主要原料，经机械加工制成的钢门窗。门窗四角用插接件、螺钉连接，门窗全部缝隙用橡胶密封条和密封膏密封。
2）工程内容包括：门制作、运输、安装，五金、玻璃安装，刷防护材料、油漆等。
3）项目特征：
①门类型；
②框材质、外围尺寸；
③扇材质、外围尺寸；
④玻璃品种、厚度，五金材料品种、规格；
⑤防护材料种类。
4）计算规则：
彩板门工程量按设计图示数量以樘为单位计算。
（3）金属卷闸门
1）工程内容包括：门制作、运输、安装，启动装置、五金安装，刷防护材料、油漆等。
2）项目特征：
①门材质、框外围尺寸；
②启动装置品种、规格、品牌；
③五金材料品种、规格；
④刷防护材料种类；
⑤油漆品种、刷漆遍数。
3）计算规则：
金属卷闸门工程量按设计图示数量以樘为单位计算。
（4）石材门窗套
1）工程内容包括：清理基层，底层抹灰，立筋制作、安装，基层板安装，面层铺贴，刷防护材料、油漆等。

2）项目特征：

①底层厚度、砂浆配合比；

②立筋材料种类、规格；

③基层材料种类；

④面层材料品种、规格、品牌、颜色；

⑤防护材料种类。

3）计算规则：

石材门窗套工程量按设计图示尺寸以展开面积计算。

4）有关说明：

防护材料分防火、防腐、防潮、耐磨等材料。

8.2.2.5　油漆、涂料、裱糊工程

（1）门油漆

1）工程内容包括：基层清理，刮腻子，刷防护材料、油漆等。

2）项目特征：

①门类型；

②腻子种类；

③刮腻子要求；

④防护材料种类；

⑤油漆品种、刷漆遍数。

3）计算规则：

门油漆项目工程量按设计图示数量以樘为单位计算。

4）有关说明：

①门类型应分为镶板门、木板门、胶合板门、装饰实木门、木纱门、木质防火门、连窗门、平开门、推拉门、单扇门、双扇门、带纱门、全玻门、半玻门、半百叶门、全百叶门以及带亮子、不带亮子、有门框、无门框和单独门框等油漆；

②腻子种类分石膏油腻子、胶腻子、漆片腻子、油腻子等；

③刮腻子要求分刮腻子遍数以及是满刮还是找补腻子等。

（2）窗油漆

1）工程内容包括：基层清理，刮腻子，刷防护材料、油漆等。

2）项目特征：

①窗类型；

②腻子种类；

③刮腻子要求；

④防护材料种类；

⑤油漆品种、刷漆遍数。

3）计算规则：

窗油漆项目的工程量按设计图示数量以樘为单位计算。

4）有关说明：

窗类型分为平开窗、推拉窗、提拉窗、固定窗、空花窗、百叶窗以及单扇窗、双扇窗、多扇窗、单层窗、双层窗、带亮子、不带亮子等。

（3）木扶手油漆

1）工程内容包括：基层清理，刮腻子，刷防护材料、油漆等。

2）项目特征：

①腻子种类；

②刮腻子要求；

③防护材料种类；

④油漆部位单位展开面积；

⑤油漆长度；

⑥油漆品种、刷漆遍数。

3）计算规则：

木扶手油漆工程量按设计图示尺寸以长度计算。

4）有关说明：

木扶手油漆应区分带托板与不带托板分别编码列项。

（4）墙纸裱糊

1）工程内容包括：基层清理，刮腻子，面层铺粘，刷防护材料等。

2）项目特征：

①基层类型；

②裱糊部位；

③腻子种类；

④刮腻子要求；

⑤粘结材料种类；

⑥防护材料种类；

⑦面层材料品种、规格、品牌、颜色。

3）计算规则：

墙纸裱糊工程量按设计图示尺寸以面积计算。

4）有关说明：

墙纸裱糊应注意对花与不对花的要求。

8.2.2.6　其他工程

（1）收银台

1）工程内容包括：台柜制作、运输、安装，刷防护材料、油漆。

2）项目特征：

①台柜规格；

②材料种类规格；

③五金种类规格；

④防护材料种类；

⑤油漆品种、刷漆遍数。

3）计算规则：

收银台项目工程量按设计图示数量以个为单位计算。

4）有关说明：

台柜的规格以能分离的成品单体长、宽、高表示。

（2）金属字

1）工程内容包括：字的制作、运输、安装、刷油漆等。

2）项目特征：

①基层类型；

②金属字材料品种、颜色；

③字体规格；

④固定方式；

⑤油漆品种、刷漆遍数。

3）计算规则：

金属字项目工程量按设计图示数量以个为单位计算。

4）有关说明：

①基层类型是指金属字依托体的材料，如砖墙、木墙、石墙、混凝土墙、钢支架等。

②字体规格以字的外接矩形长、宽和字的厚度表示。

③固定方式是指粘贴、焊接及铁钉、螺栓、铆钉固定等方式。

8.3 定额直接工程费的计算

8.3.1 定额直接工程费计算及工料分析

当一个单位工程的工程量计算完毕后，就要套用预算定额基价进行定额直接工程费的计算。计算直接工程费常采用两种方法，即单位估价法和实物金额法。

8.3.1.1 用单位估价法计算直接工程费

预算定额项目的基价构成，一般有两种形式。一是基价中包含了全部人工费、材料费和机械使用费，这种形式组成的定额基价称为完全定额基价，建筑工程预算定额常采用此种形式。二是基价中包含了全部人工费、辅助材料费和机械使用费，但不包括主要材料费，这种形式组成的定额基价称为不完全定额基价，安装工程预算定额和装饰工程预算定额常采用此种形式。凡是采用完全定额基价的预算定额，计算直接工程费的方法称为单位估价法，计算出的直接工程费也称为定额直接工程费。

（1）用单位估价法计算定额直接工程费的数学模型

单位工程定额直接工程费＝定额人工费＋定额材料费＋定额机械费

其中：

定额人工费＝Σ（分项工程量×定额人工费单价）

定额机械费＝Σ（分项工程量×定额机械费单价）

定额材料费＝Σ［（分项工程量×定额基价）－定额人工费－定额机械费］

（2）单位估价法计算定额直接工程费的方法与步骤

1）先根据施工图和预算定额计算分项工程量。

2）根据分项工程量的内容套用相对应的定额基价（包括人工费单价、机械费单价）。

3）根据分项工程量和定额基价计算出分项工程定额直接工程费、定额人工费和定额机械费。

4）将各分项工程的定额直接工程费、定额人工费和定额机械费汇总成分部工程定额直接工程费、定额人工费、定额机械费。

5）将各分部工程定额直接工程费、定额人工费和定额机械费汇总成单位工程定额直接工程费、定额人工费、定额机械费。

8.3.1.2　用实物金额法计算直接工程费

（1）实物金额法计算直接工程费的数学模型

单位工程直接工程费＝人工费＋材料费＋机械费

其中：人工费＝Σ（分项工程量×定额用工量×工日单价）

材料费＝Σ（分项工程量×定额材料用量×材料预算价格）

机械费＝Σ（分项工程量×定额台班用量×机械台班预算价格）

（2）实物金额法计算直接工程费的方法与步骤

用分项工程量分别乘以预算定额子目中的实物消耗量（即人工工日、材料数量、机械台班数量）求出分项工程的人工、材料、机械台班消耗量，然后汇总成单位工程实物消耗量，再分别乘以工日单价、材料预算价格、机械台班预算价格求出单位工程人工费、材料费、机械使用费，最后汇总成单位工程直接工程费。

8.3.2　材料价差调整

8.3.2.1　材料价差产生的原因

凡是使用单位估价法编制的施工图预算，一般需调整材料价差。

目前，预算定额基价中的材料费根据编制定额所在地区省会所在地的材料预算价格计算。由于地区材料预算价格随着时间的变化而变化，其他地区使用该预算定额时材料预算价格也会发生变化，所以用单位估价法计算直接工程费后，一般还要根据工程所在地区的材料预算价格调整材料价差。

8.3.2.2　材料价差调整方法

材料价差的调整有两种基本方法，即单项材料价差调整法和材料价差综合系数调整法。

（1）单项材料价差调整

当采用单位估价法计算直接工程费时，对影响工程造价较大的主要材料（如钢材、木材、水泥等）一般应进行单项材料价差调整。

单项材料价差调整的计算公式为：

单项材料价差调整＝Σ［单位工程某种材料用量×（现行材料预算价格－预算定额中材料单价）］

（2）综合系数调整材料价差

采用单项材料价差的调整方法，准确性高，但计算过程较繁杂。因此，一些用量大、单价相对低的材料（如地方材料、辅助材料等）常采用综合系数的方法来调整单位工程材料价差。

采用综合系数调整材料价差的具体做法就是用单位工程定额材料费或定额直接工程费乘以综合调整系数，求出单位工程材料价差。

其计算公式如下：

单位工程采用综合系数调整材料价差＝单位工程定额材料费（定额直接工程费）×材料价差综合调整系数

8.4 综合练习任务书指导书

8.4.1 综合练习任务书

工程造价综合练习任务书

任务班级__________

任务时间__________

一、综合练习目的

工程造价综合实训是一门综合性、实践性都很强，着重培养学生动手能力的课程，是在建筑工程造价课理论教学任务完成后，在校进行的以两种不同的计价方法确定工程造价的综合实训。

目的：通过综合练习，使学生进一步巩固从事工程造价工作所必备的专业理论知识和专业技能，能够系统地、熟练地掌握现行的工程造价计价模式下的两种不同的计价方法，为毕业后能在工程项目施工管理中掌握好工程造价计算的各项工作奠定基础。

二、综合实训内容

根据建筑、结构施工图，预算定额或计价定额，《建设工程工程量清单计价规范》及有关资料，用定额计价和清单计价两种不同的计价方法，分别完成完整的单位工程工程造价的计算工作。

1. 完成建筑工程预算编制。

2. 完成工程量清单编制。

3. 完成建筑工程工程量清单报价编制。

三、综合练习要求

1. 在老师的指导下，认真地、独立地完成综合练习的各项内容。

2. 在规定的时间内，按时完成各阶段的综合实训内容。

四、综合练习时间安排

综合练习时间：分1周时间类型和2周时间类型。

五、成绩评定

工程造价综合实训，成绩评定分为优、良、中、及格、不及格五个等级。

评定方法：首先要通过口试答辩检查，然后检查预算书、清单报价书的书面内容是否完整、形式是否规范、格式的应用是否正确以及书写是否工整、计算过程是否清晰，再根据出勤等情况作为考核内容和评定成绩的依据。

考核的比重：口试占40％，书面考核占40％，出勤占20％。对不遵守实训时间和要求，缺勤、迟到、抄袭作业者，按不及格处理。

六、综合实训资料

具体内容详见各指导书。

8.4.2 综合练习指导书

建筑工程预算编制实训指导书

一、实训目的

通过连贯的、完整的建筑工程预算编制的训练，使学生熟练地掌握施工图预算的编制方法，提高编制施工图预算的技能，是本次建筑工程预算编制实训的目的。

一般来说，学生学完了工程造价概论课程，就了解了预算的编制内容、主要步骤和方法，也做了一些练习。但是，他们对预算的整体性把握还远远不够。具体表现在，拿到一套新的图纸后，如何列项、如何计算工程量，还有些不知从何下手的感觉。

通过建筑工程预算编制实训，可以在较短的时间内全面地、全过程地集中精力编制建筑工程预算，使大家在理论知识学习的基础上，通过实训的操作将所学知识转化为编制建筑工程预算的技能。

二、实训依据

1. 计价定额：××省建筑工程计价定额、××省建设工程费用定额。

2. 施工图纸：××工程建筑施工图。

3. 材料价格：当地现行材料价格。

4. 施工组织设计。

5. 各项费用的计算均按有关规定执行。

三、实训内容与要求

实训内容与要求

序号	内　　容	要　　求
1	列项	全面反映图纸设计内容，符合预算定额规定
2	基数计算	视具体工程施工图确定，计算“三线一面”
3	门窗明细表填写计算	按表格要求内容填写计算
4	圈梁、过梁、挑梁明细表填写计算	按表格要求内容填写计算
5	工程量计算	工程量计算，算式力求简洁清晰
6	钢筋工程量计算	按钢筋计算表格式要求填写计算
7	套预算定额及定额换算	按表格要求直接套用定额编号和基价，需要换算的按规定在单价换算表中进行定额基价换算及换后内容分析
8	定额直接工程费计算及工料分析	按定额直接工程费计算表格式要求填写、计算、分析
9	工料汇总表	按品种、规格分类汇总，并在备注中注明分部用量
10	单项材料价差调整表	按单项材料价差调整表要求填写计算
11	工程造价计算	根据有关资料按照费用计算程序和标准正确计算
12	技术经济指标分析	按表格要求分析填写计算
13	编写说明、填写封面	编写编制说明等，按要求认真填写封面内容

四、实训指导

1. 列项

一份完整的建筑工程预算，应该有完整的分项工程项目。分项工程项目是构成单位工程预算的最小单位。一般情况下，我们说编制的预算出现了漏项或重复项目，就是指漏掉了分项工程项目或有些项目重复计算了。

（1）建筑工程预算项目完整性的判断

每个建筑工程预算的分项工程项目包含了完成这个工程的全部实物工程量。因此，首先应判断按施工图计算的分项工程量项目是否完整，即是否包括了实际应完成的工程量。另外，计算出分项工程量后还应判断套用的定额是否包含了施工中这个项目的全部消耗内容。如果这两个方面都没有问题，那么，单位工程预算的项目是完整的。

（2）列项的方法

建筑工程预算列项的方法是指按什么样的顺序把预算项目完整地列出来。

一般常用以下几种方法。

1）按施工顺序

按施工顺序列项比较适用于基础工程。比如，砖混结构的建筑，基础施工顺序依次为平整场地→基础土方开挖→浇灌基础垫层→基础砌筑→基础防潮层或地圈梁→基础回填夯实等，不可随意改变施工顺序，必须依次进行。因此，基础工程项目按施工顺序列项，可避免漏项或重项，保证基础工程项目的完整性。

2）按预算定额顺序

由于预算定额一般包含了工业与民用建筑的基本项目，所以，我们可以按照预算定额的分部分项项目的顺序翻看定额项目内容进行列项，若发现定额项目中正好有施工图设计的内容，就列出这个项目，没有的就翻过去，这种方法比较适用于主体工程。

3）按图纸顺序

以施工图为主线，对应预算定额项目，施工图翻完，项目也就列完。比如，首先根据图纸设计说明，将说明中出现的项目与预算定额项目对号入座后列出，然后再按施工图顺序一张一张地搜索清楚，遇到新的项目就列出，直到全部图纸看完。

4）按适合自己习惯的方式列项

列项，可以按上面说的某一种方法，也可以将几种方法结合在一起使用，还可以按自己的习惯方式列项，比如，按统筹法计算工程量的顺序列项等。

总之，列项的方法没有严格的界定，无论采用什么方式、方法列项，只要满足列项的基本要求即可。

列项的基本要求是：全面反映设计内容，符合预算定额的有关规定，做到项目的列制不重不漏。

2. 工程量计算

工程量计算是施工图预算编制的重要环节。一份单位工程施工图预算是否正确，主要取决于两个因素，一是工程量，二是定额基价，因为定额直接工程费是这两个因素相乘后的总和。

工程量计算应严格执行工程量计算规则，在理解计算规则的基础上，列出算式，计算出结果。因此，认真学习和理解计算规则，掌握常用项目的计算规则，有利于提高计算速度和计算的准确性。

计算结果以吨为单位的可保留三位小数，土方以立方米为单位可保留整数，其余项目工程量均可保留两位小数。

3. 预算定额的应用

(1) 定额套用提示

定额套用包括直接使用定额项目中的基价、人工费、机械费、材料费、各种材料用量及各种机械台班使用量。

当施工图设计内容与预算定额的项目内容一致时，可直接套用预算定额。在编制建筑工程预算的过程中，大多数分项工程项目可以直接套用预算定额。

套用预算定额时，应注意以下几点：

1) 根据施工图、设计说明、标准图做法说明，选择预算定额项目。

2) 应从工程内容、技术特征和施工方法上仔细核对，才能较准确地确定与施工图相对应的预算定额项目。

3) 根据施工图所列出的分项工程名称、内容和计量单位要与预算定额项目相一致。

(2) 定额换算提示

编制建筑工程预算时，当施工图中出现的分项工程项目不能直接套用预算定额时，就产生了定额换算问题。为了保持原定额水平不变，预算定额的说明中，规定了有关换算原则，一般包括：

1) 若施工图设计的分项工程项目中的砂浆、混凝土强度等级与定额对应项目不同时，允许按定额附录的砂浆、混凝土配合比表的用量进行换算，但配合比表中规定的各种材料用量不得调整。

2) 预算定额中的抹灰项目已考虑了常规厚度，各层砂浆的厚度，一般不作调整，如果设计有特殊要求时，定额中的各种消耗量可按比例调整。

是否需要换算，怎样换算，必须按预算定额的规定执行。

4. 直接费计算

直接费由直接工程费（人工费、材料费、机械费）、措施费等内容构成。

在工程量计算完成后，通过套用定额，在定额直接工程费计算表中完成定额直接工程费的计算。

5. 材料分析及汇总

计算表达式为：

分项工程各项材料用量＝分项工程量×分项工程定额各项材料用量

单位工程各项材料用量＝Σ分项工程各项材料用量

6. 材料价差调整

由于材料价格具有地区性和时间性，因此，每个工程都需要调整材料价差。材料价差是指工程所在地执行的材料单价与预算定额中取定的材料单价之差。根据材料汇总表中汇总的材料，按照地区有关规定进行材料价差的调整计算。调整的方法：

(1) 单项材料价差调整

单位工程单项材料价差调整金额（元）＝Σ[单位工程某项材料汇总量×（现行工程材料单价－预算定额中材料单价)]

(2) 综合系数调整材料价差

单位工程采用综合系数调整材料价差的金额（元）＝单位工程定额材料费（或定额直接费）×材料价差调整系数

7. 工程造价计算

(1) 取费基础

1) 以定额人工费为取费基础:

各项费用=单位工程定额人工费×费率

2) 以定额直接工程费为取费基础:

各项费用=单位工程定额直接工程费×费率

(2) 取费项目的确定

1) 国家、地方有关费用项目的构成和划分。

2) 地方费用定额中规定的各项取费内容。

3) 本工程实际发生，应该计取的费用项目。

(3) 取费费率

按照费用定额中规定的条件和标准确定。

(4) 各项费用的计算方法、计算程序

依据费用定额的规定执行。

8. 编写编制说明

(1) 编制说明的内容

完成以上建筑工程预算的编制内容后，要写出编制说明，编制说明一般从以下几个方面编写:

1) 编制依据

①采用的××工程施工图、标准图、规范等;

②××省（市）××年建筑工程预算定额、费用定额等;

③有关合同，包括工程承包合同、购货合同、分包合同等;

④有关人工、材料、机械台班价格等;

⑤取费标准的确定。

2) 有关说明

包括采用的施工方案，基础工程计算方法，图纸中不明确的问题处理方法，土方、构件运输方式及运距，暂定项目工程量的说明，暂定价格的说明，采用垂直运输机械的说明等。

(2) 编制说明中对各种问题处理的写法

1) 图纸表述不明确时

当图纸中出现含糊不清的问题时，可以写“××项目暂按××尺寸或做法计算”,“暂按××项目列项计算”等。

2) 价格未确定时

当某种价格没有明确时，自己可以暂时按市场价确定一个价格，以便完成预算编制工作，这时可以写“××材料暂按市场价××元计算”,“暂按××工程上的同类材料价格××元计算”等。

3) 合同没有约定

出现的项目当合同没有约定时，可以写“按××文件规定，计算了××项目”,“按××工程做法，增加了××项目”等。

五、时间安排

1. 1周时间类型

1 周时间类型

序号	工作内容	时间（天）
1	工程量计算	1
2	套预算定额及定额换算	0.3
3	定额直接工程费计算及工料分析	0.5
4	单项材料价差调整表、工程造价计算	0.2
	小计	2

2. 2周时间类型

2 周时间类型

序号	工作内容	时间（天）
1	工程量计算	2
2	套预算定额及定额换算	0.6
3	定额直接工程费计算及工料分析	1
4	单项材料价差调整表、工程造价计算	0.4
	小计	4

工程量清单编制指导书

一、编制依据

1. ××工程招标文件。

2.《建设工程工程量清单计价规范》。

3. 施工图纸：××工程建筑施工图。

4. 工程地点：在××市区。

5. 工程量清单有关表格。

二、编制内容

1. 计算分部分项清单项目工程量。

2. 计算和确定措施项目清单工程量。

3. 确定其他项目清单数量，编写说明和填写工程量清单封面。

三、步骤与方法

1. 分部分项清单工程量项目列项和确定清单工程量

根据××工程招标文件、《建设工程工程量清单计价规范》、××工程施工图，列出分部分项清单工程量项目和计算清单工程量。

2. 措施项目清单项目列项和确定清单工程量

根据××工程招标文件、《建设工程工程量清单计价规范》、××工程施工图，列出措施项目清单项目和确定清单工程量。

3. 其他项目清单列项和确定清单数量

根据××工程招标文件、《建设工程工程量清单计价规范》、××工程施工图，列出其他项目清单列项和确定清单数量。

4. 填写分部分项工程量清单表

根据《建设工程工程量清单计价规范》、分部分项清单工程量项目编码和清单工程量，填写分部分项工程量清单表。

5. 填写措施项目清单表

根据《建设工程工程量清单计价规范》、措施项目编码和清单工程量，填写措施项目清单表。

6. 填写其他项目清单表

根据《建设工程工程量清单计价规范》、其他项目编码和清单工程量，填写其他项目清单表。

7. 填写工程量清单封面

根据××工程招标文件、《建设工程工程量清单计价规范》、××工程施工图，填写工程量清单封面。

四、时间安排

1. 1周时间类型

1周时间类型

序号	工作内容	时间（天）
1	计算分部分项清单项目工程量	1
2	计算和确定措施项目清单工程量	0.2
3	确定其他项目清单数量，编写说明和填写工程量清单封面	0.2
	小计	1.4

2. 2周时间类型

2周时间类型

序号	工作内容	时间（天）
1	计算分部分项清单项目工程量	2
2	计算和确定措施项目清单工程量	0.5
3	确定其他项目清单数量，编写说明和填写工程量清单封面	0.5
	小计	3

工程量清单报价编制指导书

一、编制依据

1. ××工程招标文件。

2. ××工程建筑、装饰、安装工程量清单。

3. 《建设工程工程量清单计价规范》。

4. 计价定额：××省建筑工程、装饰工程、安装工程计价定额或预算定额，××省措施项目费、规费费率。

5. 施工图纸：××工程施工图。

6. 材料价格：当地现行材料价格。

7. 工程地点：在××市区。

8. 有施工场地。

9. 按规定调整人工费、机械费。

二、编制内容

1. 计价工程量计算。

2. 分部分项工程量清单综合单价分析。

3. 措施项目综合单价分析。

4. 计算分部分项工程量清单计价表。

5. 计算其他项目清单计价表。

6. 计算规费、税金项目清单计价表。

7. 填写单位工程投标报价汇总表。

8. 填写单项工程投标报价汇总表。

9. 汇总主要材料价格。

10. 编写总说明。

11. 填写投标总价封面。

三、步骤与方法

1. 计价工程量计算

根据××工程清单工程量，××省建筑、装饰、安装工程计价定额或预算定额，《建设工程工程量清单计价规范》，计算建筑、装饰、安装工程计价工程量。

2. 分部分项工程量清单综合单价分析与确定

根据清单工程量、计价工程量、人工和材料市场价、管理费率、利润率（自主确定），分别确定建筑工程、装饰工程、水电安装工程的分部分项工程量清单综合单价。

3. 计算分部分项工程量清单费

根据分部分项清单工程量和分部分项清单综合单价，计算建筑工程、装饰工程、水电安装工程分部分项工程量清单费。

4. 措施项目综合单价分析与确定

根据措施项目（二）的工程量清单，分析和确定综合单价。

5. 计算措施项目清单费

根据措施项目（一）的项目及安全文明费率，分析和确定建筑工程、装饰工程、水电安装工程的措施项目（一）的费用；根据措施项目（二）的工程量清单和综合单价，计算措施项目（二）的清单项目费。

6. 计算其他项目清单费

按招标文件要求，填写暂列金额、材料暂估价、专业工程暂估价、计日工表；根据招标文件规定和有关条件，计算总承包服务费。

7. 计算规费、税金

根据建筑工程、装饰工程、水电安装工程的分部分项工程量清单综合单价计算表和搬迁房工程量清单，分别计算分部分项工程量清单计价表。

8. 汇总主要材料价格

根据分部分项工程量清单综合单价计算表，分别汇总建筑工程、装饰工程、水电安装工程的主要材料价格。

9. 填写单位工程投标报价汇总表

根据建筑工程、装饰工程、水电安装工程的分部分项工程量清单计价表、措施项目清单计价表、其他项目清单计价表、规费和税金项目清单计价表，分别填写单位工程费汇总表。

10. 填写单项工程投标报价汇总表

根据建筑工程、装饰工程、水电安装工程的单位工程投标报价汇总表，填写单项工程投标报价汇总表。

11. 编写投标报价总说明

根据招标文件、工程量清单、施工图和有关资料，编写投标报价总说明。

12. 填写投标总价封面

根据单项工程投标报价汇总表和有关资料，填写投标总价封面。

四、招标文件及计算规费的有关规定

1. 暂列金额：建筑工程____万元；装饰工程____万元；水电安装工程____万元

2. 安全文明施工费：人工费×______%

3. 养老保险费：人工费×______%

4. 失业保险费：人工费×______%

5. 医疗保险费：人工费×______%

6. 住房公积金：人工费×______%

7. 危险作业意外伤害保险：人工费×______%

8. 工程在市区的税率：3.43%

五、时间安排

1. 1周时间类型

1周时间类型

序号	工　作　内　容	时间（天）
1	计价工程量计算	0.5
2	分部分项工程量清单综合单价分析	0.5
3	计算分部分项工程量清单计价表	0.2
4	计算措施项目、其他项目清单计价表	0.2
5	计算规费、税金项目清单计价表	0.2
	小计	1.6

2. 2周时间类型

2周时间类型

序号	工　作　内　容	时间（天）
1	计价工程量计算	1.4
2	分部分项工程量清单综合单价分析	1
3	计算分部分项工程量清单计价表	0.2
4	计算措施项目、其他项目清单计价表	0.2
5	计算规费、税金项目清单计价表	0.2
	小计	3

8.5 综合练习项目

8.5.1 1周时间型建筑工程造价综合训练

根据××车库工程施工图、清单计价规范、预算定额、各种表格和有关依据，按下列要求完成实训任务。

8.5.1.1 建筑工程预算编制

(1) 工作目标

根据给定的施工图编制建筑工程施工图预算。

（2）要求

按实训指导书指定的建筑工程定额、建筑材料单价、人工单价、机械台班单价、费用定额、费用计算程序编制预算。

（3）考核点

1）分项工程项目的完整性。

2）钢筋工程量计算的准确性。

3）工程量计算式的规范性。

4）定额套用的合理性。

5）直接费计算和工料分析的正确性。

6）费用计算的符合性。

7）预算书装订的完整性、规范性。

8.5.1.2　建筑工程工程量清单编制

（1）工作目标

根据给定的施工图、《建设工程工程量清单计价规范》、招标文件，编制建筑工程工程量清单。

（2）要求

按《建设工程工程量清单计价规范》的分部分项工程量和措施项目清单的编码、项目名称、项目特征、计算规则，编制建筑工程工程量清单。

（3）考核点

1）清单项目的完整性。

2）清单项目计算式的规范性。

3）清单书装订的完整性、规范性。

8.5.1.3　建筑工程工程量清单报价编制

（1）工作目标

根据给定的施工图、《建设工程工程量清单计价规范》、招标文件，编制建筑工程工程量清单报价。

（2）要求

按实训指导书指定的建筑工程计价定额、工料机市场指导价、取费文件、清单报价计算程序，编制建筑工程工程量清单报价。

（3）考核点

1）定额工程量项目计算的完整性。

2）综合单价分析的准确性。

3）分部分项工程量清单费计算的规范性。

4）措施项目清单费计算的合理性。

5）规费计算的正确性。

6）投标报价计算的准确性。

7）工程量清单报价书装订的完整性、规范性。

8.5.1.4　××车库工程施工图

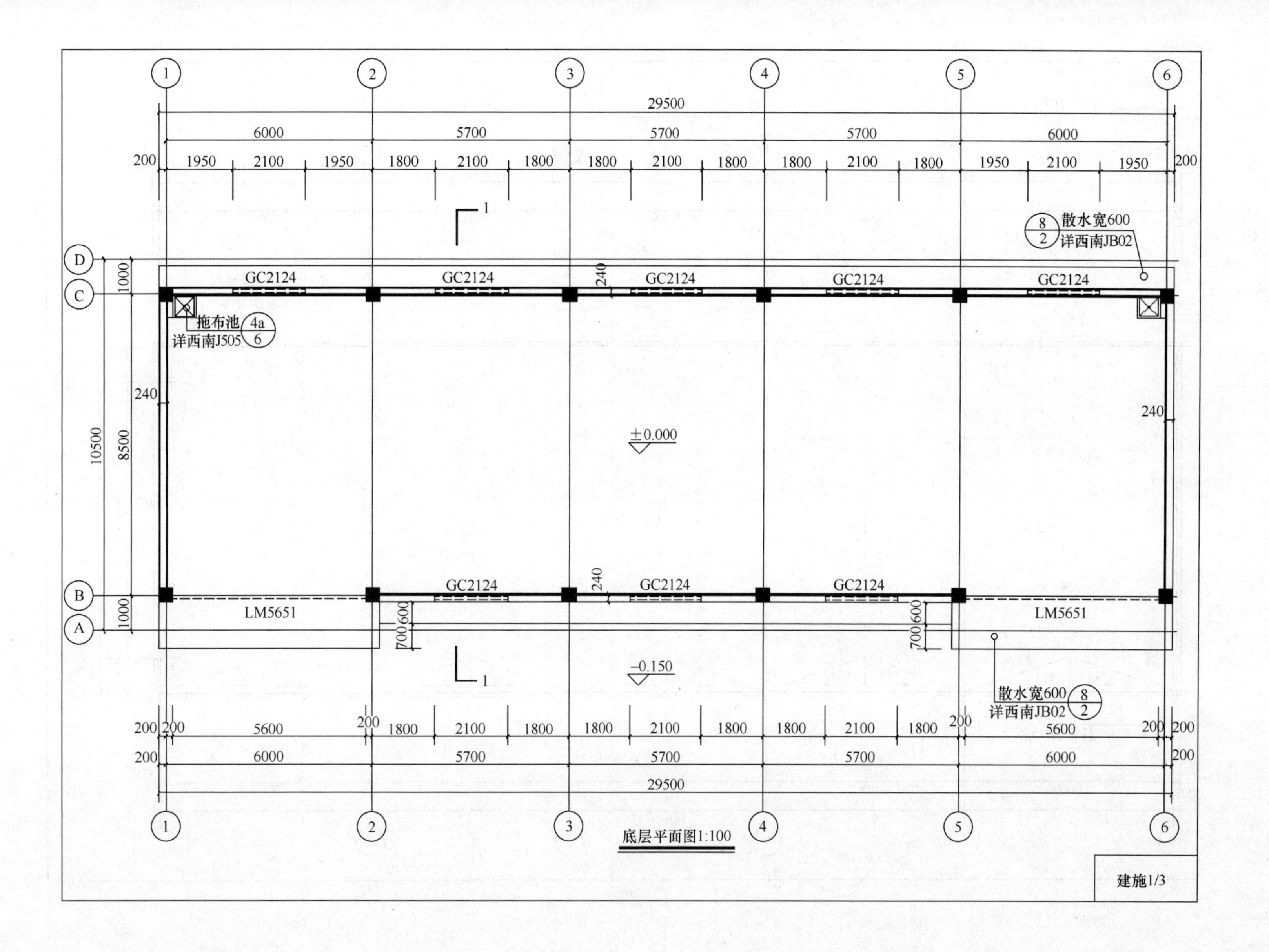
散水宽600
详西南JB02
GC2124
拖布池
详西南J505
LM5651
±0.000
-0.150
29500
10500
8500
底层平面图1:100
建施1/3

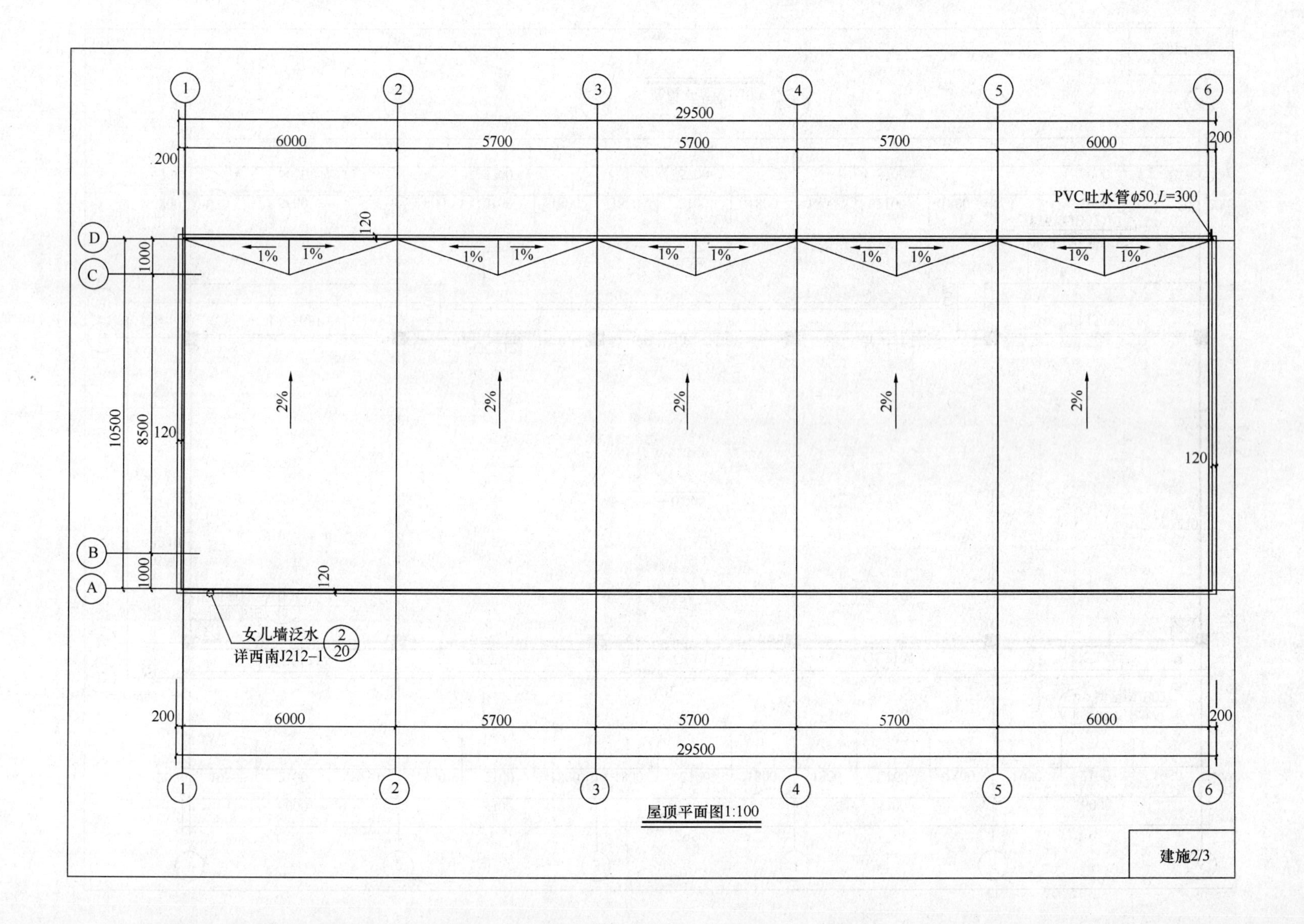

1
2
3
4
5
6
29500
6000
5700
5700
5700
6000
200
200
PVC吐水管φ50,L=300
D
C
B
A
1000
8500
1000
10500
120
1%
2%
女儿墙泛水 2/20
详西南J212-1
建施2/3

屋顶平面图1:100

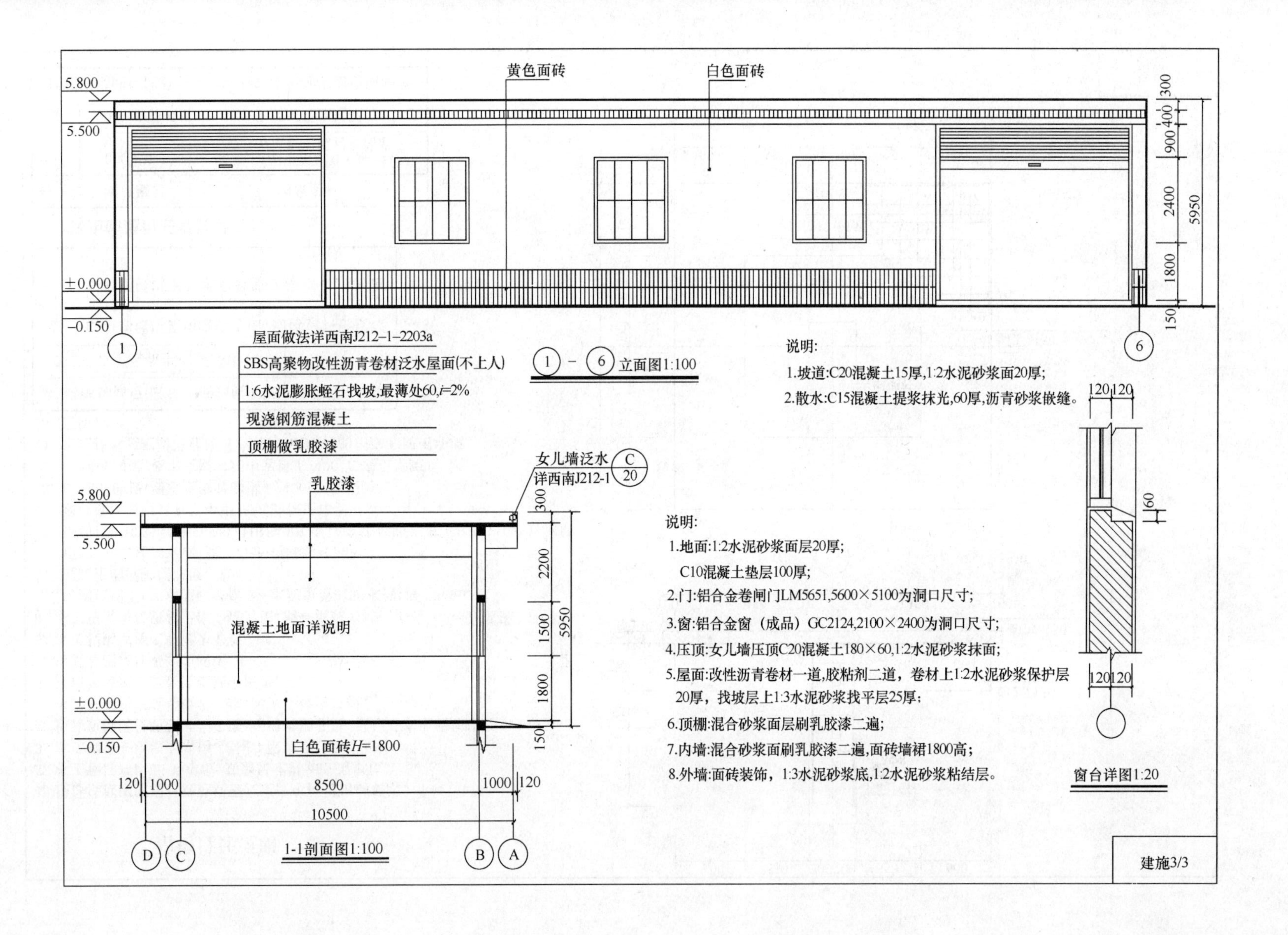
黄色面砖
白色面砖
5.800
5.500
±0.000
-0.150
300
400
900
2400
1800
150
5950
1
6
①-⑥立面图1:100
说明:
1.坡道:C20混凝土15厚,1:2水泥砂浆面20厚;
2.散水:C15混凝土提浆抹光,60厚,沥青砂浆嵌缝。
屋面做法详西南J212-1-2203a
SBS高聚物改性沥青卷材泛水屋面(不上人)
1:6水泥膨胀蛭石找坡,最薄处60,i=2%
现浇钢筋混凝土
顶棚做乳胶漆
乳胶漆
女儿墙泛水
详西南J212-1
C
20
混凝土地面详说明
白色面砖H=1800
2200
1500
1800
8500
10500
1000
120
1-1剖面图1:100
说明:
1.地面:1:2水泥砂浆面层20厚;
C10混凝土垫层100厚;
2.门:铝合金卷闸门LM5651,5600×5100为洞口尺寸;
3.窗:铝合金窗(成品)GC2124,2100×2400为洞口尺寸;
4.压顶:女儿墙压顶C20混凝土180×60,1:2水泥砂浆抹面;
5.屋面:改性沥青卷材一道,胶粘剂二道,卷材上1:2水泥砂浆保护层20厚,找坡层上1:3水泥砂浆找平层25厚;
6.顶棚:混合砂浆面层刷乳胶漆二遍;
7.内墙:混合砂浆面刷乳胶漆二遍,面砖墙裙1800高;
8.外墙:面砖装饰,1:3水泥砂浆底,1:2水泥砂浆粘结层。
120 120
60
窗台详图1:20
建施3/3

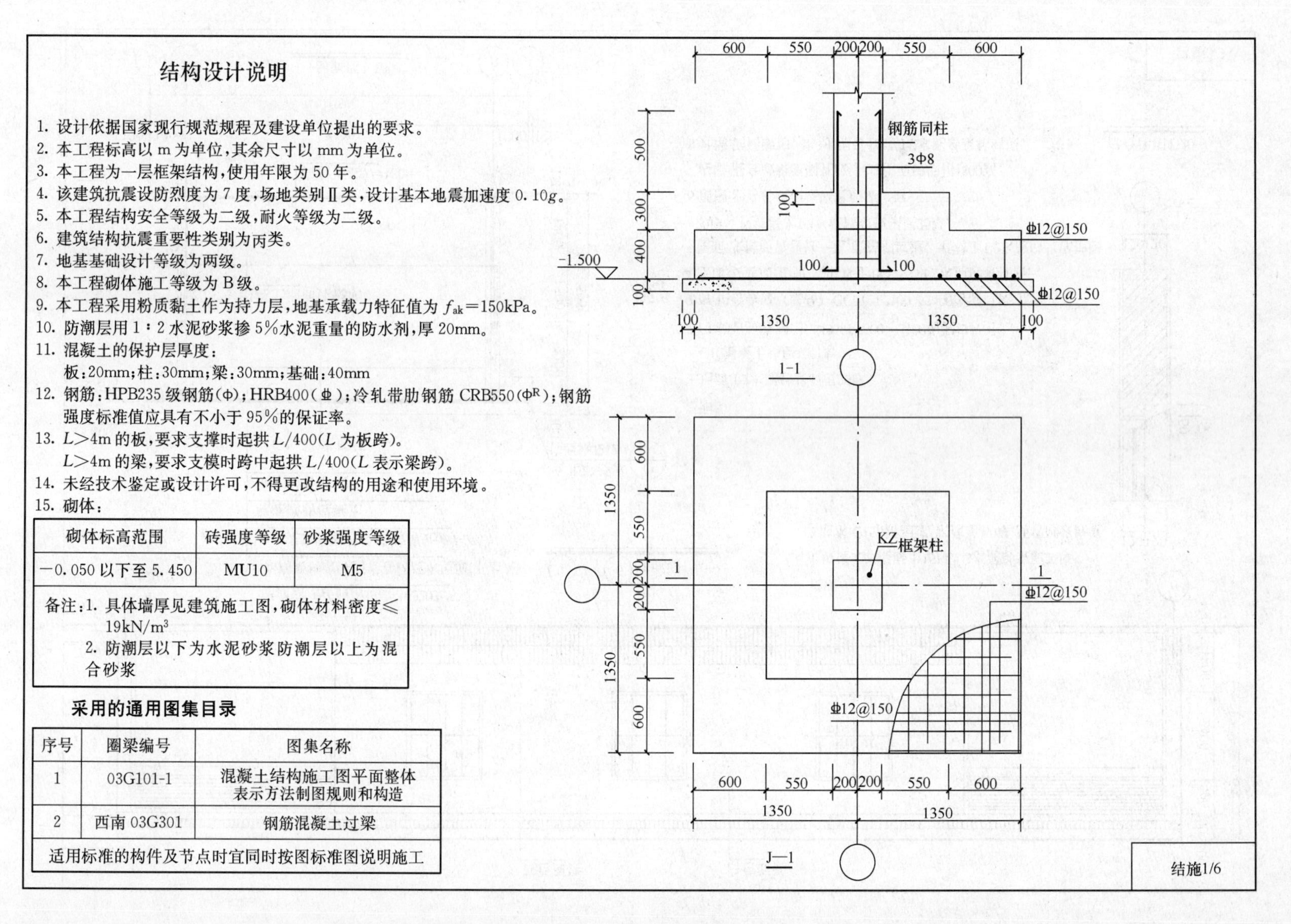

结构设计说明

1. 设计依据国家现行规范规程及建设单位提出的要求。
2. 本工程标高以 m 为单位，其余尺寸以 mm 为单位。
3. 本工程为一层框架结构，使用年限为 50 年。
4. 该建筑抗震设防烈度为 7 度，场地类别Ⅱ类，设计基本地震加速度 0.10g。
5. 本工程结构安全等级为二级，耐火等级为二级。
6. 建筑结构抗震重要性类别为丙类。
7. 地基基础设计等级为两级。
8. 本工程砌体施工等级为 B 级。
9. 本工程采用粉质黏土作为持力层，地基承载力特征值为 $f_{ak}=150$kPa。
10. 防潮层用 1∶2 水泥砂浆掺 5%水泥重量的防水剂，厚 20mm。
11. 混凝土的保护层厚度：
    板：20mm；柱：30mm；梁：30mm；基础：40mm
12. 钢筋：HPB235 级钢筋(Φ)；HRB400(ф)；冷轧带肋钢筋 CRB550($Φ^R$)；钢筋强度标准值应具有不小于 95%的保证率。
13. L>4m 的板，要求支撑时起拱 L/400(L 为板跨)。
    L>4m 的梁，要求支模时跨中起拱 L/400(L 表示梁跨)。
14. 未经技术鉴定或设计许可，不得更改结构的用途和使用环境。
15. 砌体：

砌体标高范围	砖强度等级	砂浆强度等级
−0.050 以下至 5.450	MU10	M5
备注：1. 具体墙厚见建筑施工图，砌体材料密度≤19kN/m³ 2. 防潮层以下为水泥砂浆防潮层以上为混合砂浆		

采用的通用图集目录

序号	圈梁编号	图集名称
1	03G101-1	混凝土结构施工图平面整体表示方法制图规则和构造
2	西南 03G301	钢筋混凝土过梁
适用标准的构件及节点时宜同时按图标准图说明施工		

结施1/6

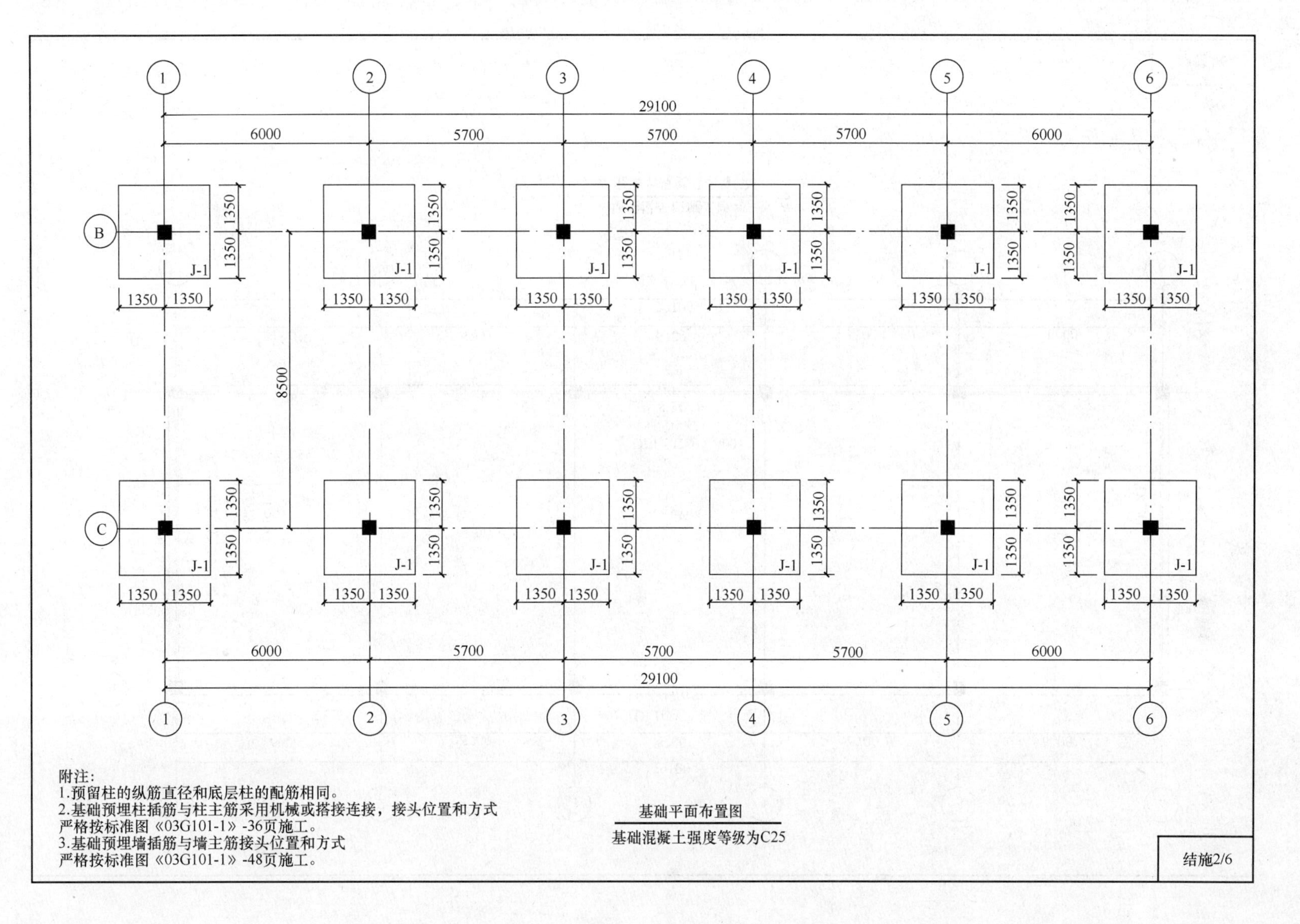

附注：
1.预留柱的纵筋直径和底层柱的配筋相同。
2.基础预埋柱插筋与柱主筋采用机械或搭接连接，接头位置和方式严格按标准图《03G101-1》-36页施工。
3.基础预埋墙插筋与墙主筋接头位置和方式严格按标准图《03G101-1》-48页施工。

基础平面布置图

基础混凝土强度等级为C25

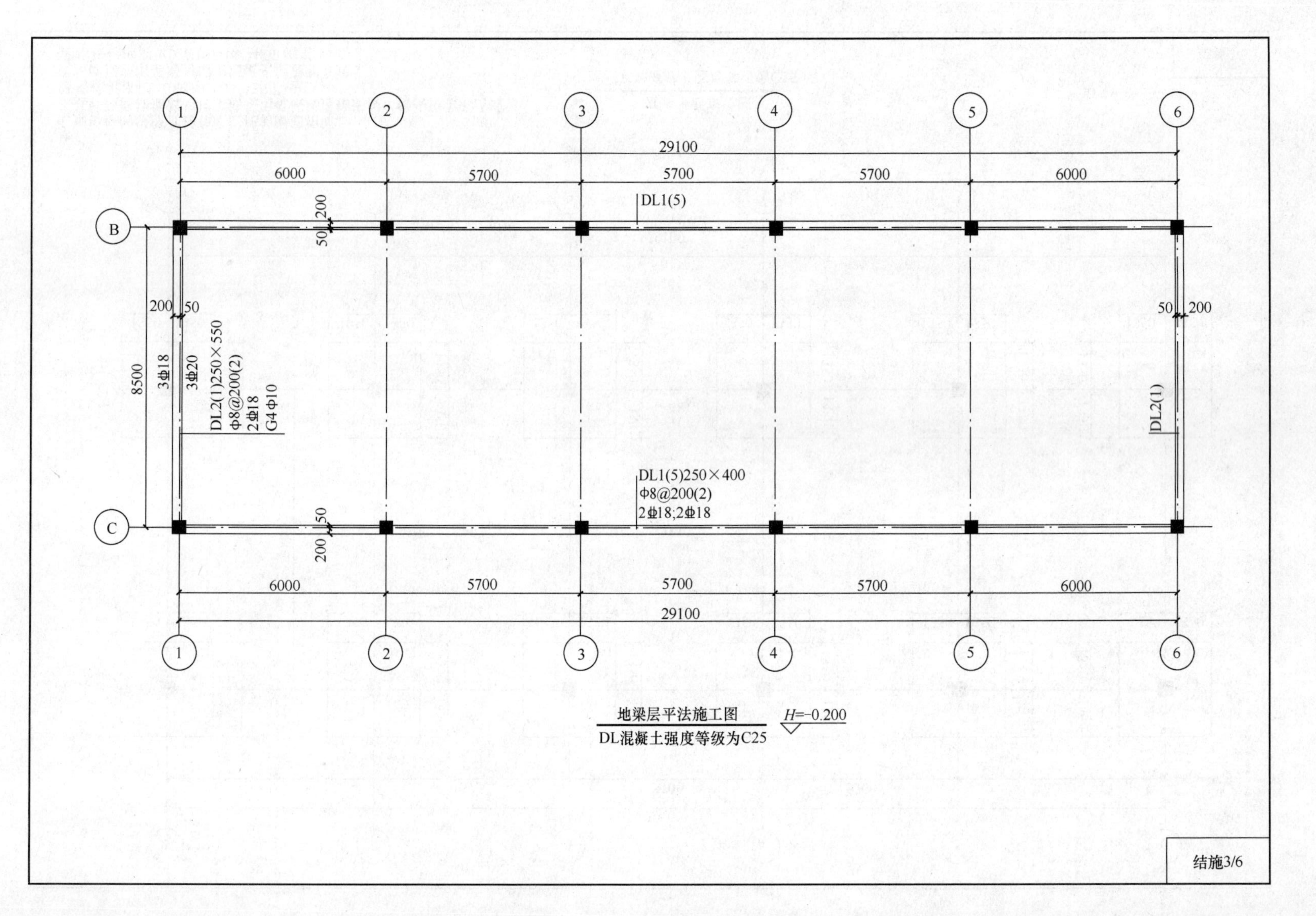
29100
6000
5700
5700
5700
6000
DL1(5)
200
50
8500
3Φ18
3Φ20
DL2(1)250×550
Φ8@200(2)
2Φ18
G4Φ10
DL2(1)
DL1(5)250×400
Φ8@200(2)
2Φ18;2Φ18
地梁层平法施工图
H=-0.200
DL混凝土强度等级为C25
结施3/6

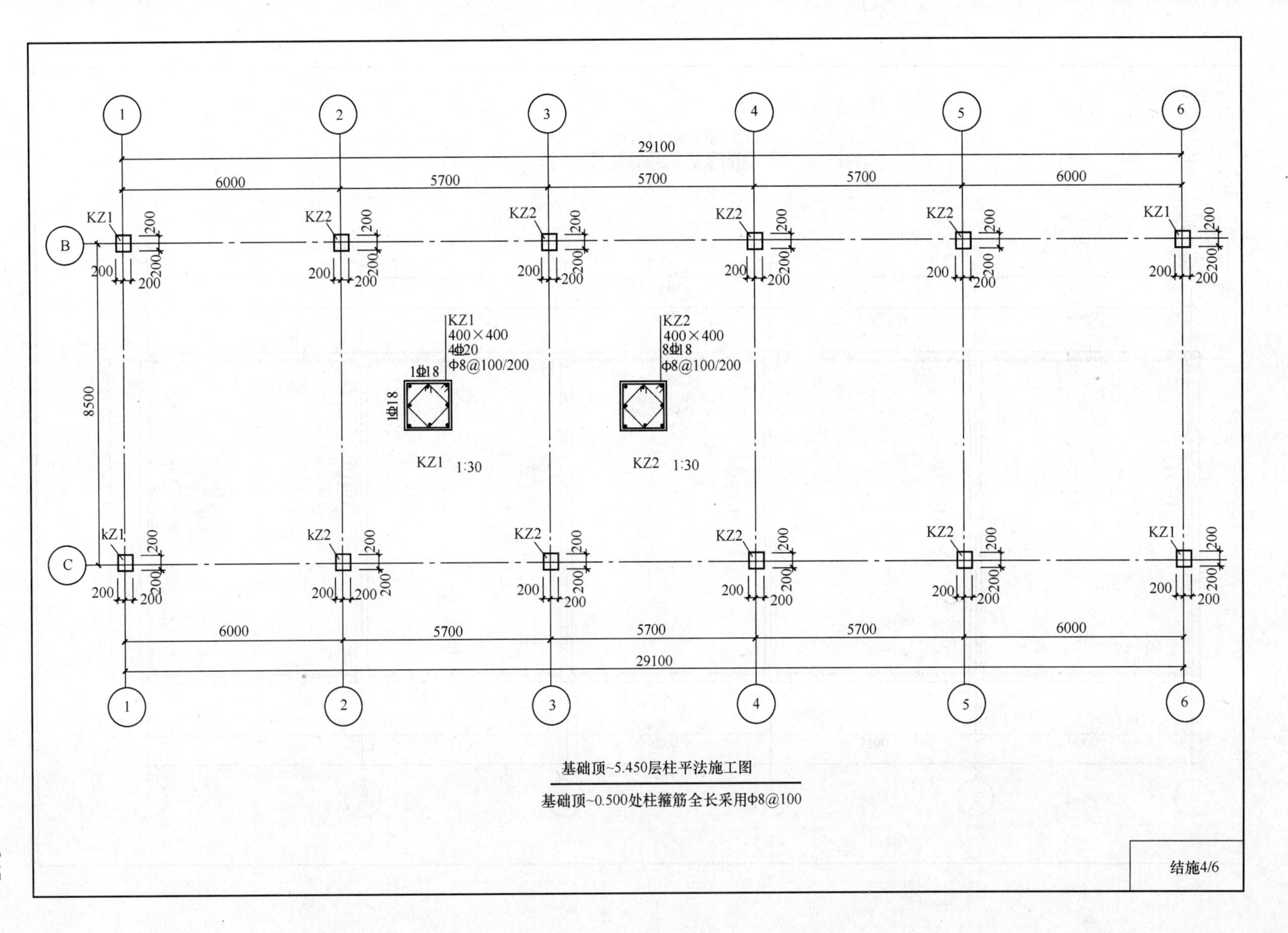
1
2
3
4
5
6
29100
6000
5700
5700
5700
6000
B
C
8500
KZ1
KZ2
KZ1
400×400
4Φ20
Φ8@100/200
1Φ18
1Φ18
KZ1 1:30
KZ2
400×400
8Φ18
Φ8@100/200
KZ2 1:30
200
基础顶~5.450层柱平法施工图
基础顶~0.500处柱箍筋全长采用Φ8@100
结施4/6

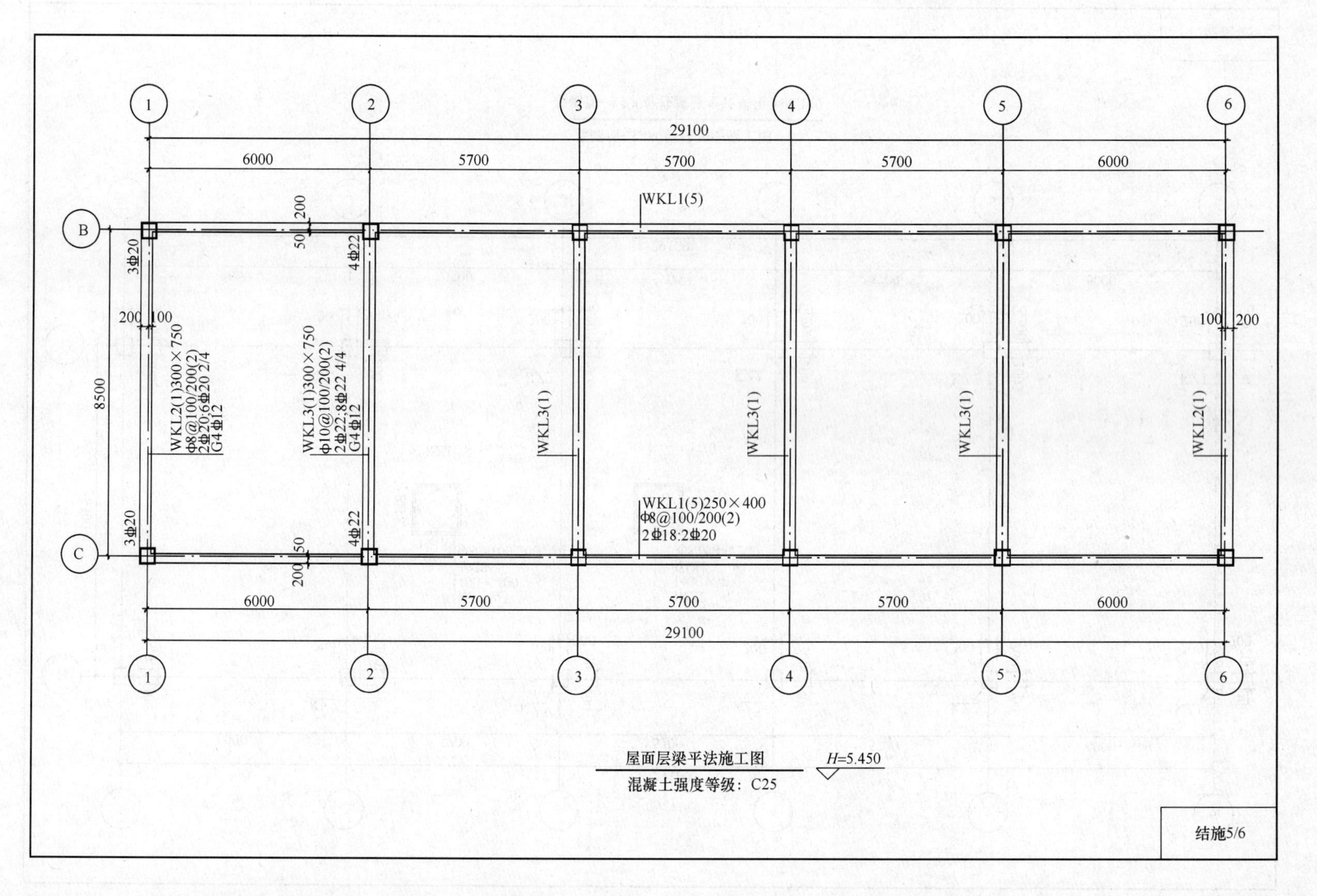
29100
6000
5700
5700
5700
6000
WKL1(5)
200
50
3Φ20
4Φ22
200
100
8500
WKL2(1)300×750
Φ8@100/200(2)
2Φ20;6Φ20 2/4
G4Φ12
WKL3(1)300×750
Φ10@100/200(2)
2Φ22;8Φ22 4/4
G4Φ12
WKL3(1)
WKL3(1)
WKL3(1)
WKL2(1)
100
200
WKL1(5)250×400
Φ8@100/200(2)
2Φ18:2Φ20
屋面层梁平法施工图
H=5.450
混凝土强度等级：C25
结施5/6

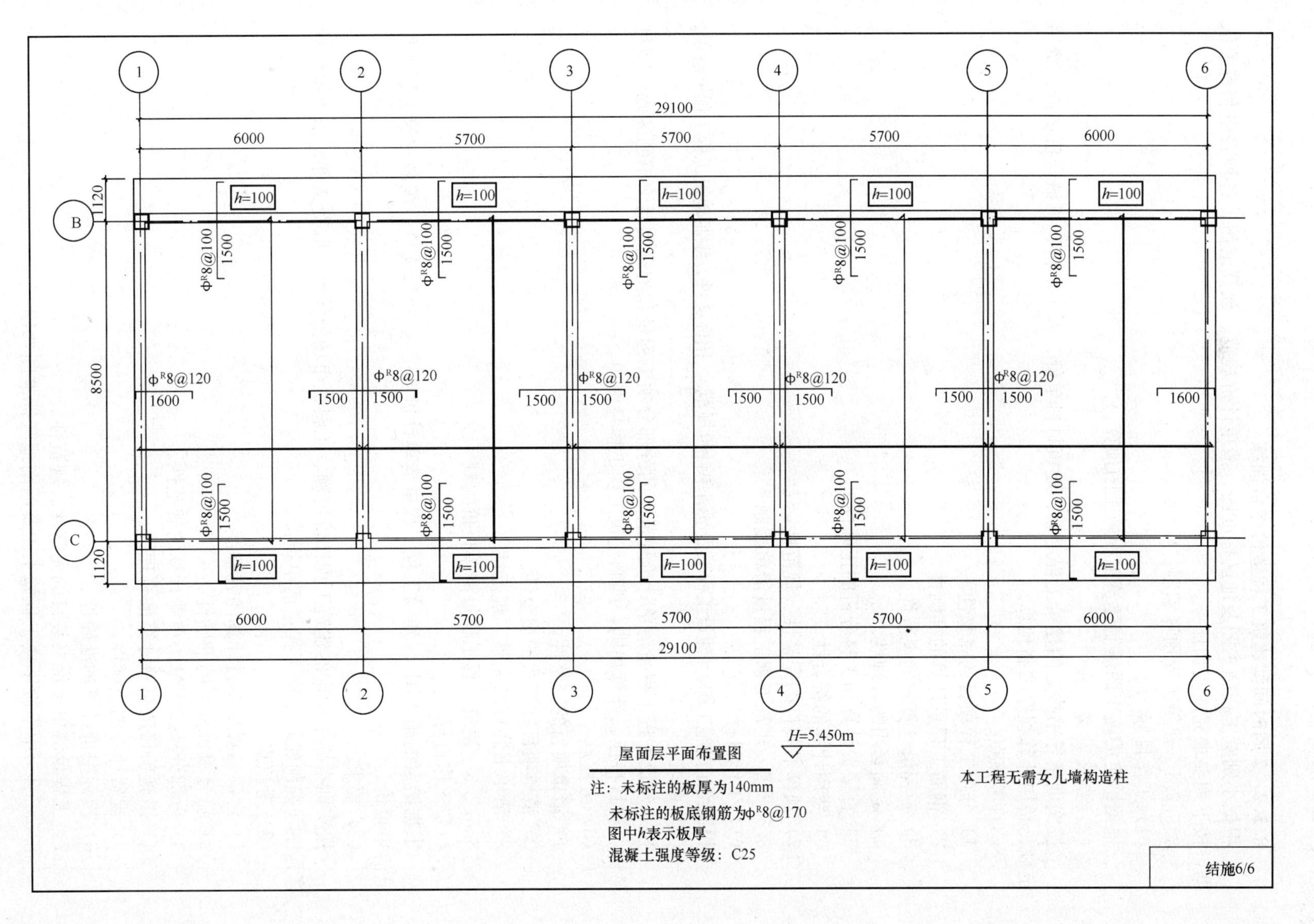
1
2
3
4
5
6
29100
6000
5700
5700
5700
6000
1120
8500
1120
B
C
h=100
Φ^R8@100
1500
Φ^R8@120
1600
H=5.450m
屋面层平面布置图
注：未标注的板厚为140mm
未标注的板底钢筋为Φ^R8@170
图中h表示板厚
混凝土强度等级：C25
本工程无需女儿墙构造柱
结施6/6

8.5.2 2周时间型建筑工程造价综合训练

根据小别墅工程施工图及地区标准图、清单计价规范、预算定额、各种表格和有关依据，按下列要求完成实训任务。

8.5.2.1 建筑工程预算编制

(1) 工作目标

根据给定的施工图编制建筑工程施工图预算。

(2) 要求

按实训指导书指定的建筑工程定额、建筑材料单价、人工单价、机械台班单价、费用定额、费用计算程序编制预算。

(3) 考核点

1) 分项工程项目的完整性。

2) 钢筋工程量计算的准确性。

3) 工程量计算式的规范性。

4) 定额套用的合理性。

5) 直接费计算和工料分析的正确性。

6) 费用计算的符合性。

7) 预算书装订的完整性、规范性。

8.5.2.2 建筑工程工程量清单编制

(1) 工作目标

根据给定的施工图、《建设工程工程量清单计价规范》、招标文件，编制建筑工程工程量清单。

(2) 要求

按《建设工程工程量清单计价规范》的分部分项工程量和措施项目清单的编码、项目名称、项目特征、计算规则，编制建筑工程工程量清单。

(3) 考核点

1) 清单项目的完整性。

2) 清单项目计算式的规范性。

3) 清单书装订的完整、规范性。

8.5.2.3 建筑工程工程量清单报价编制

(1) 工作目标

根据给定的施工图、《建设工程工程量清单计价规范》、招标文件，编制建筑工程工程量清单报价。

(2) 要求

按实训指导书指定的建筑工程计价定额、工料机市场指导价、取费文件、清单报价计算程序，编制建筑工程工程量清单报价。

(3) 考核点

1) 定额工程量项目计算的完整性。

2) 综合单价分析的准确性。

3) 分部分项工程量清单费计算的规范性。

4) 措施项目清单费计算的合理性。

5) 规费计算的正确性。

6) 投标报价计算的准确性。

7) 工程量清单报价书装订的完整性、规范性。

8.5.2.4 中学教学楼工程施工图及西南地区标准图选用

建筑设计总说明

一、设计依据

1. ××县规划和建设局有关部门于 2009 年 2 月 17 日批准的建筑方案。

××县规划和建设局有关部门于 2009 年 7 月 27 日提出的初步设计审查意见。

建设单位所提供的建筑工程设计委托书。××县计委，市计投［ ］号文。

2. 工程设计依据的现行国家有关建筑设计标准、规范、规程和规定：

《民用建筑设计通则》GB 50352—2005

《建筑设计防火规范》GB 50016—2006

《中小学校建筑设计规范》GBJ 99—86

《城市道路和建筑物无障碍设计规范》JGJ 50—2001

《公共建筑节能设计标准》GB 50189—2005

《屋面工程技术规范》GB 50345—2004

二、项目概况

1. ××县××学校教学楼、设计 4 班，44 人/班。

2. 项目概况详表一。

三、设计标高

1. 本工程±0.000 相当于绝对标高关系详总平面放线图。

2. 各层标注标高为建筑完成面标高，屋面标高为结构面标高。

3. 本工程标高以 m 为单位，总平面尺寸以 m 为单位，其他尺寸以 mm 为单位。

四、墙体工程

1. 墙体的基础部分详见结施图。

2. 墙体材料为空心页岩砖，厚度和砌筑材料详见各层建筑平面图。

3. 其他未注明的主体材料详结施图。

4. 墙体预留洞详建施图和设备图。

5. 墙身防潮层：在室内地坪下 60mm 处做 20mm 厚水泥砂浆内加 3%～5%防水剂的墙身防潮层，地坪变化处防潮层应重叠 300mm，并在高低差埋土一侧墙身做 20mm 厚 1：2 水泥砂浆内加 3%～5%防水剂。

五、屋面工程

1. 本工程的屋面防水等级为Ⅱ级，防水层耐用年限为 15 年。

2. 屋面做法详建施 2。

3. 屋面排水组织见屋面平面图，内排水雨水管见水施图，外排水除图中另有标注外，雨水管的公称直径均为 $DN100$。

六、门窗工程

1. 本工程门窗采用塑钢门窗，门窗玻璃选用 6mm 厚透明浮法玻璃及 FL6+9A+FL6 中空玻璃。玻璃的品种及规格由门窗的制作厂家选定且必须满足《建筑玻璃应用技术规程》和《建筑安全玻璃管理规定》及地方主管部门的有关规定。

2. 外窗气密性等级不低于《建筑外窗气密性能分级及其检测方法》GB 7107 规定的 4 级。

3. 门窗尺寸、玻璃、颜色见“门窗表”，门窗五金应配备齐全。

4. 门窗立面均表示洞口尺寸，门窗加工尺寸要按照装修面厚度由承包商予以调整。

所有门窗尺寸及数量均由施工单位核实后方能订货制作。

七、防水工程

1. 楼地面：卫生间防水层采用改性沥青一布四涂，反上墙面高 1500mm，水泥砂浆抹面、卫生间设备安装及防水节点参照西南 04J517 第 32～34 页的相关节点执行。

2. 屋面：3mm 厚 SBS 改性沥青防水卷材及 1.2mm 厚三元乙丙合成高分子防水卷材锚缝搭接用于主体屋面。

八、外装修工程

1. 外装修设计和做法索引见立面图及外墙详图。

2. 承包商进行二次设计的装饰物等，经确认后，向建筑设计单位提供预埋件的设置要求。

3. 外装修选用的各项材料，其材质、规格、颜色等，均由施工单位提供样板，经建设和设计单位确认后方可订货。

九、内装修工程

1. 内装修工程执行《建筑内部装修设计防火规范》，楼地面部分执行《建筑地面设计规范》。

2. 一般装修见表五（装修做法表）。

3. 楼梯栏杆做法详剖面图引注，扶手栏杆高 900mm，水平段栏杆长度>0.50m 时，扶手高 1100mm，垂直杆件净距≤110mm 且不易攀爬，楼梯扶手每 1500mm 长应断开 100mm，以防止攀滑。楼梯顶层水平段下部设 100mm 高现浇混凝土。

4. 内装修选用的各项材料，均由施工单位制作样板和选择，经确认后进行封样，并据此进行验收。

十、油漆涂料工程

本工程中所有木门面层一律刷浅米黄色油性合漆二遍；所有外露铁件均除锈后刷红丹防锈漆二道，后刷银色油性调合漆三遍。

十一、建筑节能设计

建筑节能设计详见建施 2。

十二、其他施工中注意事项

1. 本工程采用的建筑材料及设备应符合国家有关法规及技术标准规定的质量要求。建筑材料还应严格执行室内装饰装修工程采用材料有害物质限量的国家强制性标准及《民用建筑工程室内环境污染控制规范》GB 50325—2001 的规定，满足环保卫生要求，施工图设计文件交付施工后，任何单位或个人未经设计单位同意不得擅自修改。如发现设计文件错误，遗漏。不详或与现场不符需要修改时，应及时通知设计单位并按设计单位提供的技术通知单施工。除图中注明者外，同时应遵守国家现行的有关建筑工程施工和验收规范以及本施工图所选用标准图集中的相关说明及技术要求。

2. 所有外墙雨篷、挑檐、凸出外墙的构件、檐口、窗框上下缘等均应做滴水线。

3. 图中凡注有坡度或有地漏的接地面、屋面均应做浇水检验。

4. 回填土压实系数 $X_C \geq 0.94$。

5. 土建施工时，应与结构，给水排水、电气、燃气、通信、闭路电视等专业密切配合并注意成品保护。

6. 图中未尽事宜，按国家现行施工验收规范及质量检验评定标准执行。

项目概况　　表一

建筑名称	学校教学楼	建筑层数	地上 2 层
建设单位	××学校	建筑高度	7.5m
建设地址		总建筑面积	772.69m^2
建筑功能	小学教学楼	设计使用年限	50 年
建筑设计规模	小型	建筑结构类别	框架结构
建筑耐火等级	二级	抗震设防烈度	7 度 2 组
屋面防水等级	Ⅱ级	地震加速度	0.1g

通用图集目录　　表二

序号	编　号	名　称	备注
1	西南 04J112～812	西南地区建筑标准设计通用图（合订本 1.2）	2004 年版
2	川 02J605 705	《夏热冬冷地区节能建筑门窗》	2002 年版
3	川 02J106	《夏热冬冷地区节能建筑墙体楼地面构造图》	2002 年版
4	川 02J201	《夏热冬冷地区节能建筑屋面》	2002 年版
5	国标 03J926	《建筑无障碍设计》	

门　窗　表　　表四

类型	设计编号	洞口尺寸（mm）	数量	选用型号	备　注
门	J1021	1000×2100	4	P6 J0-1021	木制夹板门
	YJ0921	900×2100	4	P6 YJ0-0921	
	M1028	1000×2800	8	厂家图集	盘钢平开门
	M1528	1500×2800	2		
窗	C0627	600×2700	4	6 厚浮法玻璃	型钢上悬窗
	C0628	600×2800	4		
	C1510	1500×1000	2		塑钢推拉窗
	GC1512	1500×1200	14		
	C2421	2400×2100	12	塑钢单框中空玻璃窗 6 透明＋9 空气＋6 透明	塑钢推拉窗
	GC0906	900×600	4	6 厚浮法玻璃	塑钢推拉窗
	GC1515	1500×1500	4		
墙洞	D3024	3000×2400	1		设置墙洞
	D0530	500×3000	6		

建施1/8

装修做法表

表五

部位 / 选用标准图集 / 装修材料燃烧性能等级	楼地面		屋面	外墙面	内墙面		顶棚		踢脚板		墙裙	
选用标准图集	西南 04J312		西南 03J201-1	西南 04J516	西南 04J515		西南 04J515		西南 04J312		西南 04J515	
装修材料燃烧性能等级	B_2				B_1		AB_1					
房间名称	名称	编号			名称	编号	名称	编号	名称	编号	名称	编号
卫生间	水磨石地面 水磨石楼面	3129a/8 3131a/8	屋面和外墙面构造:		混合砂浆喷涂料墙面	N04/4	混合砂浆喷涂料顶棚	P04/13			白瓷砖墙裙到顶	N11/5
办公室	地砖地面 地砖楼面	3181b/18 3183b/19			混合砂浆乳胶漆墙面	N05/4	混合砂浆乳胶漆顶棚	P06/13	地砖踢脚板	3187a/20		
走廊 楼梯间	水磨石地面 水磨石楼面	3128a/8 3130a/8			混合砂浆乳胶漆墙面	N05/4	混合砂浆乳胶漆顶棚	P06/13			1.5m 高白瓷砖墙裙	N11/5
普通教室 活动室	水磨石地面 水磨石楼面	3128a/8 3130a/8			混合砂浆喷涂料墙面	N05/4	混合砂浆喷涂料顶棚	P06/13			1.5m 高白瓷砖墙裙	N11/5

注:楼梯间和走廊的内墙面和顶棚为无机涂料。

门窗大样表

表三

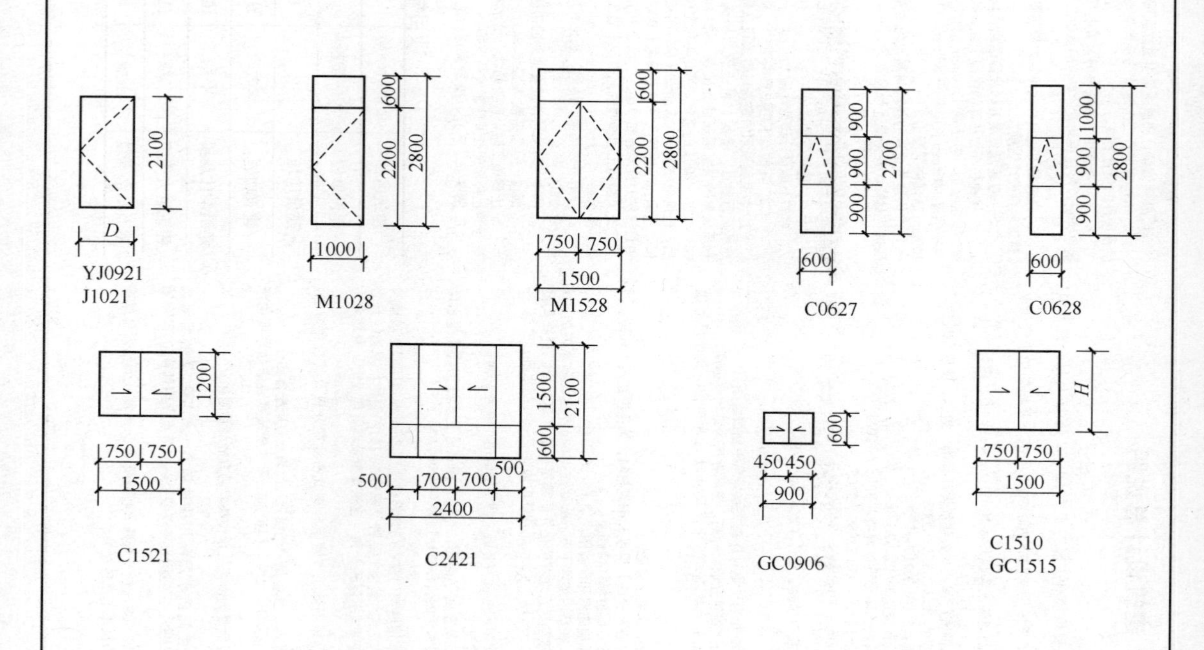

建施 2/8

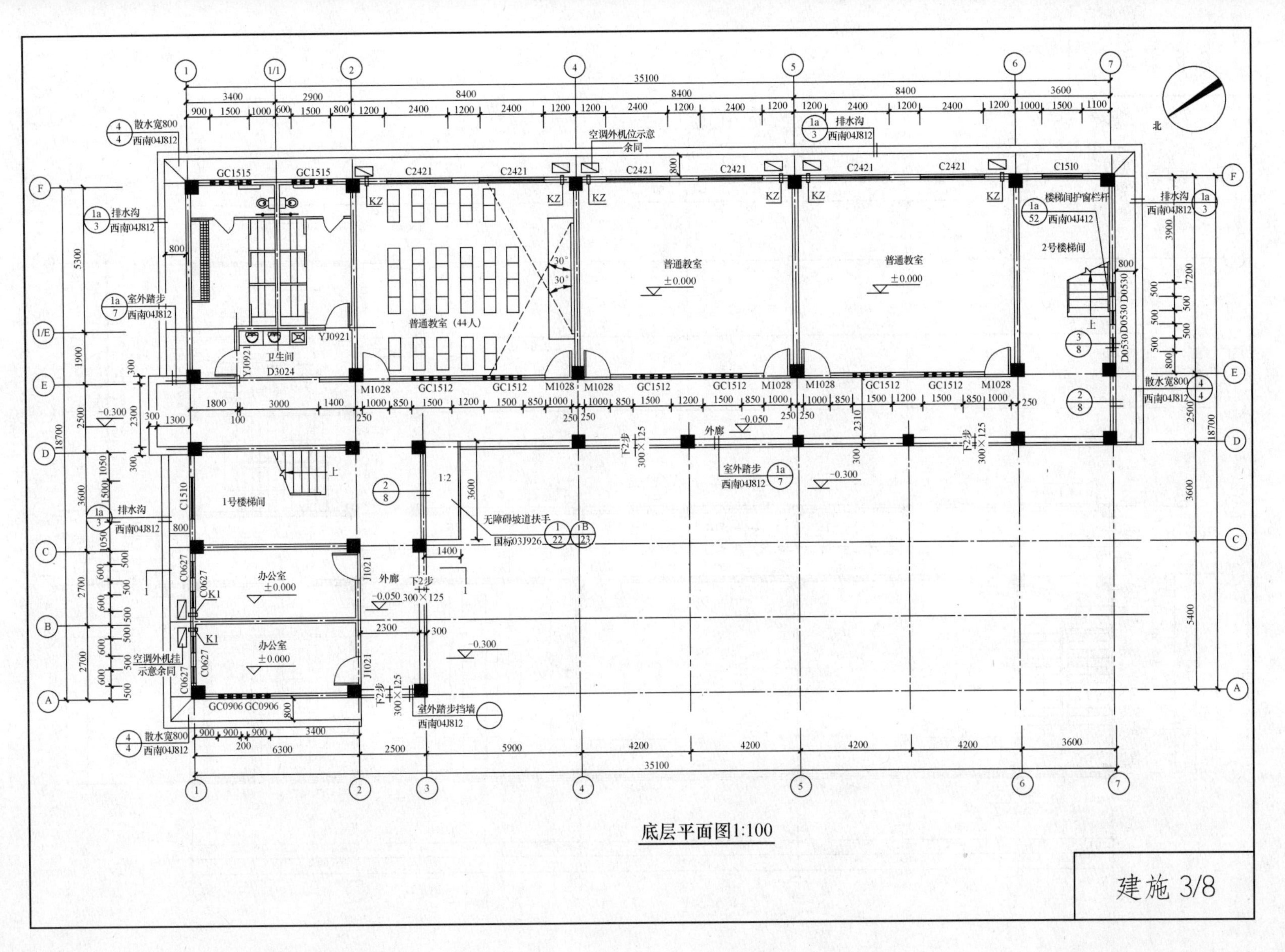
普通教室（44人）
普通教室
±0.000
卫生间
D3024
1号楼梯间
2号楼梯间
办公室
外廊
楼梯间护窗栏杆
西南04J412
散水宽800
西南04J812
排水沟
室外踏步
室外踏步挡墙
空调外机位示意
余同
空调外机挂
示意余同
无障碍坡道扶手
国标03J926
北
35100
18700
建施 3/8

底层平面图1:100

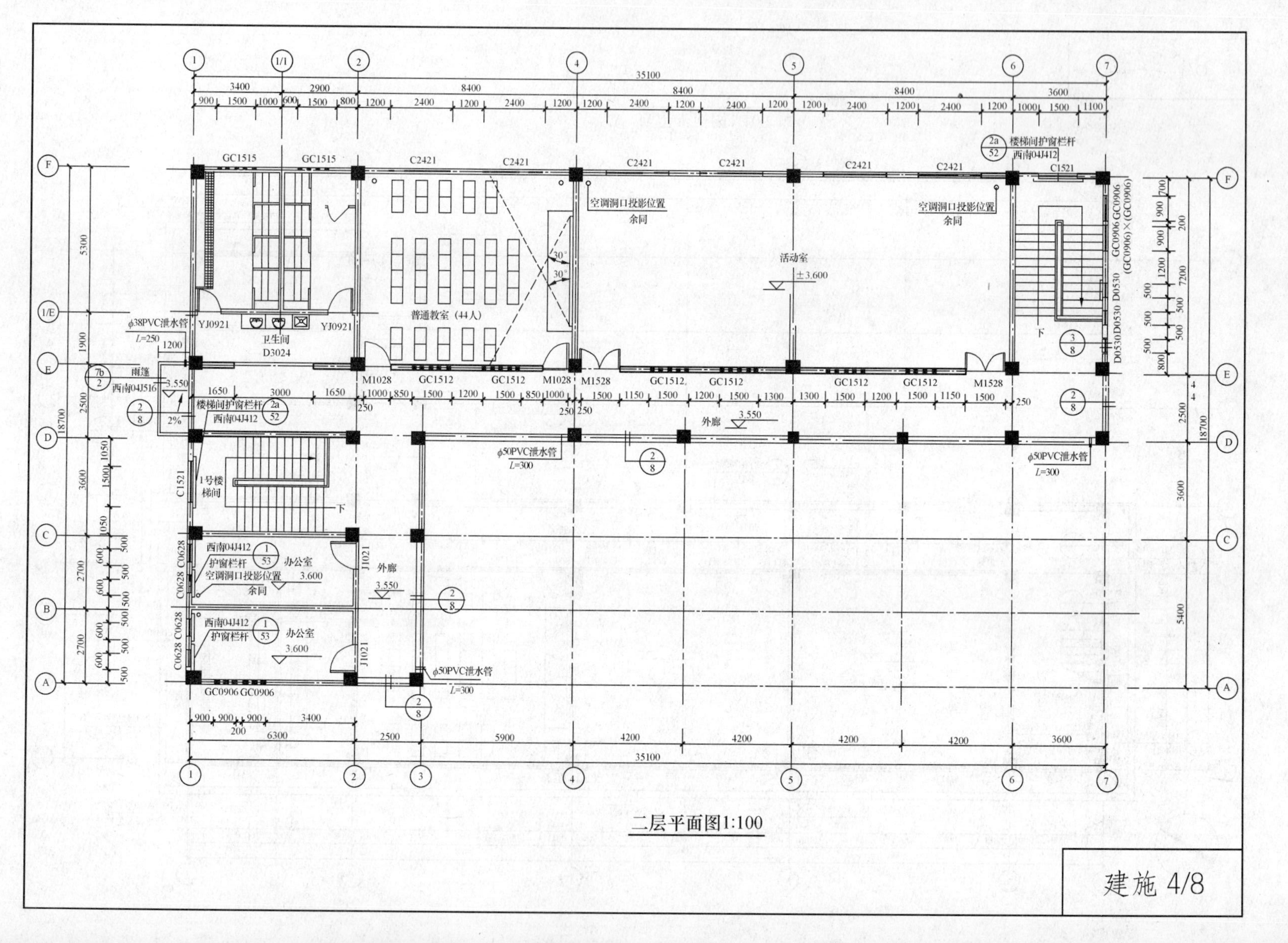

普通教室（44人）
卫生间
D3024
活动室
±3.600
外廊
3.550
1号楼梯间
办公室
3.600
空调洞口投影位置
余同
楼梯间护窗栏杆
西南04J412
护窗栏杆
雨篷
西南04J516
ϕ38PVC泄水管
ϕ50PVC泄水管
L=300
L=250
35100
18700
建施 4/8

二层平面图1:100

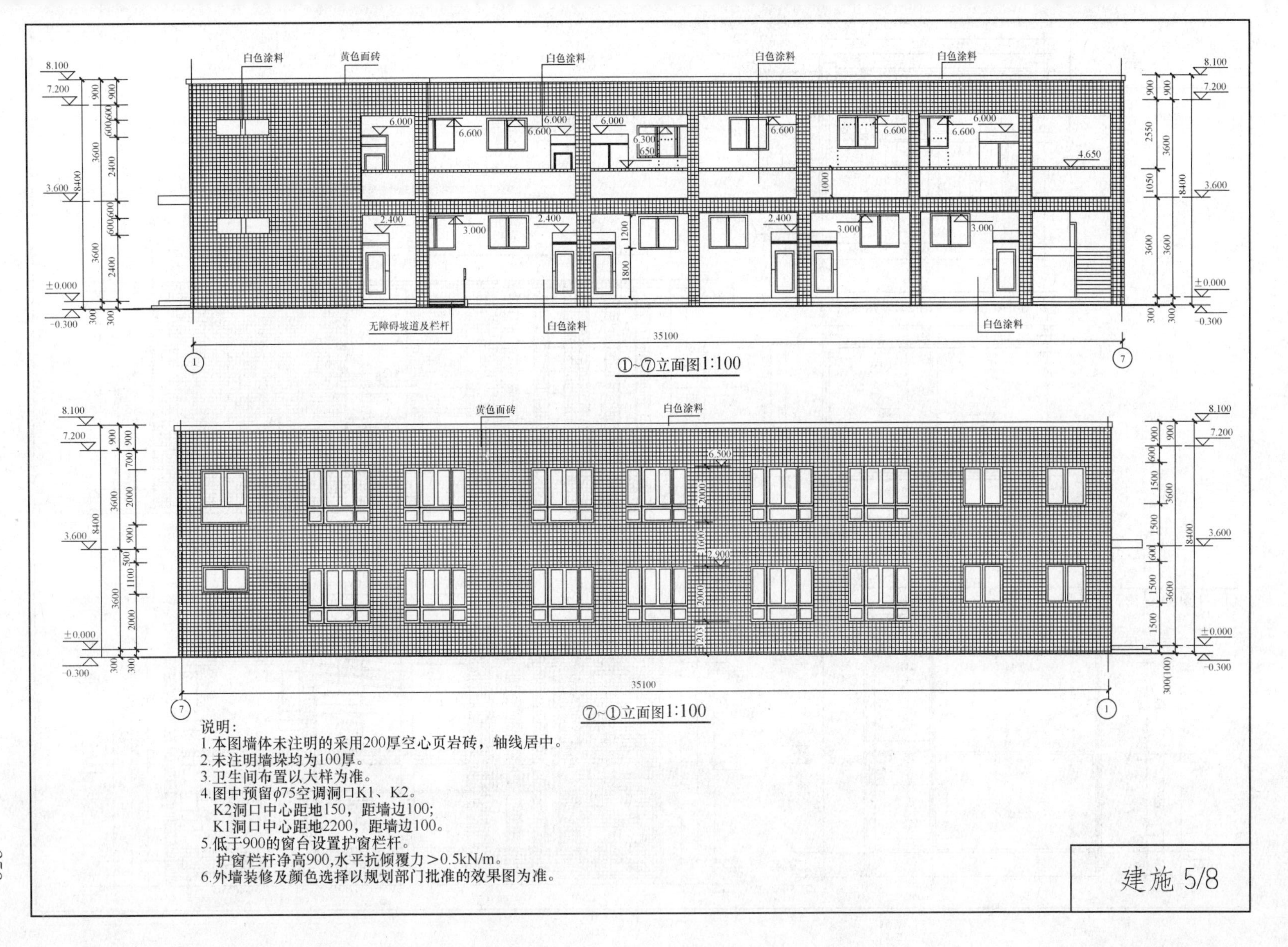
白色涂料
黄色面砖
无障碍坡道及栏杆
①~⑦立面图1:100
⑦~①立面图1:100
35100
8.100
7.200
3.600
±0.000
-0.300
说明:
1.本图墙体未注明的采用200厚空心页岩砖，轴线居中。
2.未注明墙垛均为100厚。
3.卫生间布置以大样为准。
4.图中预留ϕ75空调洞口K1、K2。
K2洞口中心距地150，距墙边100;
K1洞口中心距地2200，距墙边100。
5.低于900的窗台设置护窗栏杆。
护窗栏杆净高900,水平抗倾覆力＞0.5kN/m。
6.外墙装修及颜色选择以规划部门批准的效果图为准。
建施 5/8

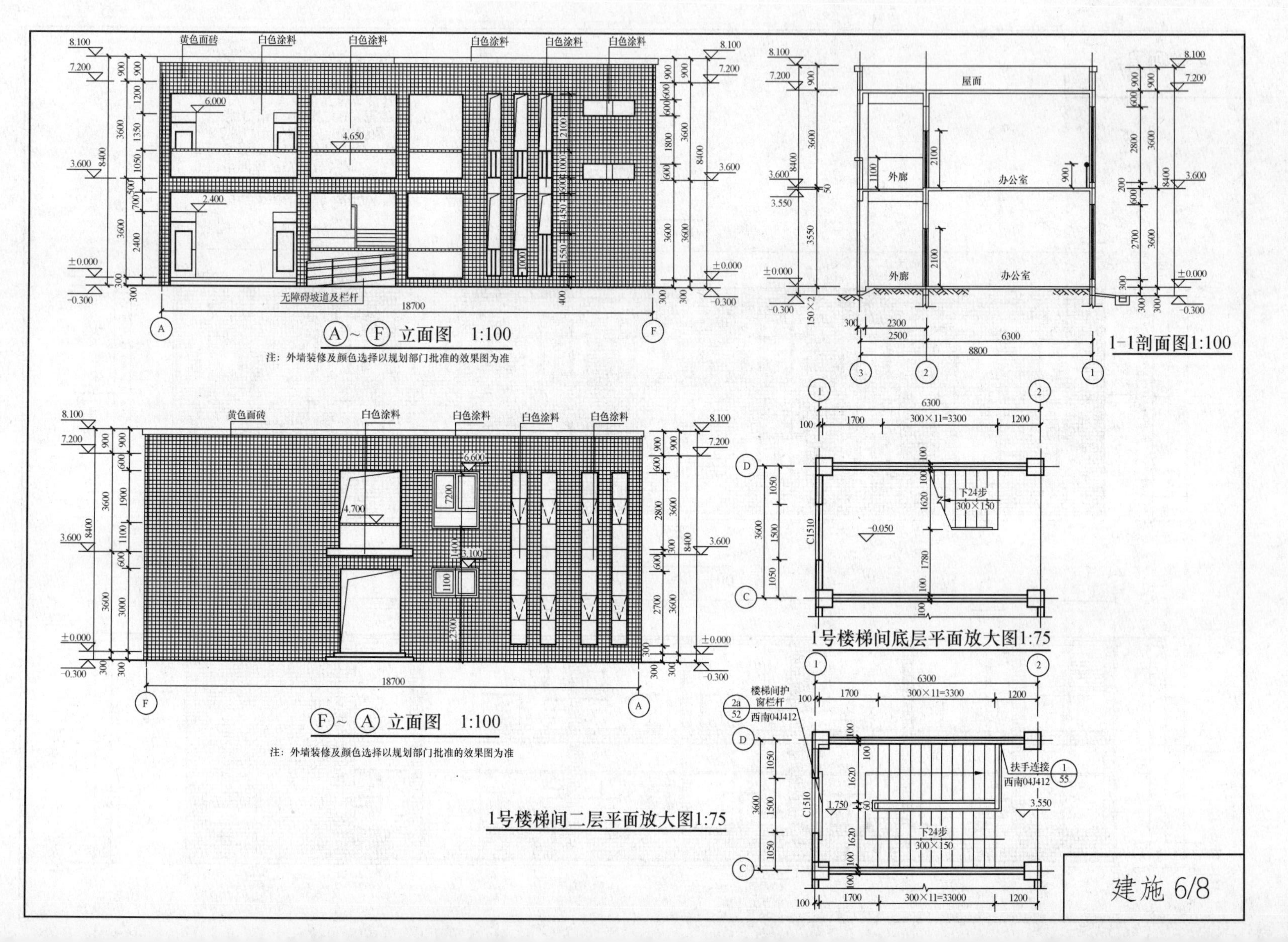
黄色面砖
白色涂料
无障碍坡道及栏杆
Ⓐ~Ⓕ立面图 1:100
注：外墙装修及颜色选择以规划部门批准的效果图为准
屋面
外廊
办公室
1-1剖面图1:100
Ⓕ~Ⓐ立面图 1:100
注：外墙装修及颜色选择以规划部门批准的效果图为准
下24步
300×150
1号楼梯间底层平面放大图1:75
楼梯间护窗栏杆
西南04J412
扶手连接
西南04J412
1号楼梯间二层平面放大图1:75
建施 6/8

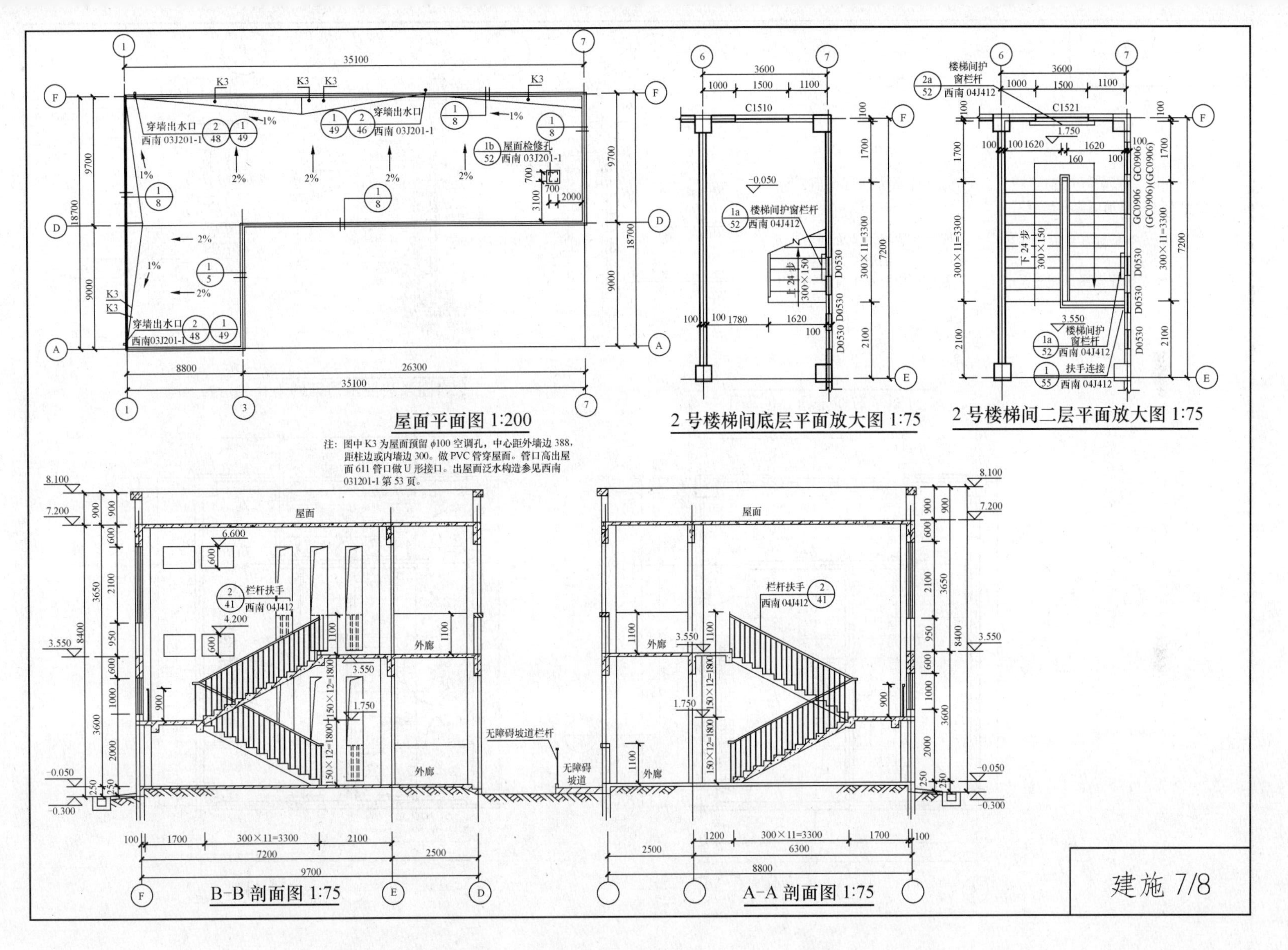
屋面平面图 1:200
注：图中K3为屋面预留φ100空调孔，中心距外墙边388，距柱边或内墙边300。做PVC管穿屋面。管口高出屋面611管口做U形接口。出屋面泛水构造参见西南031201-1第53页。
穿墙出水口
西南 03J201-1
屋面检修孔
西南 03J201-1
2 号楼梯间底层平面放大图 1:75
楼梯间护窗栏杆
西南 04J412
上 24 步
2 号楼梯间二层平面放大图 1:75
楼梯间护
窗栏杆
西南 04J412
下 24 步
扶手连接
西南 04J412
B-B 剖面图 1:75
A-A 剖面图 1:75
屋面
栏杆扶手
西南 04J412
外廊
无障碍坡道栏杆
无障碍
坡道
建施 7/8

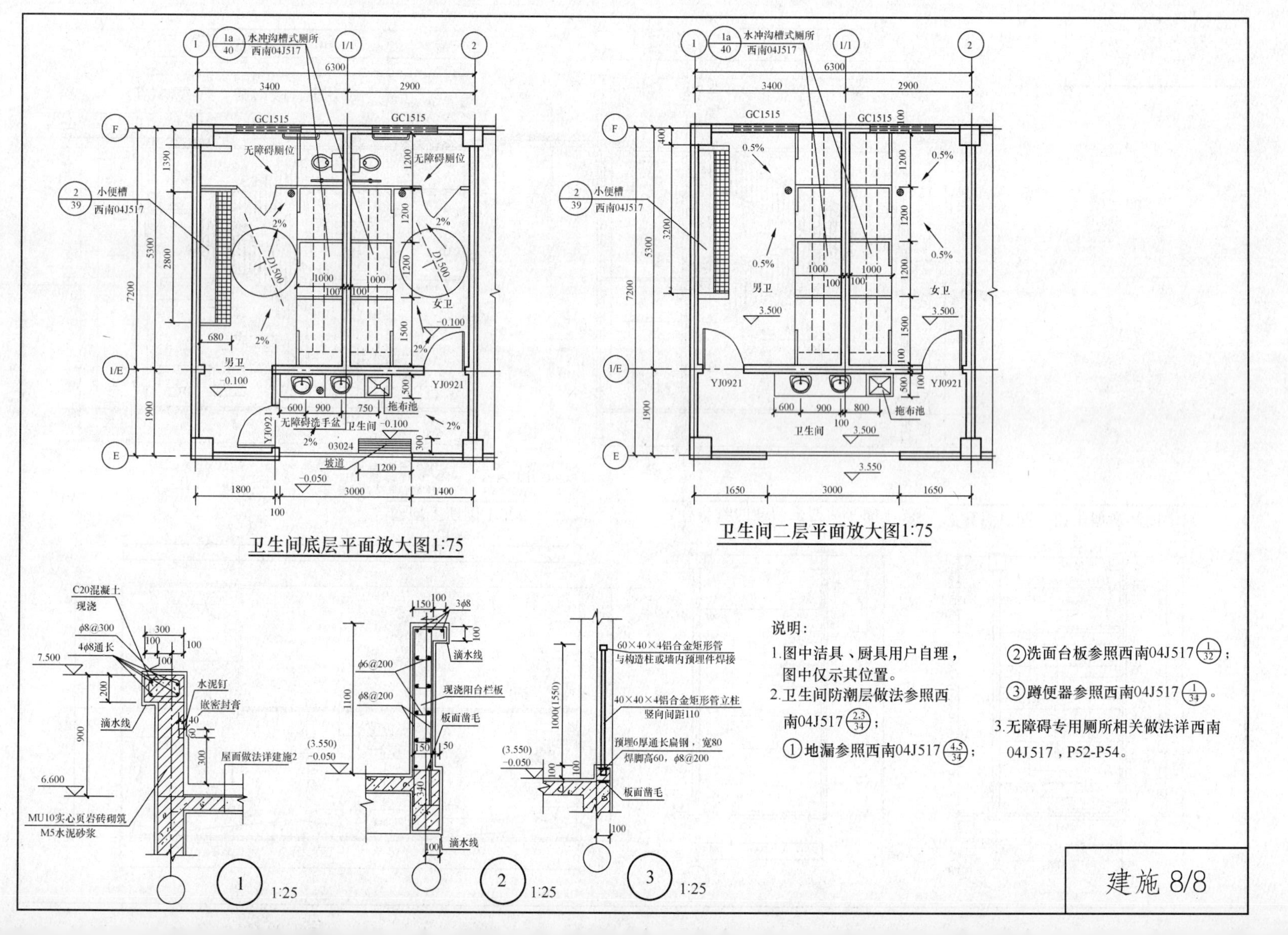

说明：

1.图中洁具、厨具用户自理，图中仅示其位置。

2.卫生间防潮层做法参照西南04J517 $\frac{2,3}{34}$；

①地漏参照西南04J517 $\frac{4,5}{34}$；

②洗面台板参照西南04J517 $\frac{1}{32}$；

③蹲便器参照西南04J517 $\frac{1}{34}$。

3.无障碍专用厕所相关做法详西南04J517，P52-P54。

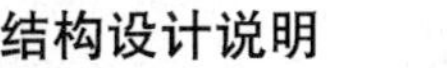

结构设计说明

1. 设计依据国家现行规范、规程及建设单位提出的要求。
2. 本工程标高以 m 为单位，其余尺寸以 mm 为单位。
3. 本工程为 2 层框架结构，使用年限为 50 年。
4. 该建筑抗震设防烈度为 7 度，场地类别Ⅱ类，设计基本地震加速度 0.10g。
5. 本工程结构安全等级为二级，耐火等级为二级。
6. 建筑结构抗震重要性类别为重点设防类。
7. 地基基础设计等级为丙级。
8. 本工程砌体施工等级为 B 级。
9. 本工程采用粉质黏土作为持力层，地基承载力特征值为：

$$f_{ak}=150\text{kPa}$$

10. 防潮层用 1：2 水泥砂浆掺 5% 水泥质量的防水剂，厚 20mm。
11. 混凝土的保护层厚度。
板：20mm；柱：30mm；梁：30mm；基础：40mm。
12. 钢筋：HPB235（Φ）；HRB400（Φ）；冷轧带肋钢筋 CRB550（$Φ^R$）；钢筋强度标准值应具有不小于 95% 的保证率。
13. $L>4$m 的板，要求支撑时起拱 $L/400$（L 为板跨）；
$L>4$m 的梁，要求支模时跨中起拱 $L/400$（L 表示梁跨）。
14. 未经技术鉴定或设计许可，不得更改结构的用途和使用环境。
15. 砌体：见下表。

砌体标高范围	砖强度等级	砂浆强度等级
－0.050 以下至 5.450	MU10	M5

备注：1. 具体墙厚见建筑施工图；砌体材料重度≤ 19kN/m³。
2. 防潮层以下为水泥砂浆，防潮层以上为混合砂浆。

采用的通用图集目录

序号	图集编号	图 集 名 称
1	03G101-1	混凝土结构施工图平面整体表
2	西南 03G301	钢筋混凝土过梁

选用标准图的构件及节点时应同时按照标准图说明施工

柱基础大样图

独立基础参数表

基础编号	柱断面	基础平面尺寸								基础高度			基础底板配筋		基底标高
	$a\times b$	A	a_1	a_2	a_3	B	b_1	b_2	b_3	h_1	h_2	h_3	①A_{s1}	②A_{s2}	H
J-1	450×450	1700		300	325	1700		300	325		300	300	Φ12@200	Φ12@200	－3.300
J-2	450×450	2400		475	500	2400		475	500		300	300	Φ12@200	Φ12@200	－3.300
J-3	450×450	1800		325	350	1800		325	350		300	300	Φ12@200	Φ12@200	－3.300
J-4	450×450	1100			325	1100			325			500	Φ12@200	Φ12@200	－3.300
J-5	450×450	1800		325	350	1800		325	350		300	300	Φ12@200	Φ12@200	－3.300
J-6	450×450	1500			525	1500			525			500	Φ12@200	Φ12@200	－3.300
J-7	450×450	2200		425	450	2200		425	450		300	300	Φ12@200	Φ12@200	－3.300
J-8	450×450	2600		525	550	2600		525	550		300	400	Φ12@200	Φ12@200	－3.300

结施1/10

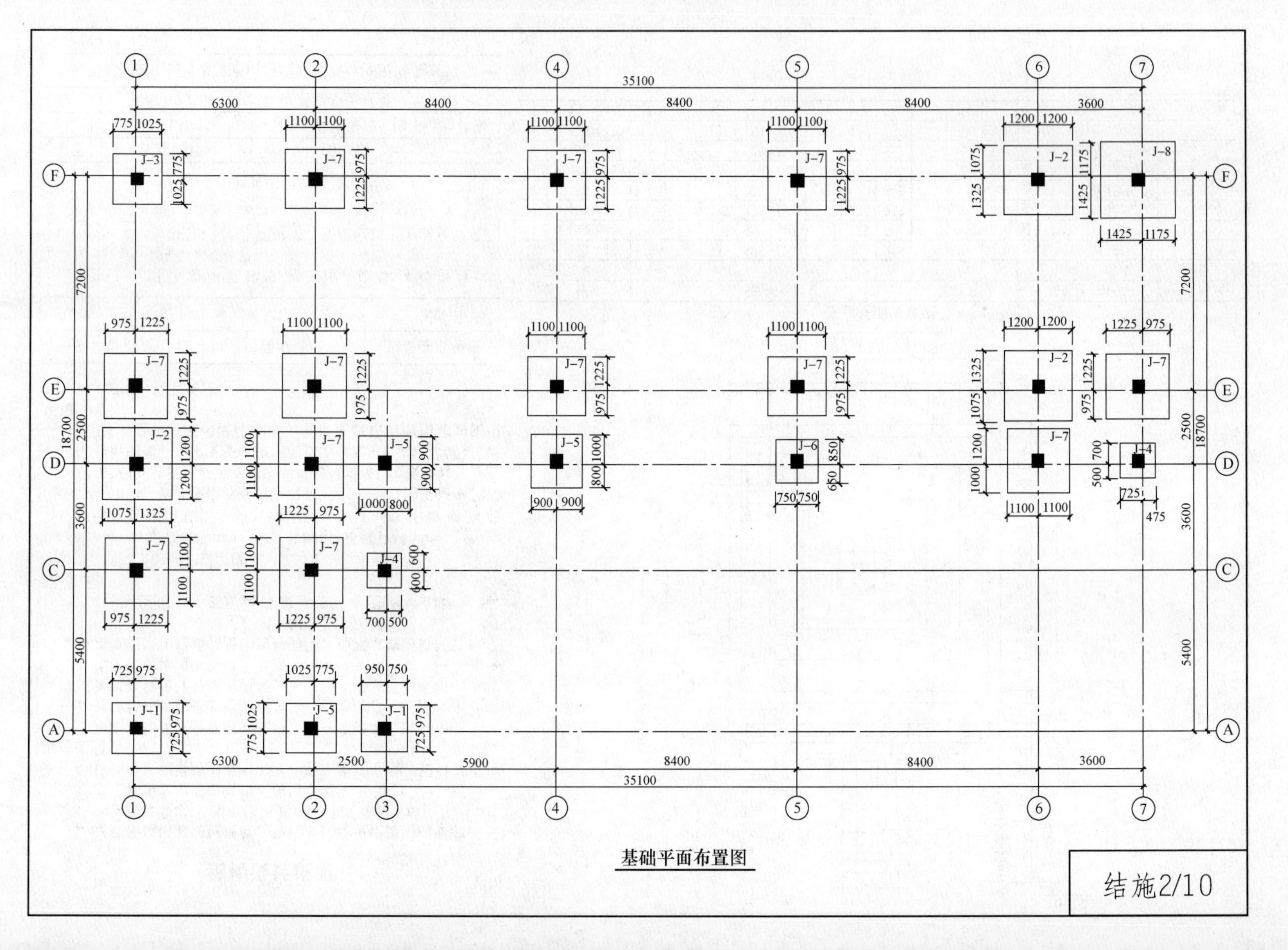

基础平面布置图
结施2/10

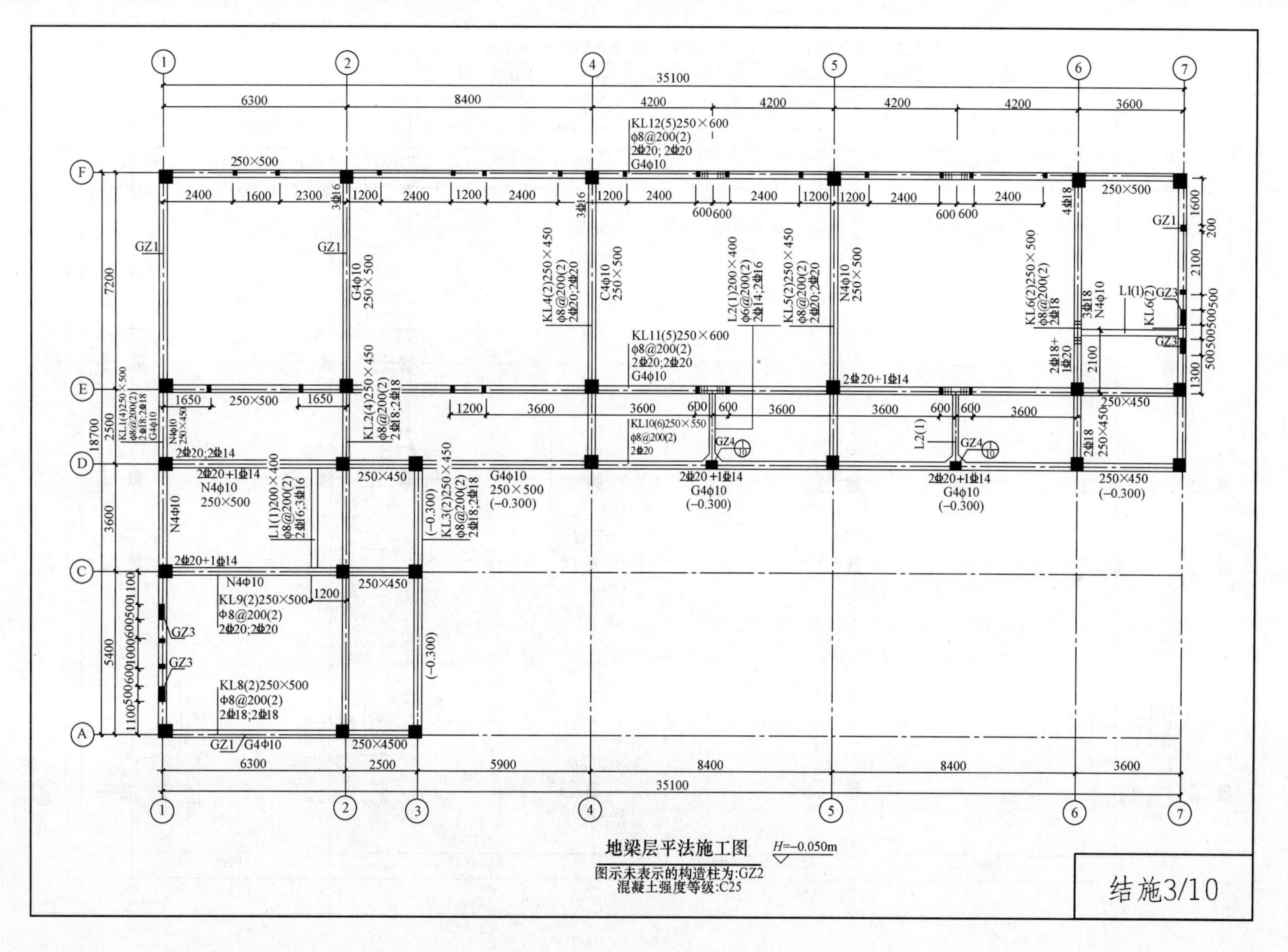
地梁层平法施工图
H=-0.050m
图示未表示的构造柱为:GZ2
混凝土强度等级:C25
结施3/10
KL12(5)250×600
φ8@200(2)
2Φ20; 2Φ20
G4φ10
KL11(5)250×600
φ8@200(2)
2Φ20;2Φ20
G4φ10
KL10(6)250×550
KL6(2)250×500
KL5(2)250×450
KL4(2)250×450
KL3(2)250×450
KL2(4)250×450
KL1(4)250×500
KL9(2)250×500
φ8@200(2)
2Φ20;2Φ20
KL8(2)250×500
φ8@200(2)
2Φ18;2Φ18
L1(1)200×400
L2(1)200×400
35100
18700

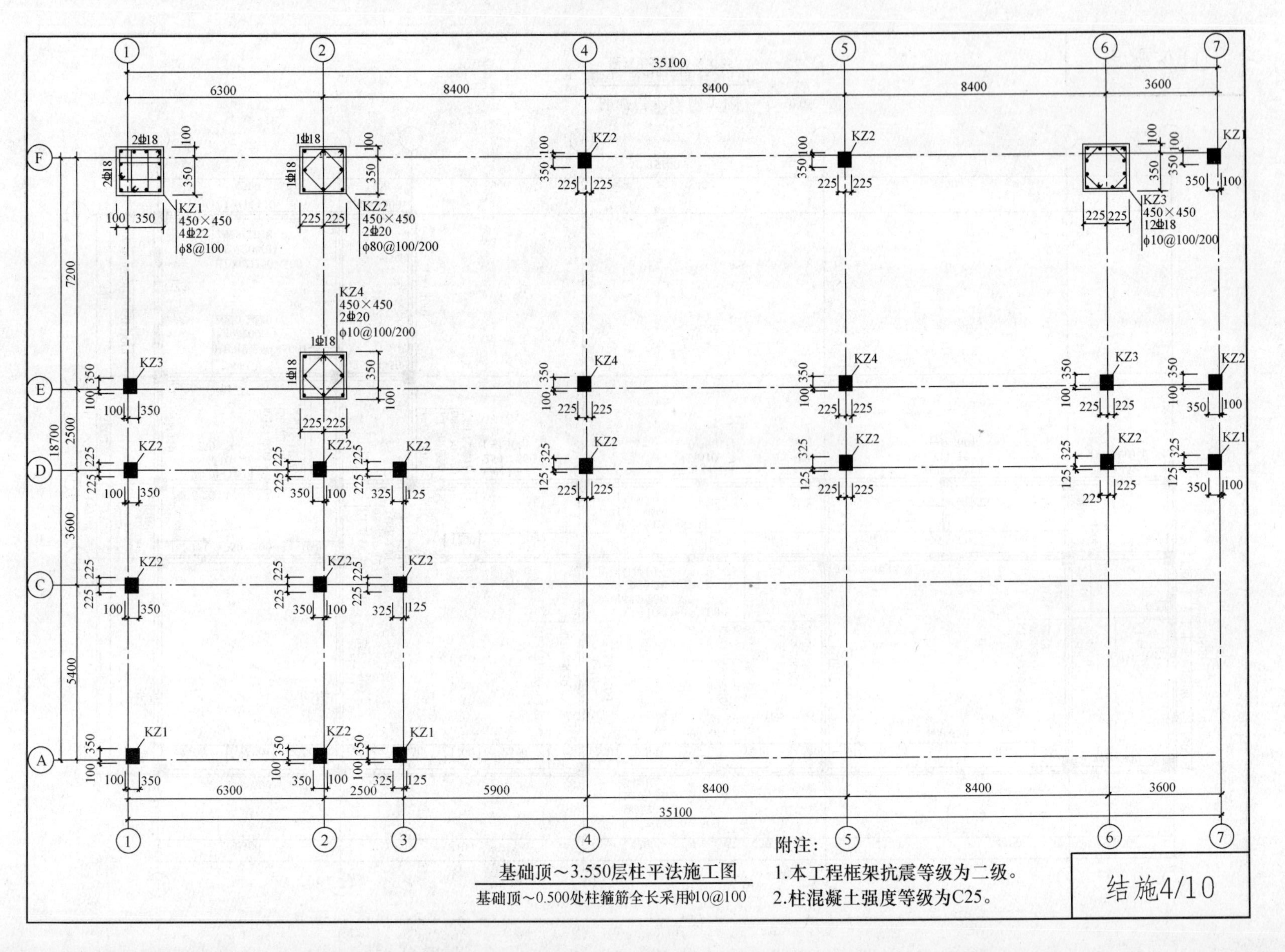

基础顶～3.550层柱平法施工图
基础顶～0.500处柱箍筋全长采用ϕ10@100
附注：
1.本工程框架抗震等级为二级。
2.柱混凝土强度等级为C25。
结施4/10
KZ1
450×450
4⌀22
ϕ8@100
KZ2
450×450
2⌀20
ϕ80@100/200
KZ3
450×450
12⌀18
ϕ10@100/200
KZ4
450×450
2⌀20
ϕ10@100/200
2⌀18
1⌀18
35100
6300
8400
3600
2500
5900
7200
18700
5400

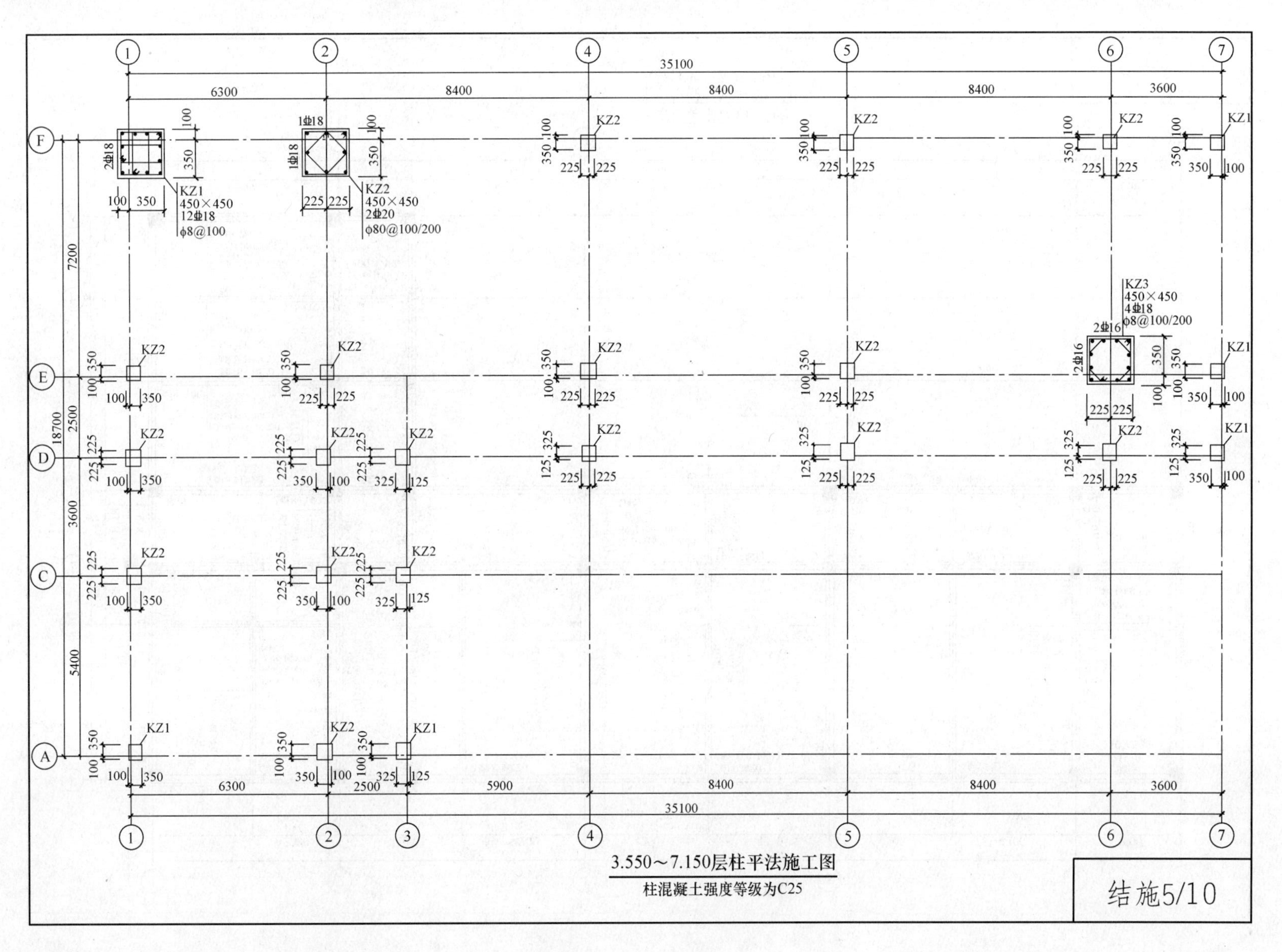

3.550～7.150层柱平法施工图

柱混凝土强度等级为C25

结施5/10

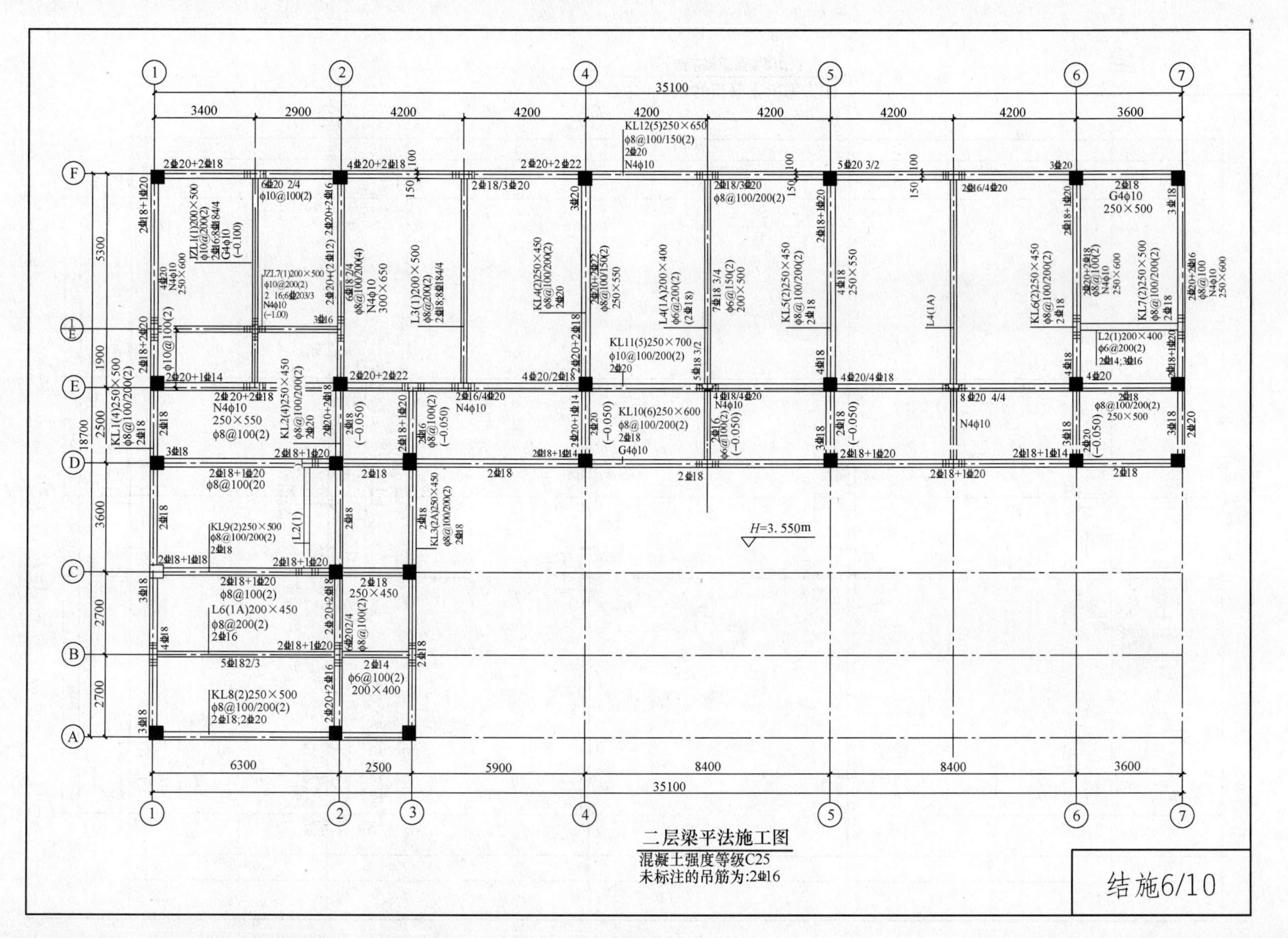
二层梁平法施工图
混凝土强度等级C25
未标注的吊筋为:2⌀16
H=3.550m
35100
结施6/10

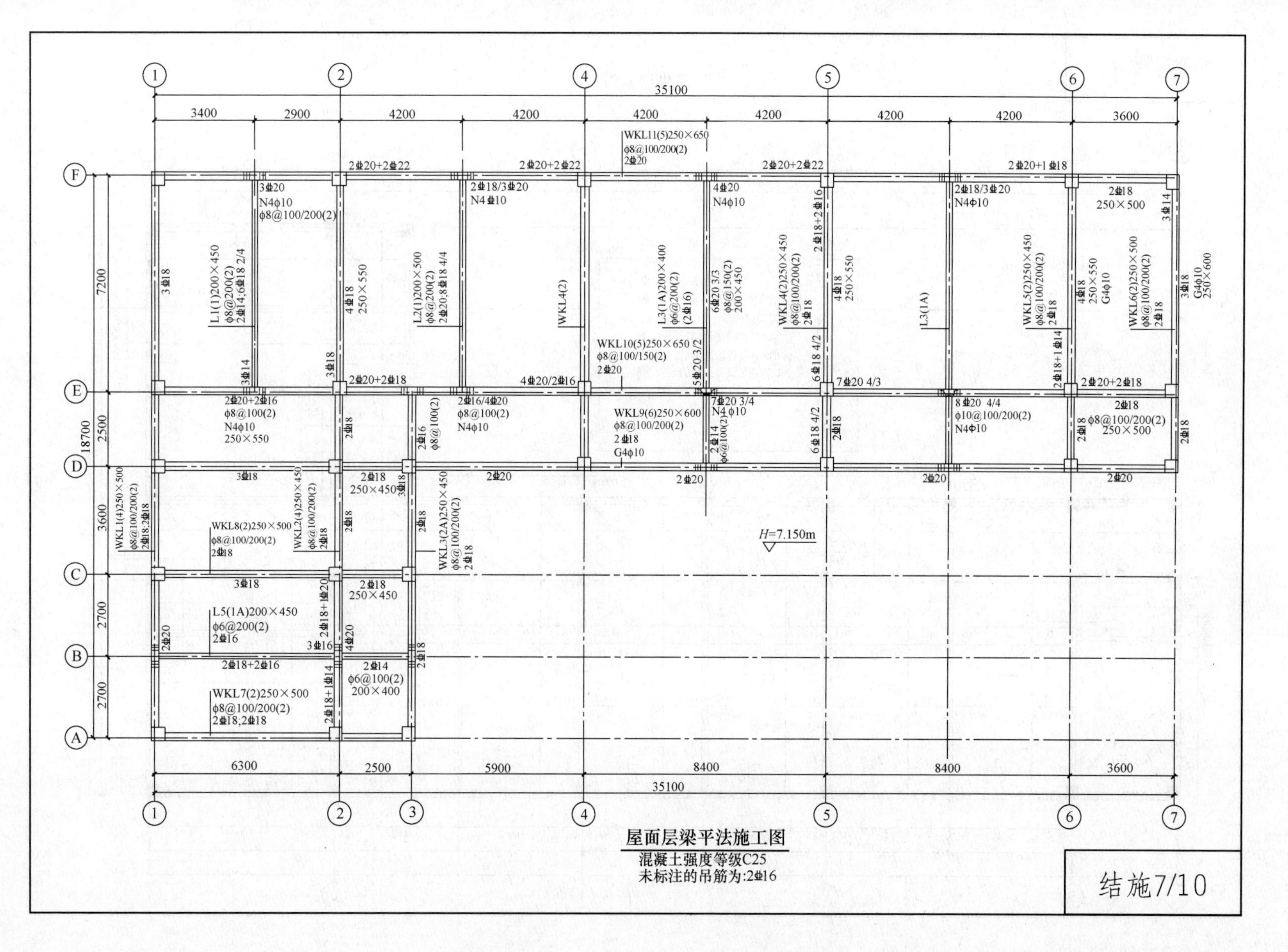
H=7.150m
屋面层梁平法施工图
混凝土强度等级C25
未标注的吊筋为:2Φ16
结施7/10

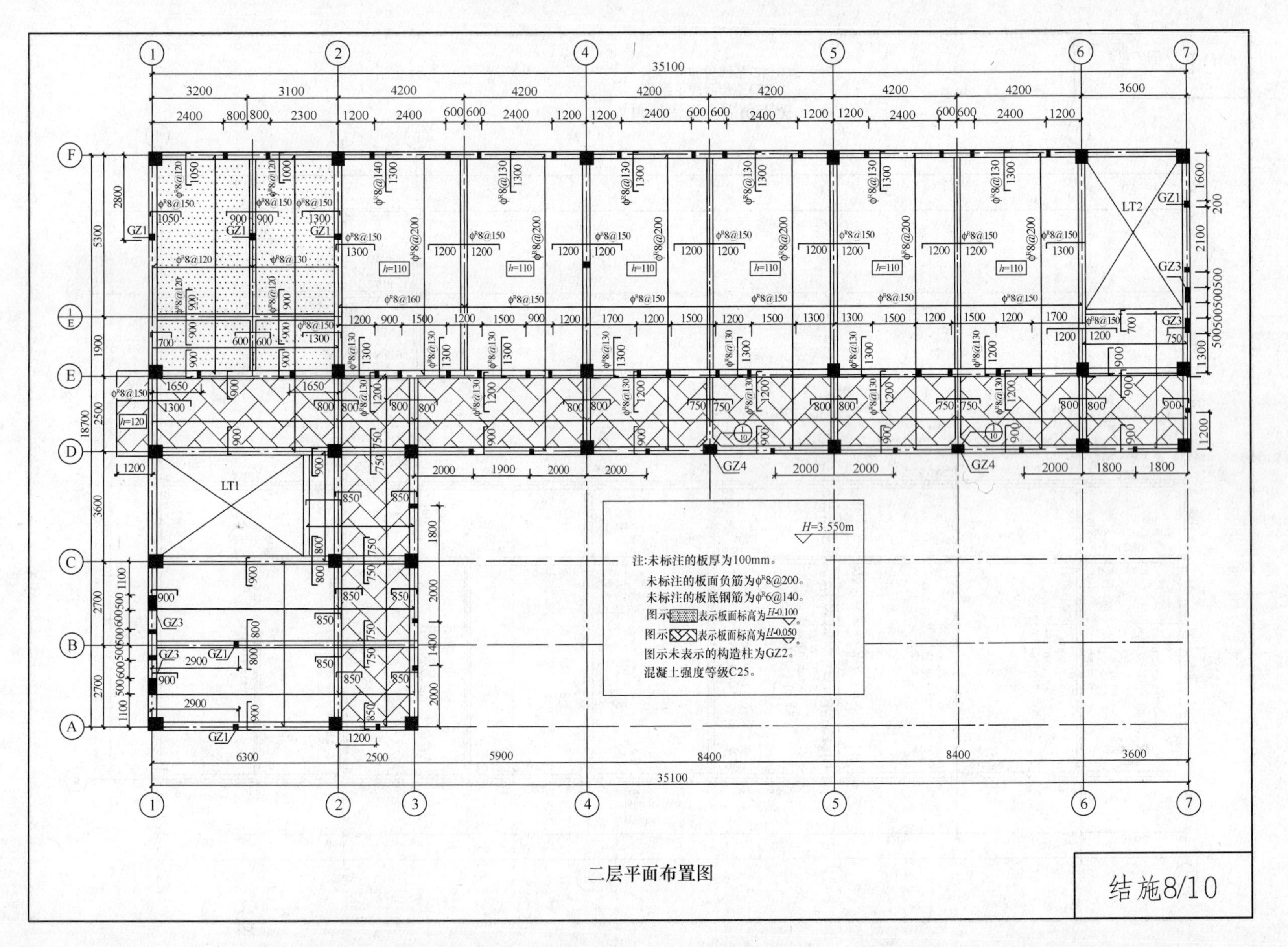
H=3.550m
注:未标注的板厚为100mm。
未标注的板面负筋为ϕR8@200。
未标注的板底钢筋为ϕR6@140。
图示▒表示板面标高为H-0.100。
图示⊠表示板面标高为H-0.050。
图示未表示的构造柱为GZ2。
混凝土强度等级C25。
LT1
LT2
GZ1
GZ3
GZ4
h=110
h=120
35100
结施8/10
二层平面布置图

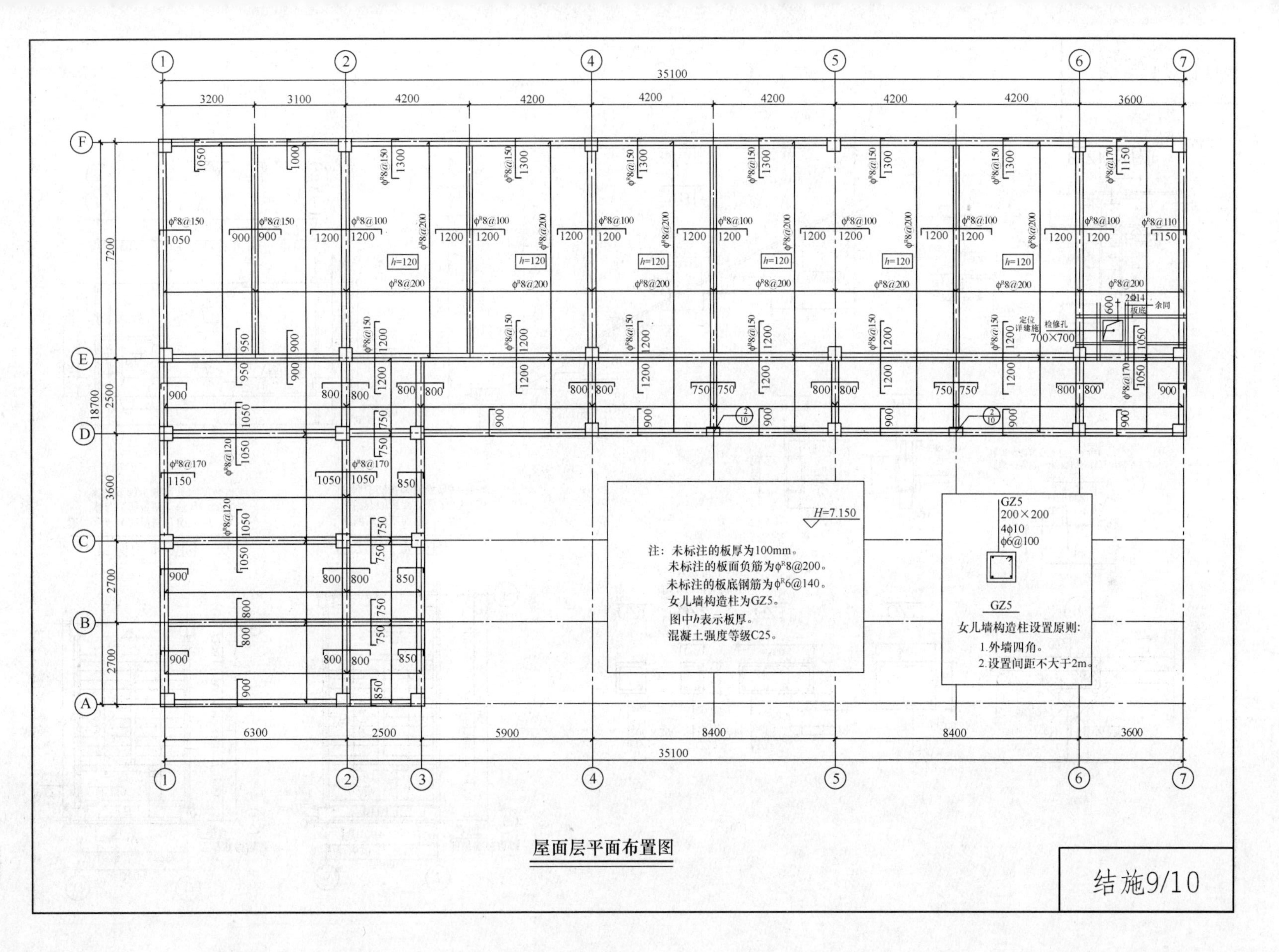

屋面层平面布置图

结施9/10

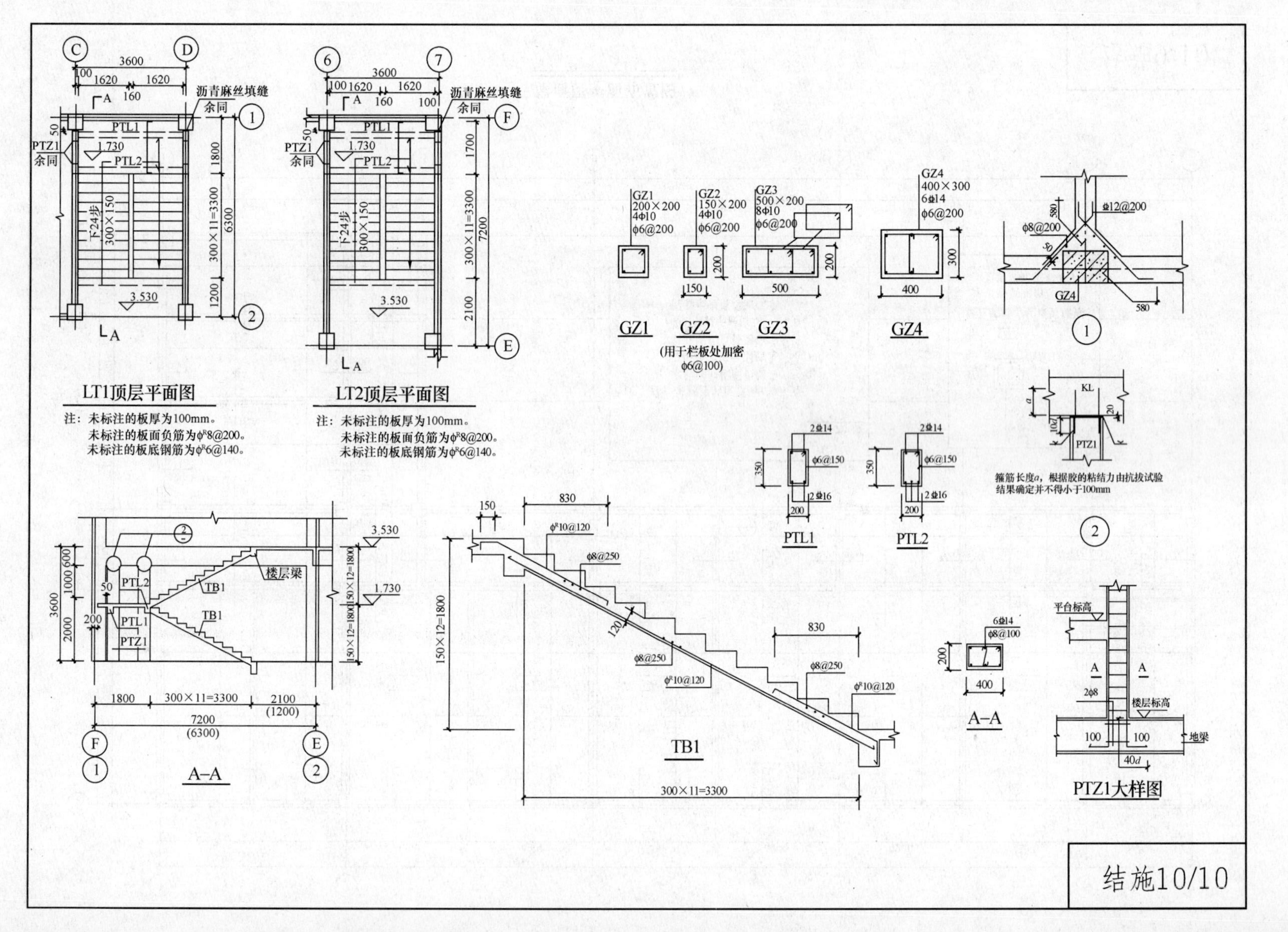
LT1顶层平面图
注：未标注的板厚为100mm。
未标注的板面负筋为$\phi^R8@200$。
未标注的板底钢筋为$\phi^R6@140$。
LT2顶层平面图
注：未标注的板厚为100mm。
未标注的板面负筋为$\phi^R8@200$。
未标注的板底钢筋为$\phi^R6@140$。
沥青麻丝填缝
余同
PTZ1
余同
PTL1
PTL2
下24步
300×150
300×11=3300
1.730
3.530
GZ1
200×200
4Φ10
φ6@200
GZ2
150×200
4Φ10
φ6@200
GZ3
500×200
8Φ10
φ6@200
GZ4
400×300
6⌀14
φ6@200
(用于栏板处加密
φ6@100)
⌀12@200
φ8@200
2⌀14
φ6@150
2⌀16
PTL1
PTL2
箍筋长度a，根据胶的粘结力由抗拔试验
结果确定并不得小于100mm
KL
PTZ1
楼层梁
TB1
A–A
150×12=1800
300×11=3300
$\phi^R10@120$
φ8@250
6⌀14
φ8@100
平台标高
楼层标高
地梁
2⌀8
40d
PTZ1大样图
结施10/10

给水排水施工图设计说明

一、设计依据

1. 建筑给水排水设计规范 GB 50015—2003
2. 建筑设计防火规范 GB 50016—2006
3. 建筑灭火器配置设计规范 GB 50140—2005
4. 中小学校建筑设计规范 GBJ 99—86
5. 土建专业提供的工作图
6. 规划部门批准的方案设计和初步设计
7. 国家及地方现行的规范、规程、规定和通用图集

二、设计范围

本设计包括生活给水系统、生活污水系统、消火栓给水系统及灭火器配置（雨水系统依照建筑设计）。

三、管道系统

（一）生活给水系统

1. 生活给水系统由校区给水管网直接供给，市政管网压力采用 0.28MPa，供水采用下行上给制。

2. 本建筑最高日用水量 7.04ml/d，最大小时用水量 1.17ml/h。

3. 生活给水干管（水平干管和立管）采用内筋嵌入式衬塑钢管，卡环连接；给水支管均采用聚丙烯管（PP-R），冷水压力为 1.25MPa，采用热熔连接；塑料管与金属管配件、阀门等的连接采用螺纹连接。

4. 给水横管应有 0.003 的坡度坡向最低点。

5. 给水管道明装，严禁在结构板内敷设，必须遵照结施要求施工。

6. 给水立管穿楼板时，应设套管，安装于卫生间楼板内的套管，其顶部应高出装饰地面 50mm；其他部位楼板套管，应高出装饰地面 20mm，套管底端应与楼板底面相平；套管与管道之间缝隙应用阻燃密实材料和防水油膏填实，端面光滑。

（二）生活污水系统

1. 本工程排水体制为分流制，室内采用污、废水合流，最大时排水量按生活用水量的 90%计，设计取值为 6.3ml/d。

2. 生活污水经化粪池处理后排入城市排水道，化粪池位置在总图上确定。

3. 排水系统为单立管伸顶通气管，排水立管检查口距地面或楼板面 1.00m，排水横管的坡度均为 2.6%。

4. 地漏水封深度不小于 5cm，卫生间采用节水型卫生洁具。

5. 卫生器具排水管与排水横支管连接时，采用 90°斜三通或依照图示。排水管道的横管与横管、横管与立管的连接，可采用 45°三通、45°四通、90°斜三通、90°斜四通、直角顺水三通、直角顺水四通。

6. 排水立管与排出管端部的连接，采用两个 45°弯头。

7. 排水管与室外排水管道的连接，排出管管顶标高不得低于室外排水管管顶标高，连接处的水流转角不得小于 90°，当有跌落差并大于 0.3m 时，可不受角度限制。排水管道采用 UPVC 管道，粘接。

8. 在各层水流汇合配件下均设置伸缩节，横干管上≥4m 设置 1 个专用伸缩节。

9. 若卫生器具自带存水弯，则图中卫生器具存水弯取消。

10. 排水管道的安装按《建筑排水硬聚氯乙烯管道施工及验收规程》和标准图集 96S406 执行。

（三）消火栓给水系统

1. 本建筑为二层，面积小于 10000m²，无需设置室内消火栓系统。

2. 本建筑为扩建工程，室外消火栓利用校区原有消火栓。

（四）灭火器配置

1. 该建筑按中危险级配置灭火器，采用手提式磷酸铵盐干粉灭火器，每个配置点配置形式为 2-MF/ABC4，各点配置数量为两具。

2. 灭火器安装在灭火器箱内，具体位置见平面布置图。

（五）管道试压

1. 给水管道应按《建筑给水排水及采暖工程施工及质量验收规范》GB 50242—2002 进行冲洗、消毒及水压试验。

2. 给水管道试验压力为 0.6MPa，应在试验压力下稳压 1h，压力降不得超过 0.05MPa，然后在工作压力的 1.15 倍状态下稳压 2h，压力降不得超过 0.03MPa，同时检查各连接处不得渗漏。

3. 污水及雨水管应按《建筑给水排水及采暖工程施工及质量验收规范》GB 50242—2002 的要求做通球和灌水试验。

四、其他

1. 给水管与排水管相遇时，给水管避让排水管。

2. 给水管道标高以管中心计，排水管道标高以管内底计，标高单位以 m 计，其余均以 mm 计。PP-R、UPVC，衬塑复合钢管均以公称直径计。

3. 卫生洁具采用节水型。

4. 本设计施工说明与图纸具有同等效力，二者有矛盾时，业主及施工单位应及时提出并以设计单位解释为准。

5. 除本设计说明外，施工中还应遵守《建筑给水排水及采暖工程施工及质量验收规范》GB 50242—2002 及《给水排水构筑物施工及验收规范》GB 50141—2002 施工。

UPVC、PP-R 塑料管外径与公称直径对照关系

	给水 PP-R 管				排水 UPVC 管			
塑料管外径 de(mm)	20	25	32	40	50	75	110	160
公称直径 DN(mm)	15	20	25	32	50	75	100	150

图　例

编号	洁具名称	图　示	给　水	排　水
1	蹲便器			
2	水龙头			
3	地漏			
4	检查口			
5	干粉灭火器			
6				

选用标准图集目录

1	小便槽自动冲洗水箱安装	99S304(131～133)
2	大便槽自动冲洗水箱	99S304(134～135)
3	洗手盆安装图(改为普通水嘴)	99S304(55)
4	污水池(甲型)	99S304(16)
5	给水管道安装	02SS405-2
6	排水管道安装	96S406
7		
8		

卫生洁具为设计选型，预留孔洞应以甲方所购洁具为准

水施1/4

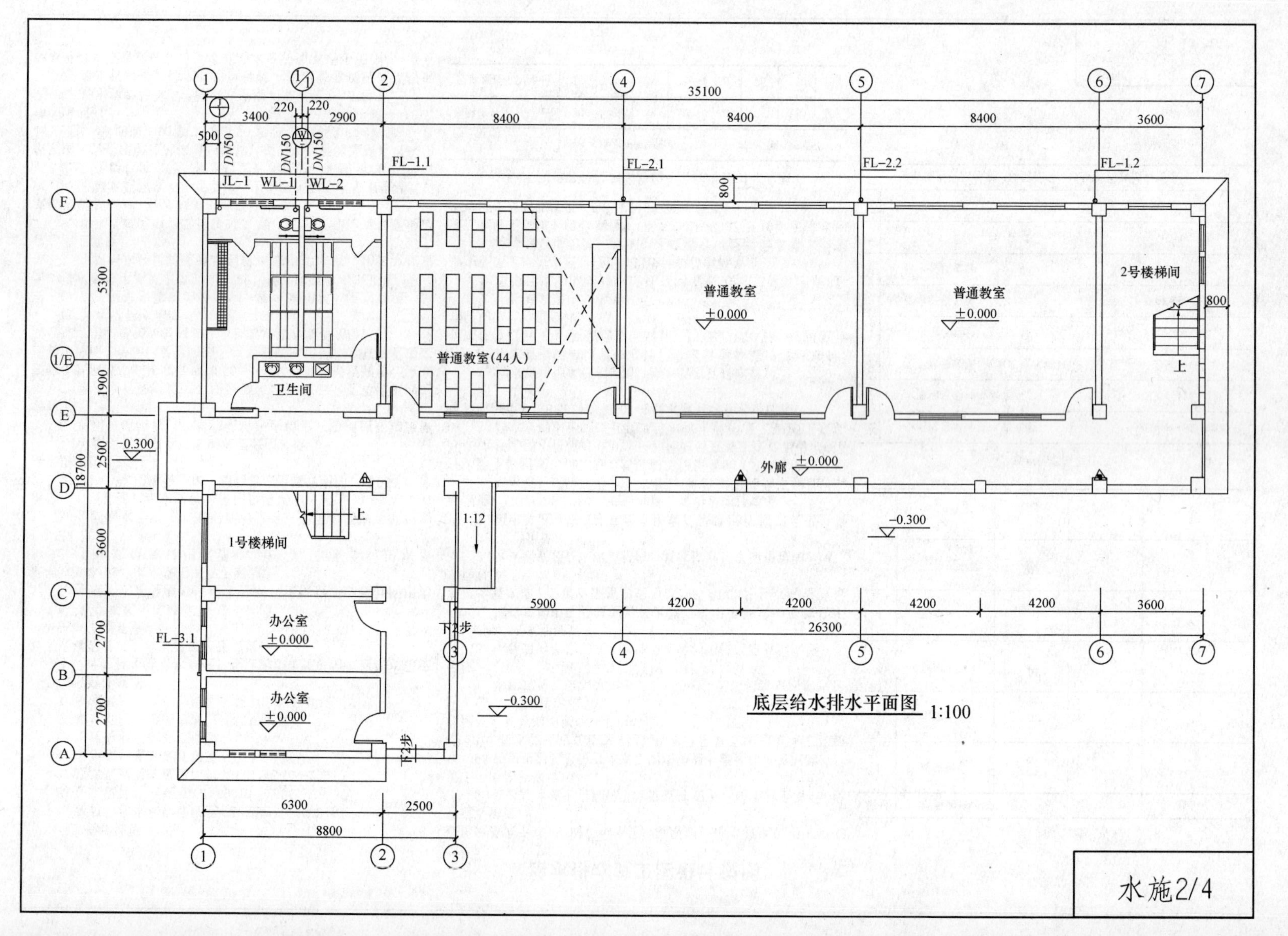

底层给水排水平面图 1:100

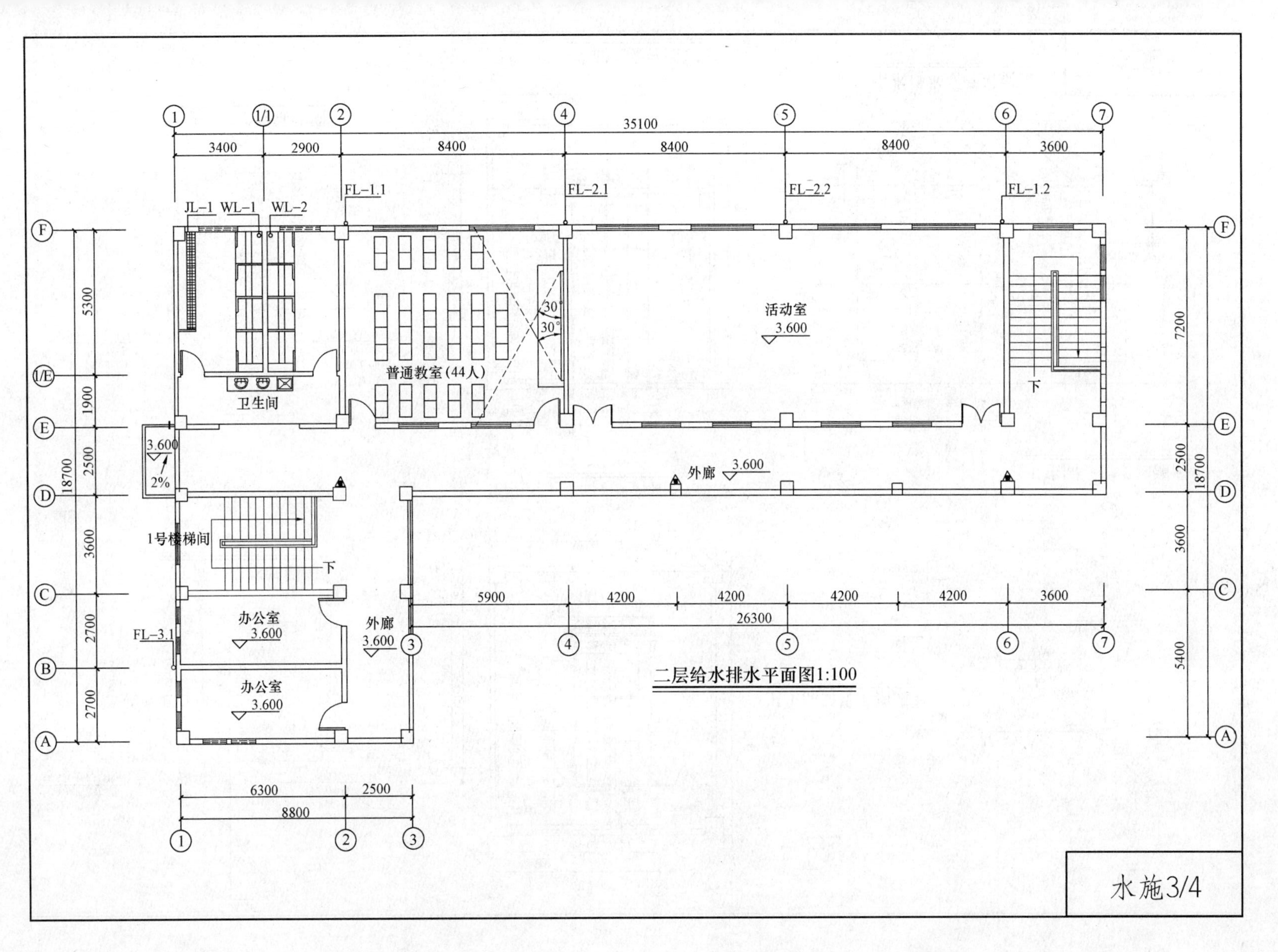
35100
3400
2900
8400
8400
8400
3600
JL–1
WL–1
WL–2
FL–1.1
FL–2.1
FL–2.2
FL–1.2
普通教室（44人）
卫生间
活动室
3.600
30°
30°
下
3.600
2%
外廊
3.600
1号楼梯间
下
办公室
3.600
外廊
3.600
办公室
3.600
FL–3.1
5300
1900
2500
3600
2700
2700
18700
7200
2500
3600
5400
18700
5900
4200
4200
4200
4200
3600
26300
6300
2500
8800
二层给水排水平面图1:100
水施3/4

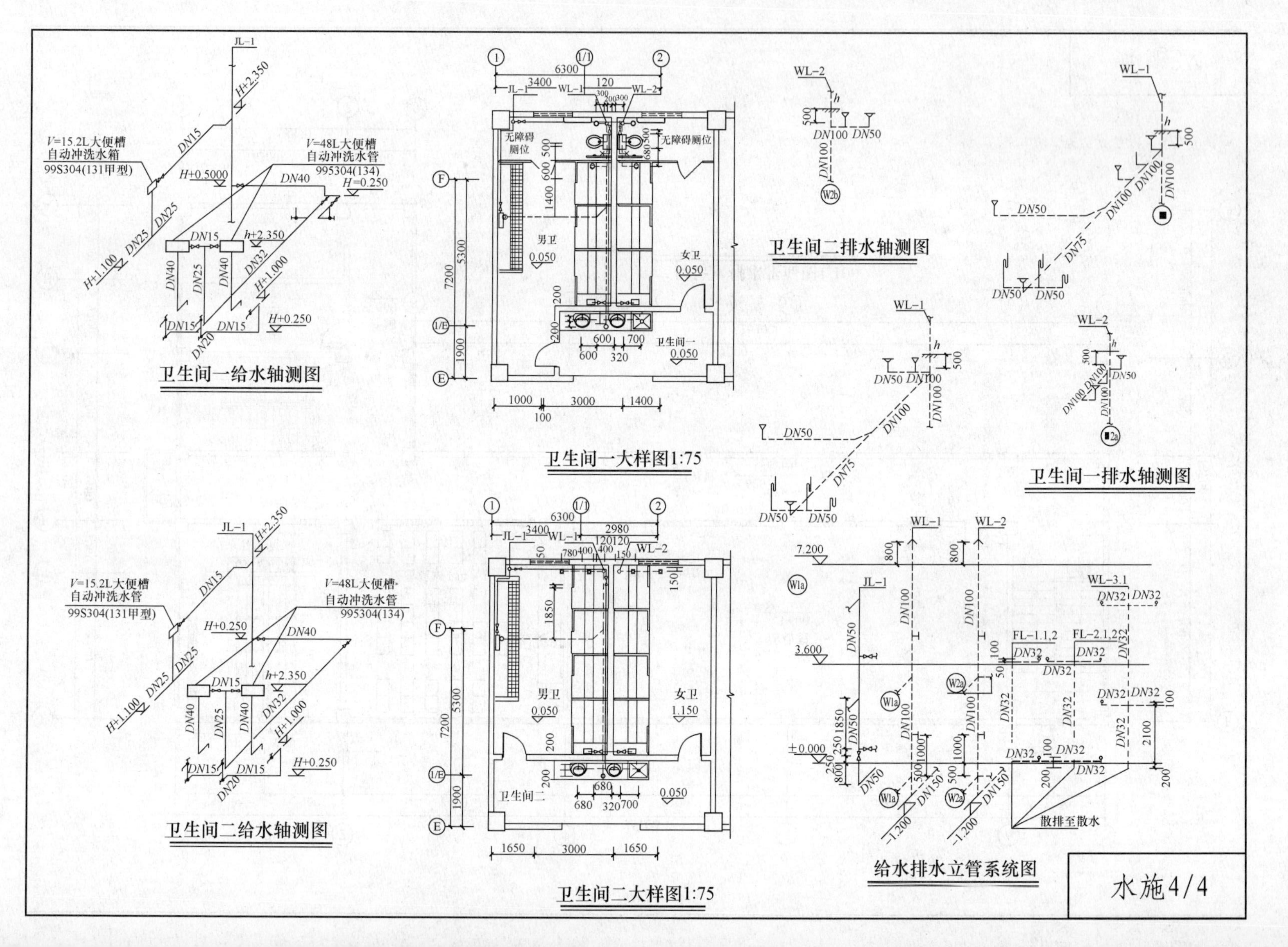
V=15.2L大便槽
自动冲洗水箱
99S304(131甲型)
V=48L大便槽
自动冲洗水管
995304(134)
卫生间一给水轴测图
无障碍厕位
男卫
女卫
卫生间一大样图1:75
卫生间二排水轴测图
卫生间一排水轴测图
V=15.2L大便槽
自动冲洗水管
99S304(131甲型)
V=48L大便槽
自动冲洗水管
995304(134)
卫生间二给水轴测图
卫生间二
卫生间二大样图1:75
散排至散水
给水排水立管系统图
水施4/4

电气设计说明

一、设计依据

1. 建筑概况：

本建筑位于××市××县××镇××学校。本建筑共2层，一层、二层均为教学楼。

建筑主体高度7.5m，建筑面积为772.69m²，结构形式为框架结构，现浇混凝土楼板。

2. 相关专业提供的工程设计资料。

3. 各市政主管部门对方案设计的审批意见。

4. 建设单位提供的设计任务书及设计要求。

5. 中华人民共和国现行主要标准及法规：

《民用建筑电气设计规范》JGJ 16—2008

《低压配电设计规范》GB 50054—95

《供配电系统设计规范》GB 50052—95

《智能建筑设计标准》GB/T 50314—2000

《建筑物防雷设计规范》GB 50057—94 2000年版

《建筑设计防火规范》GB 50016—2006

《有线电视系统工程技术规范》GB 50200—94

《建筑照明设计标准》GB 50034—2004

《建筑与建筑群综合布线系统设计规范》GB/T 50311—2000

《中小学校建筑设计规范》JBJ 99—1986

国家及地方的其他有关现行规程、规范及标准。

二、设计范围

本工程拟设包括红线内的以下电气系统：

1. 电力系统、照明系统、接地系统。

2. 建筑物防雷、接地系统及安全措施。

3. 有线电视系统、电话及网络系统。

三、供电系统

1. 用电负荷等级：本工程用电负荷等级为三级，$P_e=32kW$，$P_{js}=25.6kW$。

2. 电源：本工程电源由室外变配电房内引来，敷设方式采用电缆埋地敷设，电压AC220/380V，入总配电箱处穿钢管保护。

3. 配电系统接地形式为TN-S，电源在配电箱ALZ处作重复接地，要求接地电阻$R\leqslant 1\Omega$，并作总等电位联结。

四、照明设计

1. 节能：本工程除楼梯间及走道的灯具选用白炽灯外，其余各处照明灯具均选用节能型灯具及节能型光源，二装时也必须采用节能型光源。在吊顶或闷顶内包括二装所有电气配线必须穿金属管或金属线槽配线敷设。

2. 照明回路（开关除外）除标注导线根数外，其余均为单相两线，采用BV-3×2.5mm²。

3. 插座回路除标注导线根数外，其余均为单相三线，采用BV-3×4mm²，插座均选用安全型插座。

4. 导线敷设：各配电箱引出的照明及插座线路均为绝缘线穿无增塑刚性阻燃PVC管沿地、墙、楼板及梁内暗敷设。

5. 荧光灯应采取就地补偿，使其功率因数不小于0.9，并采用节能型镇流器或电子镇流器。

6. 教室设计照度值为300lx。

7. 总进线箱的总漏电断路器的动作电流为300mA时，其动作时间为0.5s；各分回路漏电断路器的漏电电流为30mA时，动作时间不超过0.1s。

8. 计费：本工程ALZ箱内设表对整栋楼进行计量，各楼层不再设置分表。

9. 照明配电：照明、插座均由不同的支路供电；所有插座回路均设漏电断路器保护。

五、设备安装

1. 电源总进线柜采用照明配电柜，距地1200mm安装，进出线方式为下进上出；

其余配电箱均为嵌入式安装，安装高度为底距地1.5m。其余安装高度见主要材料表及平面图标注。

2. 除注明外，开关、插座分别距地1.3m、0.3m暗装。卫生间内开关、插座选用防潮、防溅型面板；有淋浴、浴缸的卫生间内开关、插座必须设在2区以外（具体见图纸）。

六、导线选择及敷设

1. 室外电源进线由上一级配电开关确定，本设计只预留进线套管。

2. 照明干线选用BV-450V/750V聚氯乙烯绝缘铜芯导线无增塑刚性阻燃PVC管沿地、墙、楼板及梁内暗敷设；所有干线均穿PVC管埋地暗敷。

七、建筑物防雷、接地系统及安全措施

（一）建筑物防雷

1. 本工程预计年雷击次数为0.053次/年，防雷等级为三类。建筑物的防雷装置应满足防直击雷、防雷电感应及雷电波的侵入，并设置总等电位联结。

2. 接闪器：采用ϕ12热镀锌圆钢沿女儿墙四周暗敷作为接闪器，详防雷平面图。

3. 引下线：利用框架柱纵向钢筋作引下线2ϕ16或4ϕ10主筋），利用基础钢筋及热镀锌扁钢作接地体，屋顶所有的金属凸出物均应与避雷带可靠焊接。所有外墙引下线在室外地面下1m处引出1根—40×4热镀锌扁钢伸出室外，距外墙皮的距离不小于1m。

4. 接地极：用—40×4的热镀锌扁钢将各独立基础连接起来形成基础接地网，具体详见底层接地平面图。

5. 引下线上端与避雷带焊接，下端与接地极焊接。建筑物四角的外墙引下线在室外地面上0.5m处设测试卡子。

6. 凡凸出屋面的所有金属构件、金属通风管、金属屋面、金属屋架等均与避雷带可靠焊接。

7. 室外接地凡焊接处均应刷沥青防腐。

（二）接地及安全措施

1. 本工程防雷接地、电气设备的保护接地等共用统一的接地极，要求接地电阻不大于1Ω，实测不满足要求时，增设人工接地极。

2. 凡正常不带电，而当绝缘破坏有可能呈现电压的一切电气设备金属外壳均应可靠接地。

3. 本工程采用总等电位联结，在总配电箱入户处设总等电位联结端子箱。总等电位板由紫铜板制成，应将建筑物内保护干线、设备进线总管等进行联结，总等电位联结线采用BV-1×25mm²PC32，总等电位联结均采用等电位卡子，禁止在金属管道上焊接。具体做法参见国标图集《等电位联结安装》02D501-2。

4. 过电压保护：在电源总配电柜内装第一级电涌保护器（SPD）。

电施1/9

5. 有线电视系统引入端、电话及网络引入端等处设过电压保护装置。

6. 本工程接地形式采用 TN-S 系统，电气接地与防雷接地共用接地极。

保护导体最小截面积的规定见下表：

相线的截面积 S（mm²）	保护导体的最小截面积 S（mm²）	相线的截面积 S（mm²）	保护导体的最小截面积 S（mm²）
$S<16$	S	$400\leqslant S<800$	200
$16<S<35$	16	$S<800$	$S/4$
$35<S<400$	$S/2$		

八、弱电部分

（一）有线电视系统

1. 电视信号由室外有线电视网的市政接口引来，进楼处预埋 1 根 SC20 钢管。系统采用 860MBz 邻频传输，要求用户电平满足 64±4dB；图像清晰度不低于 4 级。

2. 放大器箱及分支分配器箱均在墙内暗装，底边距地 1.5m。干线电缆选用 SYWV-75-9 穿 P25 管。支线电缆选用 SYWV-75-5 穿 P20 管，沿墙及楼板暗敷。电视插座出线盒，墙上暗装，底边距地 0.3m。

3. 电视前端箱等设备由广电公司根据业主要求二次设计确定。安装前装设备时需加装电子避雷器。本设计仅预留管线。

（二）通信

1. 电话电缆、数据电缆从室外引到电话总分线箱及网络总分线箱。分线箱墙上暗装，安装底边距地 1.5m。电话及网络分线盒墙上暗设，安装高度为底边距地 0.3m。电话及网络插座出线盒，墙上暗装，安装高度为底边距地 0.3m。本设计仅预留管线。

2. 器件箱内放大器电源 AC220V，电源由照明配电箱独立回路引来。

3. 网络设备由网络公司根据业主要求二次设计确定，安装网络设备时需加装电子避雷器。

九、施工安装要求

1. 弱电部分施工时只敷设箱、盒及保护管。

2. 弱电用插座距交流电源插座 0.3m 以上。

3. 施工时，应与土建密切配合预埋及预留，安装调试完毕后，楼板及墙体上预留洞口应用防火堵料严密封堵。

4. 凡有二装处应与二装密切配合并按规范调整插座位置。二装吊顶内应用钢管作保护管。

5. 凡属非标设备在订货以及由当地有关部门进行设计施工的相关项目时，建设单位、设计公司、有关部门及厂家应根据实际情况共同协商确定。

6. 凡与施工有关而又未说明之处，参见国家、地方标准图集施工，或与设计院协商解决。

7. 本工程所用电气产品应采用 3C 认证产品，必须满足与产品相关的国家标准；供电产品、消防产品应具有入网许可证。

8. 建议建设方在选用电气设备时，选用效率高、能耗低的产品。

十、安装方式的标注

1. 线路敷设方式的标注。

穿焊接钢管 SC；穿电线管 MT；穿硬塑料管 PC；穿阻燃半硬聚氯乙烯管 FPC。

2. 导线敷设部位标注。

沿或跨梁（屋架）敷设 AB；沿柱或跨柱敷设 AC；

墙内暗设 WC；墙面敷设 WS；顶板内暗设 CC；顶板面敷设 CE；地板内暗设 F；梁内暗敷 BC；柱内暗敷 CLC。

十一、本工程引用的国家建筑标准设计图集

《等电位联结安装》02D501-2

《利用建筑物金属体做防雷及接地装置安装》03D501-3

《住宅小区建筑电气设计与施工》03D603

《智能家居控制系统设计施工图集》03X602

《建筑电气工程设计常用图形和文字符号》00DX001

《建筑物防雷设施安装》99D501-1

《建筑电气常用数据》04DX101-1

《接地装置安装》03D501-4

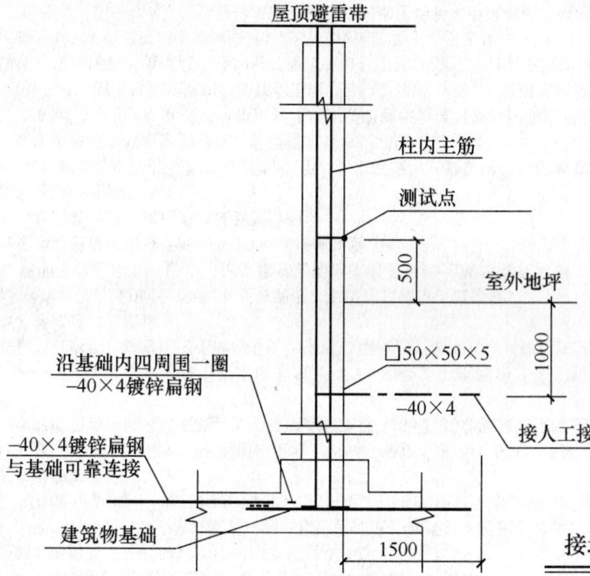

接地示意图

电施2/9

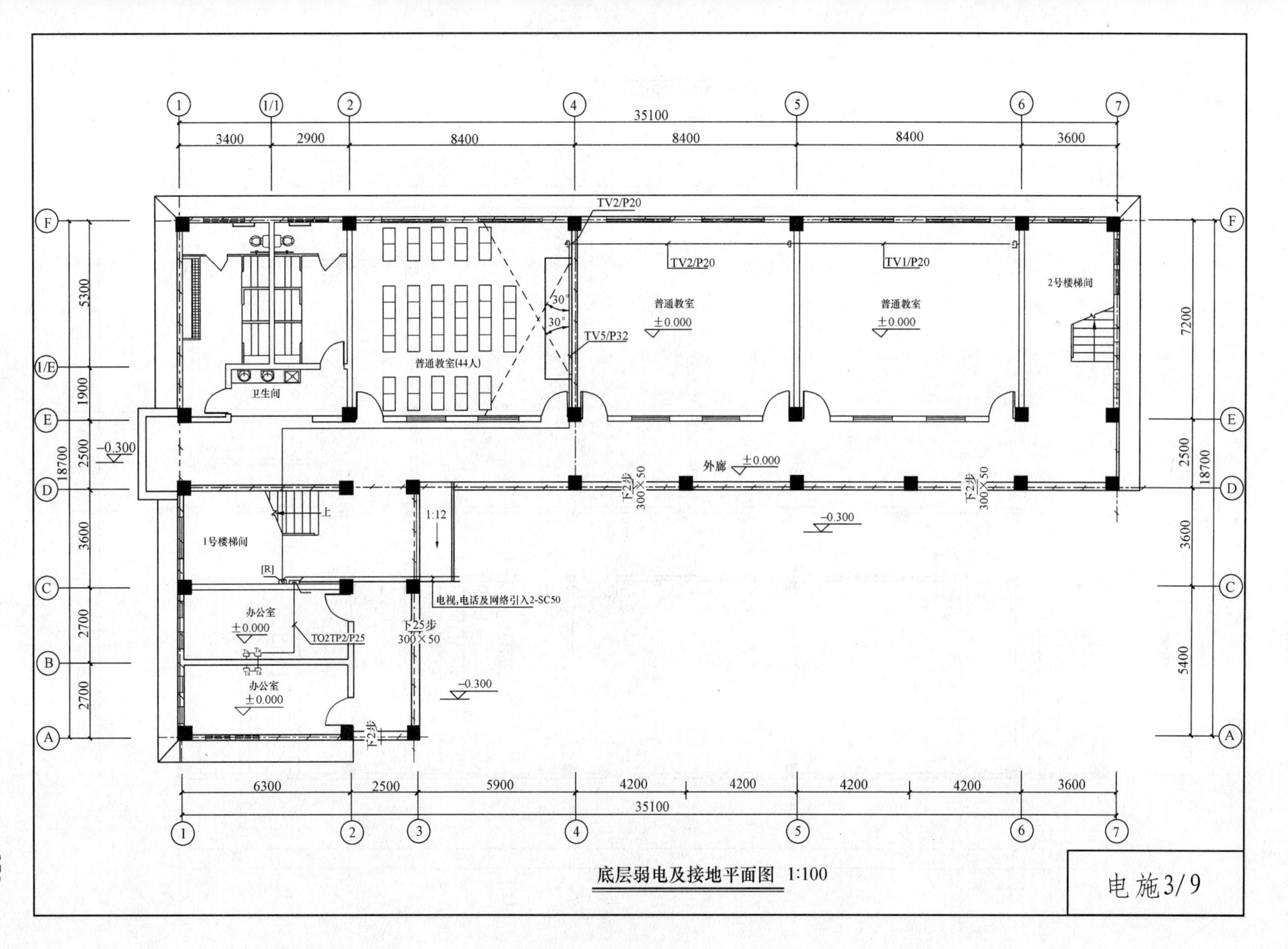

底层弱电及接地平面图 1:100

电施3/9

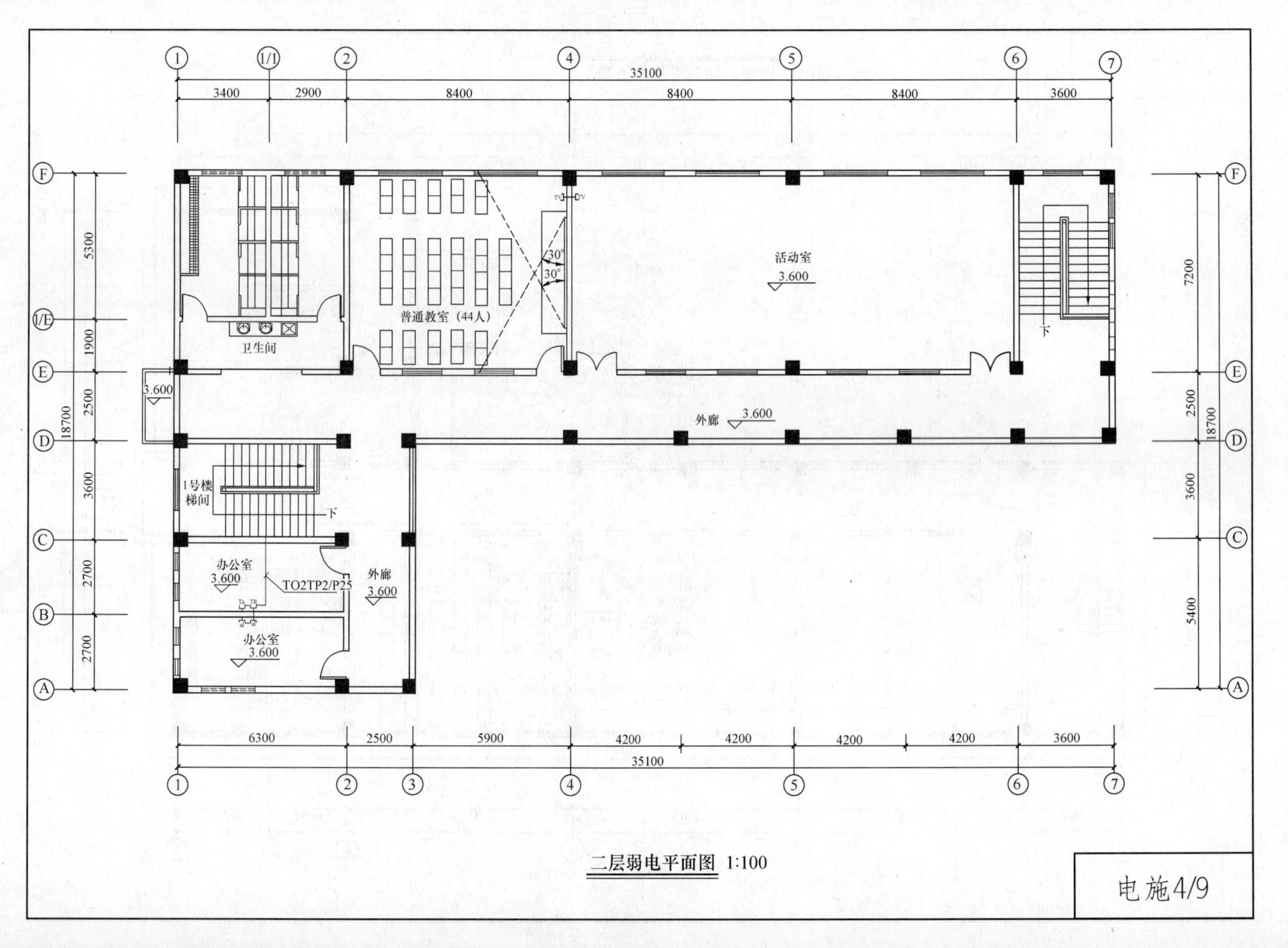

二层弱电平面图 1:100

电施4/9

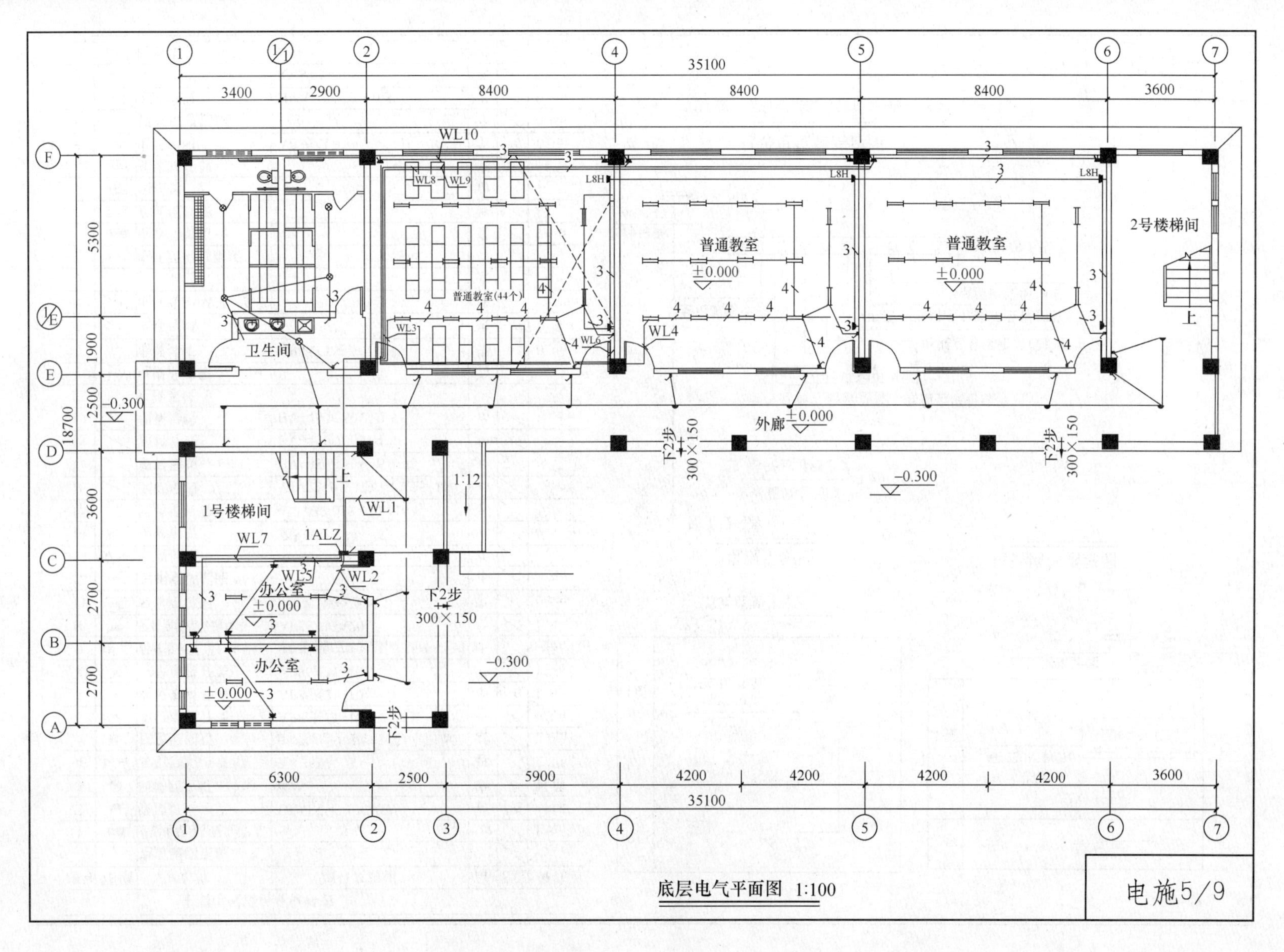

2号楼梯间
普通教室
普通教室
普通教室(44个)
外廊
卫生间
1号楼梯间
办公室
办公室
1ALZ
WL1
WL2
WL3
WL4
WL5
WL6
WL7
WL8
WL9
WL10
L8H
±0.000
−0.300
300×150
下2步
1:12
35100
18700
3400
2900
8400
3600
5300
1900
2500
2700
6300
5900
4200
底层电气平面图 1:100
电施5/9

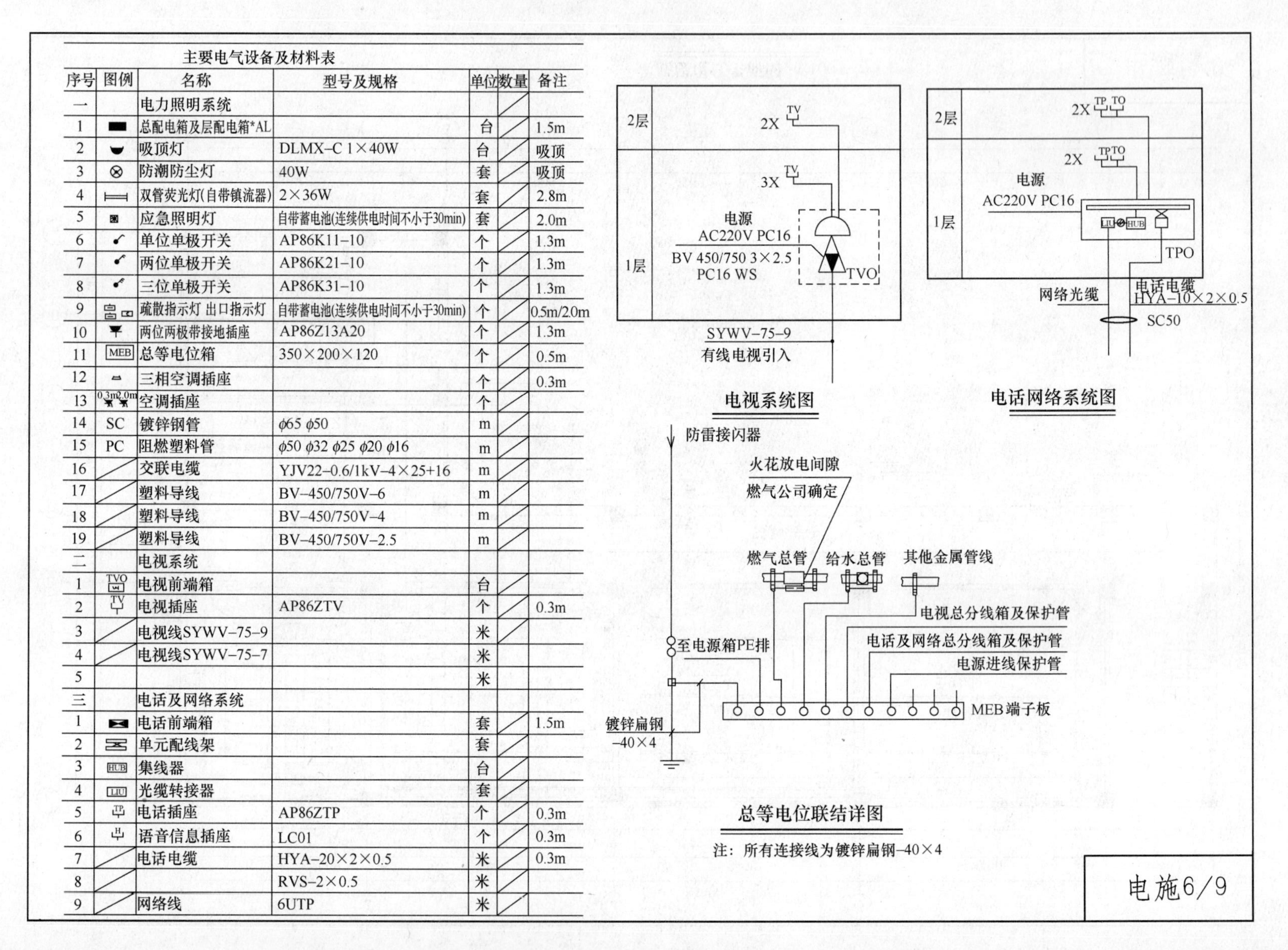

主要电气设备及材料表

序号	图例	名称	型号及规格	单位	数量	备注
一		电力照明系统				
1		总配电箱及层配电箱*AL		台		1.5m
2		吸顶灯	DLMX–C 1×40W	台		吸顶
3	⊗	防潮防尘灯	40W	套		吸顶
4		双管荧光灯(自带镇流器)	2×36W	套		2.8m
5		应急照明灯	自带蓄电池(连续供电时间不小于30min)	套		2.0m
6		单位单极开关	AP86K11–10	个		1.3m
7		两位单极开关	AP86K21–10	个		1.3m
8		三位单极开关	AP86K31–10	个		1.3m
9		疏散指示灯 出口指示灯	自带蓄电池(连续供电时间不小于30min)	个		0.5m/2.0m
10		两位两极带接地插座	AP86Z13A20	个		1.3m
11	MEB	总等电位箱	350×200×120	个		0.5m
12		三相空调插座		个		0.3m
13	0.3m 2.0m	空调插座		个		
14	SC	镀锌钢管	ϕ65 ϕ50	m		
15	PC	阻燃塑料管	ϕ50 ϕ32 ϕ25 ϕ20 ϕ16	m		
16		交联电缆	YJV22–0.6/1kV–4×25+16	m		
17		塑料导线	BV–450/750V–6	m		
18		塑料导线	BV–450/750V–4	m		
19		塑料导线	BV–450/750V–2.5	m		
二		电视系统				
1	TVO	电视前端箱		台		
2	TV	电视插座	AP86ZTV	个		0.3m
3		电视线SYWV–75–9		米		
4		电视线SYWV–75–7		米		
5				米		
三		电话及网络系统				
1		电话前端箱		套		1.5m
2		单元配线架		套		
3	HUB	集线器		台		
4	LIU	光缆转接器		套		
5		电话插座	AP86ZTP	个		0.3m
6		语音信息插座	LC01	个		0.3m
7		电话电缆	HYA–20×2×0.5	米		0.3m
8			RVS–2×0.5	米		
9		网络线	6UTP	米		

电视系统图

电话网络系统图

总等电位联结详图

注：所有连接线为镀锌扁钢–40×4

电施6/9

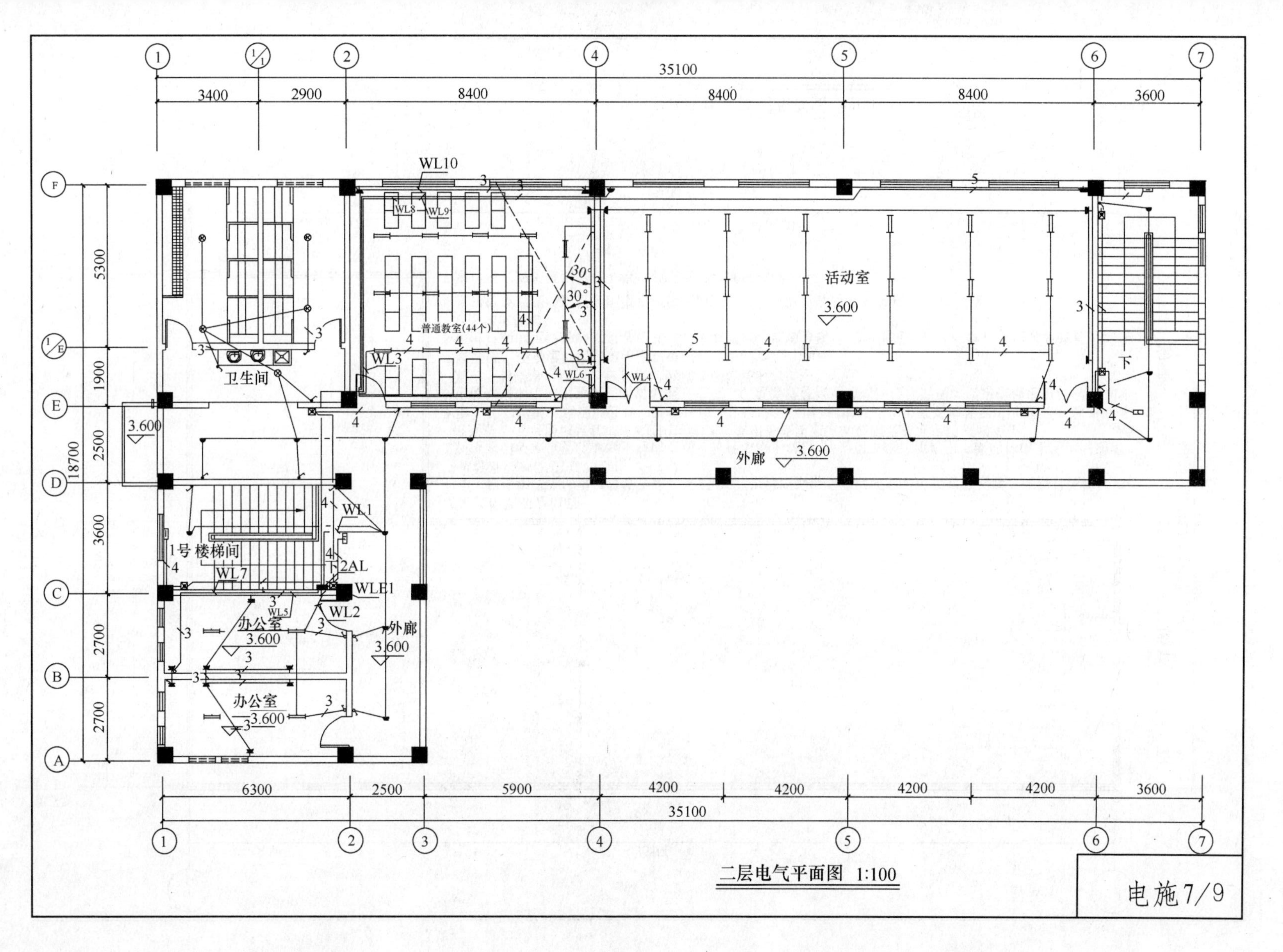

二层电气平面图 1:100

电施7/9

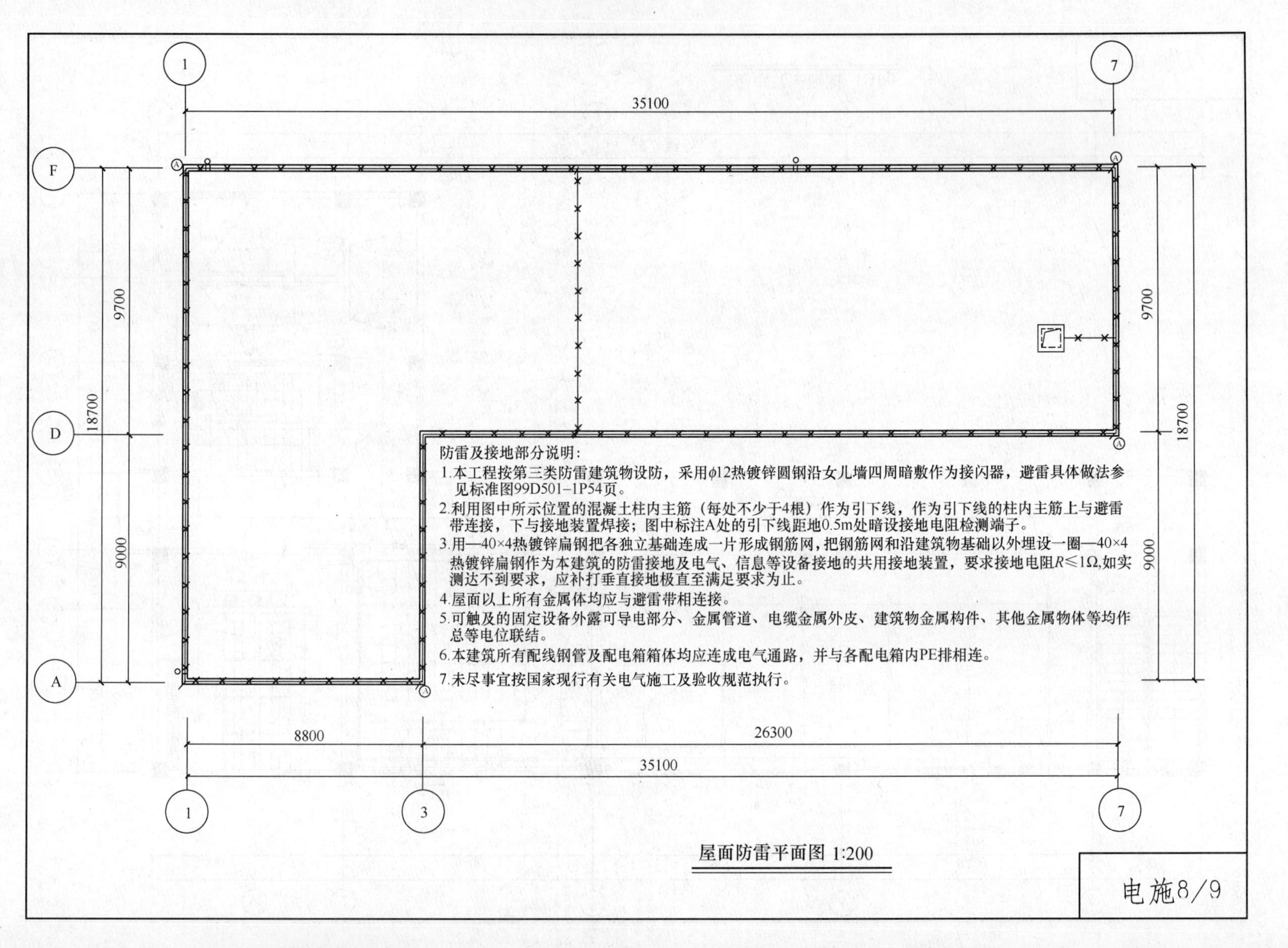

防雷及接地部分说明：

1.本工程按第三类防雷建筑物设防，采用ϕ12热镀锌圆钢沿女儿墙四周暗敷作为接闪器，避雷具体做法参见标准图99D501-1P54页。

2.利用图中所示位置的混凝土柱内主筋（每处不少于4根）作为引下线，作为引下线的柱内主筋上与避雷带连接，下与接地装置焊接；图中标注A处的引下线距地0.5m处暗设接地电阻检测端子。

3.用—40×4热镀锌扁钢把各独立基础连成一片形成钢筋网，把钢筋网和沿建筑物基础以外埋设一圈—40×4热镀锌扁钢作为本建筑的防雷接地及电气、信息等设备接地的共用接地装置，要求接地电阻$R \leqslant 1\Omega$,如实测达不到要求，应补打垂直接地极直至满足要求为止。

4.屋面以上所有金属体均应与避雷带相连接。

5.可触及的固定设备外露可导电部分、金属管道、电缆金属外皮、建筑物金属构件、其他金属物体等均作总等电位联结。

6.本建筑所有配线钢管及配电箱箱体均应连成电气通路，并与各配电箱内PE排相连。

7.未尽事宜按国家现行有关电气施工及验收规范执行。

屋面防雷平面图 1:200

电施8/9

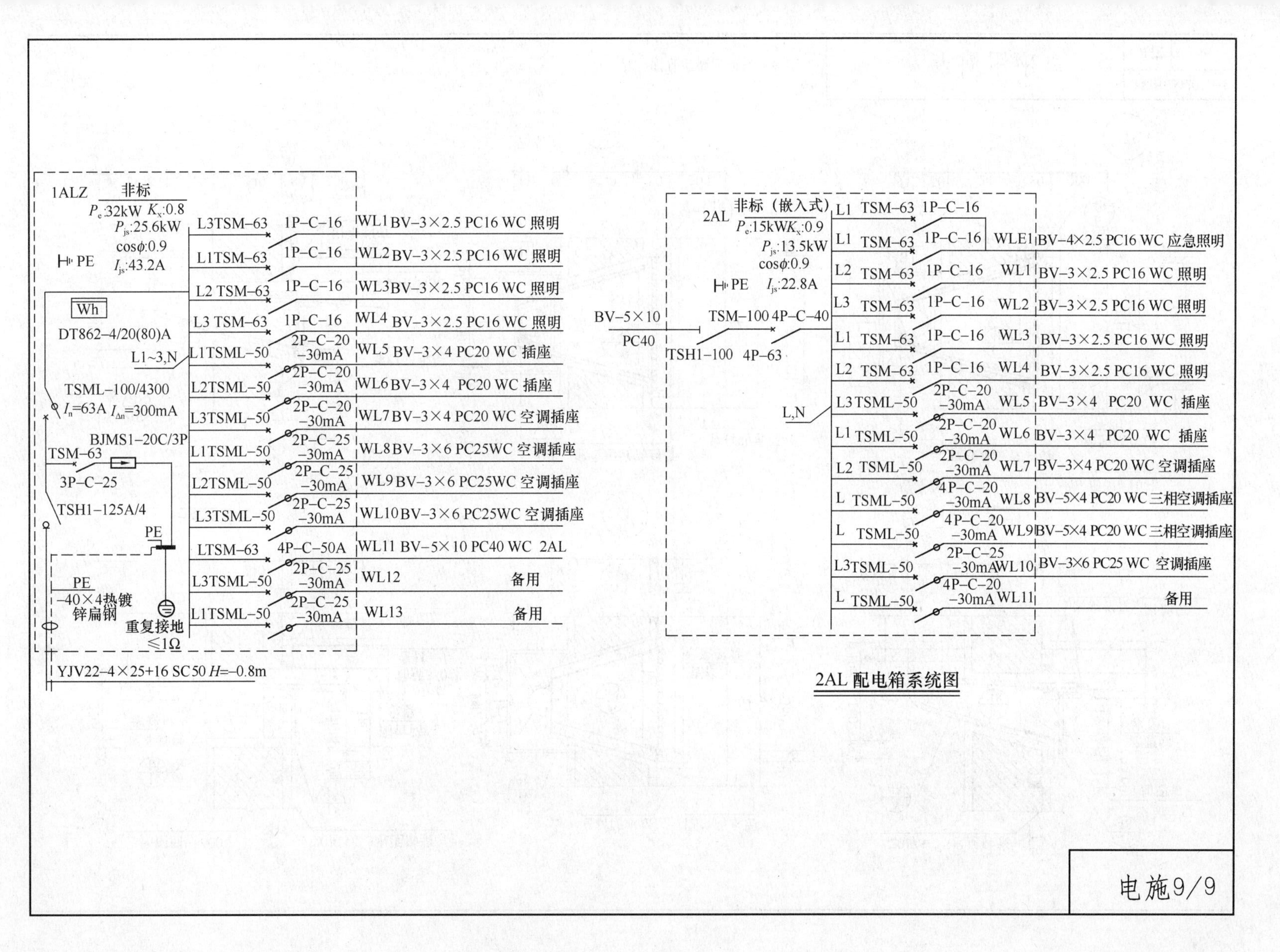
1ALZ
非标
P_e:32kW K_x:0.8
P_{js}:25.6kW
cosϕ:0.9
I_{js}:43.2A
PE
Wh
DT862–4/20(80)A
L1~3,N
TSML–100/4300
I_n=63A $I_{\Delta n}$=300mA
BJMS1–20C/3P
TSM–63
3P–C–25
TSH1–125A/4
PE
PE
–40×4热镀
锌扁钢
重复接地
≤1Ω
YJV22–4×25+16 SC50 H=–0.8m
L3TSM–63 1P–C–16 WL1 BV–3×2.5 PC16 WC 照明
L1TSM–63 1P–C–16 WL2 BV–3×2.5 PC16 WC 照明
L2 TSM–63 1P–C–16 WL3 BV–3×2.5 PC16 WC 照明
L3 TSM–63 1P–C–16 WL4 BV–3×2.5 PC16 WC 照明
L1TSML–50 2P–C–20 –30mA WL5 BV–3×4 PC20 WC 插座
L2TSML–50 2P–C–20 –30mA WL6 BV–3×4 PC20 WC 插座
L3TSML–50 2P–C–20 –30mA WL7 BV–3×4 PC20 WC 空调插座
L1TSML–50 2P–C–25 –30mA WL8 BV–3×6 PC25WC 空调插座
L2TSML–50 2P–C–25 –30mA WL9 BV–3×6 PC25WC 空调插座
L3TSML–50 2P–C–25 –30mA WL10 BV–3×6 PC25WC 空调插座
LTSM–63 4P–C–50A WL11 BV–5×10 PC40 WC 2AL
L3TSML–50 2P–C–25 –30mA WL12 备用
L1TSML–50 2P–C–25 –30mA WL13 备用
BV–5×10
PC40
2AL
非标（嵌入式）
P_e:15kWK_x:0.9
P_{js}:13.5kW
cosϕ:0.9
I_{js}:22.8A
PE
TSM–100 4P–C–40
TSH1–100 4P–63
L,N
L1 TSM–63 1P–C–16
L1 TSM–63 1P–C–16 WLE1 BV–4×2.5 PC16 WC 应急照明
L2 TSM–63 1P–C–16 WL1 BV–3×2.5 PC16 WC 照明
L3 TSM–63 1P–C–16 WL2 BV–3×2.5 PC16 WC 照明
L1 TSM–63 1P–C–16 WL3 BV–3×2.5 PC16 WC 照明
L2 TSM–63 1P–C–16 WL4 BV–3×2.5 PC16 WC 照明
L3 TSML–50 2P–C–20 –30mA WL5 BV–3×4 PC20 WC 插座
L1 TSML–50 2P–C–20 –30mA WL6 BV–3×4 PC20 WC 插座
L2 TSML–50 2P–C–20 –30mA WL7 BV–3×4 PC20 WC 空调插座
L TSML–50 4P–C–20 –30mA WL8 BV–5×4 PC20 WC 三相空调插座
L TSML–50 4P–C–20 –30mA WL9 BV–5×4 PC20 WC 三相空调插座
L3 TSML–50 2P–C–25 –30mA WL10 BV–3×6 PC25 WC 空调插座
L TSML–50 4P–C–20 –30mA WL11 备用
电施9/9

2AL 配电箱系统图

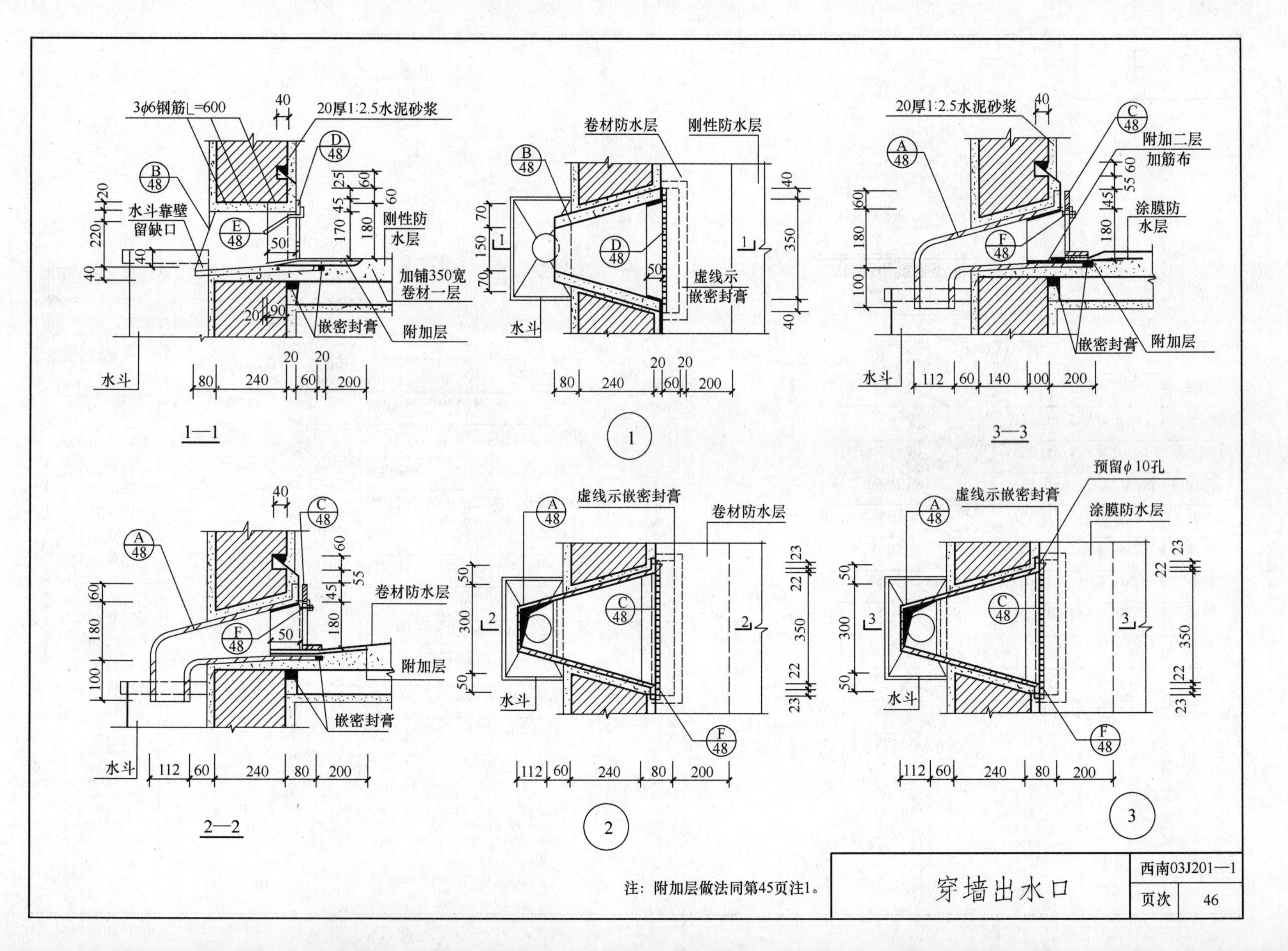

注：附加层做法同第45页注1。

穿墙出水口	西南03J201—1	
	页次	46

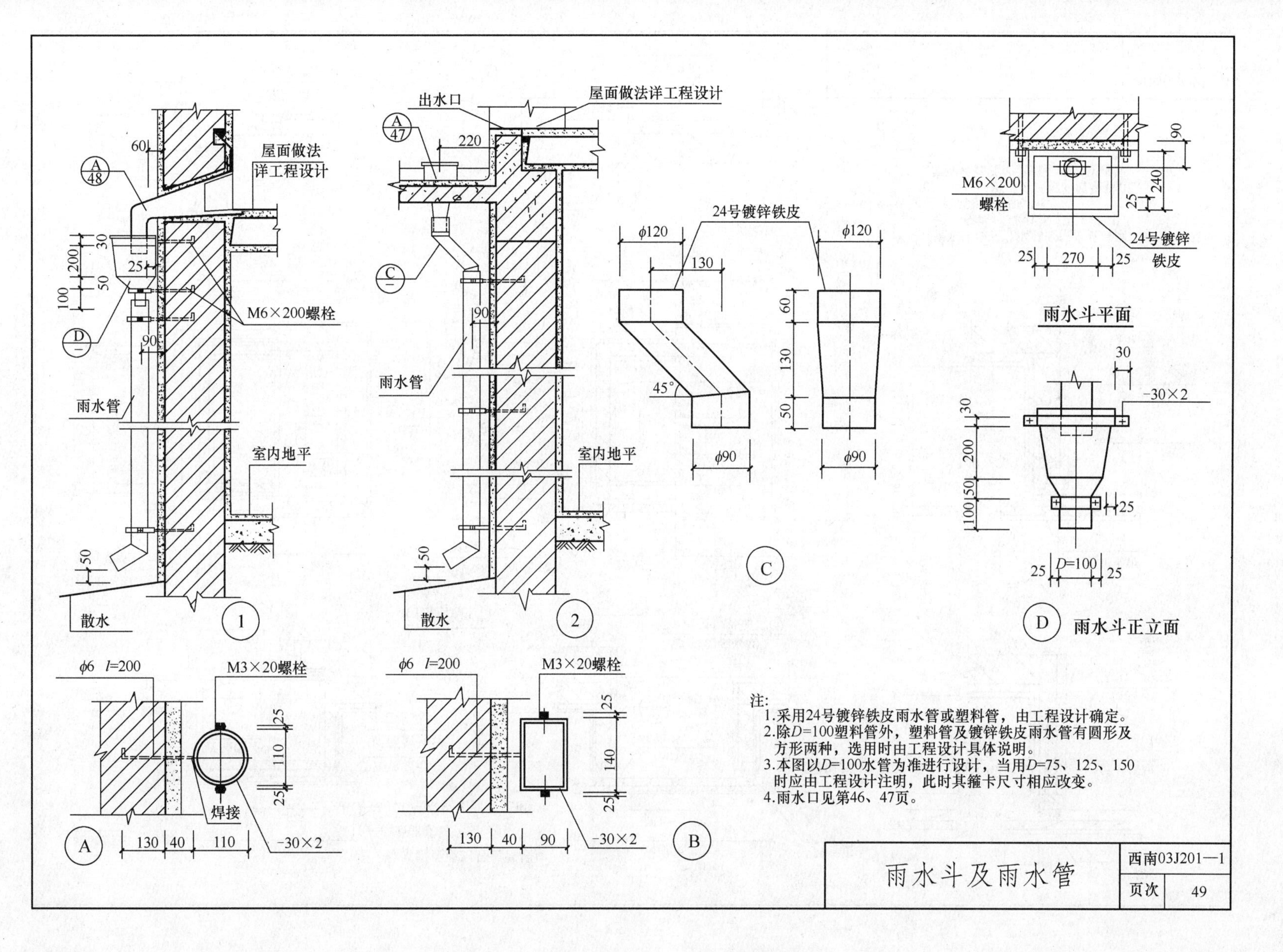

注:
1.采用24号镀锌铁皮雨水管或塑料管，由工程设计确定。
2.除D=100塑料管外，塑料管及镀锌铁皮雨水管有圆形及方形两种，选用时由工程设计具体说明。
3.本图以D=100水管为准进行设计，当用D=75、125、150时应由工程设计注明，此时其箍卡尺寸相应改变。
4.雨水口见第46、47页。

雨水斗及雨水管	西南03J201—1	
	页次	49

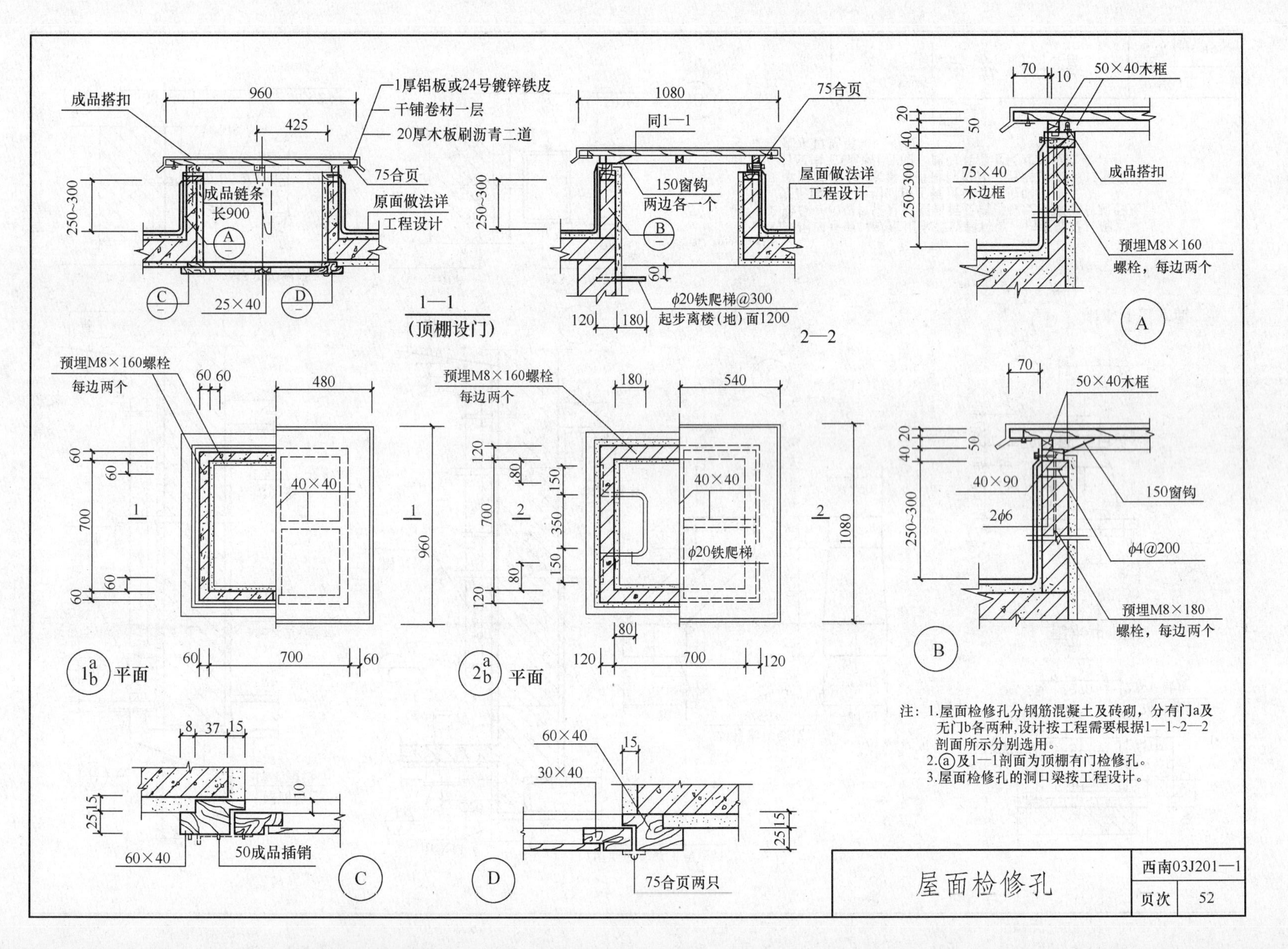

注：1.屋面检修孔分钢筋混凝土及砖砌，分有门a及无门b各两种，设计按工程需要根据1—1~2—2剖面所示分别选用。
2.ⓐ及1—1剖面为顶棚有门检修孔。
3.屋面检修孔的洞口梁按工程设计。

屋面检修孔	西南03J201—1
页次	52

水磨石地面 楼面 踢脚板

a. 为普通水磨石地面 楼面 踢脚板

b. 为美术水磨石地面 楼面 踢脚板

注：石屑应使用不含杂物的石灰石、白云石等。

普通水磨石及美术水磨石面层的分格、图案、颜色按工程设计

3127^a_b	水磨石地面	总厚 116	
	表面草酸处理后打蜡上光 15 厚 1∶2 水泥石粒水磨石面层 20 厚 1∶3 水泥砂浆找平层 水泥浆结合层一道——注 1 80 厚 C10 混凝土垫层 素土夯实基土		

3128^a_b	水磨石地面	总厚 136	
	表面草酸处理后打蜡上光 15 厚 1∶2 水泥石粒水磨石面层 20 厚 1∶3 水泥砂浆找平层 水泥浆结合层一道——注 1 100 厚 C10 混凝土垫层 素土夯实基土		

3129^a_b	水磨石地面	总厚 139	有防水层
	表面草酸处理后打蜡上光 15 厚 1∶2 水泥石粒水磨石面层 20 厚 1∶3 水泥砂浆找平层 水泥浆结合层一道——注 1 改性沥青一布四涂防水层——注 4 100 厚 C10 混凝土垫层找坡表面赶平 素土夯实基土		

3130^a_b	水磨石楼面	总厚 36 0.76kN/m²	
	表面草酸处理后打蜡上光 15 厚 1∶2 水泥石粒水磨石面层 20 厚 1∶3 水泥砂浆找平层 水泥浆结合层一道——注 1 结构层		

3131^a_b	水磨石楼面	总厚≥59 ≤1.20kN/m²	有防水层
	表面草酸处理后打蜡上光 15 厚 1∶2 水泥石粒水磨石面层		

地面 楼面 踢脚板

西南04J312

页次 8

人造石面层(a、b、c、d、e)水泥浆擦缝
20厚1∶2干硬性水泥砂浆粘合层，上洒
1～2厚干水泥并洒清水适量——注3
改性沥青一布四涂防水层——注4
C10细石混凝土敷管找坡层，最薄处50厚
结构层

3178 ab/c/de	人造石踢脚板	总厚 35 / 40

人造石面层(a、b、c、d、e)水泥浆擦缝
25厚1∶2.5水泥砂浆灌注——注6

3179 ab/c/de	人造石踢脚板	总厚 42 / 47

有防水层

人造石面层(a、b、c、d、e)水泥浆擦缝
4厚纯水泥浆粘贴层(42.5级水泥中掺20%白乳胶)
改性沥青一布四涂防水层——注4
25厚1∶2.5水泥砂浆基层

地砖地面　楼面　踢脚板

地砖种类繁多，如彩釉地砖、亚细亚瓷砖、陶瓷玻化砖、磨光石英砖、劈离地砖等，具体选用在工程设计中注明

地砖厚度一般为8，个别加厚按材料实际情况
a. 普通地砖
b. 厨房、卫生间防滑、耐磨地砖
c. 缸砖

3180 a/c b	地砖地面	总厚111

地砖面层(a、b、c)水泥浆擦缝
20厚1∶2干硬性水泥砂浆粘合层，上洒
1～2厚干水泥并洒清水适量——注3
水泥浆结合层一道——注1
80厚C10混凝土垫层
素土夯实基土

3181 a/c b	地砖地面	总厚131

地砖面层(a、b、c)水泥浆擦缝
25厚1∶2干硬性水泥砂浆粘合层，上洒
1～2厚干水泥并洒清水适量——注3
水泥浆结合层一道——注1
100厚C10混凝土垫层
素土夯实基土

地面　楼面　踢脚板

3182	地砖地面	总厚≥133	有防水层

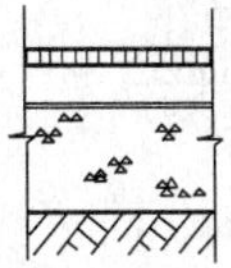

地砖面层(a、b、c)水泥浆擦缝
20厚1∶2干硬性水泥砂浆粘合层，上洒
1～2厚干水泥并洒清水适量——注3
改性沥青一布四涂防水层——注4
100厚C10混凝土垫层找坡表面赶平
素土夯实基土

3183	地砖楼面	总厚51 1.09kN/m²

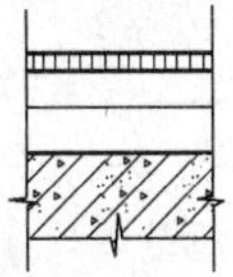

地砖面层(a、b、c)水泥浆擦缝
20厚1∶2干硬性水泥砂浆粘合层，上洒
1～2厚干水泥并洒清水适量——注3
20厚1∶3水泥砂浆找平层
水泥浆结合层一道——注1
结构层

3184	地砖楼面	总厚≥54 ≤1.03kN/m²	有防水层

地砖面层(a、b、c)水泥浆擦缝
20厚1∶2干硬性水泥砂浆粘合层，上洒 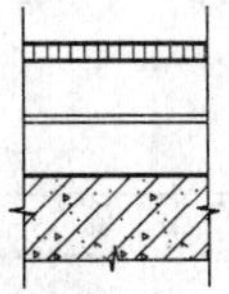
1～2厚干水泥并洒清水适量——注3
改性沥青一布四涂防水层——注4
1∶3水泥砂浆找坡层，最薄处20厚
水泥浆结合层一道——注1
结构层

3185	地砖楼面	总厚81 1.79kN/m²	有敷管层

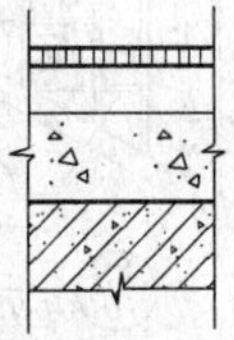

地砖面层(a、b、c)水泥浆擦缝
20厚1∶2干硬性水泥砂浆粘合层，上洒
1～2厚干水泥并洒清水适量——注3
水泥浆结合层一道——注1
50厚C10细石混凝土敷管找平层
结构层

3186	地砖楼面	总厚≥83 ≤1.83kN/m²	有防水层及敷管层

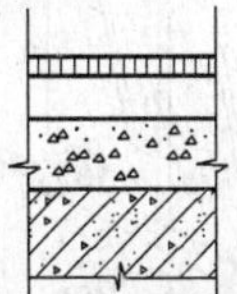

地砖面层(a、b、c)水泥浆擦缝
20厚1∶2干硬性水泥砂浆粘合层，上洒
1～2厚干水泥并洒清水适量——注3
改性沥青一布四涂防水层——注4
C10细石混凝土敷管找坡层，最薄处50厚
结构层

地面 楼面 踢脚板

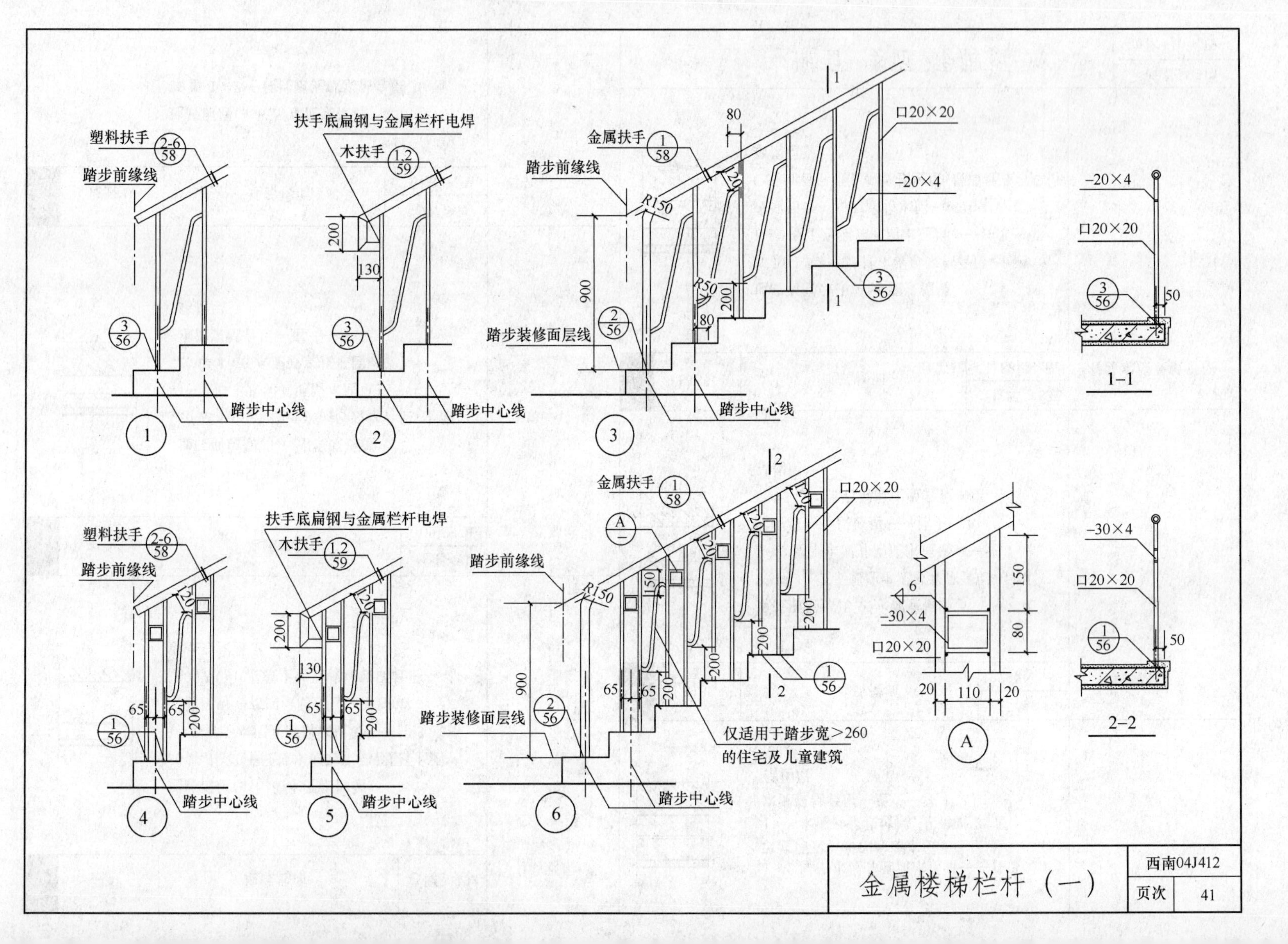

金属楼梯栏杆（一）

西南04J412	
页次	41

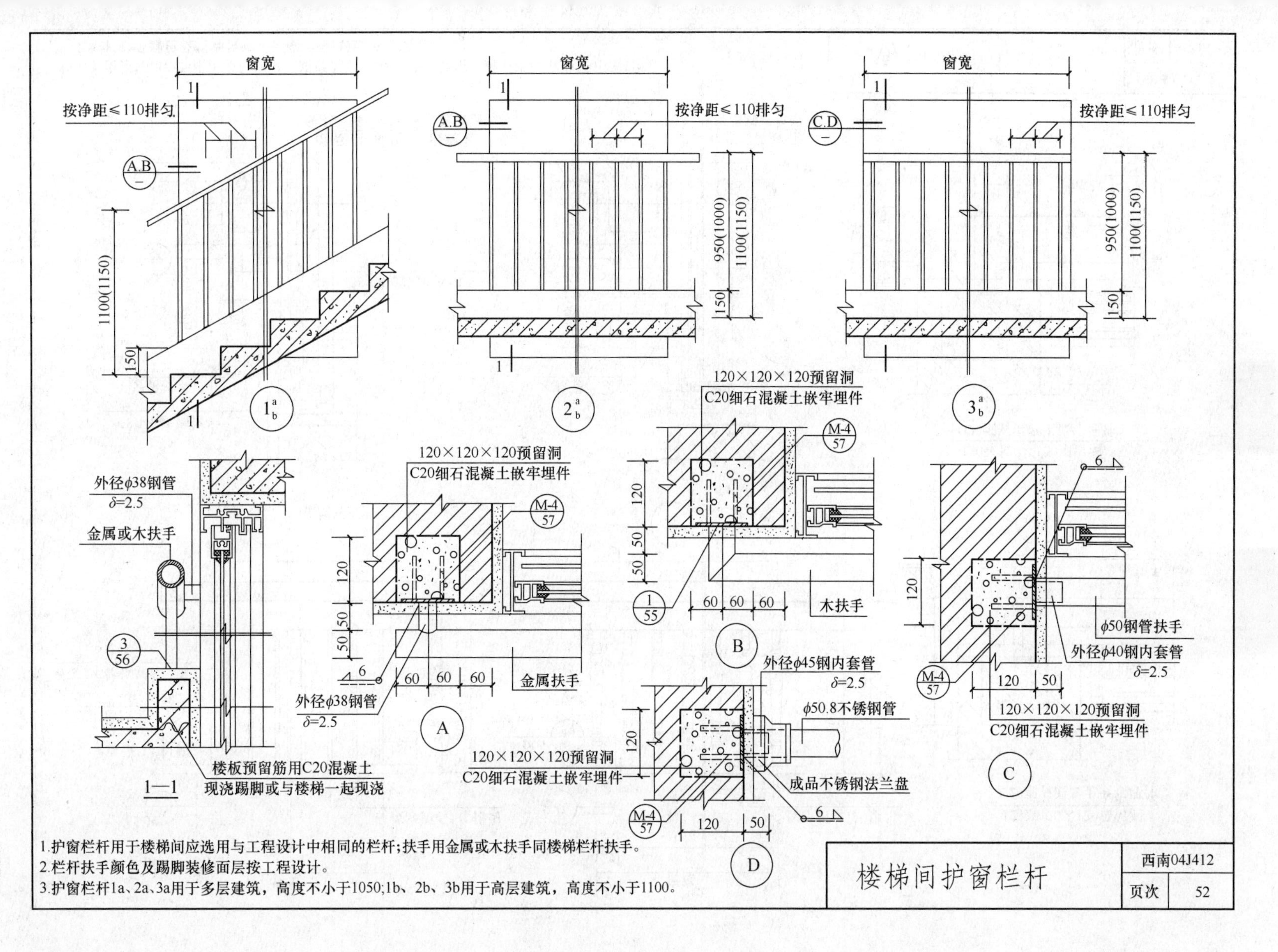

1.护窗栏杆用于楼梯间应选用与工程设计中相同的栏杆;扶手用金属或木扶手同楼梯栏杆扶手。
2.栏杆扶手颜色及踢脚装修面层按工程设计。
3.护窗栏杆1a、2a、3a用于多层建筑，高度不小于1050;1b、2b、3b用于高层建筑，高度不小于1100。

楼梯间护窗栏杆

西南04J412	
页次	52

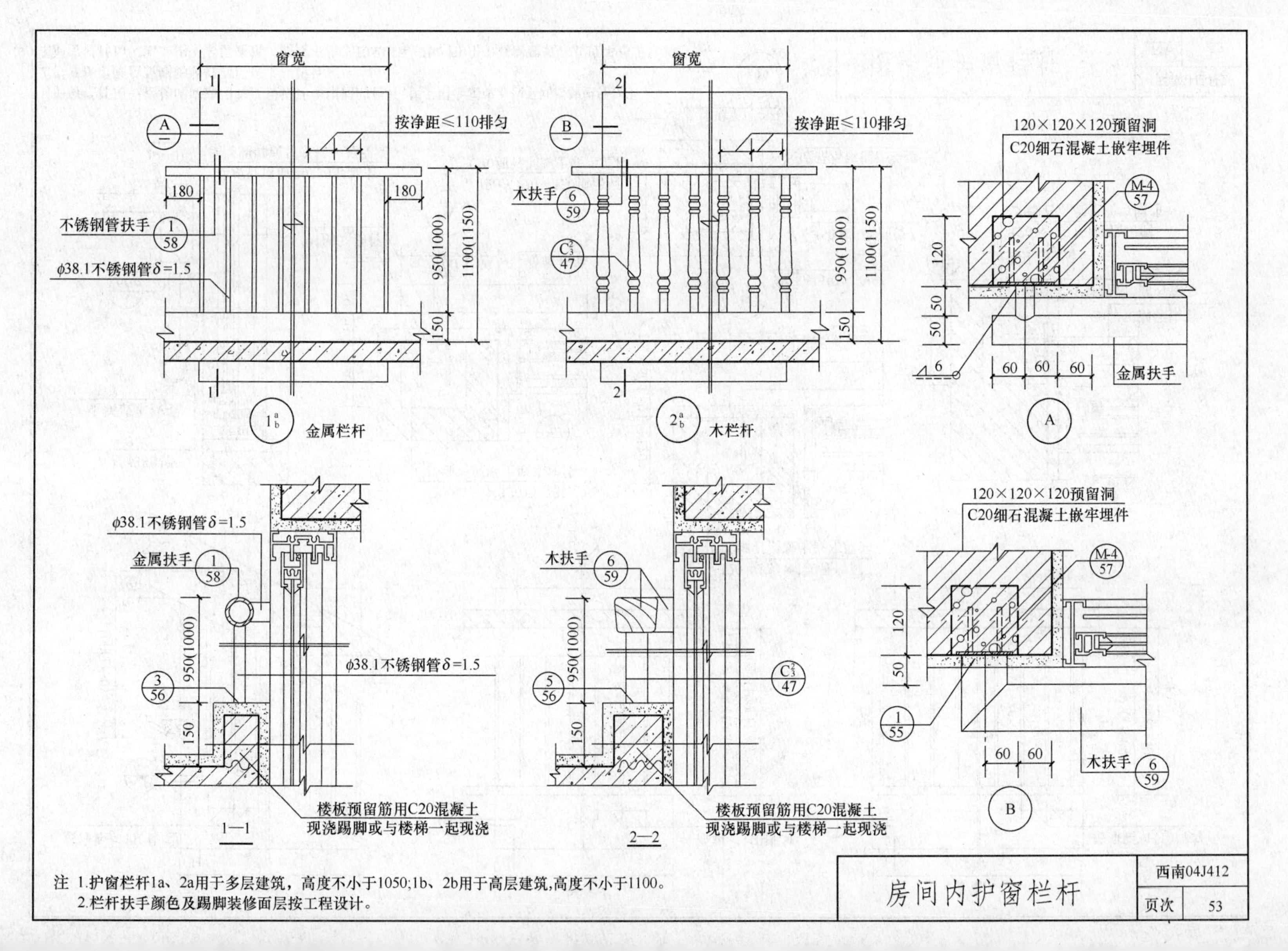

注 1.护窗栏杆1a、2a用于多层建筑，高度不小于1050;1b、2b用于高层建筑,高度不小于1100。
2.栏杆扶手颜色及踢脚装修面层按工程设计。

房间内护窗栏杆

西南04J412	
页次	53

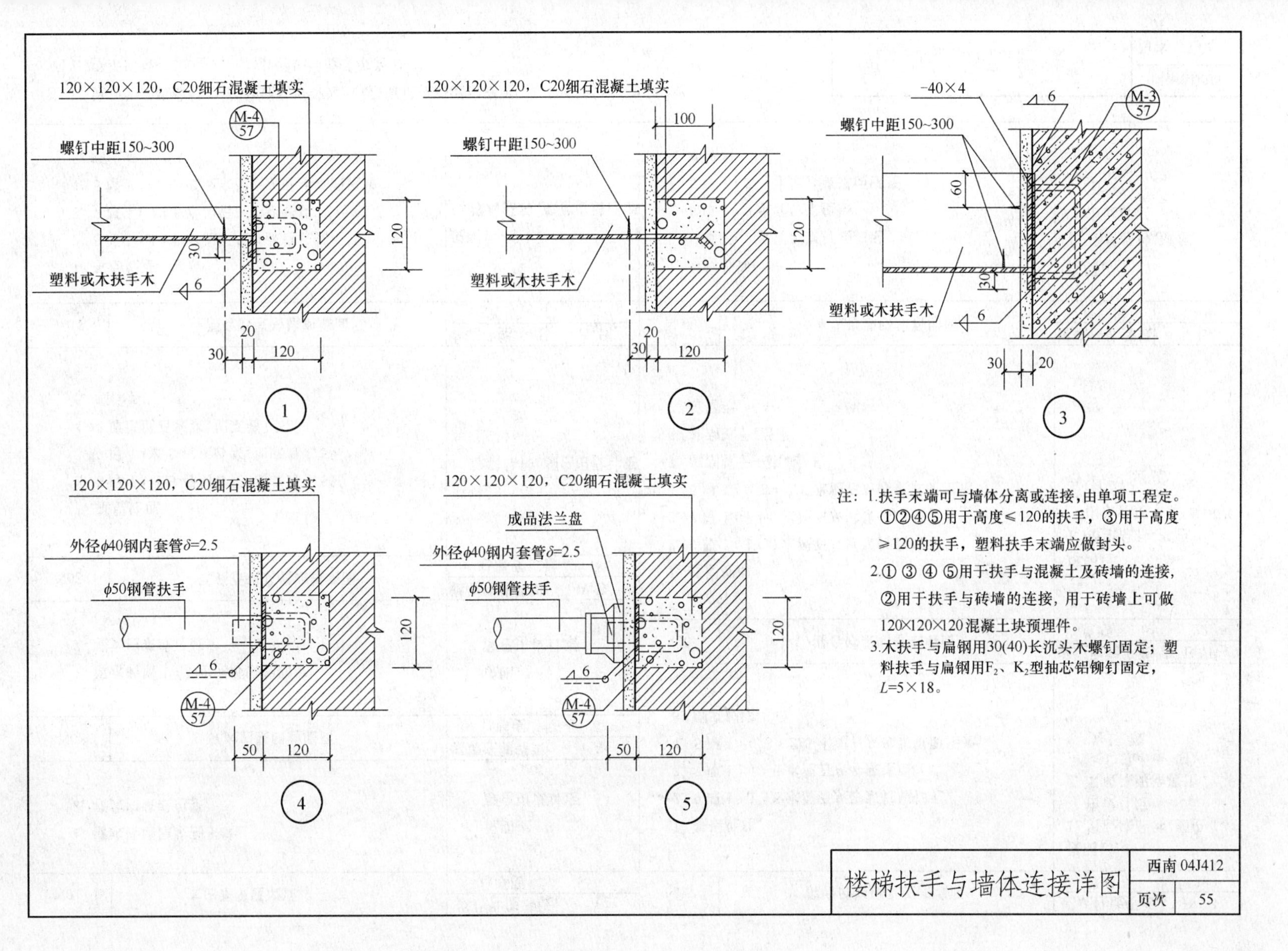

注：1.扶手末端可与墙体分离或连接，由单项工程定。①②④⑤用于高度≤120的扶手，③用于高度≥120的扶手，塑料扶手末端应做封头。

2.① ③ ④ ⑤用于扶手与混凝土及砖墙的连接，②用于扶手与砖墙的连接，用于砖墙上可做120×120×120混凝土块预埋件。

3.木扶手与扁钢用30(40)长沉头木螺钉固定；塑料扶手与扁钢用F_2、K_2型抽芯铝铆钉固定，L=5×18。

楼梯扶手与墙体连接详图

西南 04J412 | 页次 55

N01	大白浆平缝墙面	燃烧性能等级	A
		总厚度	
1. 清水砖墙原浆刮平缝 2. 喷大白浆或色浆		说明： 颜色由设计定	

N02	大白浆凹缝墙面	燃烧性能等级	A
		总厚度	
1. 清水砖墙 1∶1 水泥砂浆勾凹缝 2. 喷大白浆或色浆		说明： 颜色由设计定	

N03	纸筋石灰浆喷涂料墙面	燃烧性能等级	A, B_1
		总厚度	18
1. 基层处理 2. 8 厚 1∶2.5 石灰砂浆，加麻刀 1.5% 3. 7 厚 1∶2.5 石灰砂浆，加麻刀 1.5% 4. 2 厚纸筋石灰浆，加纸筋 6% 5. 喷涂料		说明： 1. 涂料品种、颜色由设计定 2.（注 1）	

N04	混合砂浆喷涂料墙面	燃烧性能等级	A, B_1
		总厚度	22
1. 基层处理 2. 9 厚 1∶1∶6 水泥石灰砂浆打底扫毛 3. 7 厚 1∶1∶6 水泥石灰砂浆垫层 4. 5 厚 1∶0.3∶2.5 水泥石灰砂浆罩面压光 5. 喷涂料		说明： 1. 涂料品种、颜色由设计定 2.（注 1）	

N05	混合砂浆刷乳胶漆墙面	燃烧性能等级	B_1, B_2
		总厚度	22
1. 基层处理 2. 9 厚 1∶1∶6 水泥石灰砂浆打底扫毛 3. 7 厚 1∶1∶6 水泥石灰砂浆垫层 4. 5 厚 1∶0.3∶2.5 水泥石灰砂浆罩面压光 5. 刷乳胶漆		说明： 1. 乳胶漆品种、颜色由设计定 2. 乳胶漆湿涂覆比 <1.5kg/m^2 时，为 B_1 级	

N06	混合砂浆贴壁纸墙面	燃烧性能等级	B_1, B_2
		总厚度	22
1. 基层处理 2. 9 厚 1∶1∶6 水泥石灰砂浆打底扫毛 3. 7 厚 1∶1∶6 水泥石灰砂浆垫层 4. 5 厚 1∶0.3∶2.5 水泥石灰砂浆罩面压光 5. 满刮腻子一道，磨平 6. 补刮腻子，磨平 7. 贴壁纸		说明： 1. 壁纸品种、颜色由设计定 2.（注 2）	

N07	水泥砂浆喷涂料墙面	燃烧性能等级	B_1
		总厚度	19
1. 基层处理 2. 7 厚 1∶3 水泥砂浆打底扫毛 3. 6 厚 1∶3 水泥砂浆垫层 4. 5 厚 1∶2.5 水泥砂浆罩面压光 5. 喷涂料		说明： 1. 涂料品种、颜色由设计定 2.（注 1）	

注：1. 涂料为无机涂料时，燃烧性能等级为 A 级；有机涂料湿涂覆比<1.5kg/m^2 时，为 B_1 级

2. 壁纸质量<300g/m^2 时，其燃烧性能等级为 B_1 级

N08	水泥砂浆刷乳胶漆墙面	燃烧性能等级	B_1
		总厚度	19

1. 基层处理
2. 7厚1∶3水泥砂浆打底扫毛
3. 6厚1∶3水泥砂浆垫层
4. 5厚1∶2.5水泥砂浆罩面压光
5. 刷乳胶漆

说明：
1. 涂料品种、颜色由设计定
2. 乳胶漆湿涂覆比 $<1.5kg/m^2$ 时，为 B_1 级

N09	水泥砂浆贴壁纸墙面	燃烧性能等级	B_1
		总厚度	19

1. 基层处理
2. 7厚1∶3水泥砂浆打底扫毛
3. 6厚1∶3水泥砂浆垫层
4. 5厚1∶2.5水泥砂浆罩面压光
5. 满刮腻子一道，磨平
6. 贴壁纸

说明：
1. 壁纸品种、颜色由设计定
2.（注2）

N10	拉毛喷涂料墙面	燃烧性能等级	A，B_1
		总厚度	23

1. 基层处理
2. 9厚1∶1∶6水泥石灰砂浆打底扫毛
3. 7厚1∶1∶6水泥石灰砂浆垫层
4. 6厚1∶0.3∶3水泥石灰砂浆拉毛
5. 喷涂料

说明：
1. 拉毛颗粒大小、涂料品种、颜色由设计定
2.（注1）

N11	白瓷砖墙面	燃烧性能等级	A
		总厚度	23

1. 基层处理
2. 10厚1∶3水泥砂浆打底扫毛，分两次抹
3. 8厚1∶0.15∶2水泥石灰砂浆粘结层(加建筑胶适量)
4. 5厚白瓷砖，白水泥擦缝

说明：
白瓷砖150×150×5或由设计定

N12	彩釉砖墙面	燃烧性能等级	A
		总厚度	23～25

1. 基层处理
2. 10厚1∶3水泥砂浆打底扫毛，分两次抹
3. 8厚1∶0.15∶2水泥石灰砂浆粘结层(加建筑胶适量)
4. 5～7厚彩色釉面砖，白水泥擦缝

说明：
彩釉面砖品种规格由设计定

N13	陶瓷锦砖墙面	燃烧性能等级	A
		总厚度	21～21.5

1. 基层处理
2. 9厚1∶3水泥砂浆打底扫毛，分两次抹
3. 8厚1∶0.15∶2水泥石灰砂浆粘结层(加建筑胶适量)
4. 4～4.5厚陶瓷锦砖，白水泥擦缝

说明：
陶瓷锦砖品种规格、拼花图案由设计定

注：1. 涂料为无机涂料时，燃烧性能等级为A级；有机涂料湿涂覆比 $<1.5kg/m^2$ 时，为 B_1 级
2. 壁纸质量 $<300g/m^2$ 时，其燃烧性能等级为 B_1 级

内墙饰面做法	西南04J5J5	
	页次	5

P06	混合砂浆刷乳胶漆顶棚	燃烧性能等级	B_1
		总厚度	15,20
1. 基层清理 2. 刷水泥浆一道(加建筑胶适量) 3. 10、15厚1∶1∶4水泥石灰砂浆(现浇基层10厚,预制基层15厚) 4. 4厚1∶0.3∶3水泥石灰砂浆 5. 刷乳胶漆		说明: 1. 乳胶漆品种颜色由设计定 2. 乳胶漆湿涂覆比<1.5kg/m² 时,其燃烧性能等级为 B_1 级	

P08	混合砂浆贴壁纸顶棚	燃烧性能等级	B
		总厚度	15,20
1. 基层清理 2. 刷水泥浆一道(加建筑胶适量) 3. 10、15厚1∶1∶4水泥石灰砂浆(现浇基层10厚,预制基层15厚) 4. 4厚1∶0.3∶3水泥石灰砂浆 5. 满刮腻子一道,磨平 6. 贴壁纸		说明: 1. 壁纸品种颜色由设计定 2.(注2)	

P07	水泥砂浆刷过氯乙烯漆顶棚	燃烧性能等级	B_1
		总厚度	13,18
1. 基层清理 2. 刷水泥浆一道 3. 10、15厚1∶1∶4水泥石灰砂浆(现浇基层10厚,预制基层15厚) 4. 3厚1∶2.5水泥砂浆 5. 过氯乙烯清漆一道 6. 满刮腻子磨平(加建筑胶适量) 7. 过氯乙烯底漆二道,瓷漆四道,清漆二道		说明: 1. 油漆颜色由设计定 2. 适用于有腐蚀性气雾或粉尘作用的房间,或有较高清洁度要求的房间 3.(注1)	

P09	水泥砂浆贴聚苯乙烯板顶棚	燃烧性能等级	B_2
		总厚度	29,34
1. 基层清理 2. 刷水泥浆一道(加建筑胶适量) 3. 10、15厚1∶1∶4水泥石灰砂浆(现浇基层10厚,预制基层15厚) 4. 4厚1∶0.3∶3水泥石灰砂浆 5. 贴15厚自熄型聚苯乙烯板,用白乳胶粘贴,粘胶面积≥50%		说明: 1. 适用于有吸声要求的房间 2. 本项做法不得超过该房间顶棚面积的10%	

注:1. 油漆的湿涂覆比<1.5kg/m² 时,其燃烧性能等级为 B_1 级

2. 壁纸质量<300g/m² 时,其燃烧性能等级为 B_1 级

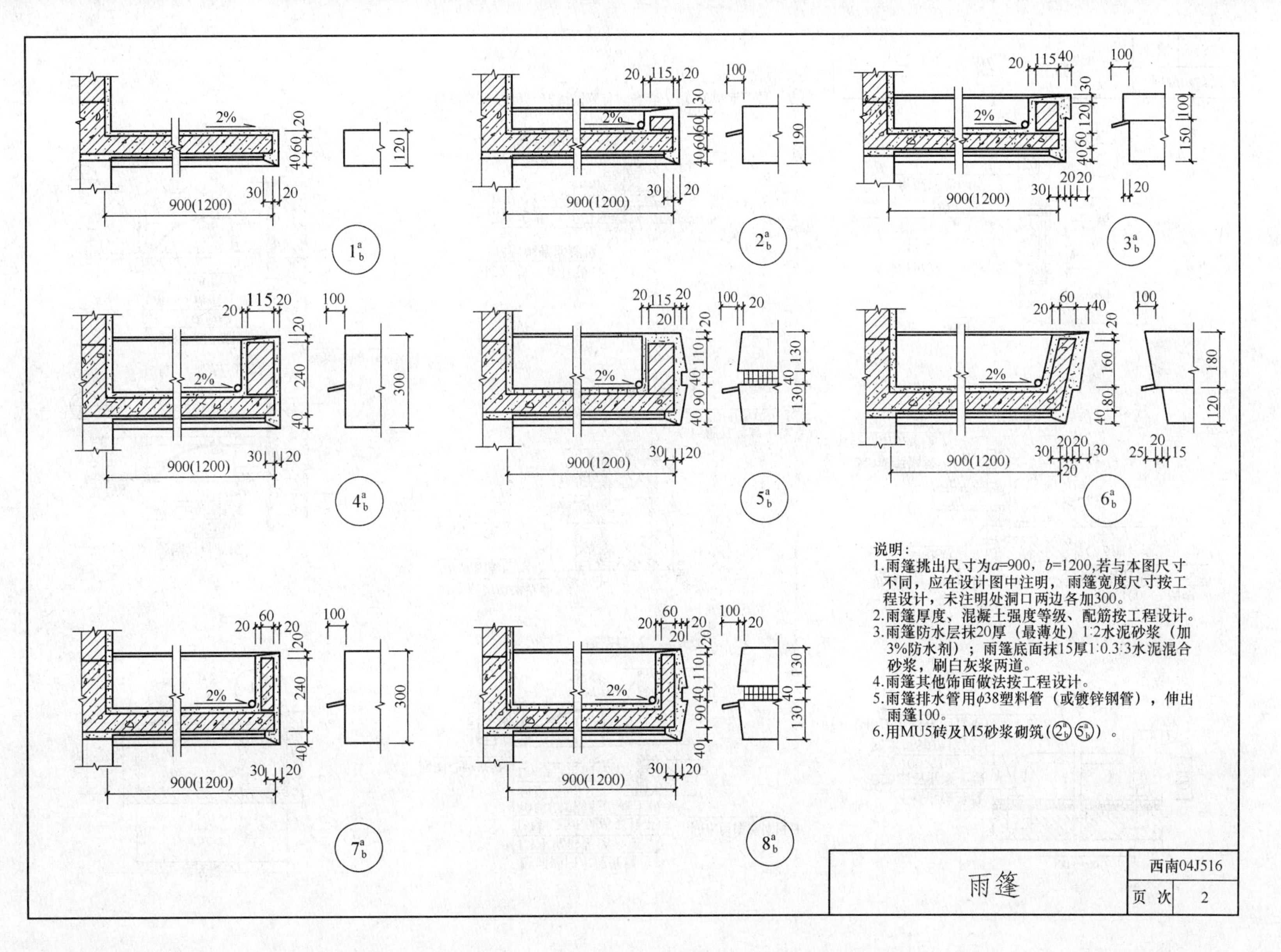

说明:

1.雨篷挑出尺寸为a=900，b=1200,若与本图尺寸不同，应在设计图中注明，雨篷宽度尺寸按工程设计，未注明处洞口两边各加300。

2.雨篷厚度、混凝土强度等级、配筋按工程设计。

3.雨篷防水层抹20厚（最薄处）1:2水泥砂浆（加3%防水剂）；雨篷底面抹15厚1:0.3:3水泥混合砂浆，刷白灰浆两道。

4.雨篷其他饰面做法按工程设计。

5.雨篷排水管用ϕ38塑料管（或镀锌钢管），伸出雨篷100。

6.用MU5砖及M5砂浆砌筑（2^a_b 5^a_b）。

雨篷	西南04J516	
	页 次	2

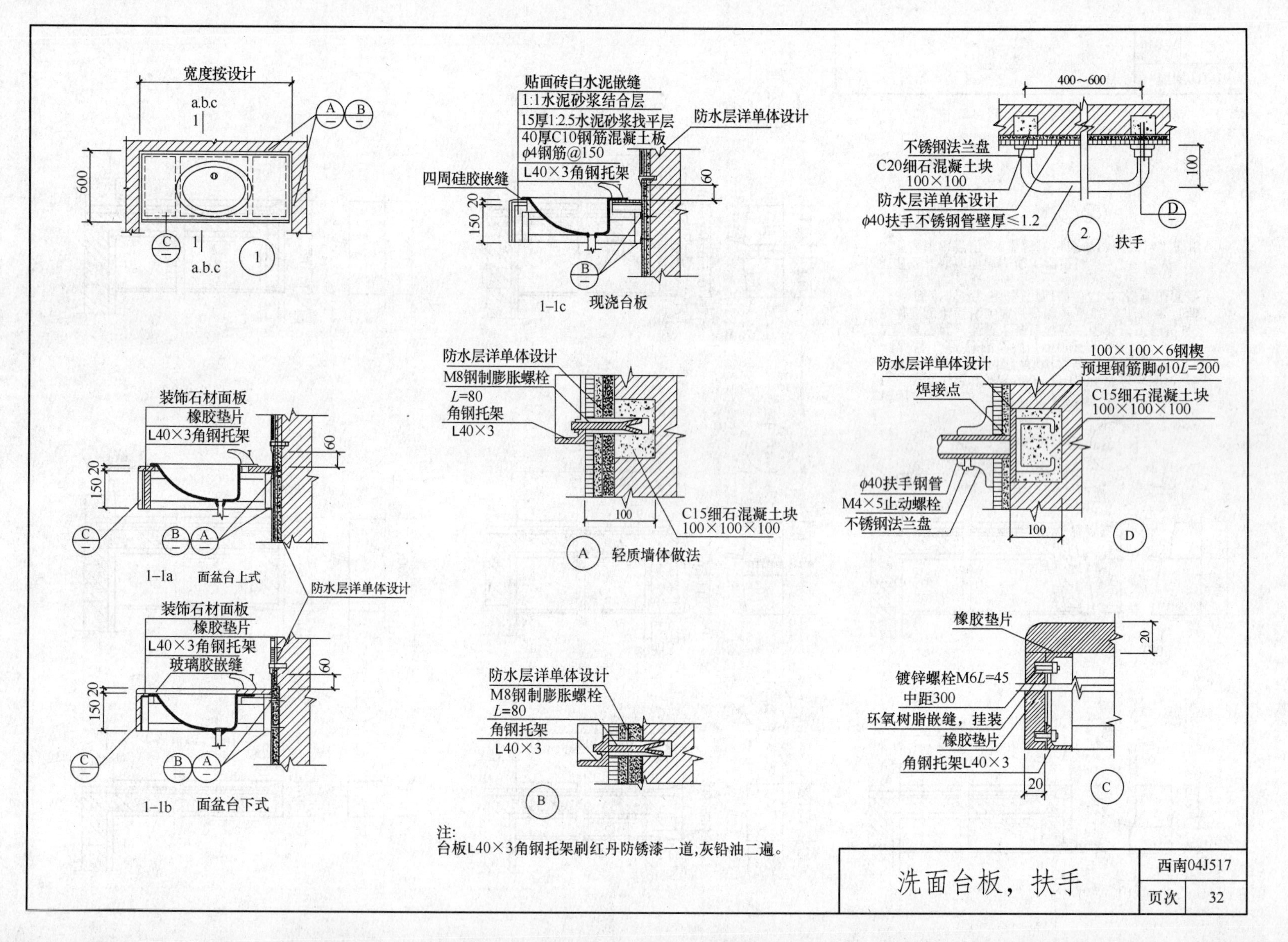

注:
台板L40×3角钢托架刷红丹防锈漆一道,灰铅油二遍。

洗面台板，扶手

西南04J517 页次 32

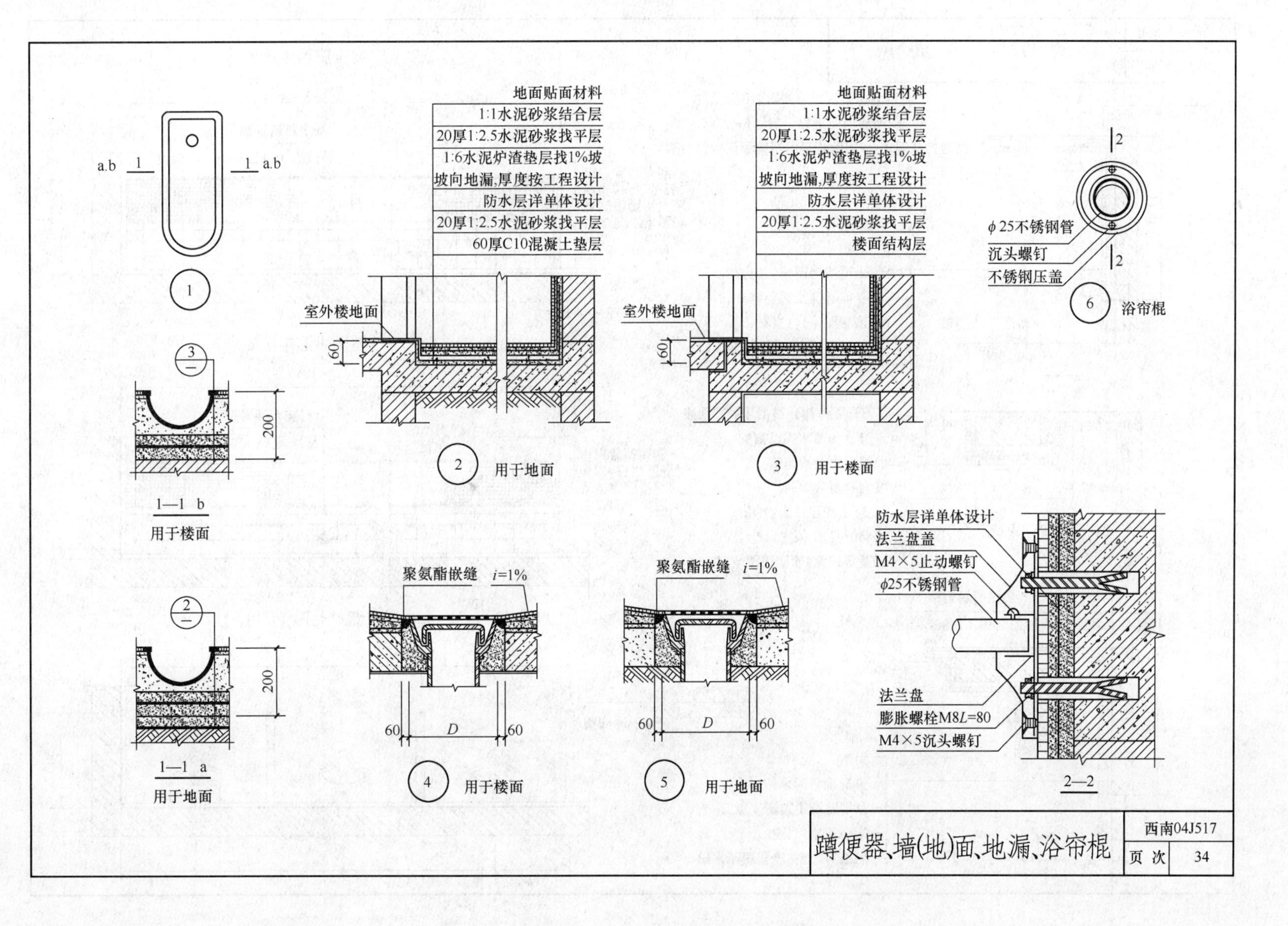

蹲便器、墙(地)面、地漏、浴帘棍	西南04J517	
	页 次	34

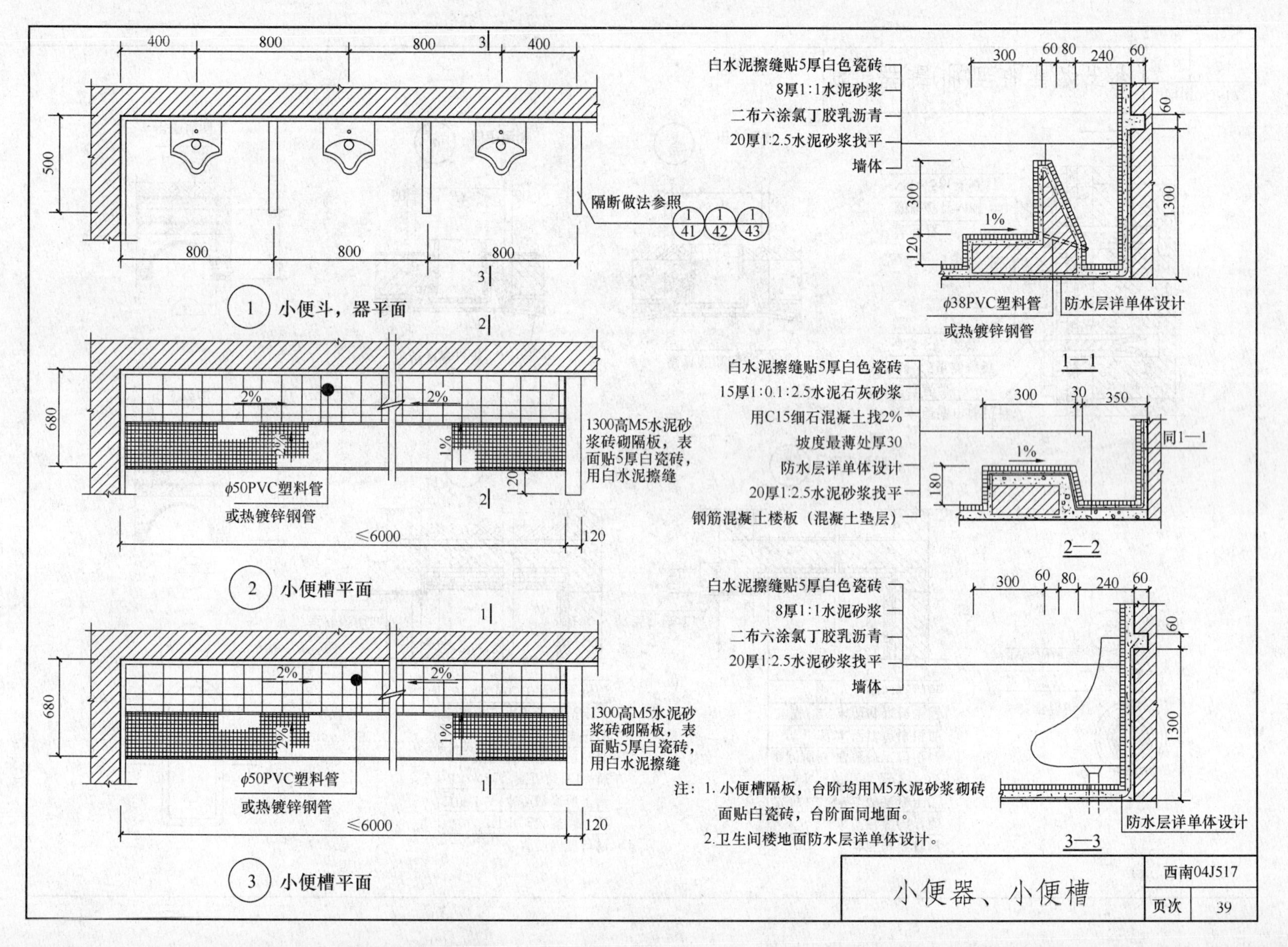

注：1. 小便槽隔板，台阶均用M5水泥砂浆砌砖面贴白瓷砖，台阶面同地面。

2. 卫生间楼地面防水层详单体设计。

小便器、小便槽	西南04J517	
	页次	39

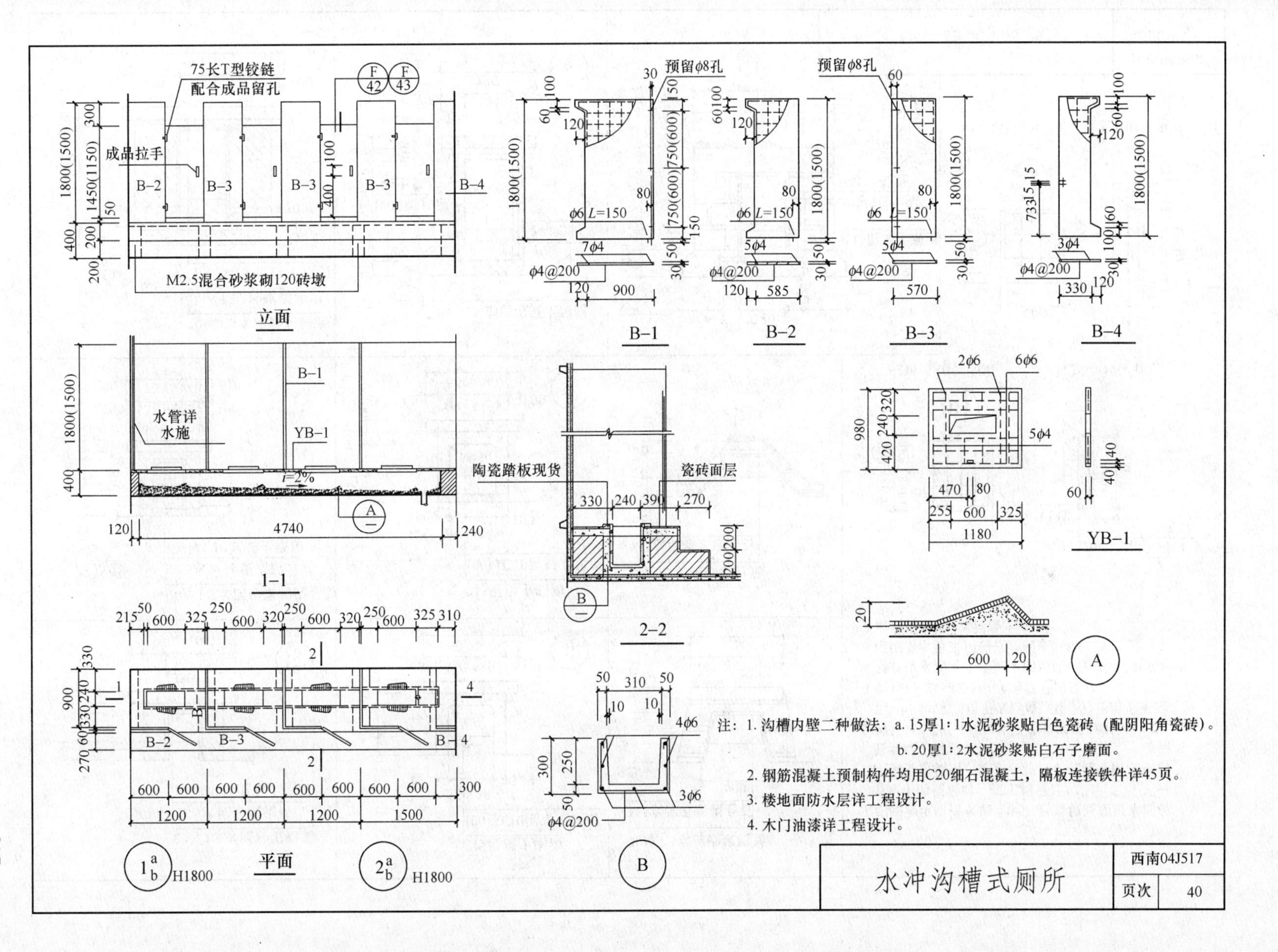

注：1. 沟槽内壁二种做法：a. 15厚1:1水泥砂浆贴白色瓷砖（配阴阳角瓷砖）。
b. 20厚1:2水泥砂浆贴白石子磨面。
2. 钢筋混凝土预制构件均用C20细石混凝土，隔板连接铁件详45页。
3. 楼地面防水层详工程设计。
4. 木门油漆详工程设计。

水冲沟槽式厕所	西南04J517	
	页次	40

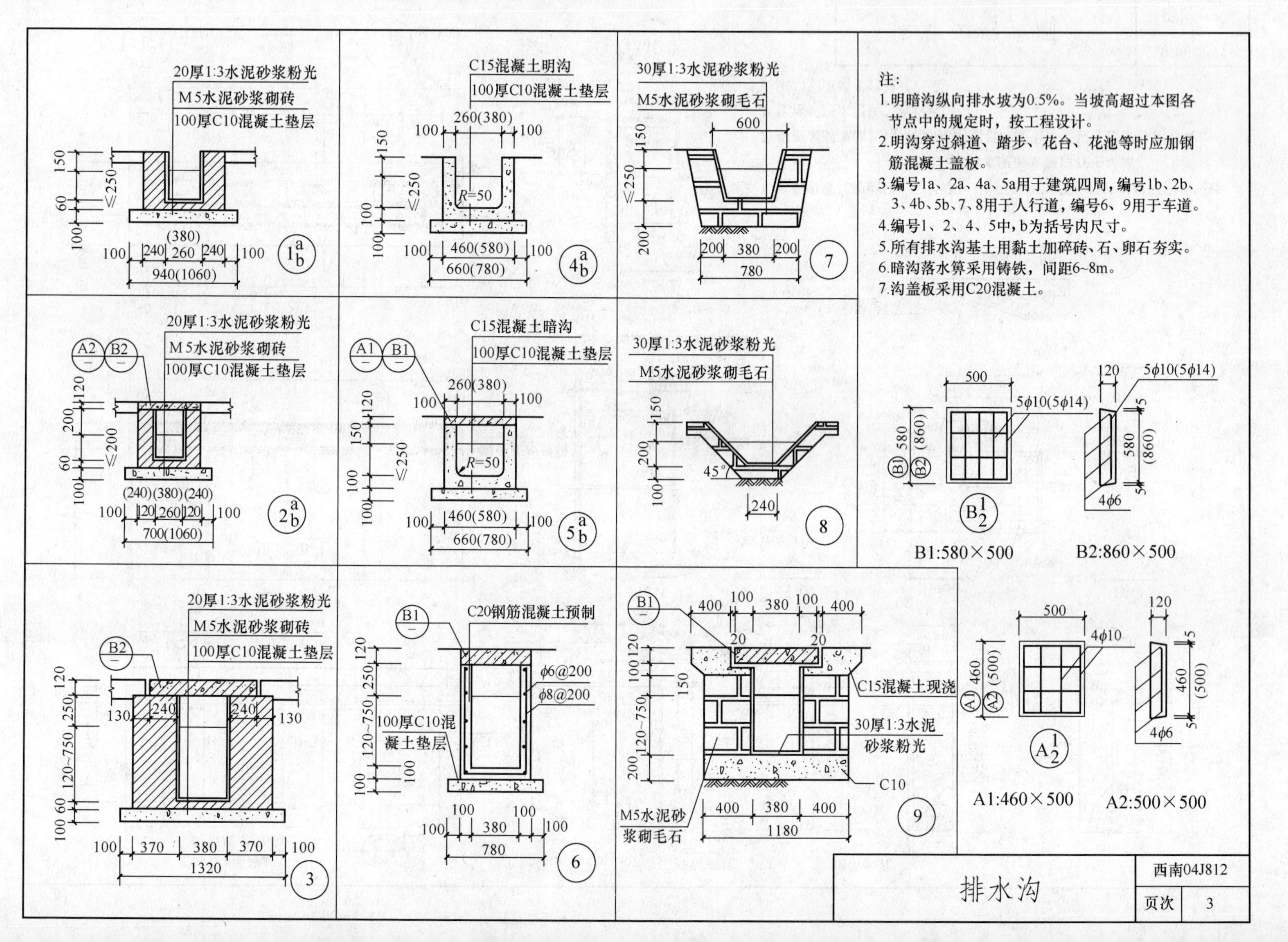

注：

1. 明暗沟纵向排水坡为0.5%。当坡高超过本图各节点中的规定时，按工程设计。
2. 明沟穿过斜道、踏步、花台、花池等时应加钢筋混凝土盖板。
3. 编号1a、2a、4a、5a用于建筑四周，编号1b、2b、3、4b、5b、7、8用于人行道，编号6、9用于车道。
4. 编号1、2、4、5中，b为括号内尺寸。
5. 所有排水沟基土用黏土加碎砖、石、卵石夯实。
6. 暗沟落水箅采用铸铁，间距6~8m。
7. 沟盖板采用C20混凝土。

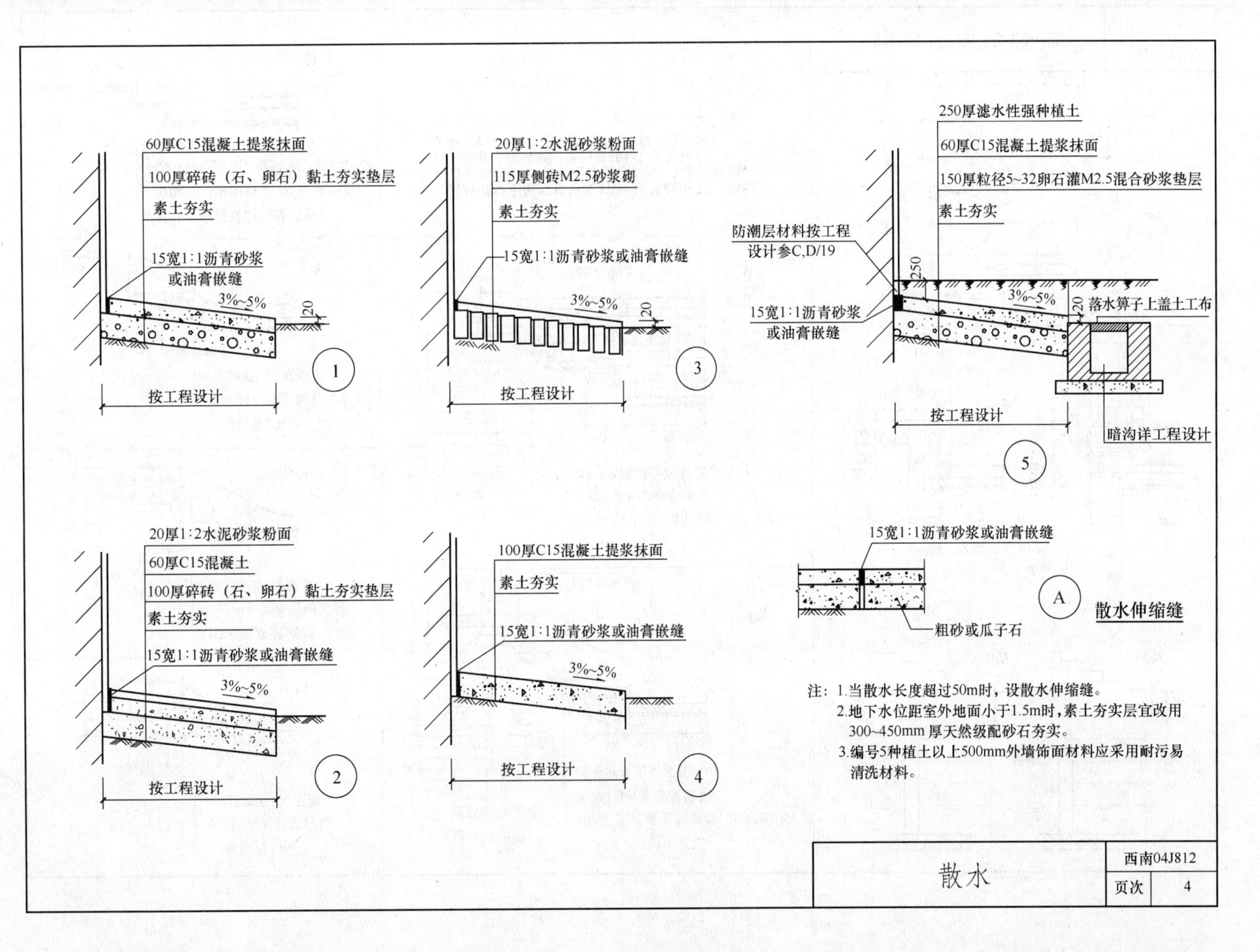

注：1.当散水长度超过50m时，设散水伸缩缝。
2.地下水位距室外地面小于1.5m时，素土夯实层宜改用300~450mm 厚天然级配砂石夯实。
3.编号5种植土以上500mm外墙饰面材料应采用耐污易清洗材料。

散水	西南04J812	
	页次	4

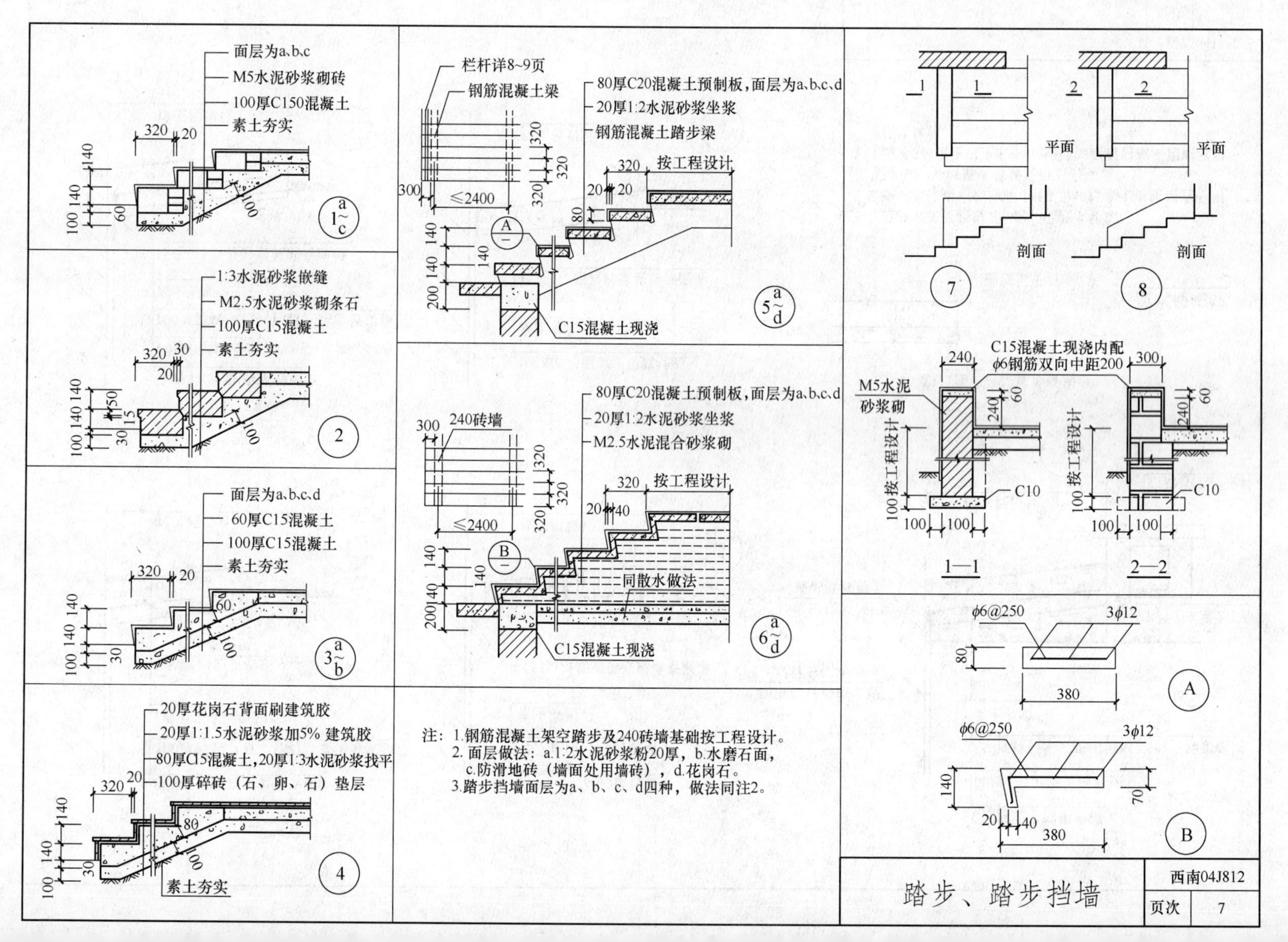

注：1.钢筋混凝土架空踏步及240砖墙基础按工程设计。
2. 面层做法：a.1:2水泥砂浆粉20厚，b.水磨石面，c.防滑地砖（墙面处用墙砖），d.花岗石。
3.踏步挡墙面层为a、b、c、d四种，做法同注2。

踏步、踏步挡墙

西南04J812 页次 7

附录一　工程量清单报价书样表

投　标　总　价

招 标 人：________________________

工程名称：________________________

投标总价（小写）：________________________

　　　　（大写）：________________________

投 标 人：________________________

（单位盖章）

法定代表人

或其授权人：________________________

（签字或盖章）

编 制 人：________________________

（造价人员签字盖专用章）

编制时间：　　　年　　月　　日

封-3

总 说 明

工程名称： 第 页 共 页

表-01

工程项目投标报价汇总表

工程名称：　　　　　　　　　　　　　　　　　　　　　　　　第　页　共　页

序　号	单项工程名称	金额（元）	其　中		
			暂估价（元）	安全文明施工费（元）	规费（元）
合　计					

注：本表适用于工程项目招标控制价或投标报价的汇总。

表-02

单项工程投标报价汇总表

工程名称：　　　　　　　　　　　　　　　　　　　　　　　　第　页　共　页

序　号	单项工程名称	金额（元）	其　中		
			暂估价（元）	安全文明施工费（元）	规费（元）
合　计					

注：本表适用于单项工程招标控制价或投标报价的汇总。暂估价包括分部分项工程中的暂估价和专业工程暂估价。

表-03

单位工程投标报价汇总表

工程名称：　　　　　　　　　　　　　　　　　　　　　　　　　　　　　第　页　共　页

序　　号	单项工程名称	金额（元）	其中：暂估价（元）
1	分部分项工程		
1.1			
1.2			
1.3			
1.4			
2	措施项目		
2.1	安全文明施工费		—
3	其他项目		—
3.1	暂列金额		—
3.2	专业工程暂估价		—
3.3	计日工		—
3.4	总承包服务费		—
4	规费		—
5	税金		—
招标控制价合计＝1＋2＋3＋4＋5			

注：本表适用于单位工程招标控制价或投标报价的汇总，如无单位工程划分，单项工程也使用本表汇总。

表-04

分部分项工程量清单与计价表

工程名称　　　　　　　　　　　　　　　　　　标段：　　　　　　　　　　　　　　第　页　共　页

序号	项目编码	项目名称	项目特征描述	计量单位	工程量	金额（元）		
						综合单位	合价	其中：暂估价
本页小计								
合　计								

注：根据原建设部、财政部发布的《建筑安装工程费用组成》（建标［2003］206号）的规定，为计取规费等的使用，可在表中增设："直接费"、"人工费"或"人工费＋机械费"。

表-08

分部分项工程量清单与计价表

工程名称：　　　　　　　　　　标段：　　　　　　　　　　第　页　共　页

<table>
<tr><td colspan="2">项目编码</td><td colspan="2"></td><td colspan="2">项目名称</td><td colspan="2"></td><td colspan="2">计量单位</td><td colspan="2"></td></tr>
<tr><td colspan="12">清单综合单价组成明细</td></tr>
<tr><td rowspan="2">定额编号</td><td rowspan="2">定额名称</td><td rowspan="2">定额单位</td><td rowspan="2">数量</td><td colspan="4">单　价</td><td colspan="4">合　价</td></tr>
<tr><td>人工费</td><td>材料费</td><td>机械费</td><td>管理费和利润</td><td>人工费</td><td>材料费</td><td>机械费</td><td>管理费和利润</td></tr>
<tr><td></td><td></td><td></td><td></td><td></td><td></td><td></td><td></td><td></td><td></td><td></td><td></td></tr>
<tr><td></td><td></td><td></td><td></td><td></td><td></td><td></td><td></td><td></td><td></td><td></td><td></td></tr>
<tr><td></td><td></td><td></td><td></td><td></td><td></td><td></td><td></td><td></td><td></td><td></td><td></td></tr>
<tr><td></td><td></td><td></td><td></td><td></td><td></td><td></td><td></td><td></td><td></td><td></td><td></td></tr>
<tr><td colspan="2">人工单价</td><td colspan="6">小　计</td><td></td><td></td><td></td><td></td></tr>
<tr><td colspan="2">元/工日</td><td colspan="6">未计价材料费</td><td colspan="4"></td></tr>
<tr><td colspan="8">清单项目综合单价</td><td colspan="4"></td></tr>
<tr><td rowspan="10">材料费明细</td><td colspan="5">主要材料名称、规格、型号</td><td>单位</td><td>数量</td><td>单价（元）</td><td>合价（元）</td><td>暂估单价（元）</td><td>暂估合价（元）</td></tr>
<tr><td colspan="5"></td><td></td><td></td><td></td><td></td><td></td><td></td></tr>
<tr><td colspan="5"></td><td></td><td></td><td></td><td></td><td></td><td></td></tr>
<tr><td colspan="5"></td><td></td><td></td><td></td><td></td><td></td><td></td></tr>
<tr><td colspan="5"></td><td></td><td></td><td></td><td></td><td></td><td></td></tr>
<tr><td colspan="5"></td><td></td><td></td><td></td><td></td><td></td><td></td></tr>
<tr><td colspan="5"></td><td></td><td></td><td></td><td></td><td></td><td></td></tr>
<tr><td colspan="5"></td><td></td><td></td><td></td><td></td><td></td><td></td></tr>
<tr><td colspan="7">其他材料费</td><td>—</td><td></td><td>—</td><td></td></tr>
<tr><td colspan="7">材料费小计</td><td>—</td><td></td><td>—</td><td></td></tr>
</table>

注：1. 如不使用省级或行业建设主管部门发布的计价依据，可不填定额项目、编号等。
2. 招标文件提供了暂估单价的材料，按暂估的单价填入表内“暂估单价”栏及“暂估合价”栏。

表-09

措施项目清单与计价表（一）

工程名称：　　　　　　　　　　标段：　　　　　　　　　　第　页　共　页

序号	项目名称	计算基础	费率（%）	金额（元）
1				
2				
3				
4				
5				
6				
7				
8				
9				
10				
11				
12				
合　计				

注：1. 本表适用于以“项”计价的措施项目。

2. 根据原建设部、财政部发布的《建筑安装工程费用组成》（建标［2003］206号）的规定，“计算基础”可为“直接费”、“人工费”或“人工费＋机械费”。

表-10

措施项目清单与计价表（二）

工程名称： 标段： 第 页 共 页

序号	项目编码	项目名称	项目特征描述	计量单位	工程量	金额（元）	
						综合单价	合 价
本页小计							
合 计							

注：本表适用于以综合单价形式计价的措施项目。

表-11

其他项目清单与计价汇总表

工程名称：　　　　　　　　　　标段：　　　　　　　　　　第　页　共　页

序号	项目名称	计算单位	金额（元）	备注
1	暂列金额			明细详见表-12-1
2	暂估价			
2.1	材料暂估价			
2.2	专业工程暂估价			明细详见表-12-3
3	计日工			明细详见表-12-4
4	总承包服务费			明细详见表-12-5
5				
合　计				—

注：材料暂估单价进入清单项目综合单价，此处不汇总。

表-12

暂列金额明细表

工程名称：　　　　　　　　　　　　标段：　　　　　　　　　　　　　　　　第　页　共　页

序号	项目名称	计算单位	暂定金额（元）	备注
1				
2				
3				
4				
5				
6				
7				
8				
9				
10				
合　计				—

注：此表由招标人填写，如不详列，也可只列暂定金额总额，投标人应将上述暂列金额计入投标总价中。

表-12-1

材料暂估单价表

工程名称： 标段： 第 页 共 页

序号	材料名称、规格、型号	计算单位	单价（元）	备注

注：1. 此表由招标人填写，并在备注栏说明暂估价的材料拟用在哪些清单项目上，投标人应将上述材料暂估单价计入工程量清单综合单价报价中。

2. 材料包括原材料、燃料、构配件以及按规定应计入建筑安装工程造价的设备。

表-12-2

专业工程暂估价表

工程名称：　　　　　　　　　　　标段：　　　　　　　　　　　　　　　第　页　共　页

序号	工　程　名　称	工程内容	金额（元）	备注
合　计				

注：此表由招标人填写，投标人应将上述专业工程暂估价计入投标总价中。

表-12-3

计 日 工 表

工程名称： 标段： 第 页 共 页

编号	项 目 名 称	单位	暂定数量	综合单价	合价
一	人 工				
1					
2					
3					
4					
人工小计					
二	材 料				
1					
2					
3					
4					
5					
6					
材料小计					
三	施工机械				
1					
2					
3					
4					
施工机械小计					
总 计					

注：此表项目名称、数量由招标人填写，编制招标控制价时，单价由招标人按有关计价规定确定；投标时，单价由投标人自主报价，计入投标总价中。

表-12-4

总承包服务费计价表

工程名称：　　　　　　　　　　　　标段：　　　　　　　　　　　　第　页　共　页

序号	项目名称	项目价值（元）	服务内容	费率（%）	金额（元）
1	发包人发包专业工程				
2	发包人供应材料				
合　计					

表-12-5

规费、税金项目清单与计价表

工程名称：　　　　　　　　　　标段：　　　　　　　　　　　　　　　　第　页　共　页

序号	项目名称	计算基础	费率（%）	金额（元）
1	规费			
1.1	工程排污费			
1.2	社会保障费			
(1)	养老保险费			
(2)	失业保险费			
(3)	医疗保险费			
1.3	住房公积金			
1.4	危险工作意外伤害保险			
1.5	工程定额测定费			
2	税金	分部分项工程费＋措施项目费＋其他项目费＋规费		
合　计				

注：根据原建设部、财政部发布的《建筑安装工程费用组成》（建标［2003］206号）的规定，“计算基础”可为“直接费”、“人工费”或“人工费＋机械费”。

表-13

附录二 施工图预算书样表

表1

建设工程造价预算书

（建筑工程）

建设单位：　　　　　　工程名称：　　　　　　建设地点：

施工单位：　　　　　　取费等级：　　　　　　工程类别：

工程规模：　平方米　　工程造价：　元　　　　单位造价：　元/平方米

建设（监理）单位：__________　　　　施工（编制）单位：__________

技术负责人：__________　　　　技术负责人：__________

审 核 人
资格证章：__________　　　　编 制 人
资格证章：__________

年　月　日　　　　　　年　月　日

编　制　说　明

表 2

编制依据	施工图号	
	施工合同	
	使用定额	
	材料价格	
	其　他	
说　明：		

填表说明：1. 使用定额与材料价格栏注明使用的定额、费用标准以及材料价格来源（如调价表、造价信息等）。

2. 说明栏注明施工组织设计、大型施工机械以及技术措施费等。

基数计算表

表3

工程名称：

第　页　共　页

序号	基数名称	代号	墙高（m）	墙厚（m）	单位	数量	计算式

门窗明细表

表 4

工程名称：　　　　　　　　　　　　　　　　　　　　　　　　　第　页共　页

序号	门窗（孔洞）名称	代号	框扇断面（m^2）		洞口尺寸（mm）		樘数	面积（m^2）		所在部位					
			框	扇	宽	高		每樘	小计						

钢筋混凝土圈、过、挑梁明细表（表三）

表 5

工程名称：　　　　　　　　　　　　　　　　　　　　　　第　页　共　页

序号	名　称	代号	构件尺寸及计算式（m）	件数	体积（m^3）		所在部位				
					单件	小计					

工程量计算表

表6

工程名称：　　　　　　　　　　　　　　　　　　　　　　　　　　第　页　共　页

序号	定额编号	分项工程名称	单位	工程量	计　算　式

钢筋混凝土构件钢筋计算表

表 7

工程名称：　　　　　　　　　　　　　　　　　　第　页　共　页

序号	构件名称	件数-代号	形状尺寸（mm）		直径	根数	长度（m）		分规格			
							每根	共长	直径	长度	单件重	合计重

工程单价换算表

表 8

工程名称：　　　　　　　　　　　　　　　　第　页　共　页

序号	分项工程名称	换算情况	定额编号	计　算　式	单位	金额（元）

定额直接费计算、工料分析表（建筑）

表 9-1

工程名称：　　　　　　　　　　　　　　　　　　　　　　　　　　　　　第　页　共　页

序号	定额编号	项目名称	单位	工程量	定额直接费（元）						主要材料用量								
					单价	合计	人工费		机械费										
							单价	小计	单价	小计									

定额直接费计算、工料分析表（装饰、安装）

表 9-2

工程名称：　　　　　　　　　　　　　　　　　　　　　　　　　　　　　　第　页　共　页

序号	定额编号	项目名称	单位	工程量	定额基价			合计			未计价材料费			
					人工费	材料费	机械费	人工费	材料费	机械费	材料名称	数量	单价	合价

材料汇总表

表 10

工程名称：　　　　　　　　　　　　　　　　　　　　第　页　共　页

序号	材料名称	规格、型号	单位	数量

工程造价计算表

表11

工程名称：　　　　　　　　　　　　　　　　　　　　第　页共　页

序号	费用名称	计算基础	费率（%）	计算式	金额（元）

参 考 文 献

[1] GB 50500—2008 建设工程工程量清单计价规范．北京：中国计划出版社，2008.

[2] 袁建新编著．建筑工程预算(第四版)．北京：中国建筑工业出版社，2010.

[3] 袁建新编著．工程量清单计价(第三版)．北京：中国建筑工业出版社，2010.

[4] 袁建新编著．建筑工程计量与计价(第二版)．北京：人民交通出版社，2009.